Zustandsregelung verteilt-parametrischer Systeme

Joachim Deutscher

Zustandsregelung verteilt-parametrischer Systeme

PD Dr.-Ing. habil. Joachim Deutscher
Lehrstuhl für Regelungstechnik
Universität Erlangen-Nürnberg
Cauerstraße 7
91058 Erlangen
joachim.deutscher@rt.eei.uni-erlangen.de

ISBN 978-3-642-19558-7   e-ISBN 978-3-642-19559-4
DOI 10.1007/978-3-642-19559-4
Springer Heidelberg Dordrecht London New York

Die Deutsche Nationalbibliothek verzeichnet diese Publikation in der Deutschen Nationalbibliografie;
detaillierte bibliografische Daten sind im Internet über http://dnb.d-nb.de abrufbar.

© Springer-Verlag Berlin Heidelberg 2012

Dieses Werk ist urheberrechtlich geschützt. Die dadurch begründeten Rechte, insbesondere die der Über-
setzung, des Nachdrucks, des Vortrags, der Entnahme von Abbildungen und Tabellen, der Funksendung,
der Mikroverfilmung oder der Vervielfältigung auf anderen Wegen und der Speicherung in Datenver-
arbeitungsanlagen, bleiben, auch bei nur auszugsweiser Verwertung, vorbehalten. Eine Vervielfältigung
dieses Werkes oder von Teilen dieses Werkes ist auch im Einzelfall nur in den Grenzen der gesetzlichen
Bestimmungen des Urheberrechtsgesetzes der Bundesrepublik Deutschland vom 9. September 1965 in
der jeweils geltenden Fassung zulässig. Sie ist grundsätzlich vergütungspflichtig. Zuwiderhandlungen
unterliegen den Strafbestimmungen des Urheberrechtsgesetzes.

Die Wiedergabe von Gebrauchsnamen, Handelsnamen, Warenbezeichnungen usw. in diesem Werk
berechtigt auch ohne besondere Kennzeichnung nicht zu der Annahme, dass solche Namen im Sinne der
Warenzeichen- und Markenschutz-Gesetzgebung als frei zu betrachten wären und daher von jedermann
benutzt werden dürften.

Einbandentwurf: WMXDesign GmbH, Heidelberg

Gedruckt auf säurefreiem Papier

Springer ist Teil der Fachverlagsgruppe Springer Science+Business Media (www.springer.com)

Vorwort

Bei vielen technischen Prozessen und dynamischen Systemen ändern sich die beschreibenden Systemgrößen nicht nur mit der Zeit, sondern hängen auch signifikant vom Ort ab. Typische Beispiele hierfür sind räumliche Temperaturverteilungen bei thermischen Prozessen oder elastische Verformungen von Leichtbaustrukturen im Anlagen-, Maschinen- und Fahrzeugbau. Im Gegensatz zu konzentriert-parametrischen Systemen, die durch gewöhnliche Differentialgleichungen beschrieben werden, führt die Modellbildung dieser Systeme auf partielle Differentialgleichungen. Gegenstand dieses Buches ist der Entwurf von Steuerungen und Regelungen für solche sog. verteilt-parametrische Systeme. Um einen einheitlichen Zugang zu dieser Problemstellung zu ermöglichen, wird die Zustandsbeschreibung verteilt-parametrischer Systeme als Ausgangspunkt gewählt. Damit ist es möglich, bewährte Verfahren der Zustandsraummethodik für konzentriert-parametrische Systeme auf den verteilt-parametrischen Fall zu verallgemeinern. Dies hat auch den Vorteil, dass die Betrachtung konzentriert-parametrischer Systeme in den resultierenden Entwurfsverfahren als Spezialfall enthalten ist, was den Einstieg in die anspruchsvolle Thematik für den Leser erleichtert. Ein weiteres besonderes Merkmal des Buches ist die konsequente Verwendung einer Struktur mit zwei oder mehr Freiheitsgraden für die Steuer- und Regeleinrichtung. Diese Struktur schafft die Voraussetzung für einen zielgerichteten Entwurf, indem sie es ermöglicht, das gewünschte Sollverhalten sowie die geforderte Unterdrückung der Störeinflüsse getrennt und unabhängig voneinander einzustellen.

Vorausgesetzt wird vom Leser, dass er mit der Zustandsraummethodik für konzentriert-parametrische Mehrgrößensysteme vertraut ist, wie man sie beispielsweise in [27, 57] findet. Der Hauptteil des Buches ist so angelegt, dass man auch ohne Vorkenntnisse der Funktionalanalysis der Darstellung leicht folgen kann. Für das Verständnis der Beweise im Anhang sind allerdings Grundlagen zur Funktionalanalysis notwendig, die man beispielsweise in [14, 43, 46, 56] findet. Auf die Modellbildung von verteilt-parametrischen

Systemen wird im Buch nicht eingegangen. Eine anschauliche Einführung in diese Thematik bietet [28].

Dieses Buch ist aus meiner Habilitationsschrift „Zwei-Freiheitsgrade-Regelung linearer verteilt-parametrischer Systeme im Zustandsraum" für das Fachgebiet Regelungstechnik hervorgegangen, die 2010 von der Technischen Fakultät der Universität Erlangen-Nürnberg angenommen wurde. Die vorliegende Fassung ergab sich aus den Erfahrungen mit einer anschließenden Vorlesungstätigkeit zum Themenfeld der Habilitation sowie einer Überarbeitung und Erweiterung der Habilitationsschrift. Herrn Prof. Dr.-Ing. habil. G. Roppenecker bin ich für die Betreuung der Habilitation sowie für den mir in diesem Zusammenhang gewährten Freiraum zu Dank verpflichtet. Mein Dank gilt auch den weiteren Mitgliedern des Fachmentorats Herrn Prof. Dr.-Ing. M. Albach und Herrn Prof. Dr. J. Jahn, die das Habilitationsvorhaben wissenschaftlich begleitet haben. Externe Gutachten für die Habilitationsschrift wurden von Herrn Prof. Dr.-Ing. U. Konigorski und Herrn Prof. Dr.-Ing. habil. B. Lohmann angefertigt, wofür ich mich ebenfalls herzlich bedanken möchte. Unterstützt bei der Erstellung des Buches wurde ich auch von meinen Doktoranden aus der Forschungsgruppe „Unendlich-dimensionale Systeme" am Lehrstuhl für Regelungstechnik der Universität Erlangen-Nürnberg. Herr Dipl.-Ing. Ch. Harkort und Herr Dipl.-Ing. M. Bäuml haben das gesamte Manuskript einer kritischen Prüfung unterzogen und mir durch viele konstruktive Verbesserungsvorschläge bei Erstellung der Endversion geholfen. Teile der Buches wurden auch von Herrn Dipl.-Ing. A. Mohr durchgesehen. All diesen Mitarbeitern sowie den Studenten, die in Projekt-, Studien- und Diplomarbeiten Vorarbeiten zum Buch geleistet haben, möchte ich meinen Dank aussprechen.

Fragen und konstruktive Kritik sowie Verbesserungsvorschläge, die von mir dankbar entgegengenommen werden, können an meine E-Mail-Adresse *joachim.deutscher@rt.eei.uni-erlangen.de* gesendet werden.

Erlangen, im September 2011   *Joachim Deutscher*

Inhaltsverzeichnis

1 Einführung und Übersicht 1
  1.1 Einführung 1
  1.2 Übersicht 4

2 Zustandsbeschreibung linearer verteilt-parametrischer Systeme 9
  2.1 Einführendes Beispiel 10
  2.2 Riesz-Spektralsysteme 17
    2.2.1 Systembeschreibung durch Zustandsgleichungen 17
    2.2.2 Lösung der Zustandsgleichungen 34
    2.2.3 Exponentielle Stabilität 46
    2.2.4 Beschreibung des Ein-/Ausgangsverhaltens im Frequenzbereich 48
  2.3 Verteilt-parametrische Systeme mit Randeingriff 57

3 Regelung mit mehreren Freiheitsgraden 67
  3.1 Regelungsstruktur mit einem Freiheitsgrad 67
  3.2 Regelungsstruktur mit zwei Freiheitsgraden 68
    3.2.1 Vorsteuerung des Führungsverhaltens 69
    3.2.2 Regelung des Störverhaltens 71
  3.3 Regelung mit mehr als zwei Freiheitsgraden 72
  3.4 Verteilt-parametrische Regelung mit mehreren Freiheitsgraden 73

4 Entwurf von Vorsteuerungen 75
  4.1 Stabilisierung durch Zustandsrückführung 76
    4.1.1 Entwurf durch Eigenwertvorgabe 77
    4.1.2 Parametrische Lösung des Eigenwertvorgabeproblems . 83
  4.2 Führungs- und Störgrößenaufschaltung 95
    4.2.1 Problemstellung 96
    4.2.2 Entwurf der Führungs- und Störgrößenaufschaltung ... 99
    4.2.3 Entwurf des Zustandsfolgereglers 106

vii

viii — Inhaltsverzeichnis

4.2.4 Vorsteuerung des Führungs- und Störverhaltens
mittels „late-lumping" 113
4.3 Ein-/Ausgangsentkopplung des Führungsverhaltens 119
4.3.1 Einführendes Beispiel 120
4.3.2 Problemstellung 123
4.3.3 Bestimmung des Rückführoperators 129
4.3.4 Bestimmung des Vorfilters 132
4.3.5 Vorsteuerung des Führungsverhaltens mittels
„late-lumping" 140
4.4 Vorsteuerungsentwurf mittels „early-lumping" 142
4.4.1 Führungs- und Störgrößenaufschaltung 143
4.4.2 Ein-/Ausgangsentkopplung 155
4.5 Entwurf der Vorsteuerung zum Arbeitspunktwechsel 164
4.5.1 Problemstellung 164
4.5.2 Flachheit endlich-dimensionaler linearer Systeme 166
4.5.3 Flachheitsbasierter Steuerungsentwurf 173

5 Entwurf von Ausgangsfolgereglern 183
5.1 Beobachterbasierte Ausgangsrückführung 184
5.1.1 Entwurf von Ausgangsbeobachtern 185
5.1.2 Separationsprinzip 194
5.1.3 Parametrischer Entwurf 199
5.2 Stabilisierung der Folgefehlerdynamik 212
5.3 Robuste asymptotische Störkompensation 225

6 Abschließende Betrachtungen 243

A Mathematische Grundlagen 245
A.1 C_0-Halbgruppen 245
A.2 Adjungierte Operatoren 249
A.3 Sturm-Liouville-Operatoren 253

B Ergänzungen zu den Beispielsystemen 257
B.1 Wärmeleiter mit Dirichletschen Randbedingungen 257
B.2 Beidseitig drehbar gelagerter Euler-Bernoulli-Balken 262

C Beweise und Herleitungen 271
C.1 Beweis des Eigenwertkriteriums 271
C.2 Beweis von Satz 2.1 272
C.3 Beweis von Satz 4.2 275
C.4 Beweis von Satz 4.4 276
C.5 Beweis von Satz 4.5 277
C.6 Beweis von Satz 4.6 280
C.7 Beweis von Satz 4.7 281
C.8 Beweis von Satz 4.9 283
C.9 Modale Approximation des Verlaufs der Ausgangsgröße y_s ... 286

Inhaltsverzeichnis ix

C.10 Beweis von Satz 4.12 286
C.11 Beweis von Satz 4.13 287
C.12 Herleitung der Zustandsbeschreibung (4.324)–(4.326) 288
C.13 Bestimmung der Übertragungsmatrix $F_{\tilde{d}}(s)$ 289
C.14 Nachweis der Regularität der Matrix T 291
C.15 Beweis von Satz 5.3 292
C.16 Beweis von Satz 5.4 293
C.17 Beweis von Satz 5.6 294
C.18 Beweis von Satz 5.7 294
C.19 Beweis von Satz 5.8 300
C.20 Beweis von Satz 5.9 303
C.21 Beweis von Satz 5.10 304
C.22 Beweis von Satz 5.11 305

Literaturverzeichnis 307

Sachverzeichnis 311

Kapitel 1
Einführung und Übersicht

1.1 Einführung

Bei vielen technischen Prozessen wird das Systemverhalten durch örtliche Transportprozesse, Ausgleichsvorgänge oder örtliche Wellenausbreitung bestimmt. Damit sind die Systemgrößen nicht nur zeitabhängig sondern auch ortsabhängig. Die Modellbildung solcher technischer Prozesse führt somit auf *verteilt-parametrische Systeme*, deren Dynamik durch *partielle Differentialgleichungen* beschrieben wird, da die dynamische Entwicklung sowohl vom Ort als auch von der Zeit abhängt. Aus diesem Grund ist die Behandlung von verteilt-parametrischen Systemen deutlich aufwändiger als die von *konzentriert-parametrischen Systemen*. Letztere werden nämlich durch gewöhnliche Differentialgleichungen modelliert, weil keine örtliche Abhängigkeit der Systemgrößen auftritt. Beispiele für verteilt-parametrische Systeme sind die Beschreibung der Temperaturverteilung auf einem wärmeleitenden Stab oder die Verbiegung eines Balkens. Diese einfachen Modelle können als Ausgangspunkt zur Modellierung technischer Prozesse wie z.B. von Schmelzöfen für die Glasherstellung oder von mechanischen Schwingungen in elastischen Industrierobotern dienen.

Bei konzentriert-parametrischen Systemen ermöglicht die Beschreibung im Zustandsraum eine systematische Analyse der Systemdynamik. Da der zugehörige Zustandsraum stets ein endlich-dimensionaler Vektorraum ist, gehören die konzentriert-parametrischen Systeme zur Klasse der *endlich-dimensionalen Systeme*. Die Grundidee der Zustandsbeschreibung im konzentriert-parametrischen Fall besteht darin, die anhand der Modellbildung gewonnenen Differentialgleichungen, die i.Allg. höherer Ordnung sind, durch Einführung von Zustandsgrößen als ein Differentialgleichungssystem erster Ordnung darzustellen. Die Systemdynamik wird dann durch die Lösung eines *Anfangswertproblems* für dieses Differentialgleichungssystem beschrieben, die für lineare zeitinvariante Systeme bei Kenntnis des Anfangszustands und eventuell auftretender stückweise stetiger Anregungssignale existiert und eindeutig ist. Damit erfasst der Zustand die vollständige systeminterne Information, welche die dynamische Weiterentwicklung des Systems festlegt. Die Zustandsbeschreibung ist auch Grundlage für systematische Verfahren zum Entwurf von konzentriert-parametrischen Steuerungs- und Regelungssystemen. Deshalb ist es nahe liegend, zur Steuerung und Regelung eines verteilt-parametrischen Systems dieses durch ein konzentriert-parametrisches System zu approximieren und anschließend die Zustandsraummethodik auf die endlich-dimensionale Approximation anzuwenden. Diese als *„early-lumping"-Methode* bezeichnete Vorgehensweise besitzt jedoch den wesentlichen Nachteil, dass die gewünschten Anforderungen an das resultierende Steuerungs- und Regelungssystem nicht vorab durch den Entwurf sichergestellt werden können. Bestimmt man beispielsweise einen Regler mit dem „early-lumping"-Ansatz, dann muss die Stabilität der resultierenden verteilt-parametrischen Regelung nachträglich untersucht werden, weil der Regler i.Allg. nur die Approximation der Strecke stabilisiert (siehe z.B. [2]). Darüber hinaus kommt bei Anwendung dieser Vorgehensweise die Ordnung des Approximationsmodells als weiterer wesentlicher Entwurfsparameter hinzu. Da man keine Aussage über dessen genauen Zusammenhang mit dem Entwurfsergebnis hat, wählt man ihn meist vergleichsweise hoch, um den Approximationsfehler klein zu halten. Dies bedeutet aber wiederum einen erhöhten Realisierungsaufwand für die Implementierung des Entwurfsergebnisses, wie z.B. die Realisierung eines Reglers sehr hoher Ordnung. Beim *„late-lumping"-Ansatz* wird nicht die Strecke, sondern das Entwurfsergebnis endlich-dimensional approximiert. Dies bedeutet beim Reglerentwurf, dass man zunächst einen verteilt-parametrischen Regler für die verteilt-parametrische Strecke entwirft. Anschließend muss dieses resultierende verteilt-parametrische System endlich-dimensional approximiert werden, um einen realisierbaren Regler zu erhalten. Dieser Ansatz hat bei der Reglerbestimmung den unmittelbaren Vorteil, dass man einerseits beim Entwurf des verteilt-parametrischen Reglers die Systemeigenschaften der Strecke berücksichtigen kann und sich andererseits die Reglerapproximation so durchführen lässt, dass Regelungseigenschaften, welche der verteilt-parametrische Regler sicherstellt, auch bei Verwendung der Reglerapproximation für die resultierende Regelung gelten. Aus diesen Gründen führt der Entwurf mittels *„late-lumping"* meist zu besseren Ergebnissen.

Die Durchführung des „late-lumping"-Ansatzes erfordert eine allgemeine Methodik zur Bestimmung von Steuerungs- und Regelungssystemen für verteilt-parametrische Systeme. Es ist nahe liegend, auch hier wie bei konzentriert-parametrischen Systemen die Zustandsraummethodik heranzuziehen (siehe [14]). Bei diesen Systemen ergibt sich durch die Modellbildung zunächst ein *Anfangs-Randwertproblem* für eine partielle Differentialgleichung. Durch Einführung eines geeigneten Zustands lässt sich diese Systembeschreibung in ein *abstraktes Anfangswertproblem* überführen, das formal mit dem Anfangswertproblem einer konzentriert-parametrischen Zustandsbeschreibung übereinstimmt. Allerdings muss sowohl bei der Einführung des Zustands als auch

1.1 Einführung

bei der Wahl des Zustandsraums darauf geachtet werden, dass das resultierende abstrakte Anfangswertproblem eine sinnvolle Systembeschreibung darstellt. Dies lässt sich beispielsweise leicht anhand eines Wärmeleiters veranschaulichen. Der Zustand ist offensichtlich durch die Temperaturverteilung auf dem Wärmeleiter gegeben, die neben der Zeit auch vom Ort abhängt. Bei der Zustandsbeschreibung von verteilt-parametrischen Systemen ist der Zustand eine sog. *abstrakte Funktion*, d.h. im betrachteten Beispiel ist die Ortsfunktion der Temperatur für jeden Zeitpunkt Element eines geeigneten Funktionenraums, der als Zustandsraum eingeführt wird. Bei der Wahl des Zustandsraums bzw. des Funktionenraums ist zu beachten, dass die Lösung des Anfangs-Randwertproblems Element dieses Funktionenraums ist. Diese Betrachtung macht bereits deutlich, dass man bei der Zustandsbeschreibung von verteilt-parametrischen Systemen wesentlich sorgfältiger vorgehen muss als bei konzentriert-parametrischen Systemen. Eine systematische Behandlung der im Zusammenhang mit der Zustandsbeschreibung von verteilt-parametrischen Systemen auftretenden Probleme ist mit Hilfe der *linearen Funktionalanalysis* möglich, die man als eine Verbindung der Analysis mit der linearen Algebra ansehen kann. Da der Zustandsraum von verteilt-parametrischen Systemen ein Funktionenraum und damit unendlich-dimensional ist, gehören die verteilt-parametrischen Systeme zur Klasse der *unendlich-dimensionalen Systeme*.

Bei linearen zeitinvarianten konzentriert-parametrischen Systemen hat sich die Zustandsraummethodik unter Verwendung von Eigenwerten und Eigenvektoren bei der Systemanalyse und -synthese als sehr tragfähig erwiesen. Insbesonders erlaubt diese Betrachtungsweise einen unmittelbaren Einblick in die vorliegende Systemdynamik oder ermöglicht eine klare Vorstellung über die vorzugebende Dynamik. Aus diesem Grund ist dieser Ansatz für konzentriert-parametrische Systeme bereits weitestgehend untersucht (siehe z.B. [27, 57]). Die bisherige Behandlung der linearen zeitinvarianten verteilt-parametrischen Zustandsregelung mit diesem Ansatz beschränkt sich nur auf den Eingrößenfall (siehe z.B. [5, 68, 71]) oder wird erst gar nicht betrachtet, weil die modale Charakterisierung der Systemdynamik zu aufwändig erscheint. Dies steht aber im Widerspruch zur Tatsache, dass sich die Dynamik von vielen verteilt-parametrischen Mehrgrößensystemen, die in technischen Problemstellungen auftreten, mittels Eigenwerten und Eigenvektoren anschaulich charakterisieren lässt. Darüber hinaus wurden in [14] die sog. *Riesz-Spektralsysteme* eingeführt, mit denen eine sehr große Klasse solcher verteilt-parametrischer Systeme in einem einheitlichen Rahmen geeignet beschrieben werden kann. Ein weiterer Vorteil der modalen Betrachtungsweise ist, dass sich Gemeinsamkeiten und Unterschiede zwischen konzentriert-parametrischen und verteilt-parametrischen Systemen einfach herausarbeiten lassen. Damit sind einerseits Vorgehensweisen der Zustandsraummethodik für konzentriert-parametrische Systeme auf den verteilt-parametrischen Fall übertragbar und andererseits können Ergebnisse der Zustandsraummethodik für verteilt-parametrische Systeme im Rahmen der konzentriert-parametrischen Systeme interpretiert werden. Darüber hinaus wird die Zustandsraummethodik für verteilt-parametrische Systeme unter Verwendung der modalen Betrachtungsweise durch verfügbare leistungsfähige Softwarepakete gestützt, welche die Berechnung modaler Kenngrößen auch für komplizierte Geometrien mittels *Finiter Elemente* erlauben. Deshalb wird in diesem Buch eine *systematische Zustandsraummethodik für lineare verteiltparametrische Mehrgrößensysteme* zum Entwurf von Steuerungs- und Regelungssystemen entwickelt, wobei Eigenwerte und Eigenvektoren wesentliche Kenngrößen für die Analyse als auch für die Synthese sind.

1.2 Übersicht

Bisherige Darstellungen der Zustandsbeschreibung verteilt-parametrischer Systeme setzen fortgeschrittene Kenntnisse im Bereich der Funktionalanalysis voraus und sind meist sehr abstrakt gehalten. Aus diesem Grund wird bei der Einführung der Zustandsbeschreibung von verteilt-parametrischen Systemen im *zweiten Kapitel* besonderer Wert auf eine anschauliche Darstellung gelegt. Voraussetzung sind dabei nur die Grundlagen zur Zustandsbeschreibung konzentriert-parametrischer Systeme. Die Ergebnisse dieses Kapitels werden auch anhand von zwei konkreten Beispielen verdeutlicht. Die Auswahl der dabei betrachteten verteilt-parametrischen Systeme orientiert sich an dem Ziel, den Zugang zu den vorgestellten Ergebnissen zu erleichtern. Das erste verteiltparametrische System ist der *Wärmeleiter*, d.h. ein eindimensionaler Stab mit endlicher Länge, welcher einen verteilten Energiespeicher besitzt und der zur Klasse der *Sturm-Liouville-Systeme* gehört. Diese Klasse von verteiltparametrischen Systemen lässt sich mit der modalen Betrachtungsweise sehr einfach und anschaulich behandeln. Beispielsweise besitzt der Wärmeleiter nur einfache relle Eigenwerte, wobei nur endlich viele in der rechten Halbebene liegen. Darüber hinaus bilden seine Eigenvektoren eine orthogonale Basis im Zustandsraum, womit man Elemente des Zustandsraums problemlos nach den Eigenvektoren entwickeln kann. Aus diesem Grund wird der Wärmeleiter verwendet, um die betrachteten Sachverhalte zunächst anschaulich zu verdeutlichen. Das zweite Beispielsystem ist ein beidseitig drehbar gelagerter *Euler-Bernoulli-Balken*, welcher aufgrund der zwei vorhandenen verteilten Energiespeicher auch Schwingungsverhalten zeigen kann. Anhand dieses verteilt-parametrischen Systems lässt sich die Anwendungsbreite der vorgestellten Ergebnisse gut darstellen, da es kein Sturm-Liouville-System mehr ist. Beispielsweise bilden die Eigenvektoren des Euler-Bernoulli-Balkens im gedämpften Fall keine orthogonale Basis im Zustandsraum. Erst durch Formulierung des Balkens als Riesz-Spektralsystem wird eine modale Analyse sowie die darauf aufbauende modale Synthese ermöglicht. Damit bietet sich dieses System an, um allgemeinere Zusammenhänge zu veranschaulichen. In den nachfolgenden Kapiteln werden der Wärmeleiter und der Euler-Bernoulli-

1.2 Übersicht

Balken wieder aufgegriffen, um die vorgestellten Entwurfsverfahren anhand von konkreten Beispielen zu erproben. Im Vordergrund der Betrachtungen stehen verteilt-parametrische Systeme, bei denen der Stelleingriff im Inneren des Ortsbereichs auftritt, d.h. die Systembeeinflussung erfolgt durch einen *verteilten Eingriff*. Beim Wärmeleiter bedeutet dies, dass die Erwärmung entlang des Stabes und nicht am Anfang oder am Ende erfolgt. Bei vielen Anwendungsbeispielen ist ein Eingriff aber nur am Rand möglich oder einfacher zu realisieren. Beispielsweise kann die Erwärmung eines Stabes nur am Stabanfang oder -ende möglich sein, wenn der Rest des Stabes für die Erwärmung nicht zugänglich ist. In diesem Fall spricht man von verteilt-parametrischen Systemen mit *Randeingriff*. Am Ende des zweiten Kapitels wird gezeigt, dass sich die meisten verteilt-parametrischen Systeme mit Randeingriff in Systeme mit verteiltem Eingriff überführen lassen. Deshalb ist die Betrachtung von verteilt-parametrischen Systemen mit verteiltem Eingriff keine wesentliche Einschränkung.

Ein weiteres besonderes Merkmal dieses Buches ist der durchgängige Entwurf von Steuerungs- und Regelungssystemen auf Grundlage der *Zwei-Freiheitsgrade-Struktur* (siehe [41,45]) und deren Verallgemeinerung auf mehr als zwei Freiheitsgrade. Bei solchen Regelungen wird das Führungsverhalten und das Verhalten bezüglich messbarer Störungen vorgesteuert. Unabhängig davon lässt sich das Störverhalten bezüglich nichtmessbarer Störungen und Modellunsicherheit durch eine Regelung einstellen. Diese Eigenschaften ermöglichen somit einen systematischen Entwurf von Steuerungs- und Regelungssystemen. Diese Zusammenhänge werden im *dritten Kapitel* zunächst allgemein vorgestellt. Danach folgt die Besprechung der Besonderheiten, die man bei Anwendung dieses Ansatzes auf verteilt-parametrische Systeme beachten muss.

Der weitere Aufbau des Buches ist durch den Entwurf von Regelungen mit mehreren Freiheitsgraden festgelegt, der sich in zwei weitere Kapitel zum Entwurf der Vorsteuerung und des Folgereglers gliedert. Im *vierten Kapitel* werden Methoden zur Bestimmung von *Vorsteuerungen* für verteiltparametrische Systeme entwickelt. Hierbei wird zunächst der Entwurf von *modellgestützten Vorsteuerungen* behandelt. Die Grundidee der modellgestützten Vorsteuerung besteht darin, mittels eines Modellregelkreises den für die Vorsteuerung nötigen Stellsignalverlauf und die zugehörige Solltrajektorie für die Regelgröße zu erzeugen. Damit ist es möglich, Sollwertvorgaben eines Bedieners oder eines übergeordneten Systems online umzusetzen. Im Vergleich zur Regelung der tatsächlichen Strecke zeichnet sich dieser Ansatz durch zwei Besonderheiten aus. Einerseits sind alle Zustände des in der modellgestützen Vorsteuerung vorhandenen Streckenmodells unmittelbar zugänglich und andererseits ist das Modell exakt bekannt. Die erste Eigenschaft legt nahe, die modellgestützte Vorsteuerung mittels einer Zustandsrückführung durch Eigenwertvorgabe zu stabilisieren. Hierfür wird im vierten Kapitel eine explizite Lösung des zugehörigen Eigenwertvorgabeproblems hergeleitet, die eine Verallgemeinerung der von konzentriert-parametrischen Systemen her bekannten *Vollständigen Modalen Synthese* ist (siehe [57]). Die zweite Eigenschaft der modellgestützten Vorsteuerung kann genutzt werden, um das Führungs- und Störverhalten mittels einer *Führungs- und Störgrößenaufschaltung* einzustellen. Die Robustheitsproblematik dieser Entwurfsmethode kommt bei Bestimmung der Steuerung nämlich nicht zum Tragen, da sie für das bekannte Streckenmodell entworfen wird. Da in diesem Buch von verteilt-parametrischen Mehrgrößensystemen ausgegangen wird, muss auch die Einstellung des Führungsverhaltens durch eine *Ein-/Ausgangsentkopplung* behandelt werden. Auf Grundlage des zu Beginn des Kapitels entwickelten parametrischen Entwurfsverfahrens für Zustandsrückführungen wird hierzu ein Ansatz zur systematischen Ein-/Ausgangsentkopplung von Riesz-Spektralsystemen angegeben. Nach dem Entwurf von modellgestützten Vorsteuerungen für verteilt-parametrische Systeme ergibt sich noch das Problem der endlich-dimensionalen Realisierung. Begleitend zur Entwicklung der Entwurfsverfahren für die Bestimmung der modellgestützten Vorsteuerung wird deshalb die Realisierung der resultierenden unendlich-dimensionalen Vorsteuerung mittels „late-lumping" vorgestellt. In manchen Fällen kann die sich ergebende Vorsteuerung jedoch von vergleichsweise hoher Ordnung sein. Aus diesem Grund wird diese Vorgehensweise noch um eine weitere Entwurfsmethodik für Vorsteuerungen niedriger Ordnungen ergänzt. Bei diesem Ansatz erfolgt die Bestimmung der Vorsteuerung mittels „early-lumping". Die beim Entwurf vernachlässigte Streckendynamik lässt sich anschließend durch Bestimmung einer zusätzlichen Störgrößenaufschaltung auf Grundlage der verteilt-parametrischen Strecke berücksichtigen, die stationäre Genauigkeit im vorgesteuerten Führungs- und Störverhalten sicherstellt. Dieses Ergebnis macht deutlich, dass auch der klassische „early-lumping"-Ansatz durch die Zustandsraumbetrachtung des verteilt-parametrischen Systems beim Entwurf sinnvoll erweitert werden kann. Das Kapitel zum Vorsteuerungsentwurf wird durch die Realisierung von Arbeitspunktwechsel abgeschlossen, die in praktischen Anwendungen häufig vorkommen. Bei dieser Problemstellung wird im Gegensatz zur modellgestützten Vorsteuerung die Solltrajektorie und die zugehörige Steuerung offline bestimmt. Damit muss kein dynamisches System in der Vorsteuerung realisiert werden, was die Verwendung modaler Approximationsmodelle sehr hoher Ordnung für den Steuerungsentwurf nahe legt. Ausgehend von diesem Ansatz wird der zugehörige Steuerungsentwurf für den Arbeitspunktwechsel unter Verwendung der Flachheitseigenschaft des Approximationsmodells vorgestellt.

Um nichtmessbare Störungen und Modellunsicherheit zu berücksichtigen, muss man die modellgestützte Vorsteuerung um eine Regelung ergänzen. Hierzu sind *endlich-dimensionale Regler* für verteilt-parametrische Systeme zu entwerfen. Da sich nur solche Regler in praktischen Anwendungen realisieren lassen, stellt die endlich-dimensionale Regelung von verteilt-parametrischen Systemen eine grundlegende Problemstellung dar. Sie wird durch die Tatsache erschwert, dass sich der systematische Entwurf einer be-

1.2 Übersicht

obachterbasierten Zustandsrückführung nicht auf verteilt-parametrische Systeme übertragen lässt, da der resultierende Regler unendlich-dimensional ist. Durch die endlich-dimensionale Approximation dieses Reglers im Rahmen des „late-lumping"-Ansatzes verliert das Separationsprinzip seine Gültigkeit, womit dem Entwurf seine Grundlage entzogen wird. Im *fünften Kapitel* wird deshalb ein alternativer Ansatz zum systematischen Entwurf endlich-dimensionaler Regler vorgestellt, der weder auf einer Streckenapproximation noch auf einer Reglerapproximation aufbaut. Vielmehr wird der endlich-dimensionale Regler direkt für die verteilt-parametrische Strecke entworfen, weshalb man auch von einem *direkten Reglerentwurf* spricht. Beim vorgestellten Ansatz wird die Grundidee der klassischen Zustandsregelung, beobachtete Systemgrößen zurückzuführen, so verallgemeinert, dass sie sich auch zur endlich-dimensionalen Regelung von verteilt-parametrischen Systemen verwenden lässt. Dies wird durch Entwurf eines *endlich-dimensionalen Ausgangsbeobachters* erreicht, der zusätzliche Ausgangsgrößen asymptotisch rekonstruiert. Mit ihm lässt sich dann eine statische Ausgangsrückführung der verfügbaren Messgrößen und der rekonstruierten Ausgangsgrößen implementieren. Für diese *beobachterbasierte Ausgangsrückführung* gilt das Separationsprinzip, weshalb der resultierende Regler bereits beim Entwurf die Stabilität der Regelung sicherstellt. Die systematische Durchführung des Entwurfs von beobachterbasierten Ausgangsrückführungen mittels Eigenwertvorgabe wird durch die allg. Parametrierung solcher Regler auf Grundlage der Vollständigen Modalen Synthese ermöglicht. Damit lassen sich endlich-dimensionale Regler für verteilt-parametrische Systeme mittels Parameteroptimierung gezielt bestimmen. Um externe Störungen, die sich durch Signalmodelle darstellen lassen, robust asymptotisch kompensieren zu können, wird die beobachterbasierte Ausgangsrückführung mit Hilfe des *internen Modellprinzips* erweitert. Der endlich-dimensionale Reglerentwurf wird durch Einführung von strukturellen Maßnahmen zur Vermeidung der durch Stellsignalbegrenzungen ausgelösten Probleme abgeschlossen.

Das *sechste Kapitel* gibt einen Ausblick auf die Anwendungsmöglichkeiten der vorgestellten Ergebnisse auf weitere Klassen linearer Systeme.

Um die Lesbarkeit des Buches zu verbessern, wurden die Beweise von Sätzen sowie umfangreichere Herleitungen in den Anhang verschoben. Er enthält auch einige wichtige mathematische Grundlagen sowie weitere Ergänzungen zu den beiden verteilt-parametrischen Beispielsystemen.

Kapitel 2
Zustandsbeschreibung linearer verteilt-parametrischer Systeme

In diesem Kapitel sind die wesentlichen *systemtheoretischen Grundlagen* zur Beschreibung von linearen verteilt-parametrischen Systemen im Zustandsraum zusammengestellt. Die Auswahl orientiert sich dabei an den im weiteren Verlauf des Buches vorgestellten Methoden zum Steuerungs- und Regelungsentwurf, weshalb kein Anspruch auf Vollständigkeit besteht. Eine umfassende Darstellung der Zustandsbeschreibung unendlich-dimensionaler Systeme findet man im Standardwerk [14], das in diesem Buch auch als Referenz für funktionalanalytische Grundlagen dient. Die Struktureigenschaften *Steuerbarkeit* und *Beobachtbarkeit* sind in dieser Zusammenfassung nicht aufgenommen, sondern werden erst in den nachfolgenden Kapiteln als Voraussetzungen für die Anwendung der Entwurfsverfahren eingeführt.

Zu Beginn des Kapitels wird zunächst die Problematik bei der Beschreibung verteilt-parametrischer Systeme im Zustandsraum anhand eines einfachen *Wärmeleiters* aufgezeigt. Diese Betrachtungen dienen als Motivation für die bei verteilt-parametrischen Systemen umfangreicheren Begriffsbildungen sowie für den mathematischen Aufwand, der nötig ist, um zu einer fundierten Systembeschreibung für den Steuerungs- und Regelungsentwurf zu kommen. Darüber hinaus wird im weiteren Verlauf des Buches dieses einfache Beispielsystem verwendet, um die eingeführten Entwurfsverfahren möglichst anschaulich darstellen zu können.

Der darauf folgende Abschnitt führt die *Riesz-Spektralsysteme* ein, mit denen sich viele lineare verteilt-parametrische Systeme im Zustandsraum beschreiben lassen. Diese Systeme zeichnen sich insbesonders dadurch aus, dass sich ihre Eigenschaften unter Verwendung von Eigenwerten und Eigenvektoren analysieren lassen. Da bei diesen Systemen ein verteilter Eingriff angenommen wird, stimmen ihre Zustandsgleichungen formal mit denen konzentriert-parametrischer Systeme überein. Dies ermöglicht eine Einführung der systemtheoretischen Grundlagen verteilt-parametrischer Systeme in naher Analogie zum konzentriert-parametrischen Fall, womit Gemeinsamkeiten sowie Unterschiede in den Eigenschaften dieser Systemklassen deutlich dargestellt werden können. Im Gegensatz zu konzentriert-parametrischen

Systemen setzt die Wahl eines geeigneten Zustandsraums sowie die Einführung geeigneter Zustandsvariablen bei verteilt-parametrischen Systemen eine genaue Analyse des zugrundeliegenden Anfangs-Randwertproblems voraus, damit sich für den Steuerungs- und Regelungsentwurf ein geeignetes mathematisches Modell ergibt. Um diese Problematik aufzeigen zu können, wird die Zustandsbeschreibung eines *Euler-Bernoulli-Balkens* ausführlich hergeleitet. Bei diesem System ist nämlich die Wahl des Zustandsraums und der Zustandsgrößen nicht offensichtlich und bedarf einer genauen Untersuchung. Zudem eignet sich dieses System auch zur Veranschaulichung der in diesem Kapitel vorgestellten allgemeinen Aussagen, da es bei der Systemanalyse wesentlich schwieriger zu behandeln ist als der zu Beginn eingeführte Wärmeleiter. Anschließend wird die Lösung der Zustandsgleichungen in Abhängigkeit der Eigenwerte und Eigenvektoren bestimmt. Dies erlaubt einen Einblick in die Möglichkeiten der Systembeeinflussung im verteilt-parametrischen Fall, wenn man bei der Regelung auf eine Eigenwert- und Eigenvektorvorgabe abzielt. Ausgehend von der Lösung der Zustandsgleichungen wird ein für die Betrachtungen in diesem Buch geeigneter Stabilitätsbegriff eingeführt. Für diese Stabilitätsdefinition lässt sich zeigen, dass damit die Stabilität von Riesz-Spektralsystemen anhand der Eigenwerte überprüfbar ist. Neben der Systembeschreibung im Zeitbereich wird auch die Beschreibung des Übertragungsverhaltens von Riesz-Spektralsystemen im Frequenzbereich durch die Übertragungsmatrix näher erläutert. Diese Systembeschreibung ist von besonderer Bedeutung, da sich viele in diesem Buch vorgestellte Steuerungen und Regelungen unter Verwendung der Übertragungsmatrix exakt angeben lassen. Weil dabei die Übertragungsmatrix nur an bestimmten Punkten ausgewertet werden muss, ist eine effiziente numerische Durchführung des Entwurfs dann immer möglich.

In diesem Buch werden ausschließlich verteilt-parametrische Systeme mit *verteiltem Eingriff* betrachtet, d.h. die Systembeeinflussung erfolgt im Inneren des physikalischen Prozesses. Allerdings tritt in praktischen Anwendungen häufig der Fall auf, dass der Stelleingriff am Rand des Systems erfolgt. Im letzten Abschnitt dieses Kapitels wird deshalb gezeigt, dass sich solche Systeme mit *Randeingriff* in den meisten Fällen als Riesz-Spektralsysteme mit verteiltem Eingriff formulieren lassen. Damit sind die in diesem Buch vorgestellten Methoden ebenfalls auf Systeme mit Randeingriff anwendbar und die Betrachtung von Systemen mit verteiltem Eingriff stellt somit keine allzu restriktive Einschränkung dar.

2.1 Einführendes Beispiel

Die Grundideen der Zustandsbeschreibung linearer verteilt-parametrischer Systeme sollen anhand eines typischen Beispiels dargestellt werden, nämlich mittels des örtlich eindimensionalen *Wärmeleiters*. Dieses mathemati-

2.1 Einführendes Beispiel   11

sche Modell beschreibt die dynamische Entwicklung der über einen Leiter verteilten Temperatur durch Wärmeleitung unter dem Einfluss von Wärmequellen und -senken. Die gleiche Systembeschreibung erhält man auch bei anderen Ausgleichsprozessen wie z.B. Diffusionsvorgängen. Mit dem Wärmeleiter lassen sich auch zahlreiche industrielle Prozesse, wie z.B. Induktionsöfen, Durchlauf- und Stoßöfen oder Metall- und Glasvorherde modellieren.

Betrachtet wird ein beheizter Stab der normierten Länge 1, wie er in Abbildung 2.1 skizziert ist. Er wird als hinreichend dünn angenommen, so dass die Temperatur über dem Querschnitt nahezu konstant ist, was eine eindimensionale Modellierung der Ausgleichsvorgänge ermöglicht. Die orts- und zeitabhängige Temperatur auf dem Stab ist durch das Temperaturprofil $x(z,t)$ gegeben. Zur Einstellung einer gewünschten Temperaturverteilung wird angenommen, dass zwei Wärmequellen zur Verfügung stehen, die das Temperaturprofil durch die *Quellenfunktion* $u_\Omega(z,t) = b_1(z)u_1(t) + b_2(z)u_2(t)$ beeinflussen. Die *Ortscharakteristiken* $b_1(z)$ und $b_2(z)$ der Eingänge u_1 und u_2 sind durch

$$b_1(z) = \begin{cases} 1 & : \ 0.5 \leq z \leq 0.6 \\ 0 & : \ \text{sonst} \end{cases} \tag{2.1}$$

und

$$b_2(z) = \begin{cases} 0.5 & : \ 0.15 \leq z \leq 0.25 \\ 0.5 & : \ 0.75 \leq z \leq 0.85 \\ 0 & : \ \text{sonst} \end{cases} \tag{2.2}$$

definiert und geben an, wie sich die Heizleistungen $u_1(t)$ und $u_2(t)$ der Wärmequellen auf den Stab im Inneren des *Ortsbereichs* $0 \leq z \leq 1$ verteilen. Durch Aufstellung einer Bilanzgleichung für die Wärme (siehe hierzu z.B. Kapitel 2.2 in [28]) und Einführung des Vektors

$$b^T(z) = \begin{bmatrix} b_1(z) \ b_2(z) \end{bmatrix} \tag{2.3}$$

ergibt sich die *parabolische partielle Differentialgleichung (PDgl.)*

$$\partial_t x(z,t) = \partial_z^2 x(z,t) + b^T(z)u(t), \quad t > 0, \quad z \in (0,1) \tag{2.4}$$

für das Temperaturprofil $x(z,t)$. Hierbei werden zur Vereinfachung der Darstellung alle Größen als dimensionslos und normiert angenommen. In (2.4) sind die *partiellen Differentialoperatoren* ∂_t und ∂_z^2 durch

$$\partial_t = \frac{\partial}{\partial t} \quad \text{und} \quad \partial_z^2 = \frac{\partial^2}{\partial z^2} \tag{2.5}$$

definiert. Diese abkürzende Schreibweise für partielle Differentialoperatoren wird im Buch durchgehend verwendet. Die PDgl. (2.4) beschreibt die dynamische Entwicklung der Temperaturverteilung $x(z,t)$ im Intervall $0 < z < 1$. Da der Wärmeleiter nur einen *verteilten Energiespeicher* besitzt, tritt in (2.4)

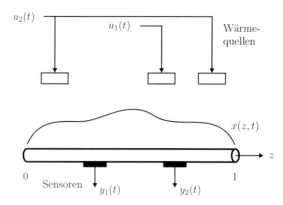

Abb. 2.1: Wärmeleiter mit der Temperatur $x(z,t)$, den Eingängen $u_1(t)$ und $u_2(t)$ sowie den Regelgrößen $y_1(t)$ und $y_2(t)$

nur die erste zeitliche Ableitung auf. Bei Systemen mit zwei verteilten Energiespeichern, wie z.B. Balken oder schwingende Saiten, können auch zweite Zeitableitungen sowie gemischte Zeit- und Ortsableitungen vorkommen. Da die Stellgrößen in einem Bereich innerhalb des Intervalls $0 < z < 1$ und nicht am Rand eingreifen, liegt ein verteilt-parametrisches System mit *verteiltem Eingriff* vor. Zur vollständigen Charakterisierung des Problems müssen noch die Rand- und Anfangsbedingungen gegeben sein. Die *Randbedingungen* beschreiben, wie das verteilt-parametrische System mit seiner Umgebung wechselwirkt. Im Unterschied zu den Anfangsbedingungen legen die Randbedingungen damit wesentliche Eigenschaften des verteilt-parametrischen Systems fest. Im vorliegenden Beispiel wird der Stab an den Rändern $z = 0$ und $z = 1$ auf einer konstanten Temperatur $x(0,t) = x(1,t) = 0$ gehalten, was sog. *Dirichletschen Randbedingungen* entspricht. Die Temperaturverteilung zum Zeitpunkt $t = 0$ ist durch die *Anfangsbedingung* $x(z,0) = x_0(z)$ vorgegeben. Die Regelgrößen y_1 und y_2 sind Temperaturen, welche über endliche Ortsintervalle gemittelt werden. Diese Intervalle sind durch die *Ortscharakteristiken*

$$c_1(z) = \begin{cases} 1 & : \ 0.37 \leq z \leq 0.43 \\ 0 & : \ \text{sonst} \end{cases} \tag{2.6}$$

und

$$c_2(z) = \begin{cases} 1 & : \ 0.67 \leq z \leq 0.73 \\ 0 & : \ \text{sonst} \end{cases} \tag{2.7}$$

der Ausgänge y_1 und y_2 mit

$$c(z) = \begin{bmatrix} c_1(z) \\ c_2(z) \end{bmatrix} \tag{2.8}$$

2.1 Einführendes Beispiel

beschrieben. Damit wird entsprechend zum Eingriff eine *verteilte Messung* vorgenommen, wenn man die Regelgrößen als messbar voraussetzt. Insgesamt ergibt sich für den Wärmeleiter die Beschreibung durch das *Anfangs-Randwertproblem*

$$\partial_t x(z,t) = \partial_z^2 x(z,t) + b^T(z)u(t), \quad t > 0, \quad z \in (0,1) \tag{2.9}$$

$$x(0,t) = x(1,t) = 0, \quad t > 0 \tag{2.10}$$

$$x(z,0) = x_0(z), \quad z \in [0,1] \tag{2.11}$$

$$y(t) = \int_0^1 c(z)x(z,t)dz, \quad t \geq 0 \tag{2.12}$$

mit zwei Eingangsgrößen zusammengefasst im Vektor u und zwei Ausgangsgrößen als Elemente des Vektors y. Hierbei wird angenommen, dass der Anfangswert x_0 in (2.11) mit den Randbedingungen (2.10) *konsistent* ist, d.h. $x_0(0) = x_0(1) = 0$ gilt. Aufgrund der zwei Ein- und Ausgänge handelt es sich beim Wärmeleiter um ein *lineares verteilt-parametrisches Mehrgrößensystem*.

Im Folgenden soll gezeigt werden, wie sich eine Zustandsbeschreibung des Wärmeleiters in Form des *(abstrakten) Anfangswertproblems*

$$\dot{x}(t) = \mathcal{A}x(t) + \mathcal{B}u(t), \quad t > 0, \quad x(0) = x_0 \in H \tag{2.13}$$

$$y(t) = \mathcal{C}x(t), \quad t \geq 0 \tag{2.14}$$

einführen lässt. Wie man sofort erkennt, stimmt (2.13)–(2.14) formal mit der Zustandsdarstellung konzentriert-parametrischer Systeme überein (siehe z.B. [27]). Im Unterschied zu solchen Systemen ist der zugehörige Zustandsraums jedoch nicht von vorneherein festgelegt. Vielmehr gehört die Wahl des Zustandsraums bei verteilt-parametrischen System mit zur Modellbildung. Gesichtspunkte für die Bestimmung des Zustandsraums und i.Allg. auch der Zustandsgrößen sind Aussagen über die Existenz- und Eindeutigkeit der Lösung von (2.13). Im vorliegenden Beispiel wählt man als Zustandsgröße die Temperatur des Wärmeleiters, d.h. man führt den (skalaren) *Zustand* $x(\cdot,t) = \{x(z,t), \ z \in [0,1]\}$ ein. Besitzt das verteilt-parametrische System mehr als einen verteilten Energiespeicher, dann ist $x(t)$ ein Vektor und die Wahl des Zustands kann nicht mehr so offensichtlich sein wie hier (siehe Beispiel 2.4 und z.B. Kapitel 7.2 in [29]). Als *Zustandsraum* H wählt man den Funktionenraum $L_2(0,1)$ der im Intervall $[0,1]$ absolut quadratisch Lebesgueintegrierbaren und komplexwertigen Funktionen, d.h.

$$L_2(0,1) = \{f : [0,1] \to \mathbb{C} \mid \int_0^1 |f(z)|^2 dz < \infty\}, \tag{2.15}$$

und führt dort das *Skalarprodukt*

$$\langle x, y \rangle = \int_0^1 x(z)\overline{y(z)}dz \tag{2.16}$$

ein, worin $\overline{y}$ die zu y konjugiert komplexe Größe bezeichnet. Man kann zeigen, dass der Raum $L_2(0,1)$ zusammen mit dem Skalarprodukt (2.16) ein *Hilbert-raum* ist. Solche Vektorräume sind *vollständig* (d.h. jede *Cauchy-Folge* ist in diesem Raum konvergent) und *normiert*, wobei die *Norm* durch das im Raum eingeführte Skalarprodukt induziert wird, d.h. $\|\cdot\| = \sqrt{\langle\cdot,\cdot\rangle}$. Der Zustand $x(t)$ ist eine *abstrakte Funktion*, d.h. für jeden festen Zeitpunkt $t \geq 0$ ist die Ortsfunktion $x(z,t)$ im Intervall $[0,1]$ Element des Hilbertraums H. Da hierbei nur die Zeit t als Ordnungsparameter auftritt, wird in (2.13)–(2.14) die Ortsabhängigkeit weggelassen. Auf dem Zustandsraum H lässt sich nun der *Systemoperator* $\mathcal{A} : D(\mathcal{A}) \subset H \rightarrow H$ mit dem *Definitionsbereich* $D(\mathcal{A})$ gemäß

$$\mathcal{A}h = \frac{d^2}{dz^2}h \qquad (2.17)$$

$$h \in D(\mathcal{A}) = \{h \in L_2(0,1) \mid h, \tfrac{d}{dz}h \text{ absolut stetig,}$$

$$\tfrac{d^2}{dz^2}h \in L_2(0,1) \text{ und } h(0) = h(1) = 0\} \qquad (2.18)$$

definieren (für Details siehe Anhang B.1). Anhand von (2.18) erkennt man, dass die in (2.10) geforderten Randbedingungen bei der Formulierung (2.13) im Definitionsbereich von $\mathcal{A}$ berücksichtigt werden. Hierbei ist zu beachten, dass die Randbedingungen homogen sein müssen. Diese Forderung macht Probleme, wenn z.B. am Rand des Wärmeleiters eine Störung eingreift. Dies würde bedeuten, dass sich der Definitionsbereich von $\mathcal{A}$ nicht mehr unabhängig von dieser Anregung einführen lässt. Deshalb muss man in diesem Fall die Randbedingungen erst homogenisieren, bevor man solche Systeme im Zustandsraum darstellen kann (für weitere Details siehe Abschnitt 2.3). Beim Definitionsbereich $D(\mathcal{A})$ in (2.18) ist zu beachten, dass $\frac{d}{dz}h$ und $\frac{d^2}{dz^2}h$ *schwache Ableitungen* von h sind (siehe Anhang B.1), welche auch für nicht klassisch differenzierbare Funktionen h existieren. Der zweite in (2.13) auftretende Operator ist der *Eingangsoperator* $\mathcal{B}$, der durch

$$\mathcal{B}u(t) = b_1 u_1(t) + b_2 u_2(t) \qquad (2.19)$$

gegeben ist (siehe (2.3) sowie (2.9)). In der Ausgangsgleichung (2.14) tritt der *Ausgangsoperator* $\mathcal{C}$ auf, der sich mit Hilfe des Skalarprodukts (2.16) gemäß

$$\mathcal{C}x(t) = \begin{bmatrix} \langle x(t), c_1 \rangle \\ \langle x(t), c_2 \rangle \end{bmatrix} \qquad (2.20)$$

einführen lässt (siehe (2.8) und (2.12)). Wie man anhand von (2.1)–(2.2) und (2.6)–(2.7) erkennt, sind die Ortscharakteristiken Element des Zustandsraums $H = L_2(0,1)$. Dies ist wichtig, weil sich für die modale Analyse von verteilt-parametrischen Systemen diese Kenngrößen im Zustandsraum entwickeln lassen müssen. Hätte man für H einen klassischen Funktionenraum, wie z.B. den Raum der zweifach stetig differenzierbaren Funktionen gewählt,

2.1 Einführendes Beispiel 15

dann würde sich der Wärmeleiter nicht mit den im Folgenden dargestellten Methoden behandeln lassen, da die Ortscharakteristiken unstetig sind.

In Beispiel 2.3 wird gezeigt, dass durch Wahl des Zustandsraums H und des Definitionsbereichs $D(\mathcal{A})$ der Operator $\mathcal{A}$ ein *infinitesimaler Generator einer C_0-Halbgruppe* ist (für Details siehe Anhang A.1). Dies bedeutet, dass die *milde Lösung* der homogenen Zustandsgleichung

$$\dot{x}(t) = \mathcal{A}x(t), \quad t > 0, \quad x(0) = x_0 \in H \tag{2.21}$$

(siehe (2.13)) in der Form

$$x(t) = \mathcal{T}_{\mathcal{A}}(t)x_0 \tag{2.22}$$

dargestellt werden kann, worin die durch t parametrierte Familie $\mathcal{T}_{\mathcal{A}}(t)$ von Operatoren eine *C_0-Halbgruppe* ist. Diese Aussage erinnert formal an die bei linearen konzentriert-parametrischen Systemen bekannte Lösung der homogenen Zustandsgleichungen mit Hilfe der Matrixexponentialfunktion. In der Tat kann man die C_0-Halbgruppe als Verallgemeinerung der Matrixexponentialfunktion auf verteilt-parametrische Systeme ansehen. Diese Betrachtungsweise hat den Vorzug, dass man aufgrund des Zusammenhangs des Generators $\mathcal{A}$ mit $\mathcal{T}_{\mathcal{A}}(t)$ Aussagen über $\mathcal{T}_{\mathcal{A}}(t)$ und damit über das System machen kann, ohne dazu $\mathcal{T}_{\mathcal{A}}(t)$ explizit berechnen zu müssen. Die *milde Lösung* der inhomogenen Zustandsgleichung (2.13) ist analog zum konzentriert-parametrischen Fall durch

$$x(t) = \mathcal{T}_{\mathcal{A}}(t)x_0 + \int_0^t \mathcal{T}_{\mathcal{A}}(t - \tau)\mathcal{B}u(\tau)d\tau \tag{2.23}$$

gegeben. An dieser Stelle kann man sich fragen, wie die Lösung des abstrakten Anfangswertproblems (2.13) mit der Lösung des Anfangs-Randwertproblems (2.9)–(2.11) zusammenhängt. Hierzu wird in [14] gezeigt, dass die milde Lösung (2.23) des abstrakten Anfangswertproblems (2.13) mit der *schwachen Lösung* des Anfangs-Randwertproblems (2.9)–(2.11) übereinstimmt. Die schwache Lösung stellt einen allgemeineren Lösungsbegriff dar als die *klassische Lösung*. Letztere besitzt die durch die Differentialgleichung (2.9) geforderte Differenzierbarkeitseigenschaft. In vielen Fällen wird das Verhalten technischer Systeme aber durch Lösungen beschrieben, die nicht die nötigen Differenzierbarkeitseigenschaften besitzen. Man denke beispielsweise bei linearen konzentriert-parametrischen Systemen an die sprungförmige Anregung eines Integrierers, welche auf eine nicht differenzierbare Systemantwort führt. Diese Sprungantwort ist dann eine schwache Lösung der zugehörigen Differentialgleichung. In manchen Fällen ist es sogar so, dass die physikalische Modellbildung gar nicht die Differenzierbarkeitseigenschaften fordert. Erst durch den Übergang zur Beschreibung mittels einer Differentialgleichung kommt diese Forderung hinzu. Dies wird auch bei der Wahl des Definitionsbereichs $D(\mathcal{A})$ in (2.18) berücksichtigt, da dort nur die Existenz der schwachen Ortsableitungen gefordert wird, die beispielsweise auch für Funktionen mit „Knicken" definiert sind. Damit sind auch nicht (klassisch) differenzierbare Temperaturprofile zulässig, die beispielsweise Knicke in der ersten Ableitung besitzen. Ein weiterer Grund, warum man bei der Betrachtung von PDgln. immer erst von der schwachen Lösung ausgeht, besteht darin, dass sich dann die Existenz und Eindeutigkeit der Lösung mit den Methoden der Funktionalanalysis systematisch untersuchen lässt, was für klassische Lösungen nicht so einfach möglich ist. Falls eine schwache Lösung existiert, kann man sie nachträglich auf ihre klassische Differenzierbarkeit untersuchen. Allerdings sind die Methoden zur Untersuchung der klassischen Differenzierbarkeit der Lösung von der jeweiligen PDgl. abhängig und können deshalb nicht für eine große Klasse von PDgln. allgemein angegeben werden. Damit lässt sich eine systematische Zustandsraummethodik für eine große Klasse von verteilt-parametrischen Systemen nur ausgehend von der schwachen bzw. milden Lösung formulieren.

Diese Betrachtungen zeigen, dass man ein Anfangs-Randwertproblem als abstraktes Anfangswertproblem (2.13) im Zustandsraum darstellen kann, indem ein geeigneter Zustandsraum H eingeführt wird und man den örtlichen Differentialoperator auf diesem Zustandsraum als Operator $\mathcal{A}$ mit homogenen Randbedingungen und geeignetem Definitionsbereich interpretiert. Die Systembeeinflussung durch den Eingang u und die Messung von Systemgrößen y lässt sich dann durch die Operatoren $\mathcal{B}$ und $\mathcal{C}$ beschreiben. Um die Existenz und Eindeutigkeit der Lösung des abstrakten Anfangswertproblems sowie deren stetige Abhängigkeit von den Anfangswerten sicherzustellen, ist vom Operator $\mathcal{A}$ nachzuweisen, dass er ein infinitesimaler Generator einer C_0-Halbgruppe ist. Zur Überprüfung dieser Eigenschaft von $\mathcal{A}$ kann man auf Ergebnisse der Funktionalanalysis zurückgreifen, die z.B. in [14] zu finden sind.

Weitere besondere Vorteile der Beschreibung von linearen verteilt-parametrischen Systemen durch die Zustandsgleichungen (2.13)–(2.14) sind:

- Mit den Zustandsgleichungen (2.13)–(2.14) kann formal nahezu wie mit der Zustandsbeschreibung linearer konzentriert-parametrischer Systeme gearbeitet werden, womit Vorgehensweisen beim Reglerentwurf für konzentriert-parametrische Systeme auf verteilt-parametrische Systeme übertragbar sind.

- Bei der Regelung von verteilt-parametrischen Systemen treten neben partiellen Differentialgleichungen auch partielle Integro-Differentialgleichungen (z.B. bei der Zustandsregelung in Abschnitt 4.1) oder Kombinationen aus gewöhnlichen und partiellen Differentialgleichungen (siehe z.B. die Führungs- und Störgrößenaufschaltung in Kapitel 4.2) auf. All diese Beschreibungsformen lassen sich im Rahmen der Zustandsgleichungen (2.13)–(2.14) einheitlich darstellen und analysieren.

- Die Zustandsbeschreibung (2.13)–(2.14) umfasst neben den verteilt-parametrischen Systemen nicht nur die konzentriert-parametrischen Systeme als Spezialfall, sondern auch lineare Totzeitsysteme (siehe Kapitel 6 und [14]). Damit können Entwurfsmethoden für die Zustandsbeschreibung (2.13)–(2.14) auf mehrere Klassen linearer Systeme angewendet werden.

Diese Betrachtungen machen deutlich, dass die Zustandsbeschreibung als Grundlage für die systematische Analyse und Synthese von verteilt-parametrischen Systemen dienen kann.

2.2 Riesz-Spektralsysteme

Im Abschnitt 2.1 wurde eine Zustandsbeschreibung für den Wärmeleiter exemplarisch eingeführt. In den folgenden Abschnitten 2.2.1–2.2.3 wird diese Zeitbereichsbeschreibung von linearen verteilt-parametrischen Systemen allgemein betrachtet und die damit verbundenen systemtheoretischen Grundlagen dargestellt. Damit die Ergebnisse für eine große Klasse von verteilt-parametrischen Systemen anwendbar sind, ist die Zustandsbeschreibung von sog. *Riesz-Spektralsystemen* Ausgangspunkt der Betrachtungen, bei welcher der Systemoperator ein Riesz-Spektraloperator ist und die Ein- und Ausgangsoperatoren beschränkte lineare Operatoren darstellen. Im letzten Abschnitt 2.2.4 wird auf die Frequenzbereichsbeschreibung des Ein-/Ausgangsverhaltens von Riesz-Spektralsystemen eingegangen.

2.2.1 Systembeschreibung durch Zustandsgleichungen

Eine große Klasse linearer verteilt-parametrischer Systeme mit verteiltem Eingriff kann durch die Zustandsbeschreibung

$$\dot{x}(t) = \mathcal{A}x(t) + \mathcal{B}u(t), \quad t > 0, \quad x(0) = x_0 \in H \tag{2.24}$$
$$y(t) = \mathcal{C}x(t), \quad t \geq 0 \tag{2.25}$$

dargestellt werden, worin $u(t) \in \mathbb{R}^p$ der Vektor der Eingangsgrößen und $y(t) \in \mathbb{R}^m$ der Vektor der Ausgangsgrößen ist. Der *Zustand* $x(t)$ hat die Form

$$x(\cdot, t) = \{x(z, t), z \in \Omega\}. \tag{2.26}$$

Darin ist $\Omega \subset \mathbb{R}^l$, $l \in \{1, 2, 3\}$, der Abschluss eines Gebiets, den man als *Ortsbereich* des verteilt-parametrischen Systems bezeichnet. Bei verteilt-parametrischen Systemen mit einem *verteilten Energiespeicher* — wie z.B. beim Wärmeleiter — ist $x(t)$ skalar. Besitzt das verteilt-parametrische System jedoch $n > 1$ verteilte Energiespeicher, dann ist $x(t)$ ein n-dimensionaler Vektor und $\mathcal{A}$, $\mathcal{B}$ sowie $\mathcal{C}$ sind Matrizen mit Operatoren als Elemente. Dies ist für den in Beispiel 2.4 vorgestellten Balken der Fall, der zwei Energiespeicher hat. Der Zustandsraum des Systems ist ein unendlich-dimensionaler und komplexer *Hilbertraum*, d.h. $x(t) \in H$, $\forall t \geq 0$, in dem das *Skalarprodukt* $\langle \cdot, \cdot \rangle$ eingeführt ist.

Der beschränkte lineare *Eingangsoperator* $\mathcal{B}$ in (2.24) hat die allgemeine Darstellung

$$\mathcal{B}u(t) = \sum_{i=1}^{p} b_i u_i(t) \quad \text{für} \quad b_i \in H, \quad i = 1, 2, \ldots, p, \tag{2.27}$$

worin b_i die *Ortscharakteristiken der Eingänge* sind. Dabei ist $\mathcal{B}$ ein *beschränkter linearer Operator*, wenn es eine reelle Zahl α gibt, so dass

$$\|\mathcal{B}h\| \leq \alpha \|h\|_{\mathbb{C}^p}, \quad \forall h \in \mathbb{C}^p \tag{2.28}$$

erfüllt ist. Der Operator $\mathcal{B}$ beschreibt wie der Stelleingriff u im Inneren des Ortsbereichs Ω, d.h. in $\Omega \setminus \partial\Omega$, auf das System einwirkt. Es handelt sich also um einen *verteilten Eingriff*. Man beachte, dass der Operator $\mathcal{B}$ den komplexwertigen Vektorraum $\mathbb{C}^p$ als Definitionsbereich hat und auch der Bildbereich ein komplexwertiger Hilbertraum H ist, d.h. $\mathcal{B} : \mathbb{C}^p \to H$ (siehe auch Abschnitt 2.2.2). Der beschränkte lineare *Ausgangsoperator* $\mathcal{C} : H \to \mathbb{C}^m$ (siehe (2.25)) ist durch den Operator

$$\mathcal{C}x(t) = \begin{bmatrix} \langle x(t), c_1 \rangle \\ \vdots \\ \langle x(t), c_m \rangle \end{bmatrix} \quad \text{für} \quad c_i \in H, \quad i = 1, 2, \ldots, m \tag{2.29}$$

mit den *Ortscharakteristiken der Ausgänge* c_i gegeben, der die *verteilte Messung* $y(t)$ charakterisiert. Mit Hilfe des *Rieszschen Darstellungssatzes* lässt sich nachweisen, dass sich jede Messung $y(t)$ eindeutig in der Form (2.29) beschreiben lässt (siehe Satz 4.1), sofern man die Elemente von $\mathcal{C}$ als *beschränkte lineare Funktionale* ansetzt. Dies sind lineare Operatoren f, die von H nach $\mathbb{C}$ abbilden und beschränkt sind, d.h. es gilt $f : D(f) \subseteq H \to \mathbb{C}$ sowie

$$|f(h)| \leq \alpha \|h\|, \quad \forall h \in D(f) \subseteq H \tag{2.30}$$

für eine reelle Zahl α. Damit stellt der in (2.29) definierte Operator in diesem Sinn keine Einschränkung der Allgemeinheit dar.

Die Systembeschreibung (2.24)–(2.25) schließt den Fall von *punktförmigem Eingriff*

$$u_\Omega(z, t) = \sum_{i=1}^{p} \delta(z - z_i) u_i(t), \quad z_i \in \Omega \setminus \partial\Omega, \quad i = 1, 2, \ldots, p \tag{2.31}$$

in (2.24) und *punktförmiger Messung*

$$y(t) = \begin{bmatrix} x(\bar{z}_1, t) \\ \vdots \\ x(\bar{z}_m, t) \end{bmatrix} = \begin{bmatrix} \langle x(t), \delta(z - \bar{z}_1) \rangle \\ \vdots \\ \langle x(t), \delta(z - \bar{z}_m) \rangle \end{bmatrix}, \quad \bar{z}_i \in \Omega \setminus \partial\Omega, \quad i = 1, 2, \ldots, m$$

$$(2.32)$$

aus, wobei $\delta(z - z_0)$ den *örtlichen Dirac-Impuls* bei $z = z_0$ bezeichnet. Dies liegt daran, dass die Ortscharakteristiken $b_i(z) = \delta(z - z_i)$ in (2.31) sowie $c_i(z) = \delta(z - \bar{z}_i)$ in (2.32) nicht Element des Hilbertraums H sind, da dieser Raum Dirac-Impulse nicht enthält. Dies macht auch deutlich, dass wegen $b_i \in H$ in (2.27) und $c_i \in H$ in (2.29) der Operator $\mathcal{B}$ einen verteilten Eingriff und $\mathcal{C}$ eine verteilte Messung beschreiben. Jedoch können die Betrachtungen durch Einbettung des Zustandsraums in einen erweiterten Raum, der auch Distributionen umfasst, verallgemeinert werden (für Details siehe Kapitel 8 in [12]). Allerdings setzt dies voraus, dass die von $\mathcal{A}$ generierte C_0-Halbgruppe (siehe Abschnitt A.1) eine „glättende" Wirkung besitzt. Dies ist beispielsweise für parabolische Systeme der Fall, zu denen auch der bereits vorgestellte Wärmeleiter gehört. Ein allgemeineres Konzept zur Zustandsdarstellung von verteilt-parametrischen Systemen mit punktförmiger Messung und Eingriff sind die *„linear regular systems"* (siehe [13, 69]). Diese Systembeschreibung ist allgemein genug, um viele Regelungsprobleme auch für solche verteilt-parametrische Systeme zu lösen. Im Rahmen der in diesem Buch vorgestellten Methoden lassen sich punktförmige Eingriffe oder Messungen stets durch Annäherung mittels Rechteckimpulse wie z.B. in (2.1) oder (2.6) behandeln. Darüber hinaus wird in Abschnitt 2.3 gezeigt, wie sich verteilt-parametrische Systeme mit Randeingriff in der Form (2.24)–(2.25) darstellen lassen. Damit sind die in diesem Buch beschriebenen Entwurfsverfahren auf viele in Anwendungen auftretende Systeme mit verteilten Parametern anwendbar.

Ist der *Systemoperator* $\mathcal{A} : D(\mathcal{A}) \subset H \to H$ ein *Riesz-Spektraloperator*, zu denen auch der Operator in (2.17)–(2.18) und die Systemoperatoren vieler Anwendungsbeispiele gehören, dann ist das System (2.24)–(2.25) mit dem beschränkten Eingangsoperator $\mathcal{B}$ in (2.27) und dem beschränkten Ausgangsoperator $\mathcal{C}$ in (2.32) ein *Riesz-Spektralsystem* (siehe auch Definition 4.1.1 in [14]).

Um Riesz-Spektraloperatoren genauer zu charakterisieren, betrachtet man das *Eigenwertproblem*

$$\mathcal{A}\phi_i = \lambda_i \phi_i, \quad i \geq 1 \qquad (2.33)$$

für den Operator $\mathcal{A}$ mit den *Eigenvektoren* (oder auch *Eigenfunktionen*) ϕ_i und den *Eigenwerten* λ_i, die bei Riesz-Spektraloperatoren immer abzählbar sind. In (2.33) ist zu beachten, dass die Eigenvektoren ϕ_i nur bei verteilt-parametrischen Systemen mit mehr als einem Energiespeicher vektorwertig sind. Diese (abstrakte) Darstellung des Eigenwertproblems wird im folgenden Beispiel für den im vorhergehenden Abschnitt vorgestellten Wärmeleiter veranschaulicht.

20 2 Zustandsbeschreibung linearer verteilt-parametrischer Systeme

Beispiel 2.1. Eigenwerte und Eigenvektoren des Wärmeleiters mit Dirichletschen Randbedingungen

Für den im Abschnitt 2.1 betrachteten Wärmeleiter sollen die Eigenwerte λ_i und die zugehörigen Eigenvektoren ϕ_i von $\mathcal{A}$ bestimmt werden. Wegen (2.33) müssen die Eigenvektoren ϕ_i in dem durch (2.18) beschriebenen Definitionsbereich von $\mathcal{A}$ enthalten sein, d.h. es gilt $\phi_i \in D(\mathcal{A})$. Hieraus folgen für die Eigenvektoren die Randbedingungen $\phi_i(0) = \phi_i(1) = 0$. Zusammen mit der Definitionsgleichung (2.17) des Operators $\mathcal{A}$ handelt es sich somit beim Eigenwertproblem (2.33) um das *Randwertproblem*

$$\frac{d^2}{dz^2}\phi_i(z) = \lambda_i\phi_i(z), \quad z \in (0,1), \quad i \geq 1 \tag{2.34}$$

$$\phi_i(0) = \phi_i(1) = 0, \tag{2.35}$$

bei dem der Parameter λ_i zunächst unbestimmt ist. Jede nichtverschwindende Lösung ϕ_i dieses Randwertproblems, die sich für einen bestimmten Wert $\lambda_i \in \mathbb{C}$ ergibt, ist ein *Eigenvektor* zum *Eigenwert* λ_i von $\mathcal{A}$. Um dieses Randwertproblem zu lösen, bestimmt man zunächst die allgemeine Lösung der Differentialgleichung (2.34). Die charakteristische Gleichung von (2.34) lautet

$$p^2 - \lambda_i = 0 \tag{2.36}$$

und besitzt die Nullstellen

$$p_{1,2} = \pm\sqrt{\lambda_i}. \tag{2.37}$$

Im Folgenden wird angenommen, dass $\lambda_i \in \mathbb{R}$ gilt. D.h. es werden nur reelle Eigenwerte bestimmt, was sich später noch als ausreichend herausstellt. Da man leicht nachweisen kann, dass es für $\lambda_i > 0$ keine Eigenvektoren gibt, wird zunächst der Fall $\lambda_i = 0$ untersucht. Für diesen Fall wird aus (2.34) die Differentialgleichung

$$\frac{d^2}{dz^2}\phi_i(z) = 0 \tag{2.38}$$

mit der allgemeinen Lösung

$$\phi_i(z) = A_i z + B_i. \tag{2.39}$$

Einsetzen von (2.39) in die Randbedingungen (2.35) führt auf

$$\phi_i(0) = B_i \overset{!}{=} 0 \tag{2.40}$$

$$\phi_i(1) = A_i \overset{!}{=} 0, \tag{2.41}$$

womit sich die triviale Lösung $\phi_i = 0$ ergibt. Folglich ist Null kein Eigenwert von $\mathcal{A}$. Für den noch verbleibenden Fall $\lambda_i < 0$ lautet die allgemeine Lösung von (2.34)

$$\phi_i(z) = A_i \sin(\sqrt{|\lambda_i|}z) + B_i \cos(\sqrt{|\lambda_i|}z), \quad A_i, B_i \in \mathbb{R}. \tag{2.42}$$

2.2 Riesz-Spektralsysteme

Weil (2.42) die Randbedingungen (2.35) erfüllen muss, folgt

$$\phi_i(0) = B_i \stackrel{!}{=} 0 \tag{2.43}$$

$$\phi_i(1) = A_i \sin \sqrt{|\lambda_i|} \stackrel{!}{=} 0. \tag{2.44}$$

Wegen (2.43) ergibt sich für $A_i = 0$ gerade die triviale Lösung $\phi_i = 0$ (siehe (2.42)). Um eine nichttriviale Lösung zu erhalten, folgt deshalb aus (2.44) die transzendente *charakteristische Gleichung*

$$\sin \sqrt{|\lambda_i|} = 0 \tag{2.45}$$

von $\mathcal{A}$. Sie besitzt die Lösungen

$$\sqrt{|\lambda_i|} = i\pi, \quad i = \pm 1, \pm 2, \dots, \tag{2.46}$$

womit

$$|\lambda_i| = i^2 \pi^2 \tag{2.47}$$

bzw. mit $\lambda_i < 0$

$$\lambda_i = -i^2 \pi^2 \tag{2.48}$$

gilt. Hierbei wird der Fall $i = 0$ ausgeschlossen, da — wie bereits gezeigt — Null kein Eigenwert von $\mathcal{A}$ ist. Insgesamt ergeben sich somit die Eigenwerte

$$\lambda_i = -i^2 \pi^2, \quad i \geq 1 \tag{2.49}$$

und mit (2.42)–(2.43) die Eigenvektoren

$$\phi_i(z) = A_i \sin(i\pi z), \quad i \geq 1, \quad A_i \in \mathbb{R} \setminus \{0\}. \tag{2.50}$$

Diese Vorgehensweise zur Lösung des Eigenwertproblems geht von einer *klassischen Lösung* des Randwertproblems (2.34)–(2.35) aus. Aufgrund des Definitionsbereichs $D(\mathcal{A})$ in (2.18) werden wegen $\phi_i \in D(\mathcal{A})$ und (2.33) aber die bei der klassischen Lösung vorausgesetzten Differenzierbarkeitseigenschaften gar nicht gefordert. Es könnten deshalb noch Lösungen der schwachen Formulierung von (2.34)–(2.35) existieren. Da es sich bei $-\mathcal{A}$ jedoch um einen *Sturm-Liouville-Operator* handelt (siehe Anhang A.3), ist aus der Literatur bekannt, dass es keine weiteren Lösungen von (2.34)–(2.35) bzw. Eigenvektoren mehr gibt. Wie man anhand von (2.49) erkennt, sind die Eigenwerte einfach und isoliert. Dies bedeutet, dass das *Punktspektrum* von $\mathcal{A}$ (d.h. die Menge aller Eigenwerte) *diskret* ist. Im allgemeinen Fall setzt sich das *Spektrum* eines Operators jedoch aus dem Punktspektrum, dem *kontinuierlichen Spektrum* und dem *Restspektrum* zusammen. Die Bezeichnung „kontinuierliches Spektrum" kommt daher, dass Spektralpunkte aus diesem Anteil des Spektrums möglicherweise kontinuierlich verteilt sind, d.h. beispielsweise ein ganzes reelles Intervall einnehmen können. Solche Spektralanteile treten bei parabolischen Systemen mit einem halb-unendlichen Ortsbereich auf (siehe [50]). In Beispiel A.1 im Anhang A.2 wird für den Operator $\mathcal{A}$ in (2.17)–(2.18) nachgewiesen, dass sein Spektrum nur aus dem eben berechneten reellen diskreten Punktspektrum besteht. Damit besitzt $\mathcal{A}$ ein *diskretes Spektrum*, das aber i.Allg. auch isolierte reelle wie konjugiert komplexe Eigenwerte mit endlicher algebraischer Vielfachheit haben darf. Man beachte, dass bei verteilt-parametrischen Systemen die Stabilitätseigenschaften nicht nur von den Eigenwerten allein, sondern von allen *Spektralpunkten*, d.h. allen Elementen des Spektrums, abhängen. Dies erklärt, warum im Gegensatz zu konzentriert-parametrischen Systemen der Begriff des Spektrums im verteilt-parametrischen Fall allgemeiner eingeführt werden muss. Aufgrund der *Orthogonalitätsrelation*

$$\int_0^1 \sin(i\pi z)\sin(j\pi z)dz = \tfrac{1}{2}\delta_{ij} \tag{2.51}$$

gilt mit dem in H eingeführten Skalarprodukt (2.16) für die Eigenvektoren

$$\begin{aligned}\langle\phi_i,\phi_j\rangle &= \int_0^1 A_i\sin(i\pi z)A_j\sin(j\pi z)dz \\ &= \tfrac{1}{2}A_iA_j\delta_{ij} = \begin{cases} \tfrac{1}{2}A_iA_j & : \quad i=j \\ 0 & : \quad i\neq j \end{cases},\end{aligned} \tag{2.52}$$

worin δ_{ij} das *Kronecker-Delta* bezeichnet. Damit sind die Eigenvektoren paarweise zueinander *orthogonal*. Die in (2.50) auftretende multiplikative Konstante A_i kann genutzt werden, um die Eigenvektoren zu orthonormieren. Hierzu muss die *Orthonormalitätsrelation*

$$\langle\phi_i,\phi_j\rangle = \int_0^1 A_i\sin(i\pi z)A_j\sin(j\pi z)dz \overset{!}{=} \delta_{ij} = \begin{cases} 1 & : \quad i=j \\ 0 & : \quad i\neq j \end{cases} \tag{2.53}$$

gelten, die wegen (2.52) für $A_i = \sqrt{2}$, $i \geq 1$, erfüllt ist. Damit lauten die orthonormierten Eigenvektoren von $\mathcal{A}$

$$\phi_i(z) = \sqrt{2}\sin(i\pi z), \quad i \geq 1. \tag{2.54}$$

Da dieses Funktionensystem sogar eine orthonormale Basis in H bildet (siehe Beispiel A.1 in Anhang A.2) und damit ein vollständiges Funktionensystem ist, lässt sich jedes Element von H nach den Eigenvektoren von $\mathcal{A}$ eindeutig entwickeln. ◄

Bei vielen Analyse- und Syntheseverfahren für verteilt-parametrische Systeme werden Elemente des Zustandsraums nach den Eigenvektoren von $\mathcal{A}$ entwickelt. Dazu müssen die Eigenvektoren eine Basis im Zustandsraum bilden. Bei einer großen Klasse verteilt-parametrischer Systeme, den sog. *Sturm-Liouville-Systemen* (siehe Anhang A.3), bilden die Eigenvektoren nach geeigneter Normierung eine orthonormale Basis im Zustandsraum, was eine Reihenentwicklung nach den Eigenvektoren ermöglicht. In Anwendungen treten

2.2 Riesz-Spektralsysteme

aber auch Systeme auf, die nicht zu dieser Klasse gehören. Darüber hinaus ergibt sich meistens als geregeltes System kein Sturm-Liouville-System, auch wenn dies für die Strecke zutrifft. Aus diesen Gründen muss man auch Operatoren betrachten, deren Eigenvektoren keine Orthonormalbasis im Zustandsraum bilden, aber dennoch eine eindeutige Entwicklung nach ihren Eigenvektoren erlauben. Dies ist eine der wesentlichen Eigenschaften der *Riesz-Spektraloperatoren*, die wie folgt definiert sind (siehe auch Definition 2.3.4 in [14]).

Definition 2.1 (Riesz-Spektraloperator). Sei $\mathcal{A}$ ein linearer Operator im Hilbertraum H und es gelte

1. $\mathcal{A}$ ist abgeschlossen,
2. die (isolierten) Eigenwerte $\{\lambda_i, i \geq 1\}$ von $\mathcal{A}$ sind einfach,
3. die Eigenvektoren $\{\phi_i, i \geq 1\}$ von $\mathcal{A}$ bilden eine Riesz-Basis für H,
4. der Abschluss $\overline{\{\lambda_i, i \geq 1\}}$ der Eigenwerte von $\mathcal{A}$ ist *vollständig unzusammenhängend*. Dies bedeutet, dass es keine zwei Punkte $a, b \in \overline{\{\lambda_i, i \geq 1\}}$ gibt, die durch eine vollständig in $\overline{\{\lambda_i, i \geq 1\}}$ liegende stetige Kurve verbunden werden können.

Dann ist $\mathcal{A}$ ein *Riesz-Spektraloperator*.

Diese Klasse von Riesz-Spektraloperatoren wurde erstmals in [14] definiert. Die wesentliche Erweiterung gegenüber der bereits früher eingeführten Klasse der *diskreten Spektraloperatoren* (siehe [22]), deren Spektrum sich aus isolierten Eigenwerten mit endlicher algebraischer Vielfachheit zusammensetzt, besteht darin, dass zusätzlich auch Häufungspunkte der Eigenwerte im Spektrum zugelassen werden. Es lässt sich nämlich zeigen, dass das Spektrum $\sigma(\mathcal{A})$ der in Definition 2.1 eingeführten Riesz-Spektraloperatoren $\mathcal{A}$ gleich dem *Abschluss* der Eigenwerte $\{\lambda_i, i \geq 1\}$ ist, d.h. es gilt

$$\sigma(\mathcal{A}) = \overline{\{\lambda_i, i \geq 1\}} \tag{2.55}$$

(siehe Theorem 2.3.5 in [14]). Diese Menge setzt sich aus den Eigenwerten und deren Grenzwerten zusammen, wobei die Grenzwerte auch stets *Häufungspunkte* sind. Solche Häufungspunkte treten beispielsweise bei Balkenmodellen mit Kelvin-Voigt-Dämpfungstermen auf (siehe z.B. [33]), weshalb mit dieser Erweiterung eine größere Klasse von Anwendungsbeispielen behandelbar ist. Die erste Bedingung der Definition ist eine grundlegende Eigenschaft von Systemoperatoren, denn nur abgeschlossene Operatoren können infinitesimale Generatoren von C_0-Halbgruppen sein. In diesem Buch wird gemäß Bedingung 2 meistens von Operatoren $\mathcal{A}$ mit einfachen Eigenwerten ausgegangen. Es können aber auch Riesz-Spektraloperatoren mit mehrfachen Eigenwerten und *verallgemeinerten Eigenvektoren* eingeführt werden (siehe Abschnitt 4.2.2 und [33]). Um eine möglichst einfache sowie anschauliche Darstellung der Steuerung und Regelung linearer verteilt-parametrischer Systeme zu ermöglichen, wird die Definition 2.1 für Riesz-Spektraloperatoren in diesem

Buch zugrundegelegt, falls dies möglich ist. Die Ergebnisse in diesem Buch lassen sich jedoch auch auf den allgemeineren Fall erweitern. Die letzte Bedingung von Definition 2.1 wird im Zusammenhang mit der geometrischen Methode für verteilt-parametrische Systeme wie auch bei der Herleitung eines Steuerbarkeitskriteriums benötigt (für Details siehe [14]). Sie ist beispielsweise erfüllt, wenn die Eigenwerte von $\mathcal{A}$ nur endlich viele Häufungspunkte besitzen.

Wie die Bedingung 3 in der Definition 2.1 zeigt, bilden die Eigenvektoren $\{\phi_i, i \geq 1\}$ von $\mathcal{A}$ eine *Riesz-Basis* im Zustandsraum H. Solche Basen sind durch die folgende Definition charakterisiert (siehe Definition 2.3.4 in [14]).

Definition 2.2 (Riesz-Basis). Eine Folge von Elementen $\{\phi_i, i \geq 1\}$ in einem Hilbertraum H bildet eine *Riesz-Basis* für H, falls:

1. $\overline{\mathrm{span}_{i \geq 1}}\{\phi_i\} = H$,
2. positive Konstanten M_1 und M_2 existieren, so dass für beliebige $N \in \mathbb{N}$ und beliebige Skalare α_i, $i = 1, 2, \ldots, N$,

$$M_1 \sum_{i=1}^{N} |\alpha_i|^2 \leq \| \sum_{i=1}^{N} \alpha_i \phi_i \|^2 \leq M_2 \sum_{i=1}^{N} |\alpha_i|^2 \qquad (2.56)$$

gilt.

In der ersten Bedingung bedeutet $\overline{\mathrm{span}_{i \geq 1}}\{\phi_i\} = H$, dass der Abschluss der Menge aller endlicher Linearkombinationen $\mathrm{span}_{i \geq 1}\{\phi_i\}$ der Elemente ϕ_i den Raum H aufspannt. Dann gibt es für jedes Element ζ aus H eine endliche Linearkombination der Elemente ϕ_i, so dass die Abweichung zwischen ζ und $\mathrm{span}_{i \geq 1}\{\phi_i\}$ beliebig klein aber nicht notwendigerweise Null wird. Im Grenzübergang allerdings lässt sich dann jedes Element ζ aus H durch eine i.Allg. unendliche Linearkombination von Elementen ϕ_i darstellen. Hieraus folgt, dass die Folge $\{\phi_i, i \geq 1\}$ in H ein *vollständiges Funktionensystem* bildet. Die zugehörigen Entwicklungskoeffizienten einer eindeutigen Reihenentwicklung können mittels einer *Biorthonormalfolge* bestimmt werden. Wenn die Elemente ϕ_i die Eigenvektoren von $\mathcal{A}$ sind, dann erhält man die Biorthonormalfolge durch Bestimmung der Eigenvektoren ψ_i des *adjungierten Operators* $\mathcal{A}^*$ zum Eigenwert $\overline{\lambda_i}$ nach geeigneter Skalierung (siehe Anhang A.2), so dass die *Biorthonormalitätsrelation*

$$\langle \phi_i, \psi_j \rangle = \delta_{ij} = \begin{cases} 1 & : \quad i = j \\ 0 & : \quad i \neq j \end{cases} \qquad (2.57)$$

gilt (siehe Lemma 2.3.2 in [14]). Dies bedeutet, dass die Elemente ϕ_i und ψ_i, $i \geq 1$, zueinander *biorthonormal* sind. Dann bilden die Eigenvektoren ϕ_i und ψ_i eine Biorthonormalfolge und die eindeutige Reihenentwicklung eines Elements ζ aus H hat die Form

$$\zeta = \sum_{i=1}^{\infty} \langle \zeta, \psi_i \rangle \phi_i. \tag{2.58}$$

Alternativ zu dieser Reihendarstellung kann man auch die Entwicklung

$$\zeta = \sum_{i=1}^{\infty} \langle \zeta, \phi_i \rangle \psi_i \tag{2.59}$$

nach den Eigenvektoren ψ_i von $\mathcal{A}^*$ angeben, da die Folge $\{\psi_i, i \geq 1\}$ ebenfalls eine Riesz-Basis darstellt (siehe Corollary 2.3.3 in [14]). Die zweite Bedingung in Definition 2.2 stellt sicher, dass

$$M_1 \sum_{i=1}^{\infty} |\langle \zeta, \psi_i \rangle|^2 \leq \|\zeta\|^2 \leq M_2 \sum_{i=1}^{\infty} |\langle \zeta, \psi_i \rangle|^2 \tag{2.60}$$

mit den Konstanten aus Definition 2.2 erfüllt ist. Aufgrund der linken Seite von (2.60) sind die Entwicklungskoeffizienten $\langle \zeta, \psi_i \rangle$ in (2.58) wegen $\|\zeta\|^2 < \infty$ für $\zeta \in H$ absolut quadratisch summierbar, womit sie nicht unbeschränkt anwachsen können. Darüber hinaus müssen die Eigenvektoren ϕ_i wegen der linken Ungleichung in (2.60) linear unabhängig sein. Um dies zu erkennen, nimmt man beispielsweise die lineare Abhängigkeit der Eigenvektoren ϕ_1 und ϕ_2 an, d.h. es gilt

$$\zeta = \alpha_1 \phi_1 + \alpha_2 \phi_2 = 0, \quad \alpha_1 \neq 0, \quad \alpha_2 \neq 0 \tag{2.61}$$

und setzt dies in (2.60) ein. Dann ergibt sich mit (2.57) für die linke Seite von (2.60) der Ausdruck $M_1(|\alpha_1|^2 + |\alpha_2|^2) \neq 0$, während $\|\zeta\|^2 = 0$ gilt. Da dies im Widerspruch zur bei Riesz-Basen gültigen Ungleichung (2.60) steht, müssen die Eigenvektoren linear unabhängig sein, wenn sie eine Riesz-Basis bilden. Da die Eigenvektoren von $\mathcal{A}$ zu verschiedenen Eigenwerten immer linear unabhängig sind (siehe z.B. Theorem 7.4-3 in [46]), muss diese Bedingung für die Riesz-Spektraloperatoren gemäß Definition 2.1 nicht gesondert überprüft werden, weil diese Operatoren nur einfache Eigenwerte besitzen dürfen. Die Doppelungleichung (2.60) macht auch eine Aussage über die Normen der Eigenvektoren $\{\phi_i, i \geq 1\}$. Setzt man nämlich ϕ_i in (2.60) ein, so folgt

$$M_1 \leq \|\phi_i\|^2 \leq M_2, \quad i \geq 1 \tag{2.62}$$

wegen (2.57). Damit kann die Norm der Eigenvektoren ϕ_i nicht verschwinden und auch nicht beliebig anwachsen. Deshalb bilden die Eigenvektoren ϕ_i eines Riesz-Spektraloperators erst nach einer geeigneten Normierung eine Riesz-Basis. Von dieser Normierung hängen dann auch die Konstanten M_1 und M_2 in (2.62) ab. Wie in Corollary 2.3.3 in [14] nachgewiesen wird, gelten dieselben Aussagen auch für die Eigenvektoren ψ_i in (2.59). Alternativ lassen sich Riesz-Basen auch mittels der in Exercise 2.21 in [14] angegebenen Definition charakterisieren.

Definition 2.3 (Riesz-Basis und orthonormale Basis). Eine Folge von Elementen $\{\phi_i, i \geq 1\}$ in einem Hilbertraum H bildet genau dann eine *Riesz-Basis* für H, wenn es einen beschränkten linearen Operator $\mathcal{S}$ gibt, so dass

- $\mathcal{S}^{-1}$ ein beschränkter linearer Operator ist und
- die Folge $\{\mathcal{S}\phi_i, i \geq 1\}$ eine orthonormale Basis für H aufspannt.

Diese Definition einer Riesz-Basis macht deutlich, dass es immer eine Koordinatentransformation $\mathcal{S}$ derart gibt, dass Riesz-Basen in den neuen Koordinaten orthonormale Basen sind.

Um die Riesz-Spektraleigenschaft eines Operators zu veranschaulichen, wird im folgenden Beispiel untersucht, unter welchen Voraussetzungen eine Matrix ein Riesz-Spektraloperator ist.

Beispiel 2.2. Riesz-Spektraleigenschaft einer Matrix

Gegeben sei eine Matrix $A : \mathbb{C}^n \to \mathbb{C}^n$ im Vektorraum $\mathbb{C}^n$, der mit dem Skalarprodukt

$$\langle x, y \rangle = x^T \overline{y} \tag{2.63}$$

ein endlich-dimensionaler Hilbertraum H ist. Gemäß Definition 2.1 muss die Matrix A ein abgeschlossener Operator sein. Da endlich-dimensionale Matrizen A mit endlichen Elementen immer *beschränkt* sind, d.h. es gibt eine reelle Zahl c, so dass

$$\|Ax\| \leq c\|x\|, \quad \forall x \in \mathbb{C}^n \tag{2.64}$$

mit der *induzierten Vektornorm* $\|x\| = \sqrt{\langle x, x \rangle}$ gilt, sind solche Matrizen auch stetige Operatoren. Dies folgt aus der Tatsache, dass beschränkte lineare Operatoren auch immer stetig sind (siehe z.B. Theorem A.3.10 in [14]). Aus der Stetigkeit eines linearen Operators folgt auch seine Abgeschlossenheit, weshalb endlich-dimensionale Matrizen stets abgeschlossene lineare Operatoren darstellen. Die zweite Bedingung von Definition 2.1 schränkt die Klasse der Matrizen A ein, da nur einfache Eigenwerte erlaubt sind. In diesem Fall bilden ihre Eigenvektoren eine Basis im Hilbertraum H, von der noch nachzuweisen ist, dass sie eine Riesz-Basis darstellt. Hierzu führt man die Matrix

$$V = \begin{bmatrix} v_1 \dots v_n \end{bmatrix} \tag{2.65}$$

der Eigenvektoren v_i, $i = 1, 2, \dots, n$, von A ein, die aufgrund der linearen Unabhängigkeit der Eigenvektoren v_i invertierbar ist. Damit erfüllt V die für S in Definition 2.3 vorausgesetzten Anforderungen und es gilt offensichtlich

$$e_i = V^{-1} v_i, \quad i = 1, 2, \dots, n, \tag{2.66}$$

worin die *Einheitsvektoren* e_i eine orthonormale Basis für H bilden. Wegen Definition 2.3 spannen die Eigenvektoren v_i von A deshalb eine Riesz-Basis für H auf. Da die Matrix A nur endlich viele einfache Eigenwerte besitzt,

2.2 Riesz-Spektralsysteme

ist ihr Eigenwertspektrum vollständig unzusammenhängend. Damit sind alle Matrizen A mit einfachen Eigenwerten Riesz-Spektraloperatoren. ◄

Ausgehend von Beispiel 2.2 kann man die bisher vorgestellten Ergebnisse zu verteilt-parametrischen Systemen auch im Rahmen konzentriert-parametrischer Systeme der Ordnung n leicht veranschaulichen. Dort entspricht dem Riesz-Spektraloperator eine reelle Systemmatrix A mit einfachen Eigenwerten, deren Eigenvektoren eine Basis des Zustandsraums $\mathbb{C}^n$ aufspannen. Bekanntlich kann durch geeignete Skalierung immer erreicht werden, dass die Eigenvektoren von A^T stets biorthonormal zu denen von A sind. Dann lassen sich Elemente (bzw. Vektoren) von $\mathbb{C}^n$ nach dem durch die Eigenvektoren von A und A^T gebildeten Biorthonormalsystem entwickeln. In diesem Zusammenhang entspricht der adjungierte Operator $\mathcal{A}^*$ gerade A^T und (2.58) ist die Entwicklung nach einem Biorthonormalsystem.

Im nächsten Beispiel wird gezeigt, dass der Systemoperator $\mathcal{A}$ des im vorhergehenden Abschnitt betrachteten Wärmeleiters ein Riesz-Spektraloperator ist.

Beispiel 2.3. Riesz-Spektraleigenschaft des Systemoperators eines Wärmeleiters mit Dirichletschen Randbedingungen

Im Folgenden soll nachgewiesen werden, dass es sich beim Systemoperator $\mathcal{A}$ des Wärmeleiters in Abschnitt 2.1 um einen Riesz-Spektraloperator handelt. Hierzu müssen die in Definition 2.1 geforderten Eigenschaften für den durch (2.17)–(2.18) eingeführten Operator $\mathcal{A}$ nachgewiesen werden. Der Beweis der Abgeschlossenheit des Operators $\mathcal{A}$ erfordert weitere Grundlagen der Funktionalanalysis und ist deshalb im Anhang B.1 dargestellt. Aus Beispiel 2.1 folgt, dass die Eigenwerte λ_i, $i \geq 1$, von $\mathcal{A}$ einfach sind und keine Häufungspunkte besitzen. Damit sind die zweite und die vierte Bedingung in Definition 2.1 erfüllt. Es muss deshalb nur noch gezeigt werden, dass die Eigenvektoren ϕ_i von $\mathcal{A}$ eine Riesz-Basis bilden. Dies folgt aber aus der in Beispiel 2.1 begründeten Tatsache, dass die Eigenvektoren ϕ_i eine orthonormale Basis in H darstellen. Es gibt dann nämlich eine eindeutige Entwicklung

$$\zeta = \sum_{i=1}^{\infty} \alpha_i \phi_i \tag{2.67}$$

für jedes Element ζ aus H. Folglich ist die Bedingung 1 der Definition 2.2 einer Riesz-Basis erfüllt. Um auch die zweite Bedingung nachzuweisen, geht man vom für orthonormale Funktionensysteme gültigen *„verallgemeinerten Satz des Pythagoras"*

$$\left\| \sum_{i=1}^{N} \alpha_i \phi_i \right\|^2 = \sum_{i=1}^{N} |\alpha_i|^2 \|\phi_i\|^2, \quad \forall \alpha_i \in \mathbb{C}, \quad \forall N \in \mathbb{N} \tag{2.68}$$

aus, was mit $\|\phi_i\| = 1$ auf

$$\|\sum_{i=1}^{N} \alpha_i \phi_i\|^2 = \sum_{i=1}^{N} |\alpha_i|^2 \qquad (2.69)$$

führt. Damit ist die Ungleichung (2.56) für $M_1 = M_2 = 1$ erfüllt, womit die Eigenvektoren $\{\phi_i, i \geq 1\}$ von $\mathcal{A}$ eine Riesz-Basis für H bilden. Diese Betrachtung zeigt auch, dass jede orthonormale Basis im Zustandsraum eine Riesz-Basis ist. Folglich handelt es sich beim Systemoperator $\mathcal{A}$ in (2.17)–(2.18) um einen Riesz-Spektraloperator. In Verbindung mit den beschränkten Ein- und Ausgangsoperatoren stellt damit das System (2.13)–(2.14) ein Riesz-Spektralsystem dar. Da die Eigenwerte λ_i von $\mathcal{A}$ die Bedingung $\sup_{i \geq 1} \operatorname{Re} \lambda_i < \infty$ erfüllen (siehe Beispiel 2.1), ist $\mathcal{A}$ auch ein infinitesimaler Generator einer C_0-Halbgruppe (siehe Theorem 2.3.5 in [14]). Gemäß Anhang A.3 gehört der Operator $-\mathcal{A}$ zur Klasse der Sturm-Liouville-Operatoren, womit die Klasse der Riesz-Spektraloperatoren auch solche Operatoren enthält. Die allgemeine Aussage, dass jeder Sturm-Liouville-Operator ein Riesz-Spektraloperator ist, wird im Anhang A.3 begründet. Dies macht deutlich, dass die *Sturm-Liouville-Systeme*, d.h. verteilt-parametrische Systeme (2.24)–(2.25), bei denen $-\mathcal{A}$ ein Sturm-Liouville-Operator ist, eine Teilklasse der Riesz-Spektralsysteme sind. ◄

Im nachfolgenden Beispiel wird die Zustandsbeschreibung eines zweiseitig drehbar gelagerten *Euler-Bernoulli-Balkens* hergeleitet. Solche Balken können beispielsweise als Modelle für flexible Handhabungsgeräte oder auch für elastische Weltraumstrukturen dienen. Da der Balken zwei verteilte Energiespeicher hat, besitzt die Zustandsdarstellung (2.24)–(2.25) vektoriellen Charakter, d.h. der Zustand $x(t)$ ist ein Vektor und die auftretenden Operatoren sind Matrizen mit Operatoren als Elemente. Die Eigenvektoren des Euler-Bernoulli-Balkens bilden im gedämpften Fall keine orthogonale Basis im Zustandsraum, was die Systemanalyse wesentlich erschwert (siehe Anhang B.2). Im nächsten Beispiel wird gezeigt, dass es aber eine Darstellung dieses Balkens als Riesz-Spektralsystem gibt. Damit lassen sich die in diesem Buch vorgestellten Ergebnisse auch auf dieses verteilt-parametrische System anwenden.

Beispiel 2.4. Zustandsbeschreibung eines beidseitig drehbar gelagerten Euler-Bernoulli-Balkens
Betrachtet wird der in Abbildung 2.2 dargestellte elastische Balken, der beiseitig drehbar gelagert ist. Dies bedeutet, dass an seinen Rändern die Auslenkung Null ist (siehe Randbedingungen (2.71)) und ebenfalls das Biegemoment dort verschwindet (siehe Randbedingungen (2.72)). Die im Balken vorhandene Reibung wird durch eine zu $-\partial_z^2 w(z,t)$ proportionale *strukturelle Dämpfung* mit der Proportionalitätskonstante $0 \leq \alpha < 1$ berücksichtigt. Zur Beeinflussung der transversalen Auslenkung $w(z,t)$ des Balkens dienen zwei punktförmige bei $z_1 = 0.6$ und $z_2 = 0.7$ auf den Balken wirkende Kräfte und die Regelgrößen sind durch die Auslenkungen bei $z_1 = 0.4$ und $z_2 = 0.3$ gegeben. Legt man bei der Modellbildung die Euler-Bernoulli-Balkenhypothese

2.2 Riesz-Spektralsysteme

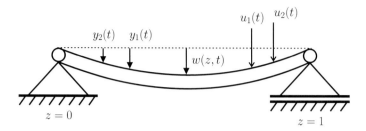

Abb. 2.2: Beidseitig drehbar gelagerter Balken mit transversaler Auslenkung $w(z,t)$, Eingangskräften $u_1(t)$ und $u_2(t)$ sowie transversale Auslenkungen $y_1(t)$ und $y_2(t)$ als Ausgangsgrößen

zugrunde, so erhält man als Bewegungsgleichung für den Balken eine *biharmonische PDgl.* (siehe z.B. [34]). Damit lässt sich die Dynamik dieses verteilt-parametrischen Systems in Form des Anfangs-Randwertproblems

$$\partial_t^2 w(z,t) + \partial_z^4 w(z,t) - 2\alpha \partial_t \partial_z^2 w(z,t) = b^T(z)u(t), t > 0, z \in (0,1) \quad (2.70)$$
$$w(0,t) = w(1,t) = 0, \quad t > 0 \quad (2.71)$$
$$\partial_z^2 w(0,t) = \partial_z^2 w(1,t) = 0, \quad t > 0 \quad (2.72)$$
$$w(z,0) = w_0(z), \quad z \in [0,1] \quad (2.73)$$
$$\partial_t w(z,0) = w_{t0}(z), \quad z \in [0,1] \quad (2.74)$$
$$y(t) = \int_0^1 c(z)w(z,t)dz, \quad t \geq 0 \quad (2.75)$$

mit zwei Eingängen zusammengefasst im Vektor u und zwei Ausgängen als Elemente des Vektors y beschreiben. Um Dirac-Impulse in den Ortscharakteristiken zu vermeiden, wird der punktförmige Eingriff durch den Vektor $b^T(z) = [b_1(z)\ b_2(z)]$ mit den rechteckförmigen Ortscharakteristiken

$$b_1(z) = \begin{cases} 50 & : 0.59 \leq z \leq 0.61 \\ 0 & : \text{sonst} \end{cases} \quad (2.76)$$

und

$$b_2(z) = \begin{cases} 50 & : 0.69 \leq z \leq 0.71 \\ 0 & : \text{sonst} \end{cases} \quad (2.77)$$

approximiert. Entsprechend lassen sich mit (2.75) und dem Vektor $c(z) = [c_1(z)\ c_2(z)]^T$ die punktförmigen Regelgrößen näherungsweise durch die Ortscharakteristiken

$$c_1(z) = \begin{cases} 50 & : 0.39 \leq z \leq 0.41 \\ 0 & : \text{sonst} \end{cases} \quad (2.78)$$

und

$$c_2(z) = \begin{cases} 50 & : \ 0.29 \leq z \leq 0.31 \\ 0 & : \ \text{sonst} \end{cases} \tag{2.79}$$

beschreiben.

Um eine Zustandsbeschreibung des Balkens angeben zu können, werden die Zustandsgrößen

$$x_1(z,t) = w(z,t) \tag{2.80}$$
$$x_2(z,t) = \partial_t w(z,t) \tag{2.81}$$

eingeführt. Die zugehörigen Zustandsgleichungen lassen sich unter Verwendung von (2.70) sowie (2.80)–(2.81) leicht berechnen und lauten

$$\partial_t x_1(z,t) = x_2(z,t) \tag{2.82}$$
$$\partial_t x_2(z,t) = -\partial_z^4 x_1(z,t) + 2\alpha \partial_z^2 x_2(z,t) + b^T(z)u(t). \tag{2.83}$$

Zur Formulierung des partiellen Differentialgleichungssystems (2.82)–(2.83) zusammen mit den Rand- und Anfangsbedingungen als abstraktes Anfangswertproblem

$$\dot{x}(t) = \mathcal{A}x(t) + \mathcal{B}u(t), \quad t > 0, \quad x(0) = x_0 \in D(\mathcal{A}) \tag{2.84}$$

(siehe (2.24)) wird der Operator

$$\mathcal{A}_0 h = \frac{d^4}{dz^4} h \tag{2.85}$$

$$h \in D(\mathcal{A}_0) = \{h \in L_2(0,1) \mid h, \tfrac{d}{dz}h, \tfrac{d^2}{dz^2}h, \tfrac{d^3}{dz^3}h \text{ absolut stetig,}$$
$$\tfrac{d^4}{dz^4}h \in L_2(0,1) \text{ und } h(0) = h(1) = \tfrac{d^2}{dz^2}h(0) = \tfrac{d^2}{dz^2}h(1) = 0\} \tag{2.86}$$

eingeführt. Da der (selbstadjungierte) Operator $\mathcal{A}_0$ ein *positiver Operator* im Funktionenraum $L_2(0,1)$ mit dem Skalarprodukt

$$\langle x, y \rangle_{L_2} = \int_0^1 x(z)\overline{y(z)}dz \tag{2.87}$$

ist, d.h. $\langle \mathcal{A}_0 \zeta, \zeta \rangle_{L_2} > 0, \ \forall \zeta \in D(\mathcal{A}_0)$ gilt (siehe Definition A.3.71 in [14]), existiert auch der zugehörige *Wurzeloperator*

$$\mathcal{A}_0^{\frac{1}{2}} h = -\frac{d^2}{dz^2} h \tag{2.88}$$

$$h \in D(\mathcal{A}_0^{\frac{1}{2}}) = \{h \in L_2(0,1) \mid h, \tfrac{d}{dz}h \text{ absolut stetig,}$$
$$\tfrac{d^2}{dz^2}h \in L_2(0,1) \text{ und } h(0) = h(1) = 0\} \tag{2.89}$$

als Faktor in der Zerlegung

$$\mathcal{A}_0 = \mathcal{A}_0^{\frac{1}{2}} \mathcal{A}_0^{\frac{1}{2}} \tag{2.90}$$

2.2 Riesz-Spektralsysteme 31

(siehe Theorem A.3.73 sowie Exercise 2.22 in [14]). Der aus (2.80)–(2.81) gebildete Zustandsvektor

$$x(t) = \begin{bmatrix} x_1(\cdot, t) \\ x_2(\cdot, t) \end{bmatrix} \tag{2.91}$$

in (2.84) ist Element des noch zu wählenden Hilbertraums $H = H_1 \oplus H_2$. Darin bezeichnet $V \oplus W$ die *direkte Summe* zweier Vektorräume V und W, d.h. für $v \in V$ und $w \in W$ ist

$$\begin{bmatrix} v \\ w \end{bmatrix} \in V \oplus W, \tag{2.92}$$

wobei $V \oplus W$ wieder ein Vektorraum ist. Damit folgt aus $x(t) \in H_1 \oplus H_2$, dass $x_1(t) \in H_1$ und $x_2(t) \in H_2$ gilt. Anhand von (2.82)–(2.83) sowie (2.85) und (2.88) erkennt man, dass der Systemoperator $\mathcal{A}$ in (2.84) durch

$$\mathcal{A} = \begin{bmatrix} 0 & I \\ -\mathcal{A}_0 & -2\alpha\mathcal{A}_0^{\frac{1}{2}} \end{bmatrix} \tag{2.93}$$

mit dem Definitionsbereich $D(\mathcal{A}) = D(\mathcal{A}_0) \oplus D(\mathcal{A}_0^{\frac{1}{2}})$ gegeben ist. Darin bezeichnet $I : H_2 \to H_1$ den *Identitätsoperator*. Unter Beachtung von (2.83) wird der Eingangsoperator

$$\mathcal{B}u(t) = \begin{bmatrix} 0 \\ b_1 \end{bmatrix} u_1(t) + \begin{bmatrix} 0 \\ b_2 \end{bmatrix} u_2(t) \tag{2.94}$$

mit den Ortscharakteristiken b_i in (2.76)–(2.77) eingeführt, die in H_2 liegen müssen. Der Zustandsraum H muss nun so gewählt werden, dass das Anfangswertproblem (2.84) *wohlgestellt* ist (siehe Anhang A.1). Dies bedeutet, dass (2.84) eine eindeutige Lösung besitzt und dass die Lösung stetig von den Anfangswerten x_0 abhängt. Wenn man vom Wärmeleiter ausgeht (siehe Abschnitt 2.1), dann ist eine nahe liegende Wahl der Raum $H = L_2(0, 1) \oplus L_2(0, 1)$ mit dem Skalarprodukt

$$\left\langle \begin{bmatrix} x_1 \\ x_2 \end{bmatrix}, \begin{bmatrix} y_1 \\ y_2 \end{bmatrix} \right\rangle = \langle x_1, y_1 \rangle_{L_2} + \langle x_2, y_2 \rangle_{L_2},$$
$$x_1, y_1 \in L_2(0, 1), \quad x_2, y_2 \in L_2(0, 1). \tag{2.95}$$

Allerdings lässt sich nachweisen, dass für diesen Zustandsraum die Lösung von (2.84) nicht stetig von den Anfangswerten abhängt und somit dieses Anfangswertproblem nicht wohlgestellt ist. Dieser Sachverhalt kann auch physikalisch interpretiert werden. Hierzu bildet man das Normquadrat des Zustands $x(t)$, was mit (2.95)

$$\|x(t)\|^2 = \langle x_1(t), x_1(t) \rangle_{L_2} + \langle x_2(t), x_2(t) \rangle_{L_2}$$

$$= \int_0^1 (w(z,t))^2 dz + \int_0^1 (\partial_t w(z,t))^2 dz \qquad (2.96)$$

ergibt, wenn man (2.80)–(2.81) berücksichtigt. Die kinetische Energie des Balkens ist durch

$$E_{kin}(t) = \frac{1}{2} \int_0^1 (\partial_t w(z,t))^2 dz \qquad (2.97)$$

gegeben und tritt auch in (2.96) auf. Allerdings gilt für die potentielle Energie

$$E_{pot}(t) = \frac{1}{2} \int_0^1 (\partial_z^2 w(z,t))^2 dz, \qquad (2.98)$$

womit der erste Summand in (2.96) nicht proportional zu $E_{pot}(t)$ ist. Damit beschreibt das Normquadrat $\|x(t)\|^2$ in (2.96) nicht die Gesamtenergie des Balkens. Beispielsweise bedeutet dann ein kleines Normquadrat $\|x(t)\|^2$ nicht, dass die Gesamtenergie des Balkens klein ist. In (2.96) geht nämlich nur $w(z,t)$ ein, das klein sein kann, auch wenn $\partial_z^2 w(z,t)$ große Werte annimmt. Letztere Größe beschreibt aber wegen (2.98) die potentielle Energie des Balkens. Diese Betrachtungen machen die unzulässige Wahl des Zustandsraums $H = L_2(0,1) \oplus L_2(0,1)$ deutlich, da die Gesamtenergie des Systems nicht durch die Zustände charakterisiert werden kann. Dieses Ergebnis lässt sich jedoch verwenden, um einen geeigneten Zustandsraum zu bestimmen. Führt man nämlich das Skalarprodukt

$$\left\langle \begin{bmatrix} x_1 \\ x_2 \end{bmatrix}, \begin{bmatrix} y_1 \\ y_2 \end{bmatrix} \right\rangle = \langle \mathcal{A}_0^{\frac{1}{2}} x_1, \mathcal{A}_0^{\frac{1}{2}} y_1 \rangle_{L_2} + \langle x_2, y_2 \rangle_{L_2},$$

$$x_1, y_1 \in D(\mathcal{A}_0^{\frac{1}{2}}), \quad x_2, y_2 \in L_2(0,1) \qquad (2.99)$$

mit dem Wurzeloperator aus (2.88) im Zustandsraum ein, so gilt wegen (2.97)–(2.98) für das Normquadrat

$$\|x(t)\|^2 = \langle \mathcal{A}_0^{\frac{1}{2}} x_1(t), \mathcal{A}_0^{\frac{1}{2}} x_1(t) \rangle_{L_2} + \langle x_2(t), x_2(t) \rangle_{L_2}$$

$$= \int_0^1 (\partial_z^2 w(z,t))^2 dz + \int_0^1 (\partial_t w(z,t))^2 dz$$

$$= 2E_{pot}(t) + 2E_{kin}(t). \qquad (2.100)$$

Folglich charakterisiert $\|x(t)\|^2$ in (2.100) die Gesamtenergie des Balkens. Deshalb darf man annehmen, dass ein Zustandsraum mit diesem Skalarprodukt zu einem wohlgestellten Anfangswertproblem (2.84) führt. Einen solchen Zustandsraum, in dem das Skalarprodukt proportional zur Gesamtenergie des Systems ist, bezeichnet man als *Energieraum*. Ein Energieraum für den Balken lässt sich aus der Forderung ableiten, dass aufgrund des ersten Summanden in (2.99) der Zustand x_1 im Definitionsbereich von $\mathcal{A}_0^{\frac{1}{2}}$ liegen muss.

2.2 Riesz-Spektralsysteme 33

Dies führt auf den Zustandsraum $H = D(\mathcal{A}_0^{\frac{1}{2}}) \oplus L_2(0,1)$, der mit dem Skalarprodukt (2.99) auch ein Hilbertraum ist (siehe Example 2.2.5 in [14]). Darüber hinaus liegen wegen $b_1, b_2 \in L_2(0,1)$ und $H_2 = L_2(0,1)$ die Ortscharakteristiken der Eingänge in diesem Raum (siehe (2.76)–(2.77) und (2.94)). Wie in Anhang B.2 ausführlich gezeigt wird, ist $\mathcal{A}$ in (2.93) dann ein Riesz-Spektraloperator und das resultierende Anfangswertproblem ist wohlgestellt. Eine weitere Möglichkeit, um zu einem wohlgestellten Anfangswertproblem für den Balken zu kommen, ist eine andere Wahl der Zustandsgrößen. Geht man vom Normquadrat (2.100) aus, dann können direkt die *Energiekoordinaten*

$$x_1(z,t) = \partial_z^2 w(z,t) \qquad (2.101)$$
$$x_2(z,t) = \partial_t w(z,t) \qquad (2.102)$$

als Zustände im Energieraum $H = L_2(0,1) \oplus L_2(0,1)$ mit dem Skalarprodukt (2.95) verwendet werden, da sich dann wieder das Normquadrat (2.100) ergibt. Auch dieser Ansatz führt auf ein wohlgestelltes Anfangswertproblem (siehe z.B. [35]). Ein Vorteil der Verwendung des Zustandsraums $H = D(\mathcal{A}_0^{\frac{1}{2}}) \oplus L_2(0,1)$ ist jedoch, dass die erste Komponente x_1 Element des Raums $D(\mathcal{A}_0^{\frac{1}{2}})$ ist, der nur „glatte" Funktionen enthält (siehe (2.88)). Folglich führen *Punktmessungen*

$$y(t) = x_1(z_0,t), \quad 0 \leq z_0 \leq 1 \qquad (2.103)$$

in diesem Raum zu beschränkten Ausgangsoperatoren, womit solche Ausgangsgrößen in diesem Fall auch mit den in diesem Buch vorgestellten Methoden behandelt werden können. Bei parabolischen Systemen wie dem in Abschnitt 2.1 vorgestellten Wärmeleiter ist dies nicht möglich. Der dort verwendete Zustandsraum $L_2(0,1)$ enthält nämlich auch unstetige Funktionen, für welche die punktförmige Messung bzw. die punktförmige Funktionsauswertung Probleme bereitet. Damit ist die Darstellung (2.75) mit (2.78)–(2.79) von allgemeinerer Bedeutung, da sie in jedem Fall anwendbar ist. Darüber hinaus modelliert sie die physikalischen Verhältnisse besser, da Punktmessungen nur mathematische Idealisierungen darstellen.

Zur Vervollständigung der Zustandsbeschreibung des mit den Zuständen (2.80)–(2.81) beschriebenen Balkens, muss noch die Ausgangsgleichung (2.75) im Zustandsraum $H = D(\mathcal{A}_0^{\frac{1}{2}}) \oplus L_2(0,1)$ formuliert werden. Sie lässt sich mit (2.87) in der Form

$$y(t) = \int_0^1 w(z,t)c(z)dz = \begin{bmatrix} \langle x_1(t), c_1 \rangle_{L_2} \\ \langle x_1(t), c_2 \rangle_{L_2} \end{bmatrix} \qquad (2.104)$$

darstellen. Beachtet man, dass der Operator $\mathcal{A}_0$ beschränkt invertierbar ist (siehe Exercise 2.22 in [14]), d.h. der Operator $\mathcal{A}_0^{-1}$ ist beschränkt, und dass der Wurzeloperator $\mathcal{A}_0^{\frac{1}{2}}$ zur Klasse der *selbstadjungierten Operatoren* gehört, d.h. es gilt

$$\langle x, \mathcal{A}_0^{\frac{1}{2}} y \rangle_{L_2} = \langle \mathcal{A}_0^{\frac{1}{2}} x, y \rangle_{L_2}, \quad x, y \in D(\mathcal{A}_0^{\frac{1}{2}}) \tag{2.105}$$

(siehe Exercise 2.22 in [14] und Anhang A.2), dann erhält man mit (2.90) für (2.104)

$$y(t) = \begin{bmatrix} \langle x_1(t), \mathcal{A}_0^{\frac{1}{2}} \mathcal{A}_0^{\frac{1}{2}} \mathcal{A}_0^{-1} c_1 \rangle_{L_2} \\ \langle x_1(t), \mathcal{A}_0^{\frac{1}{2}} \mathcal{A}_0^{\frac{1}{2}} \mathcal{A}_0^{-1} c_2 \rangle_{L_2} \end{bmatrix} = \begin{bmatrix} \langle \mathcal{A}_0^{\frac{1}{2}} x_1(t), \mathcal{A}_0^{\frac{1}{2}} \tilde{c}_1 \rangle_{L_2} \\ \langle \mathcal{A}_0^{\frac{1}{2}} x_1(t), \mathcal{A}_0^{\frac{1}{2}} \tilde{c}_2 \rangle_{L_2} \end{bmatrix}, \tag{2.106}$$

worin

$$\tilde{c}_i = \mathcal{A}_0^{-1} c_i, \quad i = 1, 2 \tag{2.107}$$

eingeführt wurde. Man beachte, dass $\tilde{c}_i \in D(\mathcal{A}_0^{\frac{1}{2}})$ gilt, weil die unstetigen Ortscharakteristiken (2.78)–(2.79) durch den *Integraloperator*

$$(\mathcal{A}_0^{-1} h)(z) = \int_0^1 g(z, \zeta) h(\zeta) d\zeta \tag{2.108}$$

mit der zu $\mathcal{A}_0$ gehörenden *Greenschen Funktion* $g(z, \zeta)$ als Kern geglättet werden (siehe auch Anhang B.1). Unter Beachtung von (2.99) lautet die Ausgangsgleichung in $H = D(\mathcal{A}_0^{\frac{1}{2}}) \oplus L_2(0, 1)$ schließlich

$$y(t) = \begin{bmatrix} \langle \mathcal{A}_0^{\frac{1}{2}} x_1(t), \mathcal{A}_0^{\frac{1}{2}} \tilde{c}_1 \rangle_{L_2} + \langle x_2(t), 0 \rangle_{L_2} \\ \langle \mathcal{A}_0^{\frac{1}{2}} x_1(t), \mathcal{A}_0^{\frac{1}{2}} \tilde{c}_2 \rangle_{L_2} + \langle x_2(t), 0 \rangle_{L_2} \end{bmatrix} = \begin{bmatrix} \left\langle x(t), \begin{bmatrix} \tilde{c}_1 \\ 0 \end{bmatrix} \right\rangle \\ \left\langle x(t), \begin{bmatrix} \tilde{c}_2 \\ 0 \end{bmatrix} \right\rangle \end{bmatrix}$$

$$= \mathcal{C} x(t). \tag{2.109}$$

Da $\mathcal{C}$ in (2.109) und $\mathcal{B}$ in (2.94) beschränkte lineare Operatoren sind sowie $\mathcal{A}$ in (2.93) einen Riesz-Spektraloperator darstellt, ist damit gezeigt, dass eine Zustandsbeschreibung des betrachteten Balkens als Riesz-Spektralsystem angegeben werden kann. ◀

2.2.2 Lösung der Zustandsgleichungen

Die Systemdynamik von Riesz-Spektralsystemen lässt sich beurteilen, wenn man die allgemeine Lösung der Zustandsgleichung

$$\dot{x}(t) = \mathcal{A} x(t) + \mathcal{B} u(t), \quad t > 0, \quad x(0) = x_0 \in H \tag{2.110}$$

bestimmt. Um die Frage nach Existenz und Eindeutigkeit der Lösung von (2.110) beantworten zu können, lässt sich eine weitere wichtige Eigenschaft des Riesz-Spektraloperators $\mathcal{A}$ in (2.110) nutzen. Dieser Operator ist nämlich ein infinitesimaler Generator der C_0-Halbgruppe $\mathcal{T}_{\mathcal{A}}(t)$ (siehe Anhang A.1), wenn für seine Eigenwerte λ_i, $i \geq 1$, die Eigenschaft

$$\sup_{i \geq 1} \operatorname{Re} \lambda_i < \infty \qquad (2.111)$$

gilt (siehe Theorem 2.3.5 in [14]). Unter dieser Voraussetzung besitzt die Zustandsdifferentialgleichung (2.110) die eindeutige *klassische Lösung* $x(t)$ für $t \in [0, \tau]$ und $\tau > 0$, falls

$$x_0 \in D(\mathcal{A}) \text{ gilt und } u(t) \text{ im Intervall } [0, \tau] \text{ stetig differenzierbar ist} \quad (2.112)$$

(siehe Theorem 3.1.3 in [14]). Die klassische Lösung $x(t)$ ist eine stetig differenzierbare Funktion und erfüllt (2.110). Hierbei ist jedoch zu beachten, dass auch in diesem Fall $x(t)$ i.Allg. nur eine schwache Lösung des zugehörigen Anfangs-Randwertproblems darstellt (siehe Abschnitt 2.1), da die klassische Lösung nur Differenzierbarkeit der Lösung bzgl. der Zeit erfordert. Man erkennt dies beispielsweise am Definitionsbereich $D(\mathcal{A})$ des Operators $\mathcal{A}$ in (2.18). Wenn $x_0 \in D(\mathcal{A})$ — wie in (2.112) angenommen — gilt, dann kann die erste örtliche Ableitung des Anfangstemperaturprofils x_0 Knicke besitzen. In diesem Fall existiert die zweite Ortsableitung in (2.9) nicht im klassischen Sinn. In vielen Fällen ist die klassische Lösung kein geeigneter Lösungsbegriff zur Beschreibung der Systemdynamik. Beispielsweise, wenn man Sprunganregungen des Systems (2.110) betrachtet, die (2.112) nicht erfüllen. Um auch solche Fälle behandeln zu können, geht man von den schwächeren Anforderungen

$$x_0 \in H \text{ und } u \in L_r([0, \tau], \mathbb{R}^p) \text{ für } \tau > 0 \text{ und ein } r \geq 1 \qquad (2.113)$$

aus. Darin bedeutet $u \in L_r([0, \tau], \mathbb{R}^p)$, dass das Lebesgue-Integral $\int_0^\tau \|u(t)\|^r dt$ existiert. Dies ist beispielsweise der Fall, wenn sprungförmige Anregungen von (2.110) betrachtet werden. Da mit der Voraussetzung (2.113) die stetige Differenzierbarkeit der Lösung $x(t)$ bezüglich t nicht mehr sichergestellt ist, muss der Lösungsbegriff für das abstrakte Anfangswertproblem (2.110) erweitert werden. Dies führt auf die *milde Lösung* $x(t)$ von (2.110), die unter der Voraussetzung (2.113) im Intervall $[0, \tau]$ existiert und dort eindeutig ist (siehe Theorem 3.1.7 in [14]). Im Folgenden wird zunächst die klassische Lösung von (2.110) bestimmt und anschließend der Zusammenhang zur milden Lösung hergestellt.

Da die Lösung $x(t)$ zu jedem Zeitpunkt ein Element von H ist und die Eigenvektoren ϕ_i, $i \geq 1$, von $\mathcal{A}$ eine Riesz-Basis für H bilden, kann sie durch die eindeutige Reihenentwicklung

$$x(t) = \sum_{i=1}^{\infty} x_i^*(t)\phi_i \tag{2.114}$$

dargestellt werden, worin der i-te *modale Zustand* $x_i^*(t)$ oder *modale Koordinate* durch

$$x_i^*(t) = \langle x(t), \psi_i \rangle \tag{2.115}$$

gegeben ist (siehe (2.58)). Damit lässt sich die Berechnung von $x(t)$ auf die Bestimmung der Koeffizientenfunktionen $x_i^*(t)$ in (2.114) zurückführen. Hierzu entwickelt man auch die Ortscharakteristiken $b_i \in H$ in (2.27) nach den Eigenvektoren ϕ_i, was

$$b_i = \sum_{j=1}^{\infty} b_{ij}^* \phi_j \tag{2.116}$$

mit

$$b_{ij}^* = \langle b_i, \psi_j \rangle \tag{2.117}$$

ergibt. Damit gilt für den in (2.27) eingeführten Eingangsoperator

$$\mathcal{B}u(t) = \sum_{i=1}^{p} \sum_{j=1}^{\infty} b_{ij}^* \phi_j u_i(t) = \sum_{j=1}^{\infty} \phi_j \sum_{i=1}^{p} b_{ij}^* u_i(t) = \sum_{i=1}^{\infty} \phi_i b_i^{*T} u(t), \tag{2.118}$$

wenn man den Vektor der Entwicklungskoeffizienten

$$b_i^{*T} = \begin{bmatrix} b_{1i}^* \dots b_{pi}^* \end{bmatrix} \tag{2.119}$$

definiert und bei der rechten Summe in (2.118) den Summationsindex i verwendet. In (2.118) ist zu beachten, dass der Ausdruck $\phi_i b_i^{*T}$ bei vektoriellem Zustand $x(t)$ und damit vektorwertigem Eigenvektor ϕ_i ein dyadisches Produkt darstellt. Zur Bestimmung der Koeffizientenfunktionen $x_i^*(t)$ in (2.114), geht man mit (2.114) und (2.118) in (2.110) ein, was auf

$$\sum_{i=1}^{\infty} \dot{x}_i^*(t)\phi_i = \sum_{i=1}^{\infty} x_i^*(t)\mathcal{A}\phi_i + \sum_{i=1}^{\infty} \phi_i b_i^{*T} u(t) \tag{2.120}$$

führt. Darin existiert die Zeitableitung der Koeffizientenfunktionen $x_i^*(t)$, da die klassische Lösung bezüglich der Zeit stetig differenzierbar ist. Berücksichtigt man in (2.120) die Eigenvektorgleichung (2.33) und macht einen Koeffizientenvergleich bezüglich ϕ_i, so erhält man die entkoppelten *modalen Differentialgleichungen*

$$\dot{x}_i^*(t) = \lambda_i x_i^*(t) + b_i^{*T} u(t), \quad i \geq 1, \quad t > 0 \tag{2.121}$$

für die Koeffizientenfunktionen $x_i^*(t)$. Um die Lösung von (2.121) bestimmen zu können, werden noch die Anfangswerte $x_i^*(0)$ benötigt. Diese ergeben sich direkt aus (2.115) zu

2.2 Riesz-Spektralsysteme 37

$$x_i^*(0) = \langle x(0), \psi_i \rangle, \quad i \geq 1. \tag{2.122}$$

Zusammen mit den Differentialgleichungen (2.121) ergeben sich somit Anfangswertprobleme, welche die eindeutigen Lösungen

$$x_i^*(t) = e^{\lambda_i t} x_i^*(0) + \int_0^t e^{\lambda_i(t-\tau)} b_i^{*T} u(\tau) d\tau, \quad i \geq 1 \tag{2.123}$$

besitzen. Setzt man dies in die Reihenentwicklung (2.114) ein, so erhält man schließlich als klassische Lösung von (2.110) am Ort z

$$x(z,t) = \sum_{i=1}^{\infty} e^{\lambda_i t} \phi_i(z) x_i^*(0) + \sum_{i=1}^{\infty} \int_0^t e^{\lambda_i(t-\tau)} \phi_i(z) b_i^{*T} u(\tau) d\tau. \tag{2.124}$$

Die Grundidee, die Zustandsgleichung (2.110) zu lösen, besteht also darin, die Lösung von (2.110) bzw. der PDgl. auf die einfacher zu bestimmende Lösung der gewöhnlichen Differentialgleichungen (2.121) zurückzuführen.

Anhand von (2.124) lässt sich zeigen, wie das Eigenverhalten des verteilt-parametrischen Systems (2.110) für $u = 0$ durch die Eigenwerte λ_i und die Eigenvektoren ϕ_i von $\mathcal{A}$ charakterisiert werden kann. Hierzu betrachtet man die Lösung

$$x(z,t) = \sum_{i=1}^{\infty} e^{\lambda_i t} \phi_i(z) x_i^*(0) \tag{2.125}$$

der homogenen Zustandsgleichung

$$\dot{x}(t) = \mathcal{A} x(t), \quad x(0) = x_0 \in D(\mathcal{A}), \tag{2.126}$$

die sich unmittelbar aus (2.124) für $u = 0$ ergibt. Aus (2.125) folgt, dass bei der hier betrachteten Klasse von linearen verteilt-parametrischen Systemen die Eigenwerte λ_i von $\mathcal{A}$ die Form des zeitlichen Verlaufs der Eigenbewegungen festlegen. Die Eigenvektoren ϕ_i von $\mathcal{A}$ geben an, wie sich diese zeitlichen Verläufe auf den Ortsbereich verteilen. Welche Eigenschwingungen im System auftreten, hängt von den Anfangswerten $x_i^*(0)$ ab. Diese Charakterisierung des Eigenverhaltens des Systems durch Eigenwerte und Eigenvektoren ist die grundlegende Voraussetzung für den Reglerentwurf durch Eigenwertvorgabe in Kapitel 4.1.

Durch einen Vergleich von (2.22) mit (2.125) erkennt man mit (2.122), dass die C_0-Halbgruppe $\mathcal{T}_\mathcal{A}(t)$ durch

$$\mathcal{T}_\mathcal{A}(t) x_0 = \sum_{i=1}^{\infty} e^{\lambda_i t} \phi_i \langle x_0, \psi_i \rangle, \quad D(\mathcal{T}_\mathcal{A}(t)) = H \tag{2.127}$$

gegeben ist. Damit lässt sich die klassische Lösung (2.124) der inhomogenen Zustandsgleichung (2.110) auch in der Form

$$x(t) = \mathcal{T}_\mathcal{A}(t)x_0 + \int_0^t \mathcal{T}_\mathcal{A}(t-\tau)\mathcal{B}u(\tau)d\tau \qquad (2.128)$$

darstellen, wenn man mit (2.117) und (2.119)

$$\langle \mathcal{B}u(t), \psi_i \rangle = \sum_{j=1}^{p} \langle b_j, \psi_i \rangle u_j(t) = b_i^{*T} u(t) \qquad (2.129)$$

beachtet.

Um den Zusammenhang zur milden Lösung herzustellen, nimmt man eine sprungförmige Anregung von (2.110) an. In diesem Fall ist $x(t)$ nicht mehr bezüglich t stetig differenzierbar, da die Systemantwort „Knicke" enthält, und kann deshalb nicht die Differentialgleichung (2.110) im klassischen Sinn erfüllen. Allerdings existiert für dieselbe Anregung weiterhin die Darstellung (2.128), da nicht $\dot{x}$ gebildet werden muss. Damit liefert (2.128) weiterhin eine Lösung, welche die *milde Lösung* ist (siehe Definition 3.1.4 in [14] und Anhang A.1). Diese Betrachtungsweise entspricht der in der Regelungstechnik üblichen Vorgehensweise, bei der dynamische Systeme durch Strukturbilder mit Integrierer beschrieben werden. Diese Systembeschreibung besitzt den Vorteil, dass sie auch bei Sprunganregung weiterhin gültig bleibt, während die zugehörige Differentialgleichung nicht mehr als Systembeschreibung herangezogen werden kann. Will man dennoch mit Differentialgleichungen arbeiten, dann muss man fordern, dass ihre Lösung nur stückweise differenzierbar ist. Dies entspricht allerdings wiederum einer Erweiterung des klassischen Lösungsbegriffs.

Ausgehend von der Lösung der Zustandsgleichung (2.110) mittels Eigenwerten und Eigenvektoren, lässt sich eine wichtige *endlich-dimensionale Approximation* von verteilt-parametrischen Systemen ableiten. Ausgangspunkt für deren Herleitung ist der *Näherungsansatz*

$$x_n(t) = \sum_{i=1}^{n} x_i^*(t)\phi_i \qquad (2.130)$$

für die Lösung von (2.110). Aus den bisherigen Betrachtungen folgt dann, dass für die Entwicklungskoeffizienten $x_i^*(t)$ in (2.130) die modalen Differentialgleichungen

$$\dot{x}_i^*(t) = \lambda_i x_i^*(t) + b_i^{*T} u(t), \quad i = 1, 2, \ldots, n, \quad t > 0, \quad x_i^*(0) = \langle x(0), \psi_i \rangle \qquad (2.131)$$

gelten (siehe (2.121)). Führt man den Zustandsvektor

$$x^*(t) = \begin{bmatrix} x_1^*(t) \\ \vdots \\ x_n^*(t) \end{bmatrix} = \begin{bmatrix} \langle x(t), \psi_1 \rangle \\ \vdots \\ \langle x(t), \psi_n \rangle \end{bmatrix} \qquad (2.132)$$

2.2 Riesz-Spektralsysteme 39

ein, so lassen sich die n Differentialgleichungen (2.131) in der endlich-dimensionalen Zustandsbeschreibung

$$\dot{x}^*(t) = \Lambda x^*(t) + B^* u(t), \quad t > 0, \quad x^*(0) \in \mathbb{C}^n \tag{2.133}$$

mit den Matrizen

$$\Lambda = \begin{bmatrix} \lambda_1 & & \\ & \ddots & \\ & & \lambda_n \end{bmatrix} \tag{2.134}$$

und

$$B^* = \begin{bmatrix} b_1^{*T} \\ \vdots \\ b_n^{*T} \end{bmatrix} \tag{2.135}$$

zusammenfassen. Die zugehörige Ausgangsgleichung erhält man durch Einsetzen des Näherungsansatzes (2.130) in (2.25), was die Approximation

$$y^*(t) = \sum_{i=1}^{n} x_i^*(t) \mathcal{C} \phi_i \tag{2.136}$$

von (2.25) ergibt. Hieran kann man die Notwendigkeit der Einführung eines komplexen Hilbertraums als Zustandsraum erkennen. Da der Ausgangsoperator $\mathcal{C}$ in (2.136) i. Allg. auf komplexwertige Eigenvektoren ϕ_i angewendet wird, müssen diese Vektoren in seinem Definitionsbereich enthalten sein. Da $\mathcal{C}: H \to \mathbb{C}^m$ gilt, ist H somit als komplexwertiger Funktionenraum anzusetzen. Die Definition der Ausgangsmatrix

$$C^* = \begin{bmatrix} \mathcal{C}\phi_1 \dots \mathcal{C}\phi_n \end{bmatrix} \tag{2.137}$$

führt mit (2.132) und (2.136) schließlich auf die Ausgangsgleichung

$$y^*(t) = C^* x^*(t) \tag{2.138}$$

für (2.133). Die Zustandsbeschreibung (2.133) und (2.138) bezeichnet man als die *modale Approximation* der Ordnung n von (2.24)–(2.25). Der Näherungsansatz (2.130) und damit die modale Approximation ist durch die Tatsache gerechtfertigt, dass einerseits eine Lösung von (2.24) existiert und eindeutig ist und andererseits bei vielen verteilt-parametrischen Systemen die Realteile der Eigenwerte schnell kleiner werden, weshalb die zugehörigen Moden $x_i^*(t)$ nicht in (2.130) berücksichtigt werden müssen. Allerdings kann die resultierende Ordnung n der modalen Approximation für eine hinreichend genaue Systembeschreibung vergleichsweise hoch sein. Die modale Approximation ist Ausgangspunkt des sog. „*early-lumping*"-Ansatzes zum Entwurf von Steuerungs- und Regelungssystemen für verteilt-parametrische Systeme, bei dem zur Synthese die Methoden für konzentriert-parametrische Systeme auf die modale Approximation angewendet werden. Auch für die Systemtheorie von verteilt-parametrischen Systemen ist die modale Approximation von grundlegender Bedeutung, weshalb sie in den weiteren Kapiteln immer wieder aufgegriffen wird.

Im nachfolgenden Beispiel wird gezeigt, dass die Lösung der Zustandsgleichungen für lineare konzentriert-parametrische Systeme auch mit den hier verwendeten Methoden möglich ist und damit die bisherigen Betrachtungen die Behandlung dieser Systemklasse als Spezialfall enthalten.

Beispiel 2.5. Lösung der Zustandsgleichung von konzentriert-parametrischen Systemen

Betrachtet wird ein konzentriert-parametrisches System n-ter Ordnung, das durch die Zustandsgleichung

$$\dot{x}(t) = Ax(t) + Bu(t), \quad t > 0, \quad x(0) = x_0 \in H \tag{2.139}$$

beschrieben ist. Der Zustandsvektor $x(t)$ ist Element eines *endlich-dimensionalen* Zustandsraums, der i.Allg. immer durch den Vektorraum $H = \mathbb{C}^n$ gegeben ist. Führt man in diesem Raum das Skalarprodukt

$$\langle x, y \rangle = x^T \overline{y} \tag{2.140}$$

ein, dann wird aus H ein endlich-dimensionaler komplexer Hilbertraum. Die Eingänge des Systems sind im p-dimensionalen Eingangsvektor u zusammengefasst. Im Unterschied zu verteilt-parametrischen Systemen, bei denen der Systemoperator $\mathcal{A}$ *unbeschränkt* ist (siehe Anhang B.1), besitzen konzentriert-parametrische Systeme immer einen *beschränkten* Systemoperator, der durch die Matrix $A : \mathbb{C}^n \to \mathbb{C}^n$ gegeben ist (siehe Beispiel 2.2). Diese Tatsache und die endliche Dimension des Zustandsraums führen dazu, dass sich Systeme mit konzentrierten Parametern wesentlich einfacher analysieren lassen als Systeme mit verteilten Parametern. Setzt man voraus, dass die Matrix A ein Riesz-Spektraloperator ist (siehe Beispiel 2.2), dann lässt sich die Lösung (2.124) formal auf (2.139) anwenden, was auf

$$x(t) = \sum_{i=1}^{n} e^{\lambda_i t} \phi_i x_i^*(0) + \sum_{i=1}^{n} \int_0^t e^{\lambda_i (t-\tau)} \phi_i b_i^{*T} u(\tau) d\tau \tag{2.141}$$

führt. Die Anfangswerte $x_i^*(0)$ ergeben sich gemäß (2.122) und (2.140) durch

$$x_i^*(0) = \langle x_0, \psi_i \rangle = x_0^T \overline{\psi_i}. \tag{2.142}$$

Darin sind ψ_i die Eigenvektoren von dem zu A adjungierten Operator $A^* = \overline{A^T}$ zum Eigenwert $\overline{\lambda_i}$. Zu bestimmen bleiben noch die Vektoren b_i^{*T} der Entwicklungskoeffizienten von B. Für sie gilt nach (2.117) und (2.119) unter Verwendung von (2.140)

2.2 Riesz-Spektralsysteme 41

$$b_i^{*T} = \begin{bmatrix} \langle b_1, \psi_i \rangle \dots \langle b_p, \psi_i \rangle \end{bmatrix} = \begin{bmatrix} b_1^T \overline{\psi_i} \dots b_p^T \overline{\psi_i} \end{bmatrix} = \overline{\psi_i}^T B, \qquad (2.143)$$

worin die Vektoren b_i die Spalten der Matrix B sind. Mit (2.142) und (2.143) lässt sich (2.141) auch in der Form

$$x(t) = \sum_{i=1}^n e^{\lambda_i t} \phi_i \overline{\psi_i^T} x_0 + \sum_{i=1}^n \int_0^t e^{\lambda_i (t-\tau)} \phi_i \overline{\psi_i^T} B u(\tau) d\tau \qquad (2.144)$$

darstellen. Dasselbe Ergebnis erhält man auch, wenn die Zustandsgleichung (2.139) mit den klassischen Methoden der linearen Algebra gelöst wird (siehe z.B. [27]). Dies macht deutlich, dass die bisherigen für verteilt-parametrische Systeme vorgestellten Ergebnisse auch für den Spezialfall von linearen konzentriert-parametrischen Systemen gelten. Damit lassen sich die in diesem Buch entwickelten Entwurfsverfahren für Riesz-Spektralsysteme auch für den endlich-dimensionalen Fall nutzen.

Vergleicht man (2.144) mit (2.128), dann erhält man unmittelbar für die C_0-Halbgruppe des konzentriert-parametrischen Systems

$$T_A(t)x_0 = \sum_{i=1}^n e^{\lambda_i t} \phi_i \overline{\psi_i^T} x_0. \qquad (2.145)$$

Dieser Ausdruck stimmt mit der Berechnung der *Matrixexponentialfunktion*

$$e^{At} = \sum_{i=1}^n e^{\lambda_i t} \phi_i \overline{\psi_i^T} \qquad (2.146)$$

mittels Eigenwerten und Eigenvektoren für eine diagonalähnliche Matrix A überein (siehe z.B. [27]). Damit lassen sich C_0-Halbgruppen als eine Verallgemeinerung der Matrixexponentialfunktion auf verteilt-parametrische Systeme interpretieren. ◄

Abschließend wird noch die Lösung der homogenen Zustandsgleichung des im Beispiel 2.4 eingeführten Euler-Bernoulli-Balkens berechnet, um die bisherige allgemeine Darstellung an einem konkreten Beispiel zu verdeutlichen.

Beispiel 2.6. Lösung der homogenen Zustandsgleichung eines beidseitig drehbar gelagerten Euler-Bernoulli-Balkens
Die homogene Zustandsgleichung des Euler-Bernoulli-Balkens aus Beispiel 2.4 lautet

$$\dot{x}(t) = \mathcal{A}x(t), \quad t > 0, \quad x(0) = x_0 \in D(\mathcal{A}) \qquad (2.147)$$

mit dem Systemoperator

$$\mathcal{A} = \begin{bmatrix} 0 & I \\ -\mathcal{A}_0 & -2\alpha\mathcal{A}_0^{\frac{1}{2}} \end{bmatrix}, \qquad (2.148)$$

der den Definitionsbereich $D(\mathcal{A}) = D(\mathcal{A}_0) \oplus D(\mathcal{A}_0^{\frac{1}{2}})$ besitzt (siehe (2.93)). Zur Bestimmung der Lösung des Anfangswertproblems (2.147) mittels (2.125) müssen die Eigenwerte und Eigenvektoren von $\mathcal{A}$ bestimmt werden. Hierzu betrachtet man das Eigenwertproblem

$$\mathcal{A}\phi_i = \lambda_i\phi_i, \quad i \geq 1 \tag{2.149}$$

für den Systemoperator $\mathcal{A}$ in (2.148), das mit dem Eigenvektor

$$\phi_i = \begin{bmatrix} \phi_{1,i} \\ \phi_{2,i} \end{bmatrix}, \quad \phi_{1,i} \in D(\mathcal{A}_0^{\frac{1}{2}}), \quad \phi_{2,i} \in L_2(0,1) \tag{2.150}$$

komponentenweise

$$\phi_{2,i} = \lambda_i\phi_{1,i} \tag{2.151}$$

$$-\mathcal{A}_0\phi_{1,i} - 2\alpha\mathcal{A}_0^{\frac{1}{2}}\phi_{2,i} = \lambda_i\phi_{2,i} \tag{2.152}$$

lautet. Setzt man (2.151) in (2.152) ein, so erhält man nach einer einfachen Umformung

$$(\mathcal{A}_0 + 2\alpha\lambda_i\mathcal{A}_0^{\frac{1}{2}} + \lambda_i^2 I)\phi_{1,i} = 0. \tag{2.153}$$

Die weiteren Betrachtungen vereinfachen sich wesentlich, wenn man die Faktorisierung

$$\begin{aligned}
&\mathcal{A}_0 + 2\alpha\lambda_i\mathcal{A}_0^{\frac{1}{2}} + \lambda_i^2 I \\
&= (\mathcal{A}_0^{\frac{1}{2}} + (\alpha + \sqrt{\alpha^2 - 1})\lambda_i I)(\mathcal{A}_0^{\frac{1}{2}} + (\alpha - \sqrt{\alpha^2 - 1})\lambda_i I) \\
&= (\mathcal{A}_0^{\frac{1}{2}} + (\alpha - \sqrt{\alpha^2 - 1})\lambda_i I)(\mathcal{A}_0^{\frac{1}{2}} + (\alpha + \sqrt{\alpha^2 - 1})\lambda_i I)
\end{aligned} \tag{2.154}$$

des Operators in (2.153) verwendet. Dann muss nämlich nur

$$(\mathcal{A}_0^{\frac{1}{2}} + (\alpha - \sqrt{\alpha^2 - 1})\lambda_{-i} I)\phi_{1,-i} = 0 \tag{2.155}$$

und

$$(\mathcal{A}_0^{\frac{1}{2}} + (\alpha + \sqrt{\alpha^2 - 1})\lambda_i I)\phi_{1,i} = 0 \tag{2.156}$$

betrachtet werden, wenn man (2.154) in (2.153) verwendet und zur Fallunterscheidung die Eigenwerte λ_{-i} und die zugehörigen Eigenvektoren $\phi_{1,-i}$ mit negativem Laufindex einführt. Aus (2.155)–(2.156) folgt nach einer einfachen Umstellung

$$\mathcal{A}_0^{\frac{1}{2}}\phi_{1,-i} = -(\alpha - \sqrt{\alpha^2 - 1})\lambda_{-i}\phi_{1,-i} \tag{2.157}$$

und

$$\mathcal{A}_0^{\frac{1}{2}}\phi_{1,i} = -(\alpha + \sqrt{\alpha^2 - 1})\lambda_i\phi_{1,i}. \tag{2.158}$$

In (2.157)–(2.158) erkennt man mit (2.88)–(2.89) das in Beispiel 2.1 bereits behandelte Eigenwertproblem

2.2 Riesz-Spektralsysteme

$$-\mathcal{A}_0^{\frac{1}{2}}\phi_i = -(i\pi)^2\phi_i, \quad i \geq 1 \tag{2.159}$$

für den Systemoperator $-\mathcal{A}_0^{\frac{1}{2}}$ des Wärmeleiters mit Dirichletschen Randbedingungen wieder. Damit folgt aus einem Vergleich von (2.159) mit (2.157)–(2.158)

$$-(\alpha - \sqrt{\alpha^2 - 1})\lambda_{-i} = (i\pi)^2 \tag{2.160}$$

und

$$-(\alpha + \sqrt{\alpha^2 - 1})\lambda_i = (i\pi)^2. \tag{2.161}$$

Nach einer kurzen Rechnung erhält man aus (2.160)–(2.161)

$$\lambda_{-i} = (-\alpha - j\sqrt{1 - \alpha^2})(i\pi)^2, \quad i \geq 1 \tag{2.162}$$

und

$$\lambda_i = (-\alpha + j\sqrt{1 - \alpha^2})(i\pi)^2, \quad i \geq 1, \tag{2.163}$$

was man in der Form

$$\lambda_{\pm i} = (-\alpha \pm j\sqrt{1 - \alpha^2})(i\pi)^2, \quad i \geq 1 \tag{2.164}$$

zusammenfassen kann. Dies bedeutet, dass die Eigenwerte von $\mathcal{A}$ für den *periodischen Fall*, d.h. Dämpfung $0 \leq \alpha < 1$, aus den konjugiert komplexen Eigenwertpaaren (2.164) bestehen. Sie besitzen alle die gleiche Dämpfung α aber unterschiedliche Zeitkonstanten

$$T_i = \frac{1}{(i\pi)^2}, \quad i \geq 1, \tag{2.165}$$

die für wachsendes i schnell kleiner werden. Alle Eigenwerte liegen damit links der Imaginärachse auf zwei Strahlen aus dem Ursprung. Diese schließen mit der negativen reellen Achse den Winkel φ ein, für den

$$\tan\varphi = \frac{\sqrt{1 - \alpha^2}}{\alpha} \tag{2.166}$$

gilt. Im *ungedämpften Fall*, d.h. Dämpfung $\alpha = 0$, liegen alle Eigenwerte auf der Imaginärachse. Der *aperiodische Grenzfall* ergibt sich für Dämpfung $\alpha = 1$, bei dem sich doppelte Eigenwerte auf der negativen reellen Achse ergeben. Aus diesem Grund bereitet die modale Analyse des Balkens für diesen Fall Probleme. Die erste Komponente

$$\phi_{1,i} = A_i \sin(i\pi\cdot) \tag{2.167}$$

der Eigenvektoren ϕ_i in (2.150) folgt ebenfalls aus dem Eigenwertproblem (2.159) und wurde in Beispiel 2.1 berechnet. Wegen (2.151) gilt für die zweite Komponente

$$\phi_{2,i} = A_i \lambda_i \sin(i\pi\cdot) \tag{2.168}$$

und damit für die Eigenvektoren

$$\phi_i = \frac{1}{|\lambda_i|} \begin{bmatrix} \sin(i\pi\cdot) \\ \lambda_i \sin(i\pi\cdot) \end{bmatrix}, \quad i \geq 1, \tag{2.169}$$

wenn man sie auf $\|\phi_i\| = 1$ normiert (für die Norm siehe (2.100)). Da aus (2.164)

$$\lambda_{-i} = \overline{\lambda_i}, \quad i \geq 1 \tag{2.170}$$

folgt, und $\sin(-i\pi z) = -\sin(i\pi z)$ gilt, sind wegen (2.169) die Eigenvektoren mit negativem Laufindex durch

$$\phi_{-i} = -\overline{\phi_i}, \quad i \geq 1 \tag{2.171}$$

gegeben. Damit sind die Eigenvektoren zu konjugiert komplexen Eigenwerten nicht zueinander konjugiert komplex (siehe (2.170) und (2.171)). Dies ist aber für die weiteren Betrachtungen unproblematisch. Darüber hinaus können bei Bedarf als Eigenvektoren zu $\overline{\lambda_i}$ die $\overline{\phi_i}$ verwendet werden. Es lässt sich leicht nachweisen, dass die Eigenvektoren zu den konjugiert komplexen Eigenwerten für $0 < \alpha < 1$ nicht zueinander orthogonal sind. Damit spannen in diesem Fall die Eigenvektoren von $\mathcal{A}$ keine orthogonale Basis im Zustandsraum auf. Im Anhang B.2 wird aber gezeigt, dass sie eine Riesz-Basis bilden, was eine Entwicklung nach dem Biorthonormalsystem der Eigenvektoren von $\mathcal{A}$ und $\mathcal{A}^*$ ermöglicht. Anders sieht es im ungedämpften Fall aus, bei dem die Eigenvektoren nach einer geeigneten Normierung eine orthonormale Basis im Zustandsraum darstellen (siehe Anhang B.2). Beim aperiodischen Fall, d.h. $\alpha = 1$, sind die Eigenvektoren zu den doppelten Eigenwerten wegen (2.169) gleich, d.h. linear abhängig. Die Untersuchung der Riesz-Basis-Eigenschaft für diesen Fall erfordert deshalb die Einführung von verallgemeinerten Eigenvektoren (siehe [33]).

Mit dem eingeführten Laufindex $\pm i$ lautet die Lösung (2.125) der homogenen Zustandsgleichung (2.139)

$$x(t) = \sum_{i=1}^{\infty} (e^{\lambda_i t} \phi_i x_i^*(0) + e^{\lambda_{-i} t} \phi_{-i} x_{-i}^*(0)). \tag{2.172}$$

Verwendet man in (2.172) die Beziehungen (2.170) sowie (2.171) und beachtet, dass mit

$$\psi_{-i} = -\overline{\psi_i} \tag{2.173}$$

(siehe (B.49) im Anhang B.2) und (2.122) der Zusammenhang

$$x_{-i}^*(0) = \langle x(0), \psi_{-i} \rangle = \langle x(0), -\overline{\psi_i} \rangle = -\overline{x_i^*(0)} \tag{2.174}$$

gilt, dann wird aus (2.172)

2.2 Riesz-Spektralsysteme

$$x(t) = \sum_{i=1}^{\infty} \left(e^{\lambda_i t} \phi_i x_i^*(0) + e^{\overline{\lambda_i} t} \, \overline{\phi_i} \, \overline{x_i^*(0)} \right) = \sum_{i=1}^{\infty} 2 \operatorname{Re} e^{\lambda_i t} \phi_i x_i^*(0). \qquad (2.175)$$

Im Weiteren soll nur die transversale Auslenkung $w(z,t) = x_1(z,t)$ (siehe (2.80)) explizit bestimmt werden. Diese ergibt sich durch Einsetzen von (2.164) und (2.169) in (2.175) als erstes Element des Zustandsvektors x mit (2.165) zu

$$\begin{aligned}
w(z,t) &= \sum_{i=1}^{\infty} \frac{2}{(i\pi)^2} e^{-\alpha(i\pi)^2 t} \left(\operatorname{Re}(x_i^*(0)) \cos(\sqrt{1-\alpha^2}(i\pi)^2 t) \right. \\
&\qquad\qquad \left. - \operatorname{Im}(x_i^*(0)) \sin(\sqrt{1-\alpha^2}(i\pi)^2 t) \right) \sin(i\pi z) \\
&= \sum_{i=1}^{\infty} 2T_i e^{-\alpha \frac{t}{T_i}} \left(\operatorname{Re}(x_i^*(0)) \cos(\sqrt{1-\alpha^2} \frac{t}{T_i}) \right. \\
&\qquad\qquad \left. - \operatorname{Im}(x_i^*(0)) \sin(\sqrt{1-\alpha^2} \frac{t}{T_i}) \right) \sin(i\pi z). \quad (2.176)
\end{aligned}$$

Anhand der Lösung (2.176) erkennt man, dass der Balken aufgrund der zwei vorhandenen Energiespeicher ein schwingungsfähiges System ist. Die zeitabhängigen Schwingungseigenschaften der einzelnen Moden lassen sich durch die vom Laufindex unabhängige Proportionalitätskonstante α und durch die vom Laufindex i abhängigen Zeitkonstanten T_i in (2.165) charakterisieren.

Die Lösung (2.176) ist zeitlich stetig differenzierbar, da $x_0 \in D(\mathcal{A})$ vorausgesetzt wurde (siehe Theorem 3.1.3 in [14]). Allerdings lässt sich an dieser Stelle nur die Aussage machen, dass (2.176) eine schwache Lösung des Anfangs-Randwertproblems (2.70)–(2.74) für $u = 0$ darstellt. Um nachzuweisen, dass (2.176) auch eine klassische Lösung des Anfangs-Randwertproblems (2.70)–(2.74) für $u = 0$ ist, muss die Konvergenz der Reihe gegen eine Funktion gezeigt werden, welche die partielle Differentialgleichung (2.70) erfüllt. Solche Konvergenzuntersuchungen für typische partielle Differentialgleichungen findet man beispielsweise in [64].

Für den betrachteten Euler-Bernoulli-Balken ist es möglich, die Eigenwerte und damit auch die Eigenvektoren in geschlossener Form zu bestimmen. Man kann aber nicht i.Allg. davon ausgehen, dass dies immer möglich ist. Beispielsweise können die Eigenwerte für den gleichen Balken mit anderen Randbedingungen bzw. bei einer anderen Balkenlagerung nicht mehr analytisch berechenbar sein. In solchen Fällen muss man das zugehörige Eigenwertproblem numerisch, z.B. mittels Finite-Elemente-Methoden, lösen. Der Nachweis der Riesz-Basis-Eigenschaft der Eigenvektoren, welche für die Riesz-Spektraleigenschaft des Systemoperators $\mathcal{A}$ grundlegend ist, kann dann nicht mehr durch deren direkte Berechnung und einer anschließenden Analyse erfolgen. Für einige verteilt-parametrische Systeme lässt sich jedoch mittels Eigenschaften über das asymptotische Verhalten der Eigenwerte und Eigenvektoren, welche nicht deren konkrete Berechnung erfordert, die Riesz-Basis-Eigenschaft nachweisen (siehe z.B. [32]). ◄

2.2.3 Exponentielle Stabilität

Die Stabilität ist eine grundlegende Eigenschaft eines Systems, die stets für die Regelung durch den Regler sicherzustellen ist. Um diese wichtige Systemeigenschaft bei verteilt-parametrischen Systemen untersuchen zu können, muss zunächst aus den verschiedenen bekannten Stabilitätsdefinitionen ein geeigneter Begriff ausgewählt werden. Für die in diesem Buch behandelten Problemstellungen ist es ausreichend, die in der nächsten Definition eingeführte *exponentielle Stabilität* von verteilt-parametrischen Systemen zu betrachten.

Definition 2.4 (Exponentielle Stabilität). Ein verteilt-parametrisches System

$$\dot{x}(t) = \mathcal{A}x(t), \quad t > 0, \quad x(0) = x_0 \in H, \qquad (2.177)$$

worin der Systemoperator $\mathcal{A} : D(\mathcal{A}) \to H$ ein infinitesimaler Generator einer C_0-Halbgruppe im Hilbertraum H ist, heißt *exponentiell stabil*, wenn

$$\|x(t)\| \leq Me^{-\alpha t}\|x_0\|, \quad t \geq 0, \quad \forall x_0 \in H \qquad (2.178)$$

für positive Konstanten M und α gilt.

Neben der Stabilität macht diese Definition auch eine Aussage über die Konvergenzgeschwindigkeit der Lösung $x(t)$ gegen Null. Damit lässt sich die *Stabilitätsreserve* α_{stab} des Systems als Supremum über alle möglichen Werte der *Abklingrate* α in (2.178) definieren. Dies bedeutet anschaulich, dass für $\alpha_{stab} > 0$ das langsamste Abklingverhalten von $\|x(t)\|$ durch den schnellsten möglichen abklingenden exponentiellen Verlauf abgeschätzt wird. Bei der Stabilitätsaussage von Definition 2.4 ist noch zu beachten, dass die exponentielle Stabilität bezüglich der *induzierten Norm*

$$\|x\| = \sqrt{\langle x, x \rangle} \qquad (2.179)$$

gilt. Da das Skalarprodukt in (2.179) bei Wahl des Zustandsraums H eingeführt wird, ist auch die resultierende Stabilitätsaussage von der Wahl des Zustandsraums abhängig. Beispielsweise wird für den Wärmeleiter in Abschnitt 2.1 der Funktionenraum $L_2(0,1)$ mit dem Skalarprodukt

$$\langle x, y \rangle = \int_0^1 x(z)\overline{y(z)}dz \qquad (2.180)$$

eingeführt, womit für die induzierte Norm

2.2 Riesz-Spektralsysteme

$$\|x\| = \sqrt{\int_0^1 |x(z)|^2 dz} \tag{2.181}$$

gilt. Dies bedeutet, dass aus der exponentiellen Stabilität des Wärmeleiters gemäß Definition 2.4 die Konvergenz von $x(t)$ im quadratischen Mittel gegen Null folgt. Da i.Allg. die exponentielle Stabilität bezüglich einer Norm nicht die exponentielle Stabilität bezüglich einer anderen Norm impliziert, muss $x(t)$ beispielsweise nicht punktweise exponentiell nach Null gehen. Eine Aussage über die punktweise Konvergenz erfordert somit weiterführende Untersuchungen. Darüber hinaus ist zu beachten, dass aus der *asymptotischen Stabilität*, d.h.

$$\lim_{t \to \infty} \|x(t)\| = 0, \quad \forall x(0) \in H, \tag{2.182}$$

nicht die exponentielle Stabilität folgt (siehe [49]).

Da die Lösung von (2.177) durch

$$x(t) = \mathcal{T}_{\mathcal{A}}(t)x_0 \tag{2.183}$$

gegeben ist (siehe (2.128) für $u = 0$), lässt sich die exponentielle Stabilität des Systems (2.177) anhand der durch $\mathcal{A}$ generierten C_0-Halbgruppe $\mathcal{T}_{\mathcal{A}}(t)$ untersuchen. Gilt für die C_0-Halbgruppe

$$\|\mathcal{T}_{\mathcal{A}}(t)\| \le M e^{-\alpha t}, \quad t \ge 0 \tag{2.184}$$

mit der *induzierten Operatornorm*

$$\|\mathcal{T}_{\mathcal{A}}(t)\| = \sup_{\substack{\zeta \in H \\ \zeta \neq 0}} \frac{\|\mathcal{T}_{\mathcal{A}}(t)\zeta\|}{\|\zeta\|}, \tag{2.185}$$

dann ist (2.177) exponentiell stabil. Dies lässt sich leicht zeigen, indem man die direkt aus (2.185) folgende Abschätzung

$$\|\mathcal{T}_{\mathcal{A}}(t)\zeta\| \le \|\mathcal{T}_{\mathcal{A}}(t)\|\|\zeta\|, \quad \zeta \in H \tag{2.186}$$

auf (2.183) anwendet. Als Ergebnis erhält man dann mit (2.184) unmittelbar (2.178). Aus diesem Grund bezeichnet man eine C_0-Halbgruppe, die (2.184) erfüllt, auch als *exponentiell stabil*. Wegen $\mathcal{T}_{\mathcal{A}}(0) = I$ (siehe (A.4)) und $\|\mathcal{T}_{\mathcal{A}}(0)\| = 1$ (siehe (2.185)) muss $M \ge 1$ in (2.184) wie auch in (2.178) gelten.

Die Bedingung (2.184) und damit die exponentielle Stabilität des Systems (2.177) lässt sich anhand des *Spektrums* $\sigma(\mathcal{A})$ von $\mathcal{A}$ überprüfen, wenn die „spectrum determined growth assumption" gilt. Dies bedeutet, dass das Spektrum $\sigma(\mathcal{A})$ von $\mathcal{A}$ die Stabilitätsreserve über

$$\alpha_{stab} = -\sup_{\lambda \in \sigma(\mathcal{A})} \mathrm{Re}\,\lambda \tag{2.187}$$

festlegt. Wie (2.187) zeigt, hängt damit i.Allg. die Stabilitätsaussage nicht nur von den Eigenwerten, sondern von allen *Spektralpunkten* $\lambda \in \sigma(\mathcal{A})$ ab. Das Spektrum $\sigma(\mathcal{A})$ setzt sich nämlich aus dem *Punktspektrum* $\sigma_p(\mathcal{A})$ (d.h. den Eigenwerten), dem *kontinuierlichen Spektrum* $\sigma_c(\mathcal{A})$ und dem *Restspektrum* $\sigma_r(\mathcal{A})$ zusammen (für Details siehe Anhang A.4 in [14]). Besonders übersichtlich wird die Stabilitätsuntersuchung bei Riesz-Spektralsystemen, bei denen $\mathcal{A}$ ein Riesz-Spektraloperator ist. Für solche Operatoren gilt nämlich stets die „spectrum determined growth assumption" und das Spektrum besteht nur aus den (isolierten) Eigenwerten λ_i, $i \geq 1$, und deren Häufungspunkten (siehe Theorem 2.3.5 in [14]). Die Eigenwerte gehören dabei zum Punktspektrum und ihre Häufungspunkte zum kontinuierlichen Spektrum, d.h. Riesz-Spektraloperatoren besitzen kein Restspektrum. Aus diesem Grund vereinfacht sich (2.187) bei diesen Systemen zu dem *Eigenwertkriterium*

$$\alpha_{stab} = -\sup_{i \geq 1} \operatorname{Re} \lambda_i, \tag{2.188}$$

d.h. in (2.187) muss nur das aus den Eigenwerten λ_i bestehende Punktspektrum $\sigma_p(\mathcal{A})$ berücksichtigt werden, da die Häufungspunkte durch die Supremumsbildung erfasst werden. Damit ist das System exponentiell stabil bzw. es gilt $\alpha_{stab} > 0$ genau dann, wenn alle Eigenwerte λ_i von $\mathcal{A}$ links der Imaginärachse liegen und ihr nicht beliebig nahe kommen. Letztere Bedingung ist im Unterschied zu konzentriert-parametrischen Systemen erforderlich, da sich aufgrund der unendlichen Anzahl der Eigenwerte diese asymptotisch der Imaginärachse nähern können, womit gemäß (2.188) die Stabilitätsreserve des Systems Null bzw. das System nicht exponentiell stabil wäre. Der Beweis dieses Eigenwertkriteriums lässt sich leicht anhand der Lösung (2.125) von (2.177) führen und ist im Anhang C.1 zu finden.

2.2.4 Beschreibung des Ein-/Ausgangsverhaltens im Frequenzbereich

Für die Lösung mancher regelungstechnischer Problemstellungen ist die Beschreibung des verteilt-parametrischen Systems durch sein Ein-/Ausgangsverhalten ausreichend. Neben einer Darstellung des Übertragungsverhaltens im Zeitbereich durch Zustandsgleichungen, gibt es noch die Beschreibung des Ein-/Ausgangsverhaltens im Frequenzbereich. Dort wird das Übertragungsverhalten im Mehrgrößenfall durch die Übertragungsmatrix charakterisiert. Bei vielen Entwurfsverfahren in diesem Buch muss die Übertragungsmatrix an einzelnen Punkten ausgewertet werden, weshalb im Folgenden die Ein-/Ausgangsbeschreibung von verteilt-parametrischen Systemen im Frequenzbereich vorgestellt wird.

Ausgangspunkt zur Herleitung der Übertragungsmatrix ist das durch die Zustandsdarstellung

2.2 Riesz-Spektralsysteme

$$\dot{x}(t) = \mathcal{A}x(t) + \mathcal{B}u(t), \quad t > 0, \quad x(0) = 0 \qquad (2.189)$$

$$y(t) = \mathcal{C}x(t), \quad t \geq 0 \qquad (2.190)$$

beschriebene Übertragungsverhalten eines Riesz-Spektralsystems mit $u(t) \in \mathbb{R}^p$ und $y(t) \in \mathbb{R}^m$ (siehe (2.24)–(2.25)). Um zu einer Darstellung im Frequenzbereich zu kommen, muss man die Laplace-Transformation auf (2.189)–(2.190) anwenden. Setzt man voraus, dass die dabei notwendigen Vertauschungen von Operatoren und Integralen erlaubt sind, dann ergibt sich

$$sx(s) = \mathcal{A}x(s) + \mathcal{B}u(s) \qquad (2.191)$$

$$y(s) = \mathcal{C}x(s). \qquad (2.192)$$

Darin werden für eine einfachere Darstellung die Laplace-Transformierten nur durch ein geändertes Argument charakterisiert. Durch Elimination von $x(s)$ in (2.191)–(2.192) lässt sich die Übertragungsmatrix berechnen. Hierzu muss (2.191) nach $x(s)$ aufgelöst werden, was formal der Lösung folgender Operatorgleichung

$$(\lambda I - \mathcal{A})x = y, \quad y \in H, \quad \lambda \in \mathbb{C} \qquad (2.193)$$

für beliebige rechte Seiten y aus H entspricht. Man beachte, dass diese Operatorgleichung die abstrakte Formulierung eines Randwertproblems ist. Beispielsweise lautet es für den in Abschnitt 2.1 betrachteten Wärmeleiter

$$\lambda x(z) - \frac{d^2}{dz^2}x(z) = y(z), \quad z \in (0,1) \qquad (2.194)$$

$$x(0) = x(1) = 0, \qquad (2.195)$$

wenn man den Definitionsbereich von $\mathcal{A}$ in (2.18) berücksichtigt. Da die Operatorgleichung (2.193) in der Funktionalanalysis bei der Untersuchung des Spektrums von $\mathcal{A}$ auftritt, lassen sich Aussagen über die Lösung dieser Gleichung in der Literatur finden. Dort wird gezeigt, dass sie für beliebige rechte Seiten $y \in H$ eine eindeutige Lösung

$$x = (\lambda I - \mathcal{A})^{-1}y \qquad (2.196)$$

besitzt, sofern λ Element der *Resolventenmenge* $\rho(\mathcal{A})$ von $\mathcal{A}$ ist. In (2.196) ist der Operator $(\lambda I - \mathcal{A})^{-1}$ der *Resolventenoperator* von $\mathcal{A}$, welcher für $\lambda \in \rho(\mathcal{A})$ im ganzen Zustandsraum als *beschränkter linearer Operator* definiert ist (siehe Lemma 7.2-3 in [46]). Dies bedeutet, dass

$$\|(\lambda I - \mathcal{A})^{-1}h\| \leq \alpha\|h\|, \quad \forall h \in H \qquad (2.197)$$

für eine reelle Zahl α gilt. Man erkennt anhand von (2.193) sofort, dass sich für $y = 0$ nach einer einfachen Umstellung gerade das Eigenwertproblem (2.33) ergibt. Wenn in diesem Fall λ mit einem Eigenwert von $\mathcal{A}$ übereinstimmt, kann die Lösung von (2.193) für diesen Wert von λ nicht eindeutig sein. Sie setzt sich nämlich aufgrund der Linearität der Gleichung aus der allgemeinen Lösung der homogenen Gleichung und einer Lösung der inhomogenen Gleichung zusammen. Weiterführende Untersuchungen zeigen, dass es auch für andere Werte von λ keine eindeutige Lösung von (2.193) für beliebige rechte Seiten $y \in H$ gibt. Die Menge aller dieser Werte von λ bilden das *Spektrum* $\sigma(\mathcal{A})$ von $\mathcal{A}$, das neben den Eigenwerten noch weitere Spektralpunkte umfasst (siehe Abschnitt 2.2.3 und Anhang A.4 in [14]). Dies veranschaulicht die in der Funktionalanalysis bewiesene Aussage, dass eine eindeutige Lösung von (2.193) nur für $\lambda \in \rho(\mathcal{A}) = \mathbb{C} \setminus \sigma(\mathcal{A})$ existiert. Da $\mathcal{A}$ ein Riesz-Spektraloperator ist, gilt für seine Resolventenmenge

$$\rho(\mathcal{A}) = \{\lambda \in \mathbb{C} \mid \inf_{i \geq 1} |\lambda - \lambda_i| > 0\} \tag{2.198}$$

(siehe Theorem 2.3.5 in [14]). Dies bedeutet, dass $\rho(\mathcal{A})$ mit allen komplexen Zahlen $\mathbb{C}$ ohne die Eigenwerte von $\mathcal{A}$ und deren Häufungspunkten übereinstimmt. In vielen Fällen besitzen die Eigenwerte von $\mathcal{A}$ keine Häufungspunkte, wie beispielsweise bei Sturm-Liouville-Systemen (siehe Anhang A.3). Dann vereinfacht sich die Charakterisierung der Resolventenmenge zu

$$\rho(\mathcal{A}) = \mathbb{C} \setminus \{\lambda_i, i \geq 1\}. \tag{2.199}$$

Dies bedeutet, dass die Operatorgleichung (2.193) eine eindeutige Lösung besitzt, falls λ mit keinem Eigenwert λ_i von $\mathcal{A}$ zusammenfällt. Anwendung dieser Ergebnisse auf (2.191) führt zu

$$x(s) = (sI - \mathcal{A})^{-1} \mathcal{B} u(s), \quad s \in \rho(\mathcal{A}). \tag{2.200}$$

Setzt man dies in (2.192) ein, so erhält man die *komplexe Übertragungsgleichung*

$$y(s) = F(s) u(s) \tag{2.201}$$

mit der *Übertragungsmatrix*

$$F(s) = \mathcal{C}(sI - \mathcal{A})^{-1} \mathcal{B}, \quad s \in \rho(\mathcal{A}). \tag{2.202}$$

Diese formale Herleitung der Übertragungsmatrix wird durch die exakten Untersuchungen in [14] bestätigt (siehe Lemma 4.3.10 in [14]), die jedoch weitere Ergebnisse der Funktionalanalysis benötigen. Man beachte, dass die Übertragungsmatrix $F(s)$ in (2.202) die analytische Fortsetzung der Laplace-Transformierten der Impulsantwortmatrix darstellt, da sie nicht nur in der Konvergenzhalbebene der Laplace-Transformierten definiert ist.

Eine weitere wichtige Darstellung von $F(s)$ ergibt sich, wenn man von der *spektralen Darstellung*

2.2 Riesz-Spektralsysteme

$$(\lambda I - \mathcal{A})^{-1} = \sum_{i=1}^{\infty} \frac{\langle \cdot, \psi_i \rangle \phi_i}{\lambda - \lambda_i} \tag{2.203}$$

des Resolventenoperators ausgeht (siehe Theorem 2.3.5 in [14]). Zumindest formal ergibt sich diese Darstellung, wenn man für die Lösung x der Operatorgleichung (2.193) den Ansatz

$$x = \sum_{i=1}^{\infty} x_i^* \phi_i \tag{2.204}$$

macht und für y die Darstellung

$$y = \sum_{i=1}^{\infty} y_i^* \phi_i \tag{2.205}$$

mit

$$y_i^* = \langle y, \psi_i \rangle \tag{2.206}$$

verwendet (siehe (2.58)). Einsetzen von (2.204)–(2.205) in (2.193) führt auf

$$\sum_{i=1}^{\infty} (\lambda - \lambda_i) x_i^* \phi_i = \sum_{i=1}^{\infty} y_i^* \phi_i, \tag{2.207}$$

wenn man das Eigenwertproblem

$$\mathcal{A}\phi_i = \lambda_i \phi_i, \quad i \geq 1 \tag{2.208}$$

berücksichtigt. Durch einen Koeffizientenvergleich bzgl. ϕ_i ergibt sich aus (2.207) für die Entwicklungskoeffizienten x_i^* von x

$$x_i^* = \frac{y_i^*}{\lambda - \lambda_i}, \quad i \geq 1. \tag{2.209}$$

Mit (2.206) erhält man somit für die Lösung (2.196) den Ausdruck

$$x = (\lambda I - \mathcal{A})^{-1} y = \sum_{i=1}^{\infty} \frac{\langle y, \psi_i \rangle}{\lambda - \lambda_i} \phi_i. \tag{2.210}$$

Dieses Ergebnis entspricht gerade der Anwendung von (2.203) in (2.196).

Verwendet man die spektrale Darstellung (2.203) des Resolventenoperators in (2.202), so führt dies mit (2.201) auf

$$F(s)u(s) = \sum_{i=1}^{\infty} \frac{\mathcal{C}\phi_i \langle \mathcal{B}u(s), \psi_i \rangle}{s - \lambda_i}. \tag{2.211}$$

Wegen (2.27) gilt

$$\langle \mathcal{B}u(s), \psi_i \rangle = \sum_{j=1}^{p} \langle b_j, \psi_i \rangle u_j(s), \tag{2.212}$$

was mit

$$b_i^{*T} = \begin{bmatrix} \langle b_1, \psi_i \rangle \ \dots \ \langle b_p, \psi_i \rangle \end{bmatrix} \tag{2.213}$$

auf

$$\langle \mathcal{B}u(s), \psi_i \rangle = b_i^{*T} u(s) \tag{2.214}$$

führt. Darin sind die Vektoren b_i^{*T} die Entwicklungskoeffizienten der Ortscharakteristiken b_i der Eingänge u_i nach den Eigenvektoren ϕ_i von $\mathcal{A}$ (siehe (2.58)). Berücksichtigt man dies in (2.211), so erhält man schließlich die *spektrale Darstellung der Übertragungsmatrix*

$$F(s) = \sum_{i=1}^{\infty} \frac{\mathcal{C}\phi_i b_i^{*T}}{s - \lambda_i}. \tag{2.215}$$

Mit (2.29) sind die Vektoren $\mathcal{C}\phi_i$ in (2.215) wegen

$$\mathcal{C}\phi_i = \begin{bmatrix} \langle \phi_i, c_1 \rangle \ \langle \phi_i, c_2 \rangle \ \dots \ \langle \phi_i, c_m \rangle \end{bmatrix}^T \tag{2.216}$$

gerade die konjugiert komplexen Entwicklungskoeffizienten

$$\overline{c_i^*} = \begin{bmatrix} \overline{\langle c_1, \phi_i \rangle} \ \overline{\langle c_2, \phi_i \rangle} \ \dots \ \overline{\langle c_m, \phi_i \rangle} \end{bmatrix}^T = \begin{bmatrix} \langle \phi_i, c_1 \rangle \ \langle \phi_i, c_2 \rangle \ \dots \ \langle \phi_i, c_m \rangle \end{bmatrix}^T \tag{2.217}$$

der Reihenentwicklung der Ortscharakteristiken c_i der Ausgänge y_i nach den Eigenvektoren ψ_i von $\mathcal{A}^*$ (siehe (2.59)). Wie man unmittelbar erkennt, handelt es sich bei (2.215) um die *unendliche Partialbruchzerlegung* der Übertragungsmatrix $F(s)$.

Bisher wurde noch nicht gezeigt, wie sich die Übertragungsmatrix $F(s)$ eines verteilt-parametrischen Systems explizit berechnen lässt. Deshalb wird im nächsten Beispiel die Bestimmung der Übertragungsfunktion eines Wärmeleiters mit einem Ein- und einem Ausgang sowie Neumannschen Randbedingungen betrachtet. Für dieses verteilt-parametrische System ergeben sich bei der Berechnung übersichtliche Ausdrücke, was eine anschauliche Darstellung der grundsätzlichen Vorgehensweise zur Berechnung von $F(s)$ ermöglicht.

Beispiel 2.7. Übertragungsfunktion eines Wärmeleiters mit Neumannschen Randbedingungen

Zur expliziten Bestimmung der Übertragungsfunktion eines verteilt-parametrischen Systems wird ein Wärmeleiter betrachtet, der durch das Anfangs-Randwertproblem

2.2 Riesz-Spektralsysteme

$$\partial_t x(z,t) = \partial_z^2 x(z,t) + b(z)u(t), \quad t > 0, \quad z \in (0,1) \tag{2.218}$$

$$\partial_z x(0,t) = \partial_z x(1,t) = 0, \quad t > 0 \tag{2.219}$$

$$x(z,0) = 0, \quad z \in [0,1] \tag{2.220}$$

$$y(t) = \int_0^1 c(z)x(z,t)dz, \quad t \geq 0 \tag{2.221}$$

beschrieben wird. Die Bedingungen (2.219) stellen sog. homogene *Neumannsche Randbedingungen* dar. Sie ergeben sich, wenn man den Wärmeleiter an den Rändern wärmeisoliert. Die Ortscharakteristik des Eingangs u ist durch

$$b(z) = \begin{cases} 2 & : \ 0.5 \leq z \leq 1 \\ 0 & : \ \text{sonst} \end{cases} \tag{2.222}$$

gegeben und die Ortscharakteristik des Ausgangs y lautet

$$c(z) = \begin{cases} 2 & : \ 0 \leq z \leq 0.5 \\ 0 & : \ \text{sonst.} \end{cases} \tag{2.223}$$

Ausgangspunkt für die explizite Bestimmung der Übertragungsfunktion ist nicht das (abstrakte) Anfangswertproblem (2.189)–(2.190) des Wärmeleiters, sondern das Anfangs-Randwertproblem (2.218)–(2.221). Durch formale Laplace-Transformation der PDgl. (2.218) und der Randbedingungen (2.219) erhält man für den eindimensionalen Wärmeleiter im Frequenzbereich ein *Randwertproblem für eine gewöhnliche Differentialgleichung*, welches durch

$$sx(z,s) = \frac{d^2}{dz^2}x(z,s) + b(z)u(s), \quad z \in (0,1) \tag{2.224}$$

$$\frac{dx}{dz}(0,s) = \frac{dx}{dz}(1,s) = 0 \tag{2.225}$$

$$y(s) = \int_0^1 c(z)x(z,s)dz \tag{2.226}$$

gegeben ist. Man beachte, dass sich bei verteilt-parametrischen Systemen mit mehrdimensionalem Ortsbereich im Frequenzbereich ein Randwertproblem für eine Pdgl. ergibt, das man numerisch lösen wird. In (2.224)–(2.226) wird vorausgesetzt, dass die vorgenommenen Vertauschungen von Integration und Differentiation erlaubt sind. Im Folgenden ist die komplexe Variable s als Parameter zu behandeln, weshalb in (2.224) die gewöhnliche Ortsableitung auftritt. Die Lösung dieses Randwertproblems lässt sich systematisch durchführen, wenn man die Differentialgleichung (2.224) in ein Differentialgleichungssystem erster Ordnung für den Vektor

$$\xi(z,s) = \begin{bmatrix} x(z,s) \\ \frac{dx}{dz}(z,s) \end{bmatrix} \tag{2.227}$$

umschreibt. Dieses Differentialgleichungssystem ist durch

$$\frac{d}{dz}\xi(z,s) = A(s)\xi(z,s) + g(z)u(s), \quad z \in (0,1) \tag{2.228}$$

mit

$$A(s) = \begin{bmatrix} 0 & 1 \\ s & 0 \end{bmatrix} \quad \text{und} \quad g(z) = \begin{bmatrix} 0 \\ -b(z) \end{bmatrix} \tag{2.229}$$

gegeben. Bei anderen verteilt-parametrischen Systemen ist die Vorgehenswei-se zur Bestimmung von (2.228) entsprechend. Allerdings ist die Dimension von $\xi(z,s)$ größer als zwei, wenn Ortsableitungen höher als zweiter Ordnung in der PDgl. auftreten (siehe Beispiel 2.4). Um das Randwertproblem zu lö-sen, bestimmt man zunächst die allgemeine Lösung des Anfangswertproblems

$$\frac{d}{dz}\xi(z,s) = A(s)\xi(z,s) + g(z)u(s), \quad \xi(0,s) = \xi_0(s). \tag{2.230}$$

Berücksichtigt man die Randbedingungen bei $z = 0$ im Anfangswert ξ_0, dann beinhaltet die Lösung von (2.230) auch die Lösung des Randwertproblems (2.224)–(2.225). An dieser Stelle erkennt man den Vorteil der Formulierung der Differentialgleichung in der Form (2.228). Denn die Lösung des Anfangs-wertproblems (2.230) lässt sich mit den Ergebnissen der Zustandsraumme-thodik für konzentriert-parametrische Systeme unmittelbar angeben, da s nur als Parameter auftritt. Sie lautet

$$\xi(z,s) = e^{A(s)z}\xi_0(s) + \int_0^z e^{A(s)(z-\zeta)}g(\zeta)d\zeta\, u(s) \tag{2.231}$$

und kann durch analytische Berechnung der Matrixexponentialfunktion $e^{A(s)z}$ immer geschlossen bestimmt werden. Treten allerdings ortsabhängige Koeffi-zienten im Systemoperator auf, d.h. gilt $A = A(z,s)$ in (2.230), dann ist die Lösung des zugehörigen Anfangswertproblems nicht mehr durch (2.231) gege-ben. In solchen Fällen kann die Bestimmung der Lösung i.Allg. nur numerisch erfolgen. Für den betrachteten Wärmeleiter erhält man unter Berücksichti-gung der Randbedingung (2.225) bei $z = 0$

$$\xi(z,s) = \begin{bmatrix} \cosh(\sqrt{s}z) & \frac{1}{\sqrt{s}}\sinh(\sqrt{s}z) \\ \sqrt{s}\sinh(\sqrt{s}z) & \cosh(\sqrt{s}z) \end{bmatrix} \begin{bmatrix} x(0,s) \\ 0 \end{bmatrix}$$
$$+ \int_0^z \begin{bmatrix} -\frac{1}{\sqrt{s}}\sinh(\sqrt{s}(z-\zeta)) \\ -\cosh(\sqrt{s}(z-\zeta)) \end{bmatrix} b(\zeta)d\zeta\, u(s). \tag{2.232}$$

Dieses Ergebnis lässt sich nicht direkt weiterverwenden, da im Anfangswert-vektor

$$\xi_0(s) = \begin{bmatrix} x(0,s) \\ \frac{dx}{dz}(0,s) \end{bmatrix} \tag{2.233}$$

2.2 Riesz-Spektralsysteme 55

nur der Randwert $\frac{dx}{dz}(0,s)$ bekannt ist (siehe (2.225)). Um den noch unbekannten Anfangswert $x(0,s)$ zu bestimmen, lassen sich die Randbedingungen (2.225) heranziehen. Da diese linear sind, können sie allgemein in der Form

$$C_0 \xi(0,s) + C_1 \xi(1,s) = 0 \qquad (2.234)$$

mit konstanten Matrizen C_0 und C_1 dargestellt werden. Für den Wärmeleiter lassen sich die Randbedingungen (2.225) dann durch (2.234) mit den Matrizen

$$C_0 = \begin{bmatrix} 0 & 1 \\ 0 & 0 \end{bmatrix} \quad \text{und} \quad C_1 = \begin{bmatrix} 0 & 0 \\ 0 & 1 \end{bmatrix} \qquad (2.235)$$

beschreiben. Einsetzen von (2.232) in (2.234) mit den Matrizen gemäß (2.235) liefert nach kurzer Rechnung

$$\sqrt{s}\sinh(\sqrt{s})x(0,s) - \frac{2}{\sqrt{s}}\sinh(\frac{\sqrt{s}}{2})u(s) = 0, \qquad (2.236)$$

woraus für $x(0,s)$ unter der Voraussetzung $s \neq 0$ mit

$$\sinh(\sqrt{s}) = 2\sinh(\frac{\sqrt{s}}{2})\cosh(\frac{\sqrt{s}}{2}) \qquad (2.237)$$

die Darstellung

$$x(0,s) = \frac{u(s)}{s\cosh(\frac{\sqrt{s}}{2})} \qquad (2.238)$$

folgt. Dass (2.236) für $s = 0$ nicht aufgelöst werden kann, wird plausibel, wenn man das Eigenwertproblem

$$\frac{d^2}{dz^2}\phi_i(z) = \lambda_i \phi_i(z), \quad z \in (0,1), \quad i \geq 1 \qquad (2.239)$$

$$\frac{d\phi_i}{dz}(0) = \frac{d\phi_i}{dz}(1) = 0 \qquad (2.240)$$

des Systemoperators $\mathcal{A}$ des Wärmeleiters (2.218)–(2.219) für $i = 1$ und $\lambda_1 = 0$ betrachtet (vergleiche Beispiel 2.1). Offensichtlich besitzt das zugehörige Randwertproblem die konstante Lösung $\phi_1 = const$. Dies bedeutet, dass $\mathcal{A}$ den Eigenwert $\lambda_1 = 0$ besitzt. Folglich hat die Übertragungsfunktion bei $s = 0$ einen Pol, weshalb sie dort nicht berechnet werden kann. Bei anderen Beispielen, wie z.B. beim Wärmeleiter mit Dirichletschen Randbedingungen, ist es notwendig den Fall $s = 0$ gesondert zu untersuchen, da sich dann die Differentialgleichung im Bildbereich ändert (siehe (2.224)). Aufgrund der Ausgangsgleichung (2.226) wird zur Berechnung der Übertragungsfunktion nur $x(z,s)$ benötigt. Deshalb bestimmt man nur $x(z,s)$ anhand des Ausdrucks (2.232) mit (2.227) und (2.238), was

$$x(z, s) = \frac{\cosh(\sqrt{s}z)}{s \cosh(\frac{\sqrt{s}}{2})}u(s) - \int_0^z \frac{\sinh(\sqrt{s}(z - \zeta))b(\zeta)}{\sqrt{s}}d\zeta \, u(s) \qquad (2.241)$$

ergibt. Setzt man dieses Ergebnis in die Ausgangsgleichung (2.226) ein, dann erhält man nach elementarer Rechnung

$$y(s) = \frac{2\tanh(\frac{\sqrt{s}}{2})}{s\sqrt{s}}u(s). \qquad (2.242)$$

Da die bisherigen Berechnungen nur formalen Charakter besitzen, muss nachträglich noch deren Gültigkeit begründet werden. Hierzu wird in [14] gezeigt, dass sich die vorgestellte Vorgehensweise i.Allg. immer zur Berechnung von Übertragungsfunktionen heranziehen lässt. Damit folgt die Übertragungsfunktion des Wärmeleiters (2.218)–(2.221) tatsächlich aus (2.242) und ist durch

$$F(s) = \frac{2\tanh(\frac{\sqrt{s}}{2})}{s\sqrt{s}} \qquad (2.243)$$

gegeben.

Dies zeigt, dass die Übertragungsfunktion bei verteilt-parametrischen Systemen *irrational* ist. Sie kann deshalb im Unterschied zum konzentriert-parametrischen Fall unendlich viele Pole und Nullstellen besitzen. Eine endlich-dimensionale Approximation von (2.243) ist durch eine *rationale* Übertragungsfunktion charakterisiert, die durch ein endlich-dimensionales System realisiert werden kann. Man erhält sie beispielsweise durch Reihenabbruch der spektralen Darstellung (2.215) der Übertragungsfunktion. Beim Regelungsentwurf für verteilt-parametrische Systeme wird meist nur der Funktionswert von $F(s)$ an einer Stelle $s = s_0$ benötigt. Dann muss anstatt von (2.224)–(2.226) das Randwertproblem

$$s_0 x(z, s_0) = \frac{d^2}{dz^2}x(z, s_0) + b(z)u(s_0), \quad z \in (0, 1) \qquad (2.244)$$

$$\frac{dx}{dz}(0, s_0) = \frac{dx}{dz}(1, s_0) = 0 \qquad (2.245)$$

$$y(s_0) = \int_0^1 c(z)x(z, s_0)dz \qquad (2.246)$$

betrachtet werden, bei dem eine Lösung nur für einen konkreten Wert s_0 des Parameters s bestimmt werden muss. Mit dem Systemoperator

$$\mathcal{A}h = \frac{d^2}{dz^2}h \qquad (2.247)$$

$$h \in D(\mathcal{A}) = \{h \in L_2(0, 1) \mid h, \tfrac{d}{dz}h \text{ absolut stetig,}$$

$$\tfrac{d^2}{dz^2}h \in L_2(0, 1) \text{ und } \tfrac{d}{dz}h(0) = \tfrac{d}{dz}h(1) = 0\} \qquad (2.248)$$

2.3 Verteilt-parametrische Systeme mit Randeingriff

und dem Eingangsoperator

$$\mathcal{B}u(t) = bu(t) \tag{2.249}$$

mit b in (2.222) sowie dem Ausgangsoperator

$$\mathcal{C}x(t) = \langle x(t), c \rangle \tag{2.250}$$

mit c gemäß (2.223) lässt sich das Randwertproblem (2.244)–(2.246) auch in der Operatorschreibweise

$$(s_0 I - \mathcal{A})x = \mathcal{B}u \tag{2.251}$$
$$y = \mathcal{C}x \tag{2.252}$$

mit der für $s_0 \in \rho(\mathcal{A})$ eindeutigen Lösung

$$x = (s_0 I - \mathcal{A})^{-1}\mathcal{B}u \tag{2.253}$$

darstellen. Im weiteren Verlauf des Buches werden die Operatorgleichungen (2.251)–(2.252) häufig stellvertretend für das Randwertproblem (2.244)–(2.246) verwendet. Für die Lösung von (2.244)–(2.246) muss nur die Matrixexponentialfunktion $e^{A(s_0)z}$ in (2.231) für die konstante Matrix $A(s_0)$ bestimmt werden, was symbolisch problemlos möglich ist. ◄

2.3 Verteilt-parametrische Systeme mit Randeingriff

Eine grundlegende Voraussetzung für die Beschreibung von verteilt-parametrischen Systemen im Zustandsraum sind homogene Randbedingungen des Anfangs-Randwertproblems (siehe Abschnitt 2.1). In Anwendungen erfolgt aber häufig die Beeinflussung des verteilt-parametrischen Systems nur am Rand, weshalb man dann von verteilt-parametrischen Systemen mit *Randeingriff* spricht. Beispiele hierfür sind Balken, bei denen die Stellgröße ein am Rand angreifendes Moment ist, oder Wärmeleiter, die nur an den Rändern erwärmt werden. Durch *Homogenisierung der Randbedingungen* und Hinzufügen von zusätzlicher Dynamik lassen sich solche Systeme auf die in Abschnitt 2.2 betrachteten Systeme mit verteiltem Eingriff zurückführen. Die Grundidee dieses Ansatzes wird im nachfolgenden Beispiel anhand eines Wärmeleiters mit Randeingriff vorgestellt.

Beispiel 2.8. Homogenisierung der Randbedingungen eines Wärmeleiters
Betrachtet wird der Wärmeleiter aus Abschnitt 2.1, bei dem jetzt der Eingriff durch Erwärmung am Rand erfolgt. Dies führt auf das Anfangs-Randwertproblem

$$\partial_t x(z,t) = \partial_z^2 x(z,t), \quad t > 0, \quad z \in (0,1) \tag{2.254}$$

$$x(0,t) = u_1(t), \quad t > 0 \tag{2.255}$$

$$x(1,t) = u_2(t), \quad t > 0 \tag{2.256}$$

$$x(z,0) = x_0(z), \quad z \in [0,1], \tag{2.257}$$

worin $u_1(t)$ und $u_2(t)$ die an beiden Rändern $z = 0$ und $z = 1$ durch Wärmequellen eingestellten Temperaturen sind. Offensichtlich lässt sich für dieses verteilt-parametrische System nicht unmittelbar eine Zustandsbeschreibung angeben, da die Formulierung des örtlichen Differentialoperators im Zustandsraum homogene Randbedingungen voraussetzt. Um dieses Problem zu beseitigen, macht man für das Temperaturprofil den Ansatz

$$x(z,t) = x_H(z,t) + x_I(z,t). \tag{2.258}$$

Wird gefordert, dass

$$x_H(0,t) = 0 \tag{2.259}$$

$$x_H(1,t) = 0 \tag{2.260}$$

und

$$x_I(0,t) = u_1(t) \tag{2.261}$$

$$x_I(1,t) = u_2(t) \tag{2.262}$$

gilt, dann erfüllt $x_H(z,t)$ die homogenen Randbedingungen (2.259)–(2.260) und $x_I(z,t)$ genügt den inhomogenen Randbedingungen (2.255)–(2.256). Zur Bestimmung von $x_I(z,t)$ kann man den Ansatz

$$x_I(z,t) = f_1(z)u_1(t) + f_2(z)u_2(t) \tag{2.263}$$

mit zweimal stetig differenzierbaren Funktionen f_1 und f_2 machen, womit aus (2.261)–(2.262) die Bedingungen

$$f_1(0) = 1 \quad \text{und} \quad f_2(0) = 0 \tag{2.264}$$

$$f_1(1) = 0 \quad \text{und} \quad f_2(1) = 1 \tag{2.265}$$

folgen. Setzt man $f_1(z)$ und $f_2(z)$ als Polynome ersten Grades an, so ergibt sich nach einer kurzen Rechnung

$$f_1(z) = 1 - z \quad \text{und} \quad f_2(z) = z. \tag{2.266}$$

Um das Anfangs-Randwertproblem (2.254)–(2.257) mit homogenen Randbedingungen zu formulieren, geht man mit dem Ansatz (2.258) in die PDgl. (2.254) ein, was mit (2.259)–(2.260) und (2.266) das Anfangs-Randwertproblem

2.3 Verteilt-parametrische Systeme mit Randeingriff

$$\partial_t x_H(z,t) = \partial_z^2 x_H(z,t) - (1-z)\dot{u}_1(t) - z\dot{u}_2(t), \ t > 0, \ z \in (0,1) \quad (2.267)$$

$$x_H(0,t) = 0, \quad t > 0 \quad (2.268)$$

$$x_H(1,t) = 0, \quad t > 0 \quad (2.269)$$

$$x_H(z,0) = x_0(z) - (1-z)u_1(0) - zu_2(0), \quad z \in [0,1] \quad (2.270)$$

für $x_H(z,t)$ mit homogenen Randbedingungen und Zeitableitungen der Eingänge ergibt. Das Auftreten von Zeitableitungen der Eingänge in (2.267) lässt sich dadurch erklären, dass in (2.255)–(2.256) die Randtemperaturen des Wärmeleiters aus physikalischen Gründen nicht unstetig verstellt werden können. Dies schlägt sich in (2.267) in Form von Zeitableitungen der Eingänge nieder. Die Lösung des ursprünglichen Anfangs-Randwertproblems mit inhomogenen Randbedingungen erhält man mit (2.258), (2.263) und (2.266) aus

$$x(z,t) = x_H(z,t) + x_I(z,t) = x_H(z,t) + (1-z)u_1(t) + zu_2(t). \quad (2.271)$$

Wie (2.267) zeigt, ist dieser Ansatz an die Voraussetzung gebunden, dass die Stellgrößen $u(t)$ differenzierbar sind. Diese Bedingung lässt sich jedoch immer durch Hinzufügen eines PT_1-Gliedes für jede Stellgröße erfüllen, welche die Zustandsbeschreibung

$$\dot{u}_1(t) = \lambda_1 u_1(t) + \bar{u}_1(t), \quad \lambda_1 < 0, \quad t > 0, \quad u_1(0) = u_{10} \in \mathbb{R} \quad (2.272)$$

$$\dot{u}_2(t) = \lambda_2 u_2(t) + \bar{u}_2(t), \quad \lambda_2 < 0, \quad t > 0, \quad u_2(0) = u_{20} \in \mathbb{R} \quad (2.273)$$

besitzen. Die Eigenwerte des verteilt-parametrischen Systems werden dann mit $\lambda_i, i \geq 3$, bezeichnet. Diese dynamische Erweiterung hat auch den Vorteil, dass die resultierende Systembeschreibung der Regelung durch eine explizite PDgl. oder partielle Integro-Differentialgleichung gegeben ist, was i.Allg. bei Auftreten von Zeitableitungen der Eingänge in (2.267) nicht mehr der Fall ist. Für das aus (2.267)–(2.270) und (2.272)–(2.273) zusammengesetzte System lässt sich wieder eine Zustandsbeschreibung mit verteiltem Eingriff angeben, da das Anfangs-Randwertproblem (2.267)–(2.270) homogene Randbedingungen aufweist. Damit können Entwurfsverfahren für verteilt-parametrische Systeme mit verteiltem Eingriff auch bei Systemen mit Randeingriff verwendet werden, sofern man i.Allg. Eingangsdynamik hinzufügt.
◄

An dieser Stelle sei noch angemerkt, dass man die Zeitableitungen der Eingänge in (2.267) vermeiden kann, wenn man nicht eine Homogenisierung der Randbedingungen vornimmt, sondern (2.254)–(2.257) einer *Modal-Transformation*, d.h. einer *örtlichen Integraltransformation*, unterwirft (siehe [6,44]). Als Systembeschreibung erhält man dann ein System entkoppelter skalarer gewöhnlicher Differentialgleichungen, in denen die Eingänge ohne Zeitableitung auftreten. Der Nachteil dieser Vorgehensweise ist allerdings, dass die anhand der Differentialgleichungen gebildete Lösung des zugrundeliegenden Anfangs-Randwertproblems aufgrund der inhomogenen Randbedingungen (2.255)–(2.256) an den Rändern ein Konvergenzproblem besitzt. Die Lösung wird nämlich nach den Streckeneigenvektoren entwickelt, die an den Rändern verschwinden. Da man bei Anwendung des Verfahrens nur endlich viele Differentialgleichungen zur Simulation des verteilt-parametrischen Systems heranzieht (siehe [30]), werden nur endlich viele Eigenvektoren zu Darstellung der Lösung berücksichtigt. Damit ergibt sich eine Approximation der Lösung im Inneren des Ortsbereichs, welche die exakte Lösung im quadratischen Mittel annähert. An den Rändern treten dann aufgrund der Unstetigkeit starke Überschwinger auf, die das Ergebnis dort verfälschen. Darüber hinaus ist eine hohe Approximationsordnung notwendig, um in der Nähe der Ränder noch eine brauchbare Approximation der Lösung zu erhalten. Es ist dann einfacher, nicht eine modale Transformation für die Simulation zu verwenden, sondern eine Homogenisierung der Randbedingungen durchzuführen und das verteilt-parametrische System anschließend durch eine endlich-dimensionale modale Approximation des Systems mit verteiltem Eingriff zu simulieren (siehe Abschnitt 2.2.2), bei der die Konvergenz weniger problematisch ist.

Der im Beispiel vorgestellte Ansatz lässt sich auch allgemein formulieren. Hierzu werden verteilt-parametrische Systeme mit Randeingriff durch die *abstrakte Darstellung*

$$\dot{x}(t) = \mathscr{A}x(t), \quad t > 0, \quad x(0) = x_0 \in H \tag{2.274}$$

$$\mathscr{B}x(t) = \mathscr{G}u(t), \quad t > 0 \tag{2.275}$$

mit dem Eingang $u(t) \in \mathbb{R}^p$ beschrieben. Der Zustandsraum H von (2.274)–(2.275) ist wie bei Systemen mit verteiltem Eingriff ein komplexer Hilbertraum. In (2.274) bezeichnet

$$\mathscr{A} : D(\mathscr{A}) \subset H \to H \tag{2.276}$$

den *Systemoperator* und

$$\mathscr{B} : D(\mathscr{B}) \subset H \to \mathbb{C}^l \tag{2.277}$$

den *Randoperator* für l Randbedingungen, wobei die Definitionsbereiche dieser Operatoren über

$$D(\mathscr{A}) \subset D(\mathscr{B}) \tag{2.278}$$

zusammenhängen. Der *Eingangsoperator* ist durch

$$\mathscr{G}u(t) = \sum_{i=1}^{p} g_i u_i(t), \quad g_i \in \mathbb{C}^l \tag{2.279}$$

definiert. Im nächsten Beispiel wird die abstrakte Formulierung des Anfangs-Randwertproblems des Wärmeleiters aus Beispiel 2.8 angegeben.

2.3 Verteilt-parametrische Systeme mit Randeingriff

Beispiel 2.9. Abstrakte Formulierung eines Wärmeleiters mit Dirichletschem Randeingriff

Legt man für den Wärmeleiter aus Beispiel 2.8 den Zustandsraum $H = L_2(0,1)$ zugrunde, dann kann man den Systemoperator

$$\mathscr{A}h = \frac{d^2}{dz^2}h \tag{2.280}$$

$$h \in D(\mathscr{A}) = \{h \in L_2(0,1) \mid h, \tfrac{d}{dz}h \text{ absolut stetig}, \tfrac{d^2}{dz^2}h \in L_2(0,1)\} \tag{2.281}$$

und den Randoperator $\mathscr{B} : D(\mathscr{B}) \subset H \to \mathbb{C}^2$

$$\mathscr{B}h = \begin{bmatrix} h(0) \\ h(1) \end{bmatrix} \tag{2.282}$$

mit

$$D(\mathscr{B}) = C(0,1) \tag{2.283}$$

einführen. Hierbei wird der Funktionenraum $C(0,1)$ der auf dem Intervall $[0,1]$ stetigen Funktionen als Definitionsbereich gewählt, weil in diesem Funktionenraum die punktförmige Auswertung einer Funktion keine Probleme bereitet. Dieser Definitionsbereich erfüllt offensichtlich die Bedingung (2.278), da aus der absoluten Stetigkeit auch die Stetigkeit einer Funktion folgt. Für den Eingangsoperator gilt

$$\mathscr{G}u(t) = g_1 u_1(t) + g_2 u_2(t) = e_1 u_1(t) + e_2 u_2(t), \tag{2.284}$$

worin e_i die Einheitsvektoren in $\mathbb{C}^2$ bezeichnen. Man beachte, dass bei Auftreten von homogenen Randbedingungen diese dem Definitionsbereich des Systemoperators $\mathscr{A}$ zugeschlagen werden können (siehe Exercise 3.13 in [14]). Interessant ist weiterhin, dass $\mathscr{A}$ kein C_0-Halbgruppengenerator sein muss. Im Beispiel ist nämlich jedes $\lambda \in \mathbb{C}$ ein Eigenwert von $\mathscr{A}$ in (2.280)–(2.281), so dass $\mathscr{A}$ keine C_0-Halbgruppe generieren kann (siehe Lemma 2.1.11 in [14]).
◄

Die Klasse von verteilt-parametrischen Systemen (2.274)–(2.275), für die eine Homogenisierung der Randbedingungen durchführbar ist, bezeichnet man als *„boundary control systems"* (siehe [14]). Solche Systeme lassen sich auf Grundlage der Systembeschreibung (2.274)–(2.275) mit der nachfolgenden Definition allgemein charakterisieren.

Definition 2.5 („boundary control systems"). Das System (2.274)–(2.275) mit Randeingriff ist ein *„boundary control system"*, wenn folgende Bedingungen erfüllt sind:

1. Der Systemoperator $A : D(A) \to H$ mit dem Definitionsbereich $D(A) = D(\mathscr{A}) \cap \text{Kern}(\mathscr{B})$ und

$$\mathcal{A}h = \mathscr{A}h \quad \text{für} \quad h \in D(\mathcal{A}) \tag{2.285}$$

ist ein infinitesimaler Generator einer C_0-Halbgruppe in H.

2. Es existiert ein beschränkter linearer Operator $\mathcal{B} : \mathbb{C}^p \to H$, so dass $\mathcal{B}u(t) \in D(\mathscr{A})$ für alle $u(t) \in \mathbb{R}^p$ gilt und

$$\mathscr{B}\mathcal{B}u(t) = \mathscr{G}u(t), \quad u(t) \in \mathbb{R}^p \tag{2.286}$$

erfüllt ist.

Diese Definition lässt sich erklären, wenn man mit den dort gemachten Voraussetzungen eine Zustandsbeschreibung mit verteiltem Eingriff für das System (2.274)–(2.275) bestimmt. Hierzu macht man den Ansatz

$$x(t) = x_H(t) + \mathcal{B}u(t), \quad x_H(t) \in D(\mathscr{A}) \cap \text{Kern}(\mathscr{B}), \tag{2.287}$$

was dem Ergebnis (2.271) im Beispiel 2.8 entspricht. Da $x_H(t)$ im *Kern* des Randoperators $\mathscr{B}$ liegt, d.h.

$$\mathscr{B}x_H(t) = 0 \tag{2.288}$$

gilt, genügt $x_H(t)$ homogenen Randbedingungen. Gemäß (2.275) muss $x(t)$ die inhomogenen Randbedingungen erfüllen. Um dies zu überprüfen, betrachtet man mit (2.287) den Ausdruck

$$\mathscr{B}x(t) = \mathscr{B}(x_H(t) + \mathcal{B}u(t)). \tag{2.289}$$

Das Argument auf der rechten Seite von (2.289) liegt im Definitionsbereich von $\mathscr{B}$, da $x_H(t) \in D(\mathscr{A}) \cap \text{Kern}(\mathscr{B}) \subset D(\mathscr{B})$ wegen (2.278) gilt und damit auch aufgrund von Definition 2.5 $\mathcal{B}u(t) \in D(\mathscr{A}) \subset D(\mathscr{B})$ erfüllt ist. Verwendet man (2.288) und (2.286) in (2.289), so folgt

$$\mathscr{B}x(t) = \mathscr{B}x_H(t) + \mathscr{B}\mathcal{B}u(t) = \mathscr{G}u(t), \tag{2.290}$$

d.h. $x(t)$ in (2.287) erfüllt die inhomogenen Randbedingungen (2.275). Zur Bestimmung einer Zustandsgleichung für $x_H(t)$ löst man (2.287) nach $x_H(t)$ auf, was

$$x_H(t) = x(t) - \mathcal{B}u(t) \tag{2.291}$$

ergibt und bildet davon die zeitliche Ableitung. Mit (2.274) führt dies auf

$$\dot{x}_H(t) = \dot{x}(t) - \mathcal{B}\dot{u}(t) = \mathscr{A}x(t) - \mathcal{B}\dot{u}(t). \tag{2.292}$$

Wird darin $x(t)$ durch (2.287) ersetzt, so erhält man mit (2.285)

$$\dot{x}_H(t) = \mathcal{A}x_H(t) + \mathscr{A}\mathcal{B}u(t) - \mathcal{B}\dot{u}(t), \quad t > 0, \quad x_H(0) = x(0) - \mathcal{B}u(0), \tag{2.293}$$

worin wegen $x_H(t) \in D(\mathscr{A}) \cap \text{Kern}(\mathscr{B}) = D(\mathcal{A})$ der Systemoperator $\mathscr{A}$ durch $\mathcal{A}$ ersetzt werden darf (siehe (2.285)). Damit ist der Systemoperator von

2.3 Verteilt-parametrische Systeme mit Randeingriff 63

(2.293) ein C_0-Halbgruppengenerator (siehe Definition 2.5), was für $\mathscr{A}$ in (2.274) i.Allg. nicht zutrifft. Man beachte, dass die Operatoren $\mathscr{A}\mathcal{B}$ und $\mathcal{B}$ in (2.293) beschränkte Operatoren sind, weil ihr Definitionsbereich endlich-dimensional ist (siehe Lemma A.3.22 in [14]). Setzt man $\dot{u} \in L_r([0,\tau], \mathbb{R}^p)$ für $\tau > 0$ und ein $r \geq 1$ voraus, dann existiert die *milde Lösung* von (2.293), welche über (2.287) mit der milden Lösung von (2.274)–(2.275) zusammenhängt (siehe Abschnitt 3.3 in [14]).

Im folgenden Beispiel wird die eben beschriebene abstrakte Vorgehensweise für den im Beispiel 2.8 verwendeten Wärmeleiter veranschaulicht.

Beispiel 2.10. Zustandsbeschreibung eines Wärmeleiters mit Randeingriff
Betrachtet wird die Beschreibung des Wärmleiters (2.254)–(2.257) durch

$$\dot{x}(t) = \mathscr{A}x(t), \quad t > 0, \quad x(0) = x_0 \in H \tag{2.294}$$

$$\mathscr{B}x(t) = \mathscr{G}u(t), \quad t > 0 \tag{2.295}$$

mit dem Systemoperator $\mathscr{A}$ aus (2.280)–(2.281), dem Randoperator $\mathscr{B}$ in (2.282) und dem Eingangsoperator $\mathscr{G}$ definiert in (2.284). Zunächst führt man gemäß Definition 2.5 den Operator

$$\mathcal{A}h = \frac{d^2}{dz^2}h \tag{2.296}$$

$$h \in D(\mathcal{A}) = D(\mathscr{A}) \cap \mathrm{Kern}(\mathscr{B}) = \{h \in L_2(0,1) \mid h, \tfrac{d}{dz}h \text{ absolut stetig,}$$

$$\tfrac{d^2}{dz^2}h \in L_2(0,1) \text{ und } h(0) = h(1) = 0\} \tag{2.297}$$

ein, der

$$\mathcal{A}h = \mathscr{A}h \quad \text{für} \quad h \in D(\mathcal{A}) \tag{2.298}$$

erfüllt. Wie in Beispiel 2.3 gezeigt wird, ist $\mathcal{A}$ ein Riesz-Spektraloperator und damit ein infinitesimaler Generator einer C_0-Halbgruppe (siehe Definition 2.5). Für den Operator $\mathcal{B}$ macht man den Ansatz

$$\mathcal{B}u(t) = b_1 u_1(t) + b_2 u(t), \quad b_1, b_2 \in D(\mathscr{A}), \tag{2.299}$$

der $\mathcal{B}u(t) \in D(\mathscr{A})$ für alle $u(t) \in \mathbb{R}^2$ genügt. Aufgrund von (2.286) muss

$$\mathscr{B}\mathcal{B}u(t) = \begin{bmatrix} b_1(0)u_1(t) + b_2(0)u_2(t) \\ b_1(1)u_1(t) + b_2(1)u_2(t) \end{bmatrix} \overset{!}{=} \mathscr{G}u(t) = \begin{bmatrix} u_1(t) \\ u_2(t) \end{bmatrix} \tag{2.300}$$

erfüllt sein, was auf die Bedingungen

$$b_1(0) = 1 \quad \text{und} \quad b_2(0) = 0 \tag{2.301}$$

$$b_1(1) = 0 \quad \text{und} \quad b_2(1) = 1 \tag{2.302}$$

führt. Die Funktionen b_1 und b_2 können als Polynome ersten Grades in z angesetzt werden, da diese in $D(\mathscr{A})$ liegen (siehe (2.299)). Damit erhält man wie im Beispiel 2.8 als Ergebnis

64 2 Zustandsbeschreibung linearer verteilt-parametrischer Systeme

$$b_1(z) = 1 - z \quad \text{und} \quad b_2(z) = z. \tag{2.303}$$

Folglich ist die Zustandsbeschreibung des Wärmeleiters (2.254)–(2.257) durch (2.293) mit dem Systemoperator $\mathscr{A}$ in (2.280)–(2.281) und dem Systemoperator A in (2.296)–(2.297) sowie dem Operator $\mathcal{B}$ in (2.299) gegeben. Dieses Ergebnis ist gerade eine Zustandsbeschreibung des Anfangs-Randwertproblems (2.267)–(2.270) aus Beispiel 2.8. ◄

Um das Auftreten der Zeitableitung von $u(t)$ in der Zustandsdifferential-gleichung des „boundary control systems" zu vermeiden, kann wie in Beispiel 2.8 das System (2.293) um die PT_1-Glieder

$$\dot{u}_i(t) = \lambda_i u_i(t) + \bar{u}_i(t), \quad \lambda_i < 0, \quad t > 0, \quad u_i(0) = u_{i0} \in \mathbb{R}, \quad i = 1, 2, \dots, p \tag{2.304}$$

erweitert werden. Hierzu definiert man den Hilbertraum $H_e = \mathbb{C}^p \oplus H$ mit dem Skalarprodukt

$$\left\langle \begin{bmatrix} q_1 \\ r_1 \end{bmatrix}, \begin{bmatrix} q_2 \\ r_2 \end{bmatrix} \right\rangle = \langle q_1, q_2 \rangle_{\mathbb{C}^p} + \langle r_1, r_2 \rangle_H \tag{2.305}$$

als erweiterten Zustandsraum. Führt man dort den Zustandsvektor

$$x_e(t) = \begin{bmatrix} u(t) \\ x_H(t) \end{bmatrix} \tag{2.306}$$

ein, so lässt sich das aus (2.293) und (2.304) zusammengesetzte System durch

$$\dot{x}_e(t) = \mathcal{A}_e x_e(t) + \begin{bmatrix} I \\ -\mathcal{B} \end{bmatrix} \bar{u}(t), \quad x_e(0) \in \begin{bmatrix} u(0) \\ x_H(0) \end{bmatrix} \tag{2.307}$$

mit dem Systemoperator

$$\mathcal{A}_e = \begin{bmatrix} \Lambda & 0 \\ \mathscr{A}\mathcal{B} - \mathcal{B}\Lambda & \mathcal{A} \end{bmatrix} \quad \text{und} \quad D(\mathcal{A}_e) = \mathbb{C}^p \oplus D(\mathcal{A}) \tag{2.308}$$

sowie

$$\Lambda = \begin{bmatrix} \lambda_1 & & \\ & \ddots & \\ & & \lambda_p \end{bmatrix} \tag{2.309}$$

darstellen. Damit man die Zustandsbeschreibung (2.307) des dynamisch erweiterten Systems als Ausgangspunkt für den Reglerentwurf mittels Eigenwerten und Eigenvektoren verwenden kann, muss sichergestellt sein, dass der Systemoperator (2.308) ein Riesz-Spektraloperator ist. Der nachfolgende Satz gibt darüber Auskunft, welche Voraussetzungen dazu erfüllt sein müssen.

2.3 Verteilt-parametrische Systeme mit Randeingriff

Satz 2.1 (Riesz-Spektraleigenschaft von $\mathcal{A}_e$). *Der Systemoperator $\mathcal{A}_e$ in (2.308) ist ein Riesz-Spektraloperator, wenn*

- $\mathcal{A}$ *ein Riesz-Spektraloperator mit nur endlich vielen Eigenwerten in der rechten Halbebene ist und*
- *die Eigenwerte λ_i, $i = 1, 2, \ldots, p$, der dynamischen Erweiterung (2.304) einfach und sämtlich verschieden von den Eigenwerten von $\mathcal{A}$ und deren Häufungspunkten gewählt werden.*

Beweis. Den Beweis dieses Satzes findet man in Abschnitt C.2. ◄

Kapitel 3
Regelung mit mehreren Freiheitsgraden

Die *Zwei-Freiheitsgrade-Struktur* hat sich mittlerweile als grundlegende Regelungsstruktur für die Steuerung und Regelung dynamischer Systeme etabliert. Besonderes Merkmal solcher Regelungen ist, dass sie eine Einstellung des Führungsverhaltens unabhängig vom Störverhalten ermöglichen. Damit lässt sich sowohl die Steuerung zur Festlegung des Führungsverhaltens als auch die Regelung zur Berücksichtigung von Störungen systematisch entwerfen. Deshalb ist die Zwei-Freiheitsgrade-Struktur auch Ausgangspunkt für den in diesem Buch vorgestellten Steuerungs- und Regelungsentwurf. In diesem Kapitel werden die wichtigsten Eigenschaften der Regelung mit zwei oder mehr Freiheitsgraden zusammengestellt und ihre Anwendung auf verteiltparametrische Systeme diskutiert.

3.1 Regelungsstruktur mit einem Freiheitsgrad

Die klassische Regelungsstruktur ist der in Abbildung 3.1 dargestellte einschleifige Regelkreis. Da bei dieser Regelung der Regler sowohl das Führungsverhalten als auch das Störverhalten festlegt und somit beide nicht unabhängig voneinander eingestellt werden können, bezeichnet man diese Regelungsstruktur als *Regelung mit einem Freiheitsgrad*. Der sinnvolle Anwendungsbereich dieses Regelkreises ist die *Festwertregelung*. Bei dieser Problemstellung wird die Führungsgröße w konstant gehalten und der Regler hat die Aufgabe nichtmessbare Störungen r auszuregeln. Hierzu muss der Regler nur auf Störverhalten ausgelegt werden. Will man aber auch das Führungsverhalten mit dem Regler festlegen, so ist dies nicht auf einfache Art und Weise möglich, da ein auf gutes Störverhalten ausgelegter Regler i.Allg. kein akzeptables Führungsverhalten erzielt. Beim Entwurf des Reglers müsste man deshalb sowohl bezüglich des Führungs- als auch des Störverhaltens Kompromisse eingehen, was den Reglerentwurf erschweren würde. Aus diesem Grund erfordert die

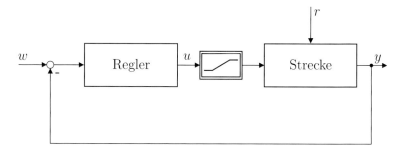

Abb. 3.1: Regelung mit einem Freiheitsgrad

zusätzliche Einstellung des Führungsverhaltens eine Erweiterung der Regelungsstruktur, die im nächsten Abschnitt vorgestellt wird.

3.2 Regelungsstruktur mit zwei Freiheitsgraden

Um das Führungsverhalten unabhängig vom Störverhalten einstellen zu können, ergänzt man die Regelung in Abbildung 3.1 um eine Steuerung, welche in Abbildung 3.2 in Form einer *modellgestützten Vorsteuerung* und in Abbildung 3.4 als *inversionsbasierte Vorsteuerung* realisiert ist. Bei den resultierenden Regelungsstrukturen wird das Führungsverhalten vorgesteuert und das Störverhalten geregelt. Dies wird in den nachfolgenden Abschnitte näher erläutert.

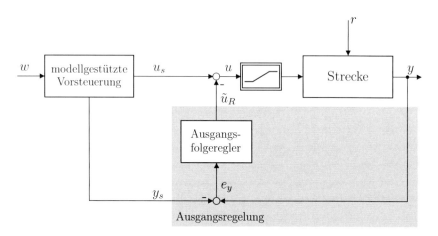

Abb. 3.2: Zwei-Freiheitsgrade-Regelung bestehend aus modellgestützter Vorsteuerung und Ausgangsregelung

3.2.1 Vorsteuerung des Führungsverhaltens

Zunächst wird die Einstellung des Führungsverhaltens für die Regelungen in den Abbildungen 3.2 und 3.4 betrachtet, weswegen man vom störungsfreien Fall ausgeht, d.h. es treten weder Anfangsstörungen noch externe Störungen auf. Darüber hinaus wird angenommen, dass keine Modellunsicherheit vorkommt. Die Vorsteuerung erzeugt ausgehend von einen geeigneten *Sollverlauf* y_s für die Regelgröße y die zugehörige *Steuerfunktion* u_s. Da der Sollverlauf y_s bekannt ist, lässt sich das Eingangssignal u_s zur Vorsteuerung der gewünschten Solltrajektorie y_s unmittelbar auf Grundlage der Streckenbeschreibung bestimmen. Hierfür ist keine Messung der Regelgröße y notwendig, weil im störungsfreien Fall das gesteuerte Systemverhalten vorausberechenbar ist. Folglich lässt sich das gewünschte Führungsverhalten allein durch die Vorsteuerung sicherstellen. Damit dabei der Ausgangsfolgeregler nicht eingreift, also im Führungsverhalten unberücksichtigt bleiben kann, muss offensichtlich $e_y(t) = y(t) - y_s(t) = 0$, $t \geq 0$, gelten (siehe Abbildungen 3.2 und 3.4). Dies bedeutet, dass die Vorsteuerung ein Steuersignal u_s generieren muss, für das die Regelgröße y im störungsfreien Fall exakt ihrem Sollverlauf y_s folgen kann. Zur Bestimmung von y_s und u_s gibt es grundsätzlich abhängig von der vorliegenden Problemstellung zwei unterschiedliche Vorgehensweisen.

Bei der *ersten* Aufgabenstellung wird die Führungsgröße w zur Laufzeit, d.h. *online* geändert (siehe Abbildung 3.2). Dieser Fall tritt auf, wenn ein Bediener oder ein übergeordnetes System das Sollverhalten während des Betriebs bestimmt. Dabei wird der Zeitverlauf der Führungsgröße w jedoch meist so vorgegeben, dass die Regelgröße y der Führungsgröße w nicht exakt folgen kann, weil die erforderlichen Stellsignale die Stellsignalbegrenzung nicht einhalten. Zur Sicherstellung der Bedingung $e_y \equiv 0$ muss daher ein geeigneter Sollverlauf y_s online bestimmt werden, der in der Regel nicht mit w übereinstimmt. Diesen kann man systematisch durch den Entwurf einer *modellgestützten Vorsteuerung* erzeugen (siehe [57,58]). Das Grundprinzip dieser Vorsteuerung lässt sich leicht anhand von Abbildung 3.3 erklären. Sie besteht aus der Regelung eines Modells der Strecke, wobei das online entstehende Stellsignal u_s zur Steuerung der wirklichen Strecke verwendet wird. Da aufgrund der Stellsignalbegrenzung die Regelgröße y den durch die Führungsgröße w gegebenen Sollverlauf i.Allg. nicht exakt einhalten kann, wird zum asymptotischen Folgen dieses Sollwertes ein Regler in der Vorsteuerung entworfen. Dies bedeutet, dass y der Führungsgröße w möglichst gut angeglichen wird und den vorgegebenen eingeschwungenen Zustand schnell und ohne großes Überschwingen annimmt. Dabei muss die Regelungsdynamik so vorgegeben werden, dass keine Stellsignalbegrenzungen auftreten. Hierzu bietet sich der Entwurf eines *Zustandsreglers* an, weil alle Zustandsgrößen x_s des Streckenmodells direkt zugänglich sind (siehe Abbildung 3.3). Dieser Regler wird ausschließlich zur Einstellung des Führungsverhaltens bestimmt und kann deshalb systematisch entworfen werden. Der Sollverlauf y_s für die Regelgröße y kann ebenfalls unmittelbar vom Streckenmodell abgegriffen werden. Setzt

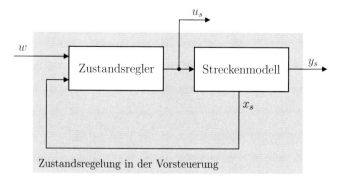

Abb. 3.3: Modellgestützte Vorsteuerung zur Einstellung des Führungsverhaltens

man voraus, dass Strecke und Streckenmodell exakt übereinstimmen, dann erzeugt die modellgestützte Vorsteuerung eine Solltrajektorie y_s, welcher die Regelgröße y im störungsfreien Fall ohne Fehler folgen kann. Denn y_s ist Lösung der Streckendifferentialgleichung für die vorgegebenen Anfangswerte des Streckenmodells und für das Eingangssignal u_s, sofern dieses die Stellsignalbegrenzung der tatsächlichen Strecke einhält. Folglich gilt im störungsfreien Fall aufgrund der Eindeutigkeit der Lösung $e_y(t) = y(t) - y_s(t) = 0$, $t \geq 0$, für die Regelung in Abbildung 3.2, womit der Ausgangsfolgeregler im Führungsverhalten nicht aktiv ist. Werden durch die Vorsteuerung z.B. aufgrund von zu großen Signalwerten der Führungsgröße w dennoch Stellsignalbegrenzungen hervorgerufen, dann kann man sie durch Einfügen einer Begrenzung in der Vorsteuerung oder durch den Ausgangsreglerentwurf berücksichtigen.

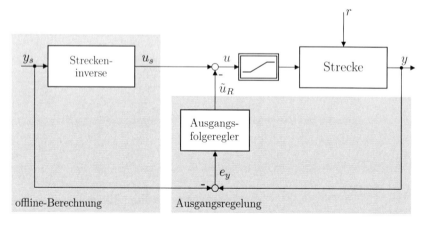

Abb. 3.4: Zwei-Freiheitsgrade-Regelung bestehend aus inversionsbasierter Vorsteuerung und Ausgangsregelung

3.2 Regelungsstruktur mit zwei Freiheitsgraden   71

Beim *zweiten* Steuerungsproblem wird direkt der Verlauf von y_s vorab, d.h. *offline* vollständig spezifiziert (siehe Abbildung 3.4). Ein Anwendungshintergrund hierfür kann die Vorgabe eines Sollprofils für eine Werkzeugmaschine sein, bei dem der Sollwert zu jedem Zeitpunkt vorgegeben werden muss, um ein brauchbares Werkstück zu erhalten. Damit die Regelgröße diesem Sollverlauf exakt folgen kann, muss das Sollprofil geeignet offline geplant werden. Bei dieser Problemstellung wird also direkt ein Sollverlauf für die Regelgröße vorgegeben, weshalb man sie als *Ausgangsfolge* bezeichnet. Die Bestimmung der Steuerung u_s erfolgt bei dieser Aufgabenstellung *inversionsbasiert*. Dies bedeutet, dass aus einer vorgegebenen Solltrajektorie y_s mit Hilfe des inversen Streckenmodells die Steuerung u_s offline bestimmt wird. Folglich muss das inverse System nicht realisiert werden. Wird die Steuerung numerisch bestimmt, dann setzt dies die Stabilität des inversen Systems voraus, weil sonst numerische Fehler bei der Lösung der zugehörigen Differentialgleichung exponentiell anwachsen. Die resultierenden Zeitverläufe von y_s und u_s lassen sich anschließend abspeichern und in Echtzeit auf den zugehörigen Folgeregelkreis schalten. Bei der Trajektorienplanung für y muss darauf geachtet werden, dass die Strecke der Solltrajektorie y_s unter Einhaltung der Stellbegrenzung exakt folgen kann, weil sonst Folgefehler $e_y \neq 0$ entstehen. Ein weiteres wichtiges in praktischen Anwendungen auftretendes Steuerungsproblem ist der *Arbeitspunktwechsel*, bei dem ein Übergang zwischen zwei vorgegebenen Arbeitspunkten in endlicher Zeit realisiert werden muss. Diese Aufgabenstellung lässt sich ebenfalls inversionsbasiert lösen. Allerdings wird bei einer flachheitsbasierten Behandlung dieses Problems der Steuerungsentwurf i.Allg. nicht für y, sondern für einen *flachen Ausgang* y_f der Strecke durchgeführt. Dies hat unter anderem den Vorteil, dass die Steuerung ohne Lösung einer Differentialgleichung bestimmt werden kann und somit im Vergleich zur Ausgangsfolge die eventuell numerisch problematische Integration einer Differentialgleichung grundsätzlich entfällt. Der zugehörige Sollverlauf $y_{f,s}$ lässt sich jedoch einfach in einen Sollverlauf y_s, der für den Ausgangsfolgeregler benötigt wird, umrechnen.

3.2.2 Regelung des Störverhaltens

Um Abweichungen zwischen den Anfangswerten des Streckenmodells und der wirklichen Strecke, nicht messbare Störungen r sowie Auswirkungen von Modellunsicherheit beim Entwurf zu berücksichtigen, muss zusätzlich ein *Ausgangsfolgeregler* entworfen werden (siehe Abbildungen 3.2 und 3.4). Da dieser Folgeregler nur im Störverhalten bzw. bei Auftreten von Ausgangsfolgefehlern $e_y \neq 0$ aktiv ist, lässt sich mit ihm das Störverhalten völlig unabhängig vom Führungsverhalten einstellen. Der Reglerentwurf kann aus diesem Grund systematisch durchgeführt werden, da er ausschließlich auf die Einstellung des Störverhaltens abzielt. Damit ergibt sich ein weiterer Freiheitsgrad für den

Entwurf, weshalb man im Gegensatz zur Regelung in Abbildung 3.1 von einer *Regelung mit zwei Freiheitsgraden* spricht (siehe z.B. [45]). Zur Festlegung des Störverhaltens bezüglich unbekannter Störeinflüsse ist grundsätzlich nur eine Regelung geeignet, da nur die indirekte Auswirkung der Störeinflüsse auf die Regelgröße y berücksichtigt werden kann. Erst durch einen laufenden Vergleich der Regelgröße y mit ihrem Sollwert y_s kann der Ausgangsfolgeregler ein Stellsignal $\tilde{u}_R$ erzeugen, welches dem Störeinfluss entgegenwirkt. Dieses Grundprinzip führt unmittelbar zu der für eine Regelung charakteristischen Rückführungsstruktur. Da bei der Regelung die Regelgröße y zurückgeführt wird, ist der Ausgangsfolgeregler eine statische oder dynamische Ausgangsrückführung. Dies bedeutet, dass grundsätzlich nur das Übertragungsverhalten der Strecke für diesen Reglerentwurf von Bedeutung ist, was bei der Auswahl des Regelungsverfahrens berücksichtigt werden sollte. Im Unterschied zur Vorsteuerung können Stellsignalbegrenzung bei der Ausgangsregelung zur Instabilität der geregelten Strecke führen. Darüber hinaus sind Begrenzungen der Stellgröße aufgrund der unbekannten Störeinflüsse prinzipiell nicht vermeidbar. Es ist deshalb notwendig, die Struktur des Ausgangsfolgereglers so auszuwählen, dass die Auswirkungen von Stellsignalbegrenzungen systematisch bekämpft werden können.

3.3 Regelung mit mehr als zwei Freiheitsgraden

Sind Störgrößen d mit vertretbarem Aufwand messbar, dann kann man auch das Störverhalten bezüglich dieser Störungen vorsteuern (siehe [70]). Da für die hier betrachteten linearen Systeme das Superpositionsprinzip gilt, lässt sich dies durch Hinzufügen einer weiteren modellgestützten Vorsteuerung erreichen (siehe Abbildung 3.5). Diese Vorgehensweise hat den Vorteil, dass sich das vorgesteuerte Führungsverhalten und das vorgesteuerte Störverhalten unabhängig voneinander einstellen lassen und beide wiederum unabhängig vom Ausgangsfolgereglerentwurf sind. Zur Bestimmung der modellgestützten Vorsteuerung für das Störverhalten bzgl. d eignet sich eine *Störgrößenaufschaltung* für den Modellregelkreis. Dies bietet sich an, da die Implementierung der Störgrößenaufschaltung i.Allg. nur die Rekonstruktion der Zustände des Störmodells für d erfordert und somit die Störgrößenaufschaltung schnell dem Einfluss der Störung d auf die Strecke entgegenwirken kann. Die Robustheitsproblematik solcher Aufschaltungen kommt dabei nicht zum Tragen, da die Störgrößenaufschaltung für ein bekanntes Modell der Strecke entworfen wird. Durch Aufschaltung des in der Vorsteuerung gebildeten Sollwertes y_d zur Bildung von e_y ist der Ausgangsfolgeregler nur bei Abweichungen vom eingestellten Störverhalten im Eingriff, was beispielsweise bei Einwirkung nichtmessbarer Störungen r oder bei Modellfehlern der Fall sein kann. Insgesamt ergibt sich somit die in Abbildung 3.5 dargestellte Regelungsstruktur mit *drei Freiheitsgraden*, bei der das Führungsverhalten, das

3.4 Verteilt-parametrische Regelung mit mehreren Freiheitsgraden 73

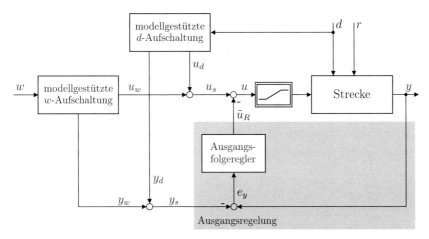

Abb. 3.5: Ausgangsregelung mit unabhängiger Vorsteuerung des Führungsverhaltens und des Störverhaltens bzgl. messbarer Störungen d

Störverhalten bzgl. d und das Störverhalten bzgl. sonstiger Störungen unabhängig voneinander eingestellt werden kann.

Bei unterschiedlichen Eingriffsorten der Störungen oder bei unterschiedlichen zu bekämpfenden Signalformen der Einzelstörungen im Vektor der Störungen d kann es vorteilhaft sein, die Vorsteuerung des Störverhaltens auch für die Elemente von d unabhängig voneinander vorzunehmen. Damit ergeben sich für den Regelungsentwurf weitere Freiheitsgrade. I.Allg. kann man für jede messbare Eingangsgröße der Regelung eine separate Vorsteuerung entwerfen, womit man entsprechend viele zusätzliche Freiheitsgrade gewinnt. Dies führt auf eine *Regelungsstruktur mit mehr als zwei Freiheitsgraden*, die ein Höchstmaß an Freiheit zur Beeinflussung der Systemdynamik besitzt.

3.4 Verteilt-parametrische Regelung mit mehreren Freiheitsgraden

Bei der Verwendung der eben vorgestellten Regelungsstrukturen für lineare verteilt-parametrische Systeme sind weitere Gesichtspunkte zu beachten. So kann man die modellgestützten Vorsteuerungen in Abbildung 3.3 und Abbildung 3.5 bei einer online-Vorgabe von w nicht unmittelbar bei verteilt-parametrischen Systemen einsetzen, da sie die Realisierung eines unendlich-dimensionalen Systems erfordern. Im nächsten Kapitel wird jedoch gezeigt, wie sich solche Vorsteuerungen für verteilt-parametrische Systeme näherungsweise endlich-dimensional realisieren lassen. Aus diesem Grund kann dieser Ansatz auch für verteilt-parametrische Systeme genutzt werden. Die Bestimmung einer inversionsbasierten Vorsteuerung für die offline-Vorgabe einer

Solltrajektorie y_s bzw. eines flachen Ausgangs erfordert die Inversion der verteilt-parametrischen Strecke. Hierzu findet man in der Literatur bereits für verschiedene Klassen verteilt-parametrischer Systeme flachheitsbasierte Vorgehensweisen (siehe [3, 51, 52, 60]), die auf eine exakte Systeminversion abzielen. In diesem Buch wird nur eine näherungsweise modale Systeminversion betrachtet, die aber für die behandelten verteilt-parametrischen Systeme ausreichend ist. Dieser Ansatz wird im nächsten Kapitel für den Arbeitspunktwechsel vorgestellt. Darüber hinaus lässt sich der dargestellte Steuerungsentwurf auch unmittelbar auf weitere Klassen verteilt-parametrischer Systeme erweitern.

Ein weiterer Problempunkt, der bei verteilt-parametrischen Systemen auftritt, besteht in der Bestimmung der dynamischen Ausgangsrückführung zur Einstellung des Störverhaltens der Zwei-Freiheitsgrade-Regelungen in den Abbildungen 3.2 und 3.4. Bei konzentriert-parametrischen Systemen lässt sich der Ausgangsfolgeregler systematisch durch Vorgabe aller Regelungseigenwerte bestimmen. Ein Beispiel hierfür ist der Entwurf einer Zustandsrückführung mit Beobachter auf Grundlage des Separationsprinzips. Dieser Ansatz ist auf verteilt-parametrische Systeme nicht ohne Weiteres übertragbar, da er zu unendlich-dimensionalen Beobachtern führen würde. Deshalb muss man auf Entwurfsverfahren zurückgreifen, welche die systematische Bestimmung endlich-dimensionaler stabilisierender Regler ermöglichen. Im fünften Kapitel wird hierzu ein Verfahren vorgestellt, mit dem man Regler endlicher und hinreichend niedriger Ordnung zur Erfüllung dieser Aufgabenstellung systematisch bestimmen kann. Dabei wird — wie bereits vorgeschlagen — nur das Übertragungsverhalten der verteilt-parametrischen Strecke für den Entwurf verwendet. Dies hat den Vorteil, dass der Entwurf systematisch durchgeführt werden kann, da hierfür die Übertragungsmatrix der verteilt-parametrischen Strecke nur an Punkten ausgewertet werden muss. Die resultierende Konstantmatrix lässt sich dann immer numerisch effizient bestimmen. Ein weiterer Vorteil dieser Regler besteht darin, dass Stellsignalbegrenzungen beim Entwurf einfach berücksichtigt werden können.

Kapitel 4
Entwurf von Vorsteuerungen

Dieses Kapitel behandelt verschiedene Methoden zum Entwurf von Vorsteuerungen für verteilt-parametrische Systeme. In den ersten vier Abschnitten wird der Fall betrachtet, dass die Führungsgröße w *online* vorgegeben wird. Zur Einstellung des zugehörigen Führungsverhaltens werden endlich-dimensionale *modellgestützte Vorsteuerungen* entworfen, die unmittelbar implementierbar sind. Dasselbe gilt auch für die Einstellung des Störverhaltens bzgl. messbarer Störungen (siehe Kapitel 3). Grundlegende Anforderung an das Führungs- und Störverhalten ist deren Stabilität. Deshalb wird im ersten Abschnitt das *Stabilisierungsproblem* für Riesz-Spektralsysteme betrachtet. Da bei einer Vorsteuerung die Zustände unmittelbar zugänglich sind, ist eine Stabilisierung durch Zustandsrückführung die hierfür sachgerechte Vorgehensweise. Der Entwurf der Zustandsrückführung erfolgt dabei durch Eigenwertvorgabe, zu deren systematischer Durchführung ein parametrisches Entwurfsverfahren angegeben wird. Dieses Entwurfsverfahren ermöglicht nicht nur die Verschiebung von endlich vielen Eigenwerten, sondern erfasst auch die im Mehrgrößenfall nach der Eigenwertvorgabe noch vorhandenen Freiheitsgrade in Form von Parametervektoren. Damit können diese Freiheitsgrade für den Entwurf gezielt genutzt werden. Besonderes Merkmal der entworfenen Zustandsregler ist, dass sie nur endlich viele modale Zustände zurückführen. Damit lassen sie sich unmittelbar in einer endlich-dimensionalen Vorsteuerung einsetzen.

Im darauf folgenden Abschnitt wird gezeigt, wie für verteilt-parametrische Systeme *Führungs- und Störgrößenaufschaltungen* zur Sicherstellung von stationärer Genauigkeit im Führungs- und Störverhalten entworfen werden können. Die Einstellung des Führungs- und Störverhaltens mit dieser Entwurfsmethode bietet sich an, weil die bei der Führungs- und Störgrößenaufschaltung fehlende Robustheit aufgrund des bekannten Streckenmodells in der Vorsteuerung nicht zum Tragen kommt. Darüber hinaus müssen für die Realisierung der Führungs- und Störgrößenaufschaltung in der Vorsteuerung nur die Zustände der Führungs- und Störsignalmodelle durch einen endlich-dimensionalen Signalmodellbeobachter rekonstruiert werden. Dies ist von Vorteil, da das Einschwingverhalten dieses Beobachters nur einen geringen Einfluss auf das resultierende Führungs- und Störverhalten hat.

Der nachfolgende Abschnitt behandelt die *Ein-/Ausgangsentkopplung* von verteilt-parametrischen Mehrgrößensystemen, um das Führungsverhalten für jede Regelgröße unabhängig einstellen zu können. Basierend auf dem parametrischen Entwurfsverfahren des ersten Abschnitts wird ein Entkopplungsentwurf für verteilt-parametrische Systeme hergeleitet. Dieses Syntheseverfahren ermöglicht eine stabile näherungsweise Entkopplung des Führungsverhaltens, wobei sich die verbleibenden Verkopplungen systematisch beim Entwurf reduzieren lassen.

Die behandelten Entwurfsmethoden werden zunächst allgemein, d.h. losgelöst vom Vorsteuerungsentwurf, entwickelt, um die verwendete Notation zu vereinfachen. Nach Vorstellung der Entwurfsverfahren wird gezeigt, wie sich mit ihnen endlich-dimensionale Vorsteuerungen mittels *„late-lumping"* entwerfen lassen. Bei dieser Vorgehensweise wird die ursprüngliche unendlich-dimensionale modellgestützte Vorsteuerung endlich-dimensional approximiert. Ist die resultierende Ordnung jedoch zu groß, dann kann der Vorsteuerungsentwurf auch mittels *„early-lumping"* erfolgen. Hierzu geht man beim Entwurf von einer modalen Approximation niedriger Ordnung aus. Der Nachteil dieser Vorgehensweise besteht darin, dass die vernachlässigte Streckendynamik sich ungünstig im Entwurfsergebnis auswirken kann. Insbesonders geht i.Allg. die stationäre Genauigkeit im vorgesteuerten Führungs- und Störverhalten bei diesem Entwurf verloren. Um diese Regelungseigenschaft trotz Verwendung eines niedrig dimensionalen Approximationsmodells sicherzustellen, wird im vierten Abschnitt mit den Ergebnissen zur Führungs- und Störgrößenaufschaltung eine zusätzliche Störgrößenaufschaltung angegeben. Zusammen mit einem anschließend entworfenen Ausgangsfolgeregler lassen sich so Folgeregelungen für verteilt-parametrische Systeme mit vertretbarem Realisierungsaufwand bestimmen.

Der fünfte Abschnitt ist dem *inversionsbasierten Vorsteuerungsentwurf* gewidmet, bei dem der Sollverlauf für die Regelgröße und die zugehörige Steuerung *offline* bestimmt werden. Diese Entwurfsmethode wird zur Realisierung des für praktische Anwendungen wichtigen *Arbeitspunktwechsels* verwendet. Die Lösung des bei dieser Problemstellung auftretenden Zwei-Punkt-Randwertproblems erfolgt dabei *flachheitsbasiert.*

4.1 Stabilisierung durch Zustandsrückführung

Will man bei linearen konzentriert-parametrischen Systemen die Regelung stabilisieren und ihr eine gewünschte Dynamik verleihen, so lässt sich diese Problemstellung systematisch durch Bestimmung einer Zustandsrückführung lösen. Beim Entwurf von modellgestützten Vorsteuerungen ist diese Synthesemaßnahme besonders sachgerecht, da alle Zustände direkt am Streckenmo-

4.1 Stabilisierung durch Zustandsrückführung 77

dell abgreifbar sind und somit der Entwurf eines Zustandsbeobachters entfällt (siehe Abschnitt 3.2). In diesem Abschnitt wird gezeigt, dass sich der Entwurf von Zustandsrückführungen auch unmittelbar auf verteilt-parametrische Systeme übertragen lässt und die für konzentriert-parametrische Systeme formulierte *Vollständige Modale Synthese* (siehe [57]) als allgemeine Entwurfsmethodik für solche Regler ebenfalls für verteilt-parametrische Systeme eingeführt werden kann (siehe [16, 17]). Besonderes Merkmal der entworfenen Zustandsrückführungen ist, dass sie nur endlich viele modale Zustände als Rückführgrößen verwenden. Damit lassen sie sich in einer endlich-dimensionalen modellgestützten Vorsteuerung einsetzen, weil das Vorsteuermodell hierfür nur endlich viele modale Zustände für die Zustandsrückführung zur Verfügung stellen muss. Wenn man die in diesem Abschnitt vorgestellten Zustandsregler um eine Führungsgrößenaufschaltung erweitert, dann können somit endlich-dimensionale Vorsteuerungen zur Einstellung des Führungsverhaltens entworfen werden. Auf die Bestimmung dieser Vorsteuerungen wird im nachfolgenden Abschnitt 4.2 eingegangen. Das vorgestellte parametrische Entwurfsverfahren für Zustandsrückführungen lässt sich auch nutzen, um das Ein-/Ausgangsverhalten von verteilt-parametrischen Mehrgrößenstrecken durch eine Vorsteuerung zu entkoppeln. Dies ist Gegenstand von Abschnitt 4.3.

4.1.1 Entwurf durch Eigenwertvorgabe

Ausgangspunkt zur Einführung der Zustandsregelung von verteilt-parametrischen Systemen ist das Riesz-Spektralsystem

$$\dot{x}(t) = \mathcal{A}x(t) + \mathcal{B}u(t), \quad t > 0, \quad x(0) = x_0 \in H \qquad (4.1)$$

mit dem p-dimensionalen Vektor u der Eingangsgrößen. Eine *Zustandsrückführung* für dieses System ist durch

$$u(t) = -\mathcal{K}x(t) \qquad (4.2)$$

gegeben, worin $\mathcal{K}$ der *Rückführoperator* ist. Dieser Operator bildet aus den Zuständen x das Stellsignal u und entspricht bei linearen konzentriert-parametrischen Systemen der Rückführmatrix K. Die Frage ist nun, wie der Rückführoperator $\mathcal{K}$ bei verteilt-parametrischen Systemen anzusetzen ist. Sie lässt sich allgemein beantworten, wenn man davon ausgeht, dass jede Komponente u_i, $i = 1, 2, \ldots, p$, der Stellgröße durch eine beschränkte lineare Abbildung eines Elementes aus dem Zustandsraum H auf $\mathbb{C}$, d.h. durch ein beschränktes lineares *Funktional*, gebildet wird. Dann ist nämlich der Operator $\mathcal{K}$ ein beschränkter linearer Operator und eindeutig festgelegt, was Aussage des folgenden Satzes ist (siehe z.B. Theorem A.3.52 in [14]).

Satz 4.1 (Rieszscher Darstellungssatz). *Für jedes beschränktes lineares Funktional $f : H \to \mathbb{C}$ in einem Hilbertraum H gibt es ein eindeutiges Element $\zeta_0 \in H$, so dass*

$$f(\zeta) = \langle \zeta, \zeta_0 \rangle, \quad \forall \zeta \in H \tag{4.3}$$

gilt. Darüber hinaus ist $\|f\| = \|\zeta_0\|$ erfüllt.

Ausgehend vom Rieszschen Darstellungssatz kann der *Rückführoperator* $\mathcal{K}$ somit allgemein als

$$\mathcal{K} = \begin{bmatrix} \langle \, \cdot \, , k_1 \rangle \\ \vdots \\ \langle \, \cdot \, , k_p \rangle \end{bmatrix} \tag{4.4}$$

mit den *Rückführfunktionen* $k_i \in H$, $i = 1, 2, \ldots, p$, angesetzt werden. Dabei ist zu beachten, dass die tatsächliche Form von $\mathcal{K}$ vom jeweiligen im Hilbertraum eingeführten Skalarprodukt $\langle \cdot, \cdot \rangle$ abhängt und sich deshalb bei verschiedenen verteilt-parametrischen Systemen unterscheiden kann. Zur gezielten Einstellung der Regelungsdynamik ist die Bestimmung dieses Rückführoperators i.Allg. schwierig, da die Rückführfunktionen k_i beliebige Elemente des Zustandsraums H sein können. Allerdings vereinfachen sich die Betrachtungen wesentlich, wenn man danach fragt, welche Voraussetzungen das Riesz-Spektralsystem (4.1) besitzen muss, damit es stabilisiert werden kann. Wie in [14] gezeigt wird, ist eine notwendige Bedingung für die Stabilisierbarkeit des Riesz-Spektralsystems (4.1) mit der Zustandsrückführung (4.2), dass nur endlich viele Eigenwerte in der abgeschlossenen rechten Halbebene auftreten und die links der Imaginärachse gelegenen Eigenwerte der Imaginärachse nicht beliebig nahe kommen (d.h. dass keine Häufungspunkte der Eigenwerte auf der Imaginärachse liegen). Damit müssen nur endlich viele Eigenwerte des verteilt-parametrischen Systems verschoben werden, um es zu stabilisieren. Voraussetzung hierfür ist jedoch, dass einerseits die in der rechten Halbebene gelegenen Eigenwerte durch Zustandsrückführung verschiebbar sind und andererseits das Eigenwertkriterium für die Regelung weiterhin seine Gültigkeit behält. Dies wird zur zunächst angenommen, aber nachfolgend noch genauer untersucht. Da nur endlich viele Eigenwerte verschoben werden müssen, können die zugehörigen Rückführfunktionen k_i explizit charakterisiert werden. Hierzu betrachtet man die Reihenentwicklung

$$k_i = \sum_{j=1}^{\infty} k_{ij}^* \psi_j \tag{4.5}$$

mit

$$k_{ij}^* = \langle k_i, \phi_j \rangle \tag{4.6}$$

der Rückführfunktion k_i nach den Eigenvektoren ψ_i von $\mathcal{A}^*$, die wegen $k_i \in H$ existiert und eindeutig ist (siehe (2.59)). Damit der Rückführoperator $\mathcal{K}$ nur

4.1 Stabilisierung durch Zustandsrückführung

die ersten n Eigenwerte und Eigenvektoren von $\mathcal{A}$ verändert, müssen die restlichen Eigenwerte λ_i, $i \geq n+1$, und die zugehörigen Eigenvektoren ϕ_i von $\mathcal{A}$ auch Eigenwerte und Eigenvektoren der Regelung sein. Um hieraus die Rückführfunktionen allgemein zu bestimmen, setzt man das Stellgesetz (4.2) in (4.1) ein und erhält so die Zustandsbeschreibung

$$\dot{x}(t) = \tilde{\mathcal{A}}x(t), \quad t > 0, \quad x(0) = x_0 \in H \tag{4.7}$$

des *geregelten Systems* mit dem Systemoperator

$$\tilde{\mathcal{A}} = \mathcal{A} - \mathcal{B}\mathcal{K}, \tag{4.8}$$

der den Definitionsbereich $D(\tilde{\mathcal{A}}) = D(\mathcal{A}) \subset H$ besitzt. Die Streckeneigenwerte λ_i, $i \geq n+1$, und die zugehörigen Eigenvektoren ϕ_i werden durch die Zustandsrückführung (4.2) in der Regelung nicht verändert, wenn für die Eigenvektorgleichung der Regelung (4.7)

$$(\mathcal{A} - \mathcal{B}\mathcal{K})\phi_i = \lambda_i\phi_i, \quad i \geq n+1 \tag{4.9}$$

gilt. Vergleicht man dies mit dem Eigenwertproblem

$$\mathcal{A}\phi_i = \lambda_i\phi_i, \quad i \geq 1 \tag{4.10}$$

der Strecke, so ergibt sich (4.10) aus (4.9) unter Berücksichtigung von (4.4), wenn

$$\mathcal{K}\phi_i = \begin{bmatrix} \langle \phi_i, k_1 \rangle \\ \vdots \\ \langle \phi_i, k_p \rangle \end{bmatrix} = 0, \quad i \geq n+1 \tag{4.11}$$

erfüllt ist. Elementweise muss dann gelten

$$\langle \phi_i, k_j \rangle = 0, \quad i \geq n+1, \quad j = 1, 2, \ldots, p. \tag{4.12}$$

Setzt man darin (4.5) ein, so folgt

$$\langle \phi_i, k_j \rangle = \langle \phi_i, \sum_{l=1}^{\infty} k_{jl}^* \psi_l \rangle = \sum_{l=1}^{\infty} \overline{k_{jl}^*} \langle \phi_i, \psi_l \rangle = 0, \tag{4.13}$$

worin die *konjugierte Linearität*

$$\langle x, \alpha y \rangle = \overline{\alpha}\langle x, y \rangle, \quad x, y \in H, \quad \alpha \in \mathbb{C} \tag{4.14}$$

des zweiten Arguments des Skalarprodukts berücksichtigt wurde. Wegen der Biorthonormalitätsrelation

$$\langle \phi_i, \psi_l \rangle = \delta_{il} \tag{4.15}$$

(siehe (2.57)) muss somit

$$\langle \phi_i, k_j \rangle = \overline{k_{ji}^*} = 0, \quad i \geq n+1, \quad j = 1, 2, \ldots, p \tag{4.16}$$

gelten. Folglich besitzen die Rückführfunktionen k_i die allgemeine Form

$$k_i = \sum_{j=1}^{n} k_{ij}^* \psi_j, \quad i = 1, 2, \ldots, p. \tag{4.17}$$

Umgekehrt lässt sich leicht nachweisen, dass unter Verwendung der Rückführfunktionen (4.17) nur die ersten n Eigenwerte und Eigenvektoren von $\mathcal{A}$ in der Regelung verändert werden. Damit sind die Rückführfunktionen k_i durch endlich viele Entwicklungskoeffizienten k_{ij}^* eindeutig festgelegt. Folglich besitzt auch der Rückführoperator $\mathcal{K}$ mit diesen Rückführfunktionen nur endlich viele Freiheitsgrade und kann somit vergleichsweise einfach bestimmt werden. Ein weiterer Vorteil dieses Ergebnisses ist, dass der Systemoperator $\tilde{\mathcal{A}}$ der Regelung (4.7) stets ein Riesz-Spektraloperator ist, sofern die Eigenwerte von $\tilde{\mathcal{A}}$ einfach sind. Dieses Ergebnis ist im nachfolgenden Satz zusammengefasst.

Satz 4.2 (Riesz-Spektraleigenschaft von $\tilde{\mathcal{A}}$). *Der Systemoperator $\tilde{\mathcal{A}} = \mathcal{A} - \mathcal{B}\mathcal{K}$ mit dem Rückführoperator (4.4) und den Rückführfunktionen in (4.17) ist ein Riesz-Spektraloperator, wenn die Eigenwerte von $\tilde{\mathcal{A}}$ einfach sind.*

Beweis. Den Beweis dieses Satzes findet man in Abschnitt C.3. ◄

Dieses Ergebnis hat unmittelbar mehrere Konsequenzen. Zunächst folgt daraus, dass der Systemoperator $\tilde{\mathcal{A}}$ in (4.7) ein infinitesimaler Generator einer C_0-Halbgruppe ist, wenn $\sup_{i \geq 1} \operatorname{Re} \tilde{\lambda}_i < \infty$ für die Eigenwerte $\tilde{\lambda}_i$ von $\tilde{\mathcal{A}}$ gilt (siehe Theorem 2.3.5 in [14]). Da bei vorausgesetzter Stabilität der Regelung diese Bedingung stets erfüllt ist, folgt hieraus die Wohlgestelltheit des abstrakten Anfangswertproblems (4.7). Darüber hinaus gilt für Riesz-Spektraloperatoren die „spectrum determined growth assumption", womit das Eigenwertkriterium auch für die zustandsgeregelte Strecke weiterhin gültig ist (siehe Abschnitt 2.2.3). Dies ermöglicht eine Stabilisierung des verteilt-parametrischen Systems (4.1) durch Eigenwertvorgabe. Da die Eigenvektoren eines Riesz-Spektraloperators immer eine Riesz-Basis bilden, ist eine Charakterisierung der Zustandstrajektorie $x(t)$ durch Eigenwerte und Eigenvektoren der Regelung in der Form (2.124) möglich. Damit lässt sich der Verlauf der Zustandstrajektorie durch Vorgabe der Regelungseigenwerte und im Mehrgrößenfall durch zusätzliche Festlegung der zugehörigen Eigenvektoren beeinflussen.

Zu klären bleibt noch, unter welchen Voraussetzungen Rückführfunktionen (4.17) existieren, so dass das verteilt-parametrische System (4.1) durch Eigenwertvorgabe stabilisiert werden kann. Hierzu geht man davon aus, dass nur $k < \infty$ Eigenwerte λ_i, $i = 1, 2, \ldots, k$, von $\mathcal{A}$ in der abgeschlossenen rechten Halbebene auftreten und die restlichen Eigenwerte die Bedingung

$$\sup_{i > k} \operatorname{Re} \lambda_i < 0 \tag{4.18}$$

4.1 Stabilisierung durch Zustandsrückführung

erfüllen. Damit liegen diese Eigenwerte alle links der Imaginärachse und kommen ihr nicht beliebig nahe (siehe auch Abschnitt 2.2.3). Zur einfacheren Darstellung wird angenommen, dass sich alle Eigenwerte λ_i bezüglich abnehmender Realteile sortieren lassen, d.h. es gilt $\mathrm{Re}\,\lambda_1 \geq \mathrm{Re}\,\lambda_2 \geq \dots$. Dies ist bei den meisten in Anwendungen auftretenden verteilt-parametrischen Systemen möglich. Dann ist das verteilt-parametrische System (4.1) *stabilisierbar*, wenn die in der abgeschlossenen rechten Halbebene gelegenen Eigenwerte λ_i, $i = 1, 2, \dots, n$, $n \geq k$, *modal steuerbar* sind. In diesem Fall lassen sich diese Eigenwerte nämlich durch die Zustandsrückführung (4.2) mit geeigneten Rückführfunktionen (4.17) verschieben. Die modale Steuerbarkeit kann mit dem im nächsten Satz angegebenen modalen Steuerbarkeitskriterium überprüft werden.

Satz 4.3 (Kriterium für modale Steuerbarkeit). *Die Eigenwerte λ_i, $i = 1, 2, \dots, n$, des Riesz-Spektralsystems (4.1) mit dem Eingangsoperator*

$$\mathcal{B}u(t) = \sum_{i=1}^{p} b_i u_i(t), \quad b_i \in H \tag{4.19}$$

sind genau dann modal steuerbar, wenn die in Abschnitt 2.2.2 eingeführte Matrix

$$B^* = \begin{bmatrix} b_1^{*T} \\ \vdots \\ b_n^{*T} \end{bmatrix} = \begin{bmatrix} \langle b_1, \psi_1 \rangle & \dots & \langle b_p, \psi_1 \rangle \\ \vdots & & \vdots \\ \langle b_1, \psi_n \rangle & \dots & \langle b_p, \psi_n \rangle \end{bmatrix} \tag{4.20}$$

keine Nullzeile besitzt.

Beweis. Siehe Beweis von Theorem 4.2.3 in [14]. ◄

Um dieses Ergebnis zu interpretieren, geht man von der *modalen Approximation n-ter Ordnung*

$$\dot{x}^*(t) = \Lambda x^*(t) + B^* u(t) \tag{4.21}$$

des Systems (4.1) aus (siehe Abschnitt 2.2.2). Da $\mathcal{A}$ ein Riesz-Spektraloperator ist, sind seine Eigenwerte einfach (siehe Definition 2.1). Damit besitzt das System (4.21) einfache Eigenwerte und ist aufgrund der Diagonalform von Λ nach dem *Gilbert-Kriterium* genau dann steuerbar, wenn die Eingangsmatrix B^* keine Nullzeile besitzt (siehe z.B. [27]). Die modale Steuerbarkeit der ersten n Eigenwerte ist also gleichbedeutend mit der Steuerbarkeit der zu diesen Eigenwerten gehörenden modalen Approximation des Systems, was auch den Zusatz „modal" erklärt. Um Weitläufigkeiten zu vermeiden, wird im Weiteren noch zusätzlich gefordert, dass

$$\mathrm{rang}\,B^* = p, \quad p \leq n \tag{4.22}$$

gilt. Daraus folgt unmittelbar

$$\operatorname{rang} \mathcal{B} = p, \tag{4.23}$$

womit (4.22) sicherstellt, dass keiner der Eingänge u_i, $i = 1, 2, \ldots, p$, in (4.1) redundant ist. Abschließend sei noch erwähnt, dass *Häufungspunkte* der Eigenwerte durch die Zustandsrückführung (4.2) nicht verschoben werden können (siehe Kapitel 5.2 in [14]). Sie legen somit die maximal erzielbare Stabilitätsreserve für eine Zustandsregelung fest, da in einer beliebig kleinen Umgebung um die Häufungspunkte immer Eigenwerte auftreten. Damit dürfen Häufungspunkte der Eigenwerte nicht auf oder rechts der Imaginärachse liegen. Die erste Bedingung ist erfüllt, wenn die Eigenwerte in der offenen linken Halbebene der Imaginärachse nicht beliebig nahe kommen und letztere Bedingung ist durch die Forderung von endlich vielen Eigenwerten in der abgeschlossenen rechten Halbebene sichergestellt.

Im nachfolgenden Beispiel wird die Zustandsrückführung für den im Abschnitt 2.1 eingeführten Wärmeleiter angegeben. Anhand von diesem Beispielsystem lässt sich zeigen, dass bei der in diesem Abschnitt eingeführten Zustandsrückführung nur endlich viele modale Zustände rückgeführt werden.

Beispiel 4.1.   *Zustandsrückführung für einen Wärmeleiter mit Dirichletschen Randbedingungen*

Für den Wärmeleiter mit Dirichletschen Randbedingungen und zwei Eingangsgrößen aus Abschnitt 2.1 lautet der Rückführoperator (4.4) allgemein

$$\mathcal{K} = \begin{bmatrix} \langle \, \cdot \, , k_1 \rangle \\ \langle \, \cdot \, , k_2 \rangle \end{bmatrix}, \quad k_1, k_2 \in H. \tag{4.24}$$

Da im Zustandsraum H das Skalarprodukt

$$\langle x, y \rangle = \int_0^1 x(z) \overline{y(z)} \, dz \tag{4.25}$$

eingeführt wurde (siehe (2.16)), ist der Rückführoperator (4.24) durch den Integraloperator

$$\mathcal{K} = \begin{bmatrix} \int_0^1 (\cdot) \overline{k_1(z)} \, dz \\ \int_0^1 (\cdot) \overline{k_2(z)} \, dz \end{bmatrix} \tag{4.26}$$

gegeben. Daraus folgt, dass es sich bei (4.7) in diesem Fall um die Zustandsbeschreibung einer *partiellen Integro-Differentialgleichung* handelt. Aus der Tatsache, dass (4.7) auch diese Gleichungen umfasst, kann man die Leistungsfähigkeit der Verwendung funktionalanalytischer Methoden zur Zustandsregelung verteilt-parametrischer Systeme erkennen. Mit diesen lassen sich nämlich sowohl partielle Differentialgleichungen als auch Integro-Differentialgleichungen mit den gleichen Methoden einheitlich beschreiben und untersuchen. Berücksichtigt man in (4.24) die besondere Form (4.17) der Rückführfunktionen k_i, so lautet die Zustandsrückführung (4.2) für den Wärmeleiter

4.1 Stabilisierung durch Zustandsrückführung   83

$$u(t) = -\mathcal{K}x(t) = -\begin{bmatrix} \langle x(t), \sum_{j=1}^n k_{1j}^* \psi_j \rangle \\ \langle x(t), \sum_{j=1}^n k_{2j}^* \psi_j \rangle \end{bmatrix} = -\begin{bmatrix} \sum_{j=1}^n \overline{k_{1j}^*} \langle x(t), \psi_j \rangle \\ \sum_{j=1}^n \overline{k_{2j}^*} \langle x(t), \psi_j \rangle \end{bmatrix}$$

$$= -\begin{bmatrix} \overline{k_{11}^*} \langle x(t), \psi_1 \rangle + \ldots + \overline{k_{1n}^*} \langle x(t), \psi_n \rangle \\ \overline{k_{21}^*} \langle x(t), \psi_1 \rangle + \ldots + \overline{k_{2n}^*} \langle x(t), \psi_n \rangle \end{bmatrix}$$

$$= -\overline{K^*} x^*(t), \tag{4.27}$$

wenn man die Matrix

$$\overline{K^*} = \begin{bmatrix} \overline{k_{11}^*} \ldots \overline{k_{1n}^*} \\ \overline{k_{21}^*} \ldots \overline{k_{2n}^*} \end{bmatrix} \tag{4.28}$$

einführt und (4.14) sowie (2.132) berücksichtigt. Zu (4.27) ist noch anzumerken, dass man $\psi_j = \phi_j$ setzen kann, da $\mathcal{A}$ beim betrachteten Wärmeleiter selbstadjungiert ist (siehe Beispiel A.1). Offensichtlich ist die Zustandsrückführung (4.27) eine Rückführung des Zustands x^* der endlich-dimensionalen modalen Approximation (4.21). Dies bedeutet, dass nur diese endlich-dimensionale Approximation in einer Vorsteuerung realisiert werden muss, um die Zustandsrückführung (4.27) zu implementieren. Dies ist die Grundlage für den praxisgerechten Entwurf von endlich-dimensionalen Vorsteuerungen mit den in diesem Abschnitt eingeführten Zustandsrückführungen.

An dieser Stelle könnte man der Meinung sein, dass die Betrachtung der modalen Approximation (4.21) ausreichend ist, um eine Zustandsrückführung für ein verteilt-parametrisches System zu entwerfen. Im nächsten Abschnitt wird jedoch gezeigt, dass dies im Mehrgrößenfall nicht möglich ist, wenn auch die Eigenvektoren der verteilt-parametrischen Regelung durch die Rückführung vorgegeben werden müssen. Dies erfordert nämlich die Berücksichtigung der unendlich-dimensionalen Strecke beim Entwurf. ◄

4.1.2 Parametrische Lösung des Eigenwertvorgabeproblems

Im letzten Abschnitt wurde gezeigt, dass für ein verteilt-parametrisches System

$$\dot{x}(t) = \mathcal{A}x(t) + \mathcal{B}u(t), \quad t > 0, \quad x(0) = x_0 \in H \tag{4.29}$$

mit dem p-dimensionalen Vektor u der Eingangsgrößen eine stabilisierende Zustandsrückführung

$$u(t) = -\mathcal{K}x(t) \tag{4.30}$$

entworfen werden kann, wenn nur $k < \infty$ Eigenwerte in der rechten abgeschlossenen Halbebene liegen, die alle modal steuerbar sind, und wenn (4.18) gilt. Will man insgesamt $n \geq k$ Eigenwerte verschieben, so müssen alle n Eigenwerte modal steuerbar sein. Diese Bedingung ist erfüllt, wenn die Matrix

B^* in (4.20) keine Nullzeile besitzt. Um zu erkennen, wieviele Freiheitsgrade beim Entwurf der Zustandsrückführung (4.30) zur Verfügung stehen, verwendet man (4.14) und (4.17) in (4.4). Damit lässt sich der Rückführoperator $\mathcal{K}$ in (4.30) durch

$$\mathcal{K} = \begin{bmatrix} \langle \cdot, \sum_{j=1}^n k_{1j}^* \psi_j \rangle \\ \vdots \\ \langle \cdot, \sum_{j=1}^n k_{pj}^* \psi_j \rangle \end{bmatrix} = \begin{bmatrix} \sum_{j=1}^n \overline{k_{1j}^*} \langle \cdot, \psi_j \rangle \\ \vdots \\ \sum_{j=1}^n \overline{k_{pj}^*} \langle \cdot, \psi_j \rangle \end{bmatrix}$$

$$= \begin{bmatrix} \overline{k_{11}^*} \langle \cdot, \psi_1 \rangle + \ldots + \overline{k_{1n}^*} \langle \cdot, \psi_n \rangle \\ \vdots \qquad\qquad \vdots \\ \overline{k_{p1}^*} \langle \cdot, \psi_1 \rangle + \ldots + \overline{k_{pn}^*} \langle \cdot, \psi_n \rangle \end{bmatrix} = \overline{K^*} \begin{bmatrix} \langle \cdot, \psi_1 \rangle \\ \vdots \\ \langle \cdot, \psi_n \rangle \end{bmatrix} \qquad (4.31)$$

mit der $p \times n$ Matrix

$$\overline{K^*} = \begin{bmatrix} \overline{k_{11}^*} & \ldots & \overline{k_{1n}^*} \\ \vdots & & \vdots \\ \overline{k_{p1}^*} & \ldots & \overline{k_{pn}^*} \end{bmatrix} \qquad (4.32)$$

der Entwicklungskoeffizienten von den Rückführfunktionen k_i darstellen. Folglich sind die im Rückführoperator $\mathcal{K}$ enthaltenen Freiheitsgrade durch die pn Elemente der Matrix $\overline{K^*}$ gegeben. Damit treten pn Freiheitsgrade beim Entwurf der Zustandsrückführung (4.30) auf. Aus dieser Betrachtung folgt unmittelbar die Aufgabenstellung, die Matrix $\overline{K^*}$ durch Vorgabe von n Eigenwerten zu bestimmen und dabei die nach der Eigenwertvorgabe noch vorhandenen $(p-1)n$ Freiheitsgrade geeignet zu parametrieren. Zur Lösung dieser Problemstellung wird das als *Vollständige Modale Synthese* bezeichnete Entwurfsverfahren, welches ursprünglich für konzentriert-parametrische Systeme entwickelt wurde (siehe [57]), auf verteilt-parametrische Systeme übertragen. Die Grundidee dieser Entwurfsmethodik besteht darin, nicht die Elemente von $\overline{K^*}$ als Entwurfsparameter zu verwenden, sondern hierfür die Regelungseigenwerte und die zugehörigen Parametervektoren heranzuziehen. Dies hat den Vorteil, dass sich im Gegensatz zum reinen Eigenwertvorgabeproblem das kombinierte Eigenwert- und Parametervektorvorgabeproblem einfach geschlossen lösen lässt. Die Parametervektoren erfassen dabei die nach der Eigenwertvorgabe noch vorhandenen $(p-1)n$ Freiheitsgrade unabhängig von den Eigenwerten.

Zur Herleitung einer Parametrierungsformel für $\overline{K^*}$ und damit für den Rückführoperator $\mathcal{K}$ in (4.31) nimmt man zunächst an, dass ein Rückführoperator $\mathcal{K}$ gegeben ist, welcher der Regelung die n Eigenwerte $\tilde{\lambda}_i$, $i = 1, 2, \ldots, n$, verleiht. Von diesen Eigenwerten sei angenommen, dass

- sie sämtlich verschieden von den Eigenwerten von $\mathcal{A}$ sowie einfach sind und
- sie mit keinem Häufungspunkt der Eigenwerte von $\mathcal{A}$ zusammenfallen.

4.1 Stabilisierung durch Zustandsrückführung　　　　　　　　　　　85

Um diesen Rückführoperator zu parametrieren, geht man vom Eigenwertproblem der Regelung

$$(\mathcal{A} - \mathcal{B}\mathcal{K})\tilde{\phi}_i = \tilde{\lambda}_i\tilde{\phi}_i, \quad i = 1, 2, \ldots, n \tag{4.33}$$

für die ersten n Regelungseigenwerte aus, die durch die Zustandsrückführung verschoben worden sind. Die Beziehung (4.33) lässt sich auch in der Form

$$\mathcal{A}\tilde{\phi}_i - \mathcal{B}\mathcal{K}\tilde{\phi}_i = \tilde{\lambda}_i\tilde{\phi}_i \tag{4.34}$$

darstellen. Führt man darin die *Parametervektoren*

$$p_i = \mathcal{K}\tilde{\phi}_i, \quad i = 1, 2, \ldots, n \tag{4.35}$$

ein, so erhält man die Operatorgleichung

$$(\tilde{\lambda}_i I - \mathcal{A})\tilde{\phi}_i = -\mathcal{B}p_i, \quad i = 1, 2, \ldots, n \tag{4.36}$$

für die Regelungseigenvektoren $\tilde{\phi}_i$. Diese Gleichung besitzt eine eindeutige Lösung im Zustandsraum H, wenn die Regelungseigenwerte $\tilde{\lambda}_i$ Element der Resolventenmenge $\rho(\mathcal{A})$ von $\mathcal{A}$ sind (siehe auch Abschnitt 2.2.4). Diese lässt sich beim Riesz-Spektraloperator $\mathcal{A}$ durch

$$\rho(\mathcal{A}) = \{\lambda \in \mathbb{C} \mid \inf_{i \geq 1} |\lambda - \lambda_i| > 0\} \tag{4.37}$$

charakterisieren (siehe Theorem 2.3.5 in [14]). Dies bedeutet, dass die Regelungseigenwerte $\tilde{\lambda}_i$, $i = 1, 2, \ldots, n$, mit keinem Eigenwert λ_i, $i \geq 1$, von $\mathcal{A}$ sowie deren eventuell auftretenden Häufungspunkten übereinstimmen dürfen, was bereits vorausgesetzt wurde. Damit existiert die eindeutige Lösung

$$\tilde{\phi}_i = (\mathcal{A} - \tilde{\lambda}_i I)^{-1}\mathcal{B}p_i \tag{4.38}$$

von (4.36) und stellt eine Parametrierung der Eigenvektoren $\tilde{\phi}_i$ der Regelung durch die Regelungseigenwerte $\tilde{\lambda}_i$ und Parametervektoren p_i dar. Sie kann genutzt werden, um durch Wahl der Regelungseigenwerte und der zugehörigen Parametervektoren die Regelungseigenvektoren vorzugeben. Da in (4.38) der Systemoperator $\mathcal{A}$ und der Eingangsoperator $\mathcal{B}$ eingehen, muss man bei der Eigenvektorvorgabe die vollständige unendlich-dimensionale Systembeschreibung heranziehen. Dies bedeutet, dass sich die Eigenstrukturvorgabe für verteilt-parametrische Systeme nicht auf Grundlage einer endlichdimensionalen Approximation durchführen lässt. Die Parametrierung des Rückführoperators $\mathcal{K}$ kann über die Matrix $\overline{K^*}$ der Entwicklungskoeffizienten der Rückführfunktionen erfolgen (siehe (4.31)). Hierzu betrachtet man die Definitionsgleichung (4.35) der Parametervektoren p_i und verwendet (4.31), was

$$p_i = \mathcal{K}\tilde{\phi}_i = \overline{K^*}\tilde{v}_i \tag{4.39}$$

ergibt, wenn man die Vektoren

$$\tilde{v}_i = \begin{bmatrix} \langle \tilde{\phi}_i, \psi_1 \rangle \\ \vdots \\ \langle \tilde{\phi}_i, \psi_n \rangle \end{bmatrix} = \begin{bmatrix} c_{i1}^* \\ \vdots \\ c_{in}^* \end{bmatrix}, \quad i = 1, 2, \ldots, n \tag{4.40}$$

einführt. Anhand eines Vergleichs mit (2.58) erkennt man, dass es sich bei den Vektoren $\tilde{v}_i$ gerade um die ersten n Entwicklungskoeffizienten von $\tilde{\phi}_i$ nach den Eigenvektoren ϕ_i von $\mathcal{A}$ handelt. Zur Parametrierung von $\overline{K^*}$ fasst man die n Beziehungen (4.39) in der Matrixform

$$[p_1 \ldots p_n] = \overline{K^*} [\tilde{v}_1 \ldots \tilde{v}_n] \tag{4.41}$$

zusammen. Um $\overline{K^*}$ durch p_i und $\tilde{v}_i$ darzustellen, muss man (4.41) nach $\overline{K^*}$ auflösen. Im folgenden Satz wird gezeigt, unter welchen Voraussetzungen dies für beliebige p_i möglich ist.

Satz 4.4 (Lineare Unabhängigkeit der Vektoren $\tilde{v}_i$). *Wenn die Regelungseigenwerte $\tilde{\lambda}_i$, $i \geq 1$, einfach sind, dann sind die Vektoren $\tilde{v}_i$, $i = 1, 2, \ldots, n$, in (4.40) linear unabhängig.*

Beweis. Den Beweis dieses Satzes findet man in Abschnitt C.4. ◄

Da einfache Regelungseigenwerte angenommen werden, lässt sich aufgrund dieses Satzes die Beziehung (4.41) nach $\overline{K^*}$ auflösen, was

$$\overline{K^*} = [p_1 \ldots p_n] [\tilde{v}_1 \ldots \tilde{v}_n]^{-1} \tag{4.42}$$

ergibt. Damit aus (4.42) eine Parametrierung von $\overline{K^*}$ in Abhängigkeit der Regelungseigenwerte $\tilde{\lambda}_i$ und ihrer Parametervektoren p_i wird, muss man noch die Vektoren $\tilde{v}_i$ durch diese Entwurfsparameter ausdrücken. Dazu verwendet man in (4.38) die spektrale Darstellung

$$(\lambda I - \mathcal{A})^{-1} = \sum_{i=1}^{\infty} \frac{\langle \cdot, \psi_i \rangle}{\lambda - \lambda_i} \phi_i, \quad \lambda \in \rho(\mathcal{A}) \tag{4.43}$$

des Resolventenoperators $(\lambda I - \mathcal{A})^{-1}$ (siehe (2.203)). Dies führt auf

$$\tilde{\phi}_i = \sum_{j=1}^{\infty} \frac{\langle \mathcal{B} p_i, \psi_j \rangle}{\lambda_j - \tilde{\lambda}_i} \phi_j = \sum_{j=1}^{\infty} \frac{b_j^{*T} p_i}{\lambda_j - \tilde{\lambda}_i} \phi_j, \tag{4.44}$$

wenn man mit $p_i = [p_{1i} \ \ldots \ p_{pi}]^T$ und (4.20) den Zusammenhang

$$\langle \mathcal{B} p_i, \psi_j \rangle = \left\langle \sum_{k=1}^{p} b_k p_{ki}, \psi_j \right\rangle = \sum_{k=1}^{p} \langle b_k, \psi_j \rangle p_{ki} = b_j^{*T} p_i \tag{4.45}$$

4.1 Stabilisierung durch Zustandsrückführung 87

berücksichtigt. Vergleicht man (4.44) mit der Reihenentwicklung

$$\tilde{\phi}_i = \sum_{j=1}^{\infty} c_{ij}^* \phi_j \qquad (4.46)$$

von $\tilde{\phi}_i$ nach den Eigenvektoren ϕ_j von $\mathcal{A}$, so folgt aufgrund der Eindeutigkeit der Reihenentwicklung (4.46) das Ergebnis

$$c_{ij}^* = \frac{b_j^{*T} p_i}{\lambda_j - \tilde{\lambda}_i}, \quad i, j = 1, 2, \ldots, n. \qquad (4.47)$$

Mit der Matrix (2.134) lassen sich somit die Vektoren $\tilde{v}_i$ in (4.40), welche die Entwicklungskoeffizienten (4.47) enthalten, mit (4.20) und (4.47) durch

$$\tilde{v}_i = (\Lambda - \tilde{\lambda}_i I)^{-1} B^* p_i \qquad (4.48)$$

kompakt darstellen. Setzt man (4.48) in (4.42) ein, so hat man die parametrische Darstellung

$$\overline{K^*} = \begin{bmatrix} p_1 \ldots p_n \end{bmatrix} \left[(\Lambda - \tilde{\lambda}_1 I)^{-1} B^* p_1 \ldots (\Lambda - \tilde{\lambda}_n I)^{-1} B^* p_n \right]^{-1} \qquad (4.49)$$

der Koeffizientenmatrix $\overline{K^*}$ und damit wegen (4.31) des Rückführoperators $\mathcal{K}$ gefunden. Da in die Parametrierungsformel (4.49) nur die Richtung nicht aber die Länge der Parametervektoren p_i eingeht, werden die nach der Eigenwertvorgabe vorhanden $(p-1)n$ Freiheitsgrade in $\overline{K^*}$ durch die Parametervektoren p_i erfasst. Dies lässt sich leicht durch Multiplikation jedes Parametervektors mit einer von Null verschiedenen Konstanten zeigen, die sich bei der Bildung von $\overline{K^*}$ herauskürzt. Damit stellen die n Regelungseigenwerte $\tilde{\lambda}_i$ und die zugehörigen Parametervektoren p_i eine vollständige Parametrierung des Rückführoperators $\mathcal{K}$ dar.

Um eine Interpretation der Parametervektoren p_i anzugeben, führt man die Matrix (oder bei skalarem Zustand x den Zeilenvektor)

$$k = \begin{bmatrix} k_1 \ldots k_p \end{bmatrix} \qquad (4.50)$$

der Rückführfunktionen aus (4.17) ein und entwickelt die Elemente nach den Eigenvektoren $\tilde{\psi}_i$ des adjungierten Operators $\tilde{\mathcal{A}}^* = (\mathcal{A} - \mathcal{B}\mathcal{K})^*$, die unter den Voraussetzungen von Satz 4.2 eine Riesz-Basis bilden (siehe Corollary 2.3.3 in [14]). Dies führt auf

$$k = \sum_{i=1}^{\infty} \left[\langle k_1, \tilde{\phi}_i \rangle \tilde{\psi}_i \ldots \langle k_p, \tilde{\phi}_i \rangle \tilde{\psi}_i \right] = \sum_{i=1}^{\infty} \tilde{\psi}_i \left[\langle k_1, \tilde{\phi}_i \rangle \ldots \langle k_p, \tilde{\phi}_i \rangle \right] \qquad (4.51)$$

(siehe (2.59)). Unter Beachtung des für das Skalarprodukt allgemeingültigen Zusammenhangs $\langle a, b \rangle = \overline{\langle b, a \rangle}$ gilt für die Entwicklungsvektoren in (4.51)

$$\left[\langle k_1, \tilde{\phi}_i \rangle \ \ldots \ \langle k_p, \tilde{\phi}_i \rangle \right] = \left[\overline{\langle \tilde{\phi}_i, k_1 \rangle} \ \ldots \ \overline{\langle \tilde{\phi}_i, k_p \rangle} \right] = \overline{(\mathcal{K} \tilde{\phi}_i)^T} = \overline{p_i^T}, \qquad (4.52)$$

worin (4.4) und (4.35) verwendet wurden. Damit sind die konjugiert komplexen Parametervektoren p_i gerade die Entwicklungsvektoren der Rückführfunktionen in (4.51) bezüglich der Eigenvektoren von $(\mathcal{A} - \mathcal{B}\mathcal{K})^*$. Da bei Verwendung der Rückführfunktionen in (4.50) für die Eigenvektoren von $\mathcal{A} - \mathcal{B}\mathcal{K}$

$$\tilde{\phi}_i = \phi_i, \quad i \geq n+1 \qquad (4.53)$$

gilt (siehe Abschnitt 4.1.1), folgt aus (4.13) und (4.51)

$$k = \sum_{i=1}^{n} \tilde{\psi}_i \overline{p_i^T}. \qquad (4.54)$$

Dieses Ergebnis lässt sich direkt mit (4.49) vergleichen, wenn man die Eigenvektoren $\tilde{w}_i$ von $\overline{(\Lambda - B^* \overline{K^*})^T}$ einführt und mit

$$\begin{bmatrix} \overline{\tilde{w}_1^T} \\ \vdots \\ \overline{\tilde{w}_n^T} \end{bmatrix} = \left[(\Lambda - \tilde{\lambda}_1 I)^{-1} B^* p_1 \ \ldots \ (\Lambda - \tilde{\lambda}_n I)^{-1} B^* p_n \right]^{-1} \qquad (4.55)$$

die parametrische Darstellung (4.49) in der Form

$$\overline{K^*} = \begin{bmatrix} p_1 \ \ldots \ p_n \end{bmatrix} \begin{bmatrix} \overline{\tilde{w}_1^T} \\ \vdots \\ \overline{\tilde{w}_n^T} \end{bmatrix} = \sum_{i=1}^{n} p_i \overline{\tilde{w}_i^T} \qquad (4.56)$$

schreibt. Transposition und Konjugation von (4.56) liefert das Ergebnis

$$(K^*)^T = \sum_{i=1}^{n} \tilde{w}_i \overline{p_i^T}, \qquad (4.57)$$

welches deutlich macht, dass die Spaltenvektoren von $(K^*)^T$ entsprechend zu (4.54) nach den Eigenvektoren von $\overline{(\Lambda - B^* \overline{K^*})^T}$ entwickelt werden und darin die Parametervektoren p_i wieder die Rolle der Entwicklungsvektoren spielen. Die Wahl der Parametervektoren hat auch einen unmittelbaren Einfluss auf die Bildung des Stellsignals u. Um dies zu zeigen, geht man von der Reihenentwicklung

$$x(t) = \sum_{i=1}^{\infty} \tilde{x}_i^*(t) \tilde{\phi}_i \qquad (4.58)$$

des Zustands x des geregelten Systems (4.7) aus und setzt sie in das Stellgesetz (4.2) ein. Dies ergibt mit (4.11), (4.35) und (4.53)

4.1 Stabilisierung durch Zustandsrückführung

$$u(t) = -\mathcal{K}x(t) = -\sum_{i=1}^{\infty} \mathcal{K}\tilde{\phi}_i \tilde{x}_i^*(t) = -\sum_{i=1}^{n} p_i \tilde{x}_i^*(t). \qquad (4.59)$$

Hieraus folgt, dass die Parametervektoren angeben, wie sich die Beiträge der modalen Zustände $\tilde{x}_i^*$, $i = 1, 2, \ldots, n$, der Regelung auf das Stellsignal u verteilen. Damit haben die Parametervektoren eine vergleichbare Interpretation wie die Eigenvektoren, welche die örtliche Verteilung der Eigenschwingungen auf den Zustand x festlegen.

Man kann sich an dieser Stelle fragen, was der Vorteil der bisherigen Betrachtungsweise ist, da man die Reglerformel (4.49) auch direkt durch Anwendung der Vollständigen Modalen Synthese für konzentriert-parametrische Systeme auf die modale Approximation (4.21) erhält. Der wesentliche Gewinn der Berücksichtigung der vollständigen Dynamik des verteilt-parametrischen Systems bei der Herleitung der Parametrierungsformel ist der Zusammenhang (4.38) zwischen den Regelungseigenvektoren $\tilde{\phi}_i$ der verteilt-parametrischen Regelung und den Entwurfsparametern der Vollständigen Modalen Synthese. Wendet man die Vollständige Modale Synthese nur auf die modale Approximation an, so lassen sich jeweils nur die ersten n Entwicklungskoeffizienten der Regelungseigenvektoren durch die Regelungseigenwerte und Parametervektoren parametrieren. Um dies zu erkennen, schreibt man (4.46) in der Form

$$\tilde{\phi}_i = [\phi_1 \ldots \phi_n]\,\tilde{v}_i + \sum_{j=n+1}^{\infty} c_{ij}^* \phi_j, \qquad (4.60)$$

worin (4.40) berücksichtigt wurde. Mittels

$$\tilde{v}_i = (\Lambda - \tilde{\lambda}_i I)^{-1} B^* p_i \qquad (4.61)$$

wird dann bei Verwendung der Vollständigen Modalen Synthese für konzentriert-parametrische Systeme nur der erste Summand in (4.60) parametriert und somit beim Entwurf berücksichtigt. Damit ist keine gezielte Vorgabe der Regelungseigenvektoren möglich, da die restlichen Entwicklungskoeffizienten c_{ij}^*, $j \geq n+1$, bei der Wahl der Entwurfsparameter unberücksichtigt bleiben. Erst (4.38) stellt den vollständigen Zusammenhang zu den Regelungseigenvektoren her und ermöglicht so die Bestimmung der Regelungseigenwerte und ihrer Parametervektoren zur Vorgabe der Eigenstruktur von verteilt-parametrischen Regelungen.

Die bisherigen Betrachtungen machen deutlich, dass unter den gemachten Voraussetzungen der Rückführoperator $\mathcal{K}$ durch Regelungseigenwerte und Parametervektoren parametriert werden kann. Die Umkehrung dieses Ergebnisses ist jedoch für die Anwendung interessanter, da man mittels der Parametrierungsformel (4.49) der Regelung die gewünschten Eigenwerte und Parametervektoren verleihen will. Dies ist Aussage des nächsten Satzes.

Satz 4.5 (Parametrierungsformel für den Rückführoperator $\mathcal{K}$). *Gegeben ist das Riesz-Spektralsystem (4.1), bei dem*

- *nur $0 \leq k < \infty$ Eigenwerte mit $\operatorname{Re}\lambda_1 \geq \ldots \geq \operatorname{Re}\lambda_k$ von $\mathcal{A}$ in der abgeschlossenen rechten Halbebene liegen,*
- *die n Eigenwerte mit $\operatorname{Re}\lambda_1 \geq \ldots \geq \operatorname{Re}\lambda_n$, $n \geq k$, von $\mathcal{A}$ modal steuerbar sind und*
- *die restlichen Eigenwerte λ_i, $i \geq n + 1$, in der offenen linken Halbebene der Imaginärachse nicht beliebig nahe kommen.*

Man gibt beliebige reelle oder komplexe Zahlen $\tilde{\lambda}_i$ und Vektoren $p_i \in \mathbb{C}^p$, $i = 1, 2, \ldots, n$, mit folgenden Eigenschaften vor:

- *Die Zahlen $\tilde{\lambda}_i$ sind entweder reell oder treten nur in konjugiert komplexen Zahlenpaaren auf und sind sämtlich voneinander verschieden.*
- *Zu einer reellen Zahl $\tilde{\lambda}_i$ ist der zugehörige Vektor p_i ebenfalls reell, und zu einem konjugiert komplexen Zahlenpaar $(\tilde{\lambda}_i, \tilde{\lambda}_j)$, $\tilde{\lambda}_j = \overline{\tilde{\lambda}_i}$, ist das zugehörige Vektorpaar (p_i, p_j) ebenfalls konjugiert komplex, d.h. $p_j = \overline{p_i}$.*
- *Keine Zahl $\tilde{\lambda}_i$, $i = 1, 2, \ldots, n$, darf mit einem Eigenwert von $\mathcal{A}$ und deren Häufungspunkten übereinstimmen.*
- *Die Zahlen $\tilde{\lambda}_i$ und die Vektoren p_i, $i = 1, 2, \ldots, n$, müssen so gewählt werden, dass die Vektoren*

$$\tilde{v}_i = (\Lambda - \tilde{\lambda}_i I)^{-1} B^* p_i, \quad i = 1, 2, \ldots, n \tag{4.62}$$

linear unabhängig sind.

Dann verleiht der Rückführoperator

$$\mathcal{K} = \overline{K^*} \begin{bmatrix} \langle \, \cdot \, , \psi_1 \rangle \\ \vdots \\ \langle \, \cdot \, , \psi_n \rangle \end{bmatrix} \tag{4.63}$$

mit

$$\overline{K^*} = \begin{bmatrix} p_1 \, \ldots \, p_n \end{bmatrix} \begin{bmatrix} (\Lambda - \tilde{\lambda}_1 I)^{-1} B^* p_1 \, \ldots \, (\Lambda - \tilde{\lambda}_n I)^{-1} B^* p_n \end{bmatrix}^{-1} \tag{4.64}$$

der Regelung die Eigenwerte $\tilde{\lambda}_i$, $i = 1, 2, \ldots, n$, sowie die zugehörigen Parametervektoren p_i und verschiebt die restlichen Eigenwerte nicht, d.h. $\tilde{\lambda}_i = \lambda_i$, $i \geq n + 1$. Die Eigenvektoren der Regelung sind durch

$$\tilde{\phi}_i = (\mathcal{A} - \tilde{\lambda}_i I)^{-1} \mathcal{B} p_i, \quad i = 1, 2, \ldots, n \tag{4.65}$$

$$\tilde{\phi}_i = \phi_i, \quad i \geq n + 1 \tag{4.66}$$

gegeben.

Beweis. Den Beweis dieses Satzes findet man in Abschnitt C.5. ◄

4.1 Stabilisierung durch Zustandsrückführung

Wie in Satz 4.5 vorausgesetzt wird, müssen die Parametervektoren p_i so gewählt werden, dass die Vektoren $\tilde{v}_i$, $i = 1, 2, \ldots, n$, in (4.62) linear unabhängig sind. Diese Einschränkung in der Vorgabe der Parametervektoren entspricht der Tatsache, dass die np Elemente in der Matrix $\overline{K^*}$ auch nicht völlig beliebig gewählt werden können, wenn das geregelte System — wie hier vorausgesetzt — linear unabhängige Eigenvektoren haben soll. Dadurch werden aber die Wahlfreiheiten in den Parametervektoren nur geringfügig eingeschränkt. Es lässt sich nämlich zeigen, dass bei linear abhängigen Vektoren $\tilde{v}_i$ eine beliebige kleine Änderung der Parametervektoren ausreichend ist, um die lineare Unabhängigkeit der Vektoren $\tilde{v}_i$ sicherzustellen. Im Unterschied zur Vollständigen Modalen Synthese von konzentriert-parametrischen Systemen, treten im Rückführoperator (4.63) nur die durch Zustandsrückführung verschobenen Eigenwerte auf. Damit ist die Bedingung, dass die Regelungseigenwerte $\tilde{\lambda}_i$ verschieden von den Eigenwerten $\mathcal{A}$ sein sollen, keine Einschränkung. Das im Satz 4.5 formulierte Ergebnis macht deutlich, dass wie bei konzentriert-parametrischen Systemen, die Eigenvektoren der verteilt-parametrischen Regelung im Mehrgrößenfall durch Zustandsrückführung gezielt beeinflussbar sind.

Ein wesentlicher Vorzug der Zustandsreglerformel (4.64) ist, dass man nach Festlegung der Regelungseigenwerte die noch verbleibenden Freiheitsgrade explizit in Form der Parametervektoren zur Verfügung hat und sie somit gezielt nutzen kann. In diesem Zusammenhang stellt sich die Frage, wie die Eigenwerte und ihre Parametervektoren zu wählen sind, um konkrete Entwurfsanforderungen an die Regelung zu erfüllen. Hierzu wird im nächsten Abschnitt gezeigt, wie diese Entwurfsparameter festzulegen sind, damit das Führungs- und Störverhalten bzgl. einzelner Regelgrößen gezielt beeinflussbar ist. Basierend auf der Reglerdarstellung (4.64) wird in Abschnitt 4.3 ein Verfahren zur Ein-/Ausgangsentkopplung verteilt-parametrischer Systeme angegeben. Die Ideen des parametrischen Zustandsreglerentwurfs lässt sich auch zur Bestimmung von Ausgangsfolgereglern nutzen, was Gegenstand von Kapitel 5 ist. Dort wird gezeigt, wie die in den Parametervektoren vorhandenen Freiheitsgrade zu wählen sind, um die Fehlerdynamik der zugehörigen Folgeregelung geeignet zu beeinflussen.

Der Entwurf einer Zustandsrückführung mittels der Parametrierungsformel (4.64) wird im nächsten Beispiel anhand des Euler-Bernoulli-Balkens veranschaulicht.

Beispiel 4.2. *Zustandsrückführung für den beidseitig drehbar gelagerten Euler-Bernoulli-Balken*

In Beispiel 2.6 wird gezeigt, dass der dort betrachtete Euler-Bernoulli-Balken die Eigenwerte

$$\lambda_{\pm i} = (-\alpha \pm j\sqrt{1 - \alpha^2})(i\pi)^2, \quad i \geq 1, \quad 0 < \alpha < 1 \qquad (4.67)$$

besitzt. Der ungedämpfte Fall, d.h. $\alpha = 0$, muss dabei ausgeschlossen werden, weil dann unendlich viele Eigenwerte auf der Imaginärachse liegen. Damit erfüllt dieses verteilt-parametrische System nicht die grundlegende Annahme, dass endlich viele Eigenwerte in der abgeschlossenen rechten Halbebene liegen. Im Folgenden soll deshalb nur für die Dämpfung $0 < \alpha < 1$ eine Zustandsrückführung

$$u(t) = -\mathcal{K}x(t) \tag{4.68}$$

entworfen werden, welche die zwei am nächsten an der Imaginärachse gelegenen Eigenwertpaare

$$\lambda_{\pm i} = (-\alpha \pm j\sqrt{1 - \alpha^2})(i\pi)^2, \quad i = 1, 2, \quad 0 < \alpha < 1 \tag{4.69}$$

verschiebt. Für die Matrix B^* gilt

$$
B^* = \begin{bmatrix} \langle b_1, \psi_1 \rangle & \langle b_2, \psi_1 \rangle \\ \langle b_1, \psi_{-1} \rangle & \langle b_2, \psi_{-1} \rangle \\ \langle b_1, \psi_2 \rangle & \langle b_2, \psi_2 \rangle \\ \langle b_1, \psi_{-2} \rangle & \langle b_2, \psi_{-2} \rangle \end{bmatrix}
$$
$$
= \begin{bmatrix} -0.9509 - j1.9634 & -0.8089 - j1.6701 \\ -0.9509 + j1.9634 & -0.8089 + j1.6701 \\ 0.5874 + j1.2128 & 0.9504 + j1.9624 \\ 0.5874 - j1.2128 & 0.9504 - j1.9624 \end{bmatrix}, \tag{4.70}
$$

welche keine Nullzeilen besitzt. Somit sind die Eigenwertpaare $(\lambda_{-i}, \lambda_i)$, $i = 1, 2$, modal steuerbar (siehe Satz 4.3). Die in (4.70) auftretenden Entwicklungsvektoren sind zueinander konjugiert komplex, da die Eigenvektoren so nomiert wurden, dass $\phi_{-i} = \overline{\phi_i}$, $i = 1, 2$, und $\psi_{-i} = \overline{\psi_i}$ erfüllt ist. Die Eigenwertpaare (4.69) lassen sich durch eine Zustandsrückführung mit den Rückführfunktionen

$$k_i = k_{i1}^* \psi_1 + k_{i2}^* \psi_{-1} + k_{i3}^* \psi_2 + k_{i4}^* \psi_{-2}, \quad k_{ij}^* \in \mathbb{C}, \quad i = 1, 2, \quad j = 1, 2, \ldots, 4 \tag{4.71}$$

verschieben (siehe (4.17)), worin

$$\psi_i = \begin{bmatrix} \psi_{i1} \\ \psi_{i2} \end{bmatrix}, \quad \psi_{i1} \in D(\mathcal{A}_0^{\frac{1}{2}}), \quad \psi_{i2} \in L_2(0, 1), \quad i = \pm 1, \pm 2 \tag{4.72}$$

die zu den Eigenwerten $\overline{\lambda_i}$ und $\overline{\lambda_{-i}}$, $i = 1, 2$, gehörenden Eigenvektoren von $\mathcal{A}^*$ sind. Der zugehörige Rückführoperator

$$
\mathcal{K} = \overline{K^*} \begin{bmatrix} \langle \cdot, \psi_1 \rangle \\ \langle \cdot, \psi_{-1} \rangle \\ \langle \cdot, \psi_2 \rangle \\ \langle \cdot, \psi_{-2} \rangle \end{bmatrix} = \begin{bmatrix} \overline{k_{11}^*} & \overline{k_{12}^*} & \overline{k_{13}^*} & \overline{k_{14}^*} \\ \overline{k_{21}^*} & \overline{k_{22}^*} & \overline{k_{23}^*} & \overline{k_{24}^*} \end{bmatrix} \begin{bmatrix} \langle \cdot, \psi_1 \rangle \\ \langle \cdot, \psi_{-1} \rangle \\ \langle \cdot, \psi_2 \rangle \\ \langle \cdot, \psi_{-2} \rangle \end{bmatrix} \tag{4.73}
$$

(siehe (4.63)) besitzt $pn = 8$ für den Entwurf wirksame Freiheitsgrade, da rang $B^* = 4$ gilt. In diesem Zusammenhang ist es interessant anzumerken,

4.1 Stabilisierung durch Zustandsrückführung 93

dass bei Verschiebung von nur einem Eigenwertpaar unabhängig von den Ortscharakteristiken b_i stets rang $B^* = 1$ für die zugehörige 2×2-Matrix B^* gilt. Damit treten beim Entwurf der Zustandsrückführung in diesem Fall nur 2 anstatt der maximal 4 Freiheitsgrade auf. Mit der Matrix

$$\Lambda = \begin{bmatrix} \lambda_1 & & & \\ & \overline{\lambda_1} & & \\ & & \lambda_2 & \\ & & & \overline{\lambda_2} \end{bmatrix} \tag{4.74}$$

ist

$$\mathcal{K} = P \tilde{V}^{-1} \begin{bmatrix} \langle \cdot, \psi_1 \rangle \\ \langle \cdot, \psi_{-1} \rangle \\ \langle \cdot, \psi_2 \rangle \\ \langle \cdot, \psi_{-2} \rangle \end{bmatrix} \tag{4.75}$$

die parametrische Darstellung des Rückführoperators (siehe (4.63) und (4.64)), worin die in (4.75) auftretenden Matrizen durch

$$P = \begin{bmatrix} p_1 \ p_2 \ p_3 \ p_4 \end{bmatrix} \tag{4.76}$$

und

$$\tilde{V} = \Big[(\Lambda - \tilde{\lambda}_1 I)^{-1} B^* p_1 \ \ (\Lambda - \tilde{\lambda}_2 I)^{-1} B^* p_2$$
$$(\Lambda - \tilde{\lambda}_3 I)^{-1} B^* p_3 \ \ (\Lambda - \tilde{\lambda}_4 I)^{-1} B^* p_4 \Big] \tag{4.77}$$

geben sind. Die in $\mathcal{K}$ enthaltenen 8 Freiheitsgrade werden darin durch die Eigenwerte $\tilde{\lambda}_1, \dots, \tilde{\lambda}_4$ und deren Parametervektoren $p_1, \dots, p_4$ erfasst. Um die zugehörige Zustandsrückführung konkret anzugeben, muss man beachten, dass für das Skalarprodukt

$$\left\langle \begin{bmatrix} x_1 \\ x_2 \end{bmatrix}, \begin{bmatrix} y_1 \\ y_2 \end{bmatrix} \right\rangle = \langle \mathcal{A}_0^{\frac{1}{2}} x_1, \mathcal{A}_0^{\frac{1}{2}} y_1 \rangle_{L_2} + \langle x_2, y_2 \rangle_{L_2},$$
$$x_1, y_1 \in D(\mathcal{A}_0^{\frac{1}{2}}), \quad x_2, y_2 \in L_2(0,1) \tag{4.78}$$

gilt (siehe (2.99)) und der Zustandsvektor durch

$$x_1(\cdot, t) = w(\cdot, t) \quad \text{und} \quad x_2(\cdot, t) = \partial_t w(\cdot, t) \tag{4.79}$$

definiert ist, worin $w(z,t)$ die transversale Auslenkung des Balkens bezeichnet (siehe (2.80)–(2.81)). Dann wird aus der Zustandsrückführung (4.68) mit (4.72), (4.73) und (4.75)

$$u(t) = -\overline{K^*} \begin{bmatrix} \langle \mathcal{A}_0^{\frac{1}{2}} x_1(t), \mathcal{A}_0^{\frac{1}{2}} \psi_{11} \rangle_{L_2} + \langle x_2(t), \psi_{12} \rangle_{L_2} \\ \langle \mathcal{A}_0^{\frac{1}{2}} x_1(t), \mathcal{A}_0^{\frac{1}{2}} \overline{\psi_{11}} \rangle_{L_2} + \langle x_2(t), \overline{\psi_{12}} \rangle_{L_2} \\ \langle \mathcal{A}_0^{\frac{1}{2}} x_1(t), \mathcal{A}_0^{\frac{1}{2}} \psi_{21} \rangle_{L_2} + \langle x_2(t), \psi_{22} \rangle_{L_2} \\ \langle \mathcal{A}_0^{\frac{1}{2}} x_1(t), \mathcal{A}_0^{\frac{1}{2}} \overline{\psi_{21}} \rangle_{L_2} + \langle x_2(t), \overline{\psi_{22}} \rangle_{L_2} \end{bmatrix}$$

$$= -\overline{K^*} \begin{bmatrix} \int_0^1 \partial_z^2 w(z,t) \overline{\frac{d^2 \psi_{11}}{dz^2}(z)} dz + \int_0^1 \partial_t w(z,t) \overline{\psi_{12}(z)} dz \\ \int_0^1 \partial_z^2 w(z,t) \frac{d^2 \psi_{11}}{dz^2}(z) dz + \int_0^1 \partial_t w(z,t) \psi_{12}(z) dz \\ \int_0^1 \partial_z^2 w(z,t) \overline{\frac{d^2 \psi_{21}}{dz^2}(z)} dz + \int_0^1 \partial_t w(z,t) \overline{\psi_{22}(z)} dz \\ \int_0^1 \partial_z^2 w(z,t) \frac{d^2 \psi_{21}}{dz^2}(z) dz + \int_0^1 \partial_t w(z,t) \psi_{22}(z) dz \end{bmatrix} . \quad (4.80)$$

Dieses Ergebnis zeigt, dass die Zustandsrückführung (4.68) für den Euler-Bernoulli-Balken eine Rückführung derjenigen Systemgrößen sein muss, welche die potentielle und kinetische Energie des Systems charakterisieren (siehe (2.97) und (2.98)). Angesichts der Definition (4.79) des Zustandsvektors ist dieses Ergebnis jedoch nicht offensichtlich, da für diese Zustandsgrößen eine Rückführung von $w(z,t)$ und $\partial_t w(z,t)$ nahe liegender wäre. Da sich das richtige Stellgesetz (4.80) durch die funktionalanalytische Betrachtungsweise von selbst ergibt, unterstreicht dies die Tatsache, dass der Zustandsraumentwurf von verteilt-parametrischen Systemen mittels funktionalanalytischer Methoden sinnvoll ist. Darüber hinaus macht ein Vergleich mit der in Beispiel 4.1 entworfenen Zustandsrückführung für den Wärmeleiter deutlich, dass sich die Zustandsrückführungen bei verschiedenen verteilt-parametrischen Systemen wesentlich unterscheiden können. Dies liegt daran, dass für diese verteilt-parametrischen Systeme das Skalarprodukt $\langle \cdot, \cdot \rangle$ unterschiedlich definiert ist.
◄

4.2 Führungs- und Störgrößenaufschaltung

In diesem Abschnitt wird der Entwurf von Führungs- und Störgrößenauf-schaltungen betrachtet, die sich zum Entwurf der modellgestützten Vorsteuerung unmittelbar anbieten. Hierzu müssen sich die Führungs- und Störgrößen durch ein Signalmodell beschreiben lassen, was beispielsweise für sprung-, sinus- und rampenförmige Zeitverläufe möglich ist. Dann kann mit dem in diesem Abschnitt vorgestellten Verfahren eine Aufschaltung der Signalmodell-zustände so bestimmt werden, dass die Regelgrößen den modellierten Führungsgrößen asymptotisch folgen und die modellierten Störungen asymptotisch kompensiert werden. Die Formulierung der Führungs- und Störgrößen in einem gemeinsamen Signalmodell ermöglicht eine allgemeine Behandlung der Führungs- und Störgrößenaufschaltung. Aus den resultierenden Ergebnissen lassen sich auch die reine Führungs- und die reine Störgrößenaufschaltung direkt ableiten, die beispielsweise bei einer Drei-Freiheitsgrade-Regelung eingesetzt werden können (siehe Abschnitt 3.3).

Der Entwurf von Führungs- und Störgrößenaufschaltungen für unendlich-dimensionale Systeme wurde in der Literatur im Rahmen der geometrischen Regelungstheorie behandelt (siehe [8,62]). Zur Bestimmung der Vorsteuerung müssen hierzu Operatorgleichungen, die sog. „regulator equations", gelöst werden. Diese Vorgehensweise hat den Vorteil, dass sie sowohl die Betrachtung einer großen Klasse von verteilt-parametrischen Systemen als auch die Behandlung von Totzeitsystemen umfasst. Bei konkreten Anwendungen muss dann eine Lösung der „regulator equations" für die betreffende Systemklasse ermittelt werden. Für die in diesem Buch betrachteten Riesz-Spektralsysteme werden die Aufschaltmatrizen und -operatoren der Führungs- und Störgrößen-aufschaltung in expliziter Form hergeleitet (siehe auch [19]). Diese sind dann geschlossene Lösungen der „regulator equations". Beim Entwurf wird eine Zwei-Freiheitsgrade-Struktur zugrunde gelegt (siehe Kapitel 3). Damit lässt sich die Bestimmung einer Vorsteuerung zur Sicherstellung der stationären Genauigkeit im Führungs- und Störverhalten sowie der Entwurf einer Zustandsrückführung zur Einstellung der Regelungsdynamik unabhängig voneinander durchführen. Dies bedeutet, dass die Führungs- und Störgrößen-aufschaltung für eine veränderte Regelungsdynamik nicht neu berechnet werden muss.

Anschließend wird die Führungs- und Störgrößenaufschaltung auf den Entwurf von modellgestützten Vorsteuerungen angewendet. Da die resultierende unendlich-dimensionale Vorsteuerung nicht realisierbar ist, wird eine endlich-dimensionale modale Approximation dieser Vorsteuerung mittels „late-lumping" hergeleitet.

4.2.1 Problemstellung

Ausgangspunkt der Betrachtungen sind Riesz-Spektralsysteme in der Zustandsbeschreibung

$$\dot{x}(t) = \mathcal{A}x(t) + \mathcal{B}u(t) + \mathcal{G}d(t), \quad t > 0, \quad x(0) = x_0 \in H \qquad (4.81)$$

$$y(t) = \mathcal{C}x(t), \quad t \geq 0 \qquad (4.82)$$

mit dem Eingang $u(t) \in \mathbb{R}^m$, der Regelgröße $y(t) \in \mathbb{R}^m$ sowie der Störgröße $d(t) \in \mathbb{R}^q$. Zur Vereinfachung der Darstellung wird angenommen, dass das System ebenso viele Ein- wie Ausgänge besitzt, was meist der Fall ist. In (4.81) bezeichnet $\mathcal{G} : \mathbb{C}^q \to H$ einen beschränkten linearen *Störeingangsoperator*, der gemäß

$$\mathcal{G}d(t) = \sum_{i=1}^{q} g_i d_i(t) \quad \text{für} \quad g_i \in H, \quad i = 1, 2, \dots, q, \qquad (4.83)$$

definiert ist und worin g_i die *Ortscharakteristiken der Störungen* sind. Damit eine Störgrößenaufschaltung überhaupt sinnvoll ist, soll die Störung d eine *Dauerstörung* sein, d.h. sie muss sich im eingeschwungen Zustand dauerhaft auf die Strecke auswirken. Wesentliche Voraussetzung für die Anwendung der Stör- und Führungsgrößenaufschaltung ist, dass sich die *Führungsgröße* w und die *Störgröße* d in Form eines *gemeinsamen Signalmodells*

$$\dot{v}(t) = Sv(t), \quad t > 0, \quad v(0) = v_0 \in \mathbb{C}^{n_v} \qquad (4.84)$$

$$d(t) = Pv(t), \quad t \geq 0 \qquad (4.85)$$

$$w(t) = Qv(t), \quad t \geq 0 \qquad (4.86)$$

mit dem Zustandsvektor $v(t) \in \mathbb{C}^{n_v}$, $n_v < \infty$, und dem unbekannten Anfangswert $v(0)$ modellieren lassen. Darin wird die Annahme

$$\left(\begin{bmatrix} P \\ Q \end{bmatrix}, S \right) \quad \text{beobachtbar} \qquad (4.87)$$

getroffen, da sonst ein Teil der Signalmodelldynamik redundant ist. Für typische Führungs- und Störgrößen, wie beispielsweise Sprung- oder Sinussignale, ist die Modellierung (4.84)–(4.86) durch lineare homogene Differentialgleichungen immer durchführbar. Darüber hinaus muss eine Beschreibung dieser Anregungsgrößen i.Allg. nur für den eingeschwungenen Zustand möglich sein, da die Signalbeschreibung (4.84)–(4.86) für die Sicherstellung der stationären Genauigkeit benötigt wird. Die Darstellung von externen Anregungsgrößen durch homogene Differentialgleichungen ermöglicht die Untersuchung des Stör- und Führungsverhaltens der Regelung durch Betrachtung eines abstraktes Anfangswertproblems im Hilbertraum, was die Grundlage zur Bestimmung der Führungs- und Störgrößenaufschaltung ist. Im Weiteren wird zur Vereinfachung der Darstellung noch vorausgesetzt, dass

- die Matrix S diagonalähnlich ist und
- kein Eigenwert von S mit einem Eigenwert von $\mathcal{A}$ und deren Häufungspunkten übereinstimmt.

Allgemeinere Fälle, in denen diese Bedingungen nicht erfüllt sind, erfordern die Einführung von *verallgemeinerten Eigenvektoren* für verteilt-parametrische Systeme (siehe [33]). Ein Beispiel hierfür sind rampenförmige Führungs- und Störgrößen, für welche die Matrix S nicht diagonalisierbar ist. Die grundsätzlichen Ideen zur Behandlung dieser Fälle bleiben dieselben, nur die Darstellung der Vorgehensweise wird aufwändiger. Deshalb wird im Rahmen dieses Buches auf diese allgemeinere Betrachtung zu Gunsten einer einfacheren Darstellung verzichtet.

Die eigentliche Aufgabenstellung besteht nun darin, eine *Führungs- und Störgrößenaufschaltung*

$$u_s(t) = M_u v(t) \tag{4.88}$$

der Zustandsgröße v des Signalmodells so zu bestimmen, dass

$$\lim_{t \to \infty} (y(t) - w(t)) = 0, \quad \forall x_0 \in H, \quad \forall v_0 \in \mathbb{C}^{n_v} \tag{4.89}$$

gilt. Falls (4.89) erfüllt ist, folgt die Regelgröße y der Führungsgröße w auch in Anwesenheit von Störungen d asymptotisch. Da (4.88) lediglich eine Steuerungsmaßnahme darstellt, kann diese Aufschaltung die Streckendynamik nicht verändern. Damit muss zur Sicherstellung von (4.89) gefordert werden, dass die Strecke (4.81)–(4.82) entweder exponentiell stabil oder durch Zustandsrückführung stabilisierbar ist (siehe hierzu Abschnitt 4.1.1). Aber auch wenn die Strecke stabil ist, kann eine zu langsame Streckendynamik zu einem nicht zufriedenstellenden Systemverhalten führen, da dann die Regeldifferenz $y - w$ erst für sehr große Zeiten nahezu Null wird. Aus diesen Gründen muss man i.Allg. die Aufschaltung (4.88) um eine Rückführung $\tilde{u}_R$ ergänzen, was auf das Stellgesetz

$$u(t) = u_s(t) - \tilde{u}_R(t) = M_u v(t) - \mathcal{K}(x(t) - \mathcal{M}_x v(t)) \tag{4.90}$$

führt. Hierin bezeichnet $\mathcal{K}$ einen *Rückführoperator*

$$\mathcal{K} = \begin{bmatrix} \langle \, \cdot \, , k_1 \rangle \\ \vdots \\ \langle \, \cdot \, , k_m \rangle \end{bmatrix} \tag{4.91}$$

mit den Rückführfunktionen

$$k_i = \sum_{j=1}^{n} k_{ij}^* \psi_{x,j}, \quad i = 1, 2, \ldots, m \tag{4.92}$$

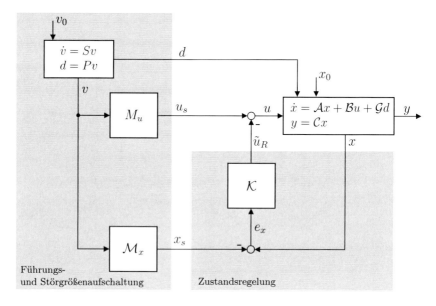

Abb. 4.1: Führungs- und Störgrößenaufschaltung für lineare verteilt-parametrische Systeme mit Zustandsregelung

(siehe Abschnitt 4.1.1) und $\mathcal{M}_x$ einen *Aufschaltoperator*

$$\mathcal{M}_x v(t) = \sum_{i=1}^{n_v} m_{x,i} v_i(t), \quad m_{x,i} \in H. \tag{4.93}$$

In (4.92) bezeichnen $\psi_{x,j}$ die Eigenvektoren des adjungierten Systemoperators $\mathcal{A}^*$ zum Eigenwert $\bar{\lambda}_j$. Der Aufschaltoperator $\mathcal{M}_x$ wird so bestimmt, dass der Regler nur dann im Eingriff ist, wenn die Strecke der modellierten Führungsgröße w nicht folgt, d.h. $y(t) - w(t) \neq 0$ gilt. Er bildet hierzu den zu w zugehörigen Sollwert $x_s = \mathcal{M}_x v$ für die Zustandsgröße x (siehe Abbildung 4.1). Damit lässt sich durch Bestimmung von $\mathcal{K}$ die Ausregelung des Folgefehlers $y - w$ und somit das zum Folgeverhalten zugehörige Einschwingverhalten einstellen. Folgt die Strecke der modellierten Führungsgröße w exakt, d.h. es gilt $x(t) - \mathcal{M}_x v(t) = 0$, $t \geq 0$, dann wird das System nur mittels der Aufschaltung (4.88) gesteuert (siehe Abbildung 4.1). Mit dieser Kombination aus Vorsteuerung und Regelung wird eine Entkopplung des Entwurfs der Führungs- und Störgrößenaufschaltung vom Reglerentwurf erreicht. Dies hat den Vorteil, dass man im Gegensatz zur klassischen Vorgehensweise (siehe z.B. [40] für konzentriert-parametrische Systeme) die Führungs- und Störgrößenaufschaltung nicht neu berechnen muss, wenn man $\mathcal{K}$ verändert. In diesem Ansatz erkennt man das Prinzip einer Zwei-Freiheitsgrade-Regelung wieder, bei der Führungs- und Störverhalten voneinander getrennt eingestellt

4.2 Führungs- und Störgrößenaufschaltung 99

werden können (siehe Kapitel 3). Abbildung 4.1 zeigt die resultierende Regelungsstruktur.

4.2.2 Entwurf der Führungs- und Störgrößenaufschaltung

Um die Aufschaltmatrix M_u in (4.90) zu bestimmen, untersucht man das Stör- und Führungsverhalten der mit dem Stellgesetz (4.90) geregelten Strecke (4.81)–(4.82). Hierzu wird die Strecke um das Signalmodell (4.84)–(4.85) ergänzt, was auf die *erweiterte Strecke*

$$\dot{x}_e(t) = \mathcal{A}_e x_e(t) + \mathcal{B}_e u(t), \quad t > 0, \quad x_e(0) = x_{e0} \in H_e \qquad (4.94)$$
$$y(t) = \mathcal{C}_e x_e(t), \quad t \geq 0 \qquad (4.95)$$

mit dem Zustand

$$x_e(\cdot, t) = \begin{bmatrix} v(t) \\ x(\cdot, t) \end{bmatrix} \qquad (4.96)$$

führt. Als Zustandsraum H_e für dieses Systems definiert man den Vektorraum

$$H_e = \mathbb{C}^{n_v} \oplus H, \qquad (4.97)$$

der mit dem Skalarprodukt

$$\left\langle \begin{bmatrix} r_1 \\ q_1 \end{bmatrix}, \begin{bmatrix} r_2 \\ q_2 \end{bmatrix} \right\rangle = \langle r_1, r_2 \rangle_{\mathbb{C}^{n_v}} + \langle q_1, q_2 \rangle_H \qquad (4.98)$$

$r_i \in \mathbb{C}^{n_v}$ und $q_i \in H$ ein Hilbertraum ist (siehe Example 2.2.5 in [14]). Der Systemoperator in (4.94) ist durch

$$\mathcal{A}_e = \begin{bmatrix} S & 0 \\ \mathcal{G}P & \mathcal{A} \end{bmatrix}, \quad D(\mathcal{A}_e) = \mathbb{C}^{n_v} \oplus D(\mathcal{A}) \subset H_e \qquad (4.99)$$

gegeben und die Ein- und Ausgangsoperatoren von (4.94)–(4.95) lauten

$$\mathcal{B}_e = \begin{bmatrix} 0 \\ \mathcal{B} \end{bmatrix} \quad \text{und} \quad \mathcal{C}_e = \begin{bmatrix} 0 & \mathcal{C} \end{bmatrix}. \qquad (4.100)$$

Nach Einsetzen des Stellgesetzes (4.90) in (4.94) erhält man die *geregelte erweiterte Strecke*

$$\dot{x}_e(t) = \tilde{\mathcal{A}}_e x_e(t), \quad t > 0, \quad x_e(0) = x_{e0} \in H_e \qquad (4.101)$$
$$y(t) = \mathcal{C}_e x_e(t), \quad t \geq 0 \qquad (4.102)$$

mit dem Systemoperator

$$\tilde{\mathcal{A}}_e = \begin{bmatrix} S & 0 \\ \mathcal{G}P + \mathcal{B}(M_u + \mathcal{K}\mathcal{M}_x) & \mathcal{A} - \mathcal{B}\mathcal{K} \end{bmatrix}, \tag{4.103}$$

der den Definitionsbereich $D(\tilde{\mathcal{A}}_e) = \mathbb{C}^{n_v} \oplus D(\mathcal{A}) \subset H_e$ besitzt. Dieses Ergebnis zeigt, dass sich durch Einführung des Signalmodells (4.84)–(4.86) die Untersuchung des Führungs- und Störverhaltens der Regelung auf die Analyse des abstrakten Anfangswertproblems (4.101)–(4.102) zurückführen lässt. Die Anregungen mit Führungs- oder Störgrößen entsprechen dabei Anfangsstörungen $v(0) \neq 0$ des Signalmodells. Bei der Zustandsbeschreibung (4.101)–(4.102) handelt es sich um die Verbindung eines Anfangswertproblems für gewöhnliche Differentialgleichungen (aufgrund des konzentriert-parametrischen Signalmodells) mit einem Anfangs-Randwertproblem für eine partielle Differentialgleichung (wegen der verteilt-parametrischen Strecke). Die Beschreibung dieser Kombination aus einem konzentriert-parametrischen und einem verteilt-parametrischen System als abstraktes Anfangswertproblem (4.101)–(4.102) ermöglicht es, die Wohlgestelltheit dieses Problems mit den Methoden der Funktionalanalysis systematisch zu analysieren. Das Ergebnis dieser Untersuchung ist im nächsten Satz angegeben.

Satz 4.6 (Wohlgestelltheit des AWP für die geregelte erweiterte Strecke). *Das abstrakte Anfangswertproblem (4.101), welches die geregelte erweiterte Strecke beschreibt, ist wohlgestellt, wenn $\mathcal{A}$ nur endlich viele Eigenwerte in der abgeschlossenen rechten Halbebene besitzt.*

Beweis. Den Beweis dieses Satzes findet man in Abschnitt C.6. ◄

Ausgehend von diesem Ergebnis lässt sich das Führungs- und Störverhalten der Regelung anhand der Lösung des abstrakten Anfangswertproblems (4.101) untersuchen. Dies ist auf einfache Weise möglich, wenn sich die Lösung des Anfangswertproblems mittels Eigenwerten und Eigenvektoren von $\tilde{\mathcal{A}}_e$ darstellen lässt. Hierzu muss $\tilde{\mathcal{A}}_e$ ein Riesz-Spektraloperator sein. Allerdings wäre die in Definition 2.1 eingeführte Klasse von Riesz-Spektraloperatoren für die hier betrachtete Problemstellung zu restriktiv. Dies erkennt man, wenn man beispielsweise den Fall von zwei sprungförmigen Führungsgrößen betrachtet. Die zugehörige Matrix S des Signalmodells (4.84) und (4.86) besitzt dann einen doppelten Eigenwert bei 0. In diesem Fall hat aufgrund der Dreiecksstruktur der Systemoperator $\tilde{\mathcal{A}}_e$ des geregelten Systems in (4.103) auch einen doppelten Eigenwert im Ursprung. Da gemäß Definition 2.1 nur einfache Eigenwerte erlaubt sind, stellt $\tilde{\mathcal{A}}_e$ keinen Riesz-Spektraloperator im Sinne von Definition 2.1 dar. Diese Problematik lässt sich beseitigen, indem man die größere Klasse von *verallgemeinerten Riesz-Spektraloperatoren* einführt. Diese Operatoren werden durch die nachfolgende Definition charakterisiert.

Definition 4.1 (Verallgemeinerter Riesz-Spektraloperator). Sei $\mathcal{A}$ ein linearer Operator im Hilbertraum H und es gelte

1. $\mathcal{A}$ ist abgeschlossen,

4.2 Führungs- und Störgrößenaufschaltung   101

2. die (isolierten) Eigenwerte $\{\lambda_i, i \geq 1\}$ von $\mathcal{A}$ haben eine endliche algebraische Vielfachheit, die mit der geometrischen Vielfachheit übereinstimmt,

3. die Eigenvektoren $\{\phi_i, i \geq 1\}$ von $\mathcal{A}$ bilden eine Riesz-Basis für H,

4. der Abschluss $\overline{\{\lambda_i, i \geq 1\}}$ der Eigenwerte von $\mathcal{A}$ ist *vollständig unzusammenhängend*. Dies bedeutet, dass es keine zwei Punkte $a, b \in \overline{\{\lambda_i, i \geq 1\}}$ gibt, die durch eine vollständig in $\overline{\{\lambda_i, i \geq 1\}}$ liegende stetige Kurve verbunden werden können.

Dann ist $\mathcal{A}$ ein *verallgemeinerter Riesz-Spektraloperator*.

Diese Verallgemeinerung der Riesz-Spektraloperatoren aus Definition 2.1 bezieht jetzt auch mehrfache Eigenwerte mit ein. Sie verzichtet aber auf die Einführung von *verallgemeinerten Eigenvektoren*, da aufgrund der zweiten Bedingung zu jedem Eigenwert auch ein linear unabhängiger Eigenvektor existieren muss, was für die Riesz-Basis-Eigenschaft der Eigenvektoren notwendig ist (siehe Abschnitt 2.2.1). Der allgemeinere Fall, bei dem auch verallgemeinerte Eigenvektoren vorkommen, wird in [33] diskutiert. Der nächste Satz gibt darüber Auskunft, unter welchen Bedingungen der Systemoperator $\tilde{\mathcal{A}}_e$ ein verallgemeinerter Riesz-Spektraloperator ist.

Satz 4.7 (Verallgemeinerte Riesz-Spektraleigenschaft von $\tilde{\mathcal{A}}_e$). *Falls der Rückführoperator $\mathcal{K}$ in (4.91) so bestimmt wird, dass*

- *der Systemoperator $\mathcal{A} - \mathcal{B}\mathcal{K}$ nur einfache Eigenwerte besitzt,*
- *die Eigenwerte $\tilde{\lambda}_i$ von $\mathcal{A} - \mathcal{B}\mathcal{K}$ das Eigenwertkriterium $\sup_{i \geq 1} \operatorname{Re} \tilde{\lambda}_i < 0$ erfüllen,*
- *alle Eigenwerte von $\mathcal{A} - \mathcal{B}\mathcal{K}$ und deren Häufungspunkte verschieden von den Eigenwerten von S sind,*

dann ist $\tilde{\mathcal{A}}_e$ ein verallgemeinerter Riesz-Spektraloperator.

Beweis. Den Beweis dieses Satzes findet man in Abschnitt C.7. ◄

In Satz 4.7 wird vorausgesetzt, dass $\mathcal{A} - \mathcal{B}\mathcal{K}$ weiterhin nur einfache Eigenwerte hat. Dies erleichtert die weiteren Herleitungen, weil dann $\tilde{\mathcal{A}}_e$ die gleichen Eigenschaften wie der in Abschnitt 2.2.1 eingeführte Riesz-Spektraloperator besitzt (siehe [33]). Dies liegt daran, dass das Spektrum der in Definition 4.1 eingeführten Riesz-Spektraloperatoren im unendlichdimensionalen Fall bei mehr als doppelten Eigenwerten i.Allg. komplizierter als das Spektrum der Riesz-Spektraloperatoren in Abschnitt 2.2.1 sein kann. Letzteres besteht immer aus den Eigenwerten und ihren Häufungspunkten, was die Formulierung eines Eigenwertkriteriums für die exponentielle Stabilität ermöglicht. Bei mehr als doppelten Eigenwerten muss für das betreffende verteilt-parametrische System eine Analyse des Spektrums durchgeführt werden, da aus der Riesz-Spektraleigenschaft von $\mathcal{A}$ nicht mehr auf die Eigenschaft des Spektrums geschlossen werden kann. Durch die Einschränkung auf einfache Eigenwerte von $\mathcal{A} - \mathcal{B}\mathcal{K}$ wird ein komplizierter aufgebautes Spektrum von $\tilde{\mathcal{A}}_e$ vermieden, da mehrfache Eigenwerte nur bei der endlichdimensionalen Matrix S vorkommen können, was unproblematisch ist.

Geht man davon aus, dass $\tilde{\mathcal{A}}_e$ zur Klasse der verallgemeinerten Riesz-Spektraloperatoren gehört, dann kann wie in (2.124) die Lösung der homogenen Zustandsgleichung (4.101) unter Verwendung der Eigenwerte $\tilde{\lambda}_i$ von $\tilde{\mathcal{A}}_e$ und der zugehörigen Eigenvektoren $\tilde{\phi}_i$ sowie der Eigenvektoren $\tilde{\psi}_i$ von $\tilde{\mathcal{A}}_e^*$ zu den Eigenwerten $\overline{\tilde{\lambda}_i}$ angegeben werden. Setzt man die Lösung in (4.102) ein, so gilt mit (4.86) für den Folgefehler

$$y(t) - w(t) = \sum_{i=1}^{n_v} \left[-Q\,\mathcal{C} \right] \tilde{\phi}_i e^{\lambda_{v,i} t} \langle x_{e0}, \tilde{\psi}_i \rangle + \sum_{i=n_v+1}^{\infty} \left[-Q\,\mathcal{C} \right] \tilde{\phi}_i e^{\tilde{\lambda}_i t} \langle x_{e0}, \tilde{\psi}_i \rangle.$$

$$(4.104)$$

Darin wurde berücksichtigt, dass wegen der Dreiecksstruktur von (4.103) die Eigenwerte $\lambda_{v,i}$, $i = 1, 2, \ldots, n_v$, des Signalmodells (4.84) durch die Rückführung (4.90) nicht verschoben werden und somit in der Regelung erhalten bleiben, d.h. $\tilde{\lambda}_i = \lambda_{v,i}$, $i = 1, 2, \ldots, n_v$. Anhand von (4.104) lässt sich unmittelbar eine Bedingung ablesen, damit (4.89) gilt. Der erste Summenterm in (4.104) verschwindet i.Allg. für $t \to \infty$ nicht, da die Eigenwerte $\lambda_{v,i}$ von S in (4.84) zur Modellierung von Führungs- und Störsignalen auf oder rechts der Imaginärachse liegen. Damit dieser Anteil keinen Beitrag zum Folgefehler liefert, muss

$$\left[-Q\,\mathcal{C} \right] \tilde{\phi}_i = 0, \quad i = 1, 2, \ldots, n_v \qquad (4.105)$$

erfüllt sein, da die Eigenwerte $\lambda_{v,i}$ durch die Regelung nicht verschoben werden können. Dies bedeutet, dass die Signalmodelleigenwerte $\lambda_{v,i}$ im Folgefehler $y - w$ nicht *modal beobachtbar* sein dürfen (siehe Satz 5.5). Gilt (4.105), dann wird der zeitliche Verlauf des Folgefehlers nur durch den zweiten Summenterm in (4.104) bestimmt, der von den Eigenwerten $\tilde{\lambda}_i$, $i \geq n_v + 1$, von $\mathcal{A} - \mathcal{BK}$ abhängt. Darin können modal steuerbare Eigenwerte von $\mathcal{A}$, die zu aufklingenden oder zu langsam abklingenden Zeitverläufen führen, durch $\mathcal{K}$ verschoben werden (siehe Abschnitt 4.1.1). Der resultierende Zeitverlauf wird sowohl durch Streckenanfangswerte $x(0) \neq 0$ als auch durch Anfangswerte $v(0) \neq 0$ des Signalmodells (4.84)–(4.86) über $\langle x_e(0), \tilde{\psi}_i \rangle = \langle x_{e0}, \tilde{\psi}_i \rangle$ in (4.104) angeregt. Letztere Anfangsstörung entspricht dabei einer Führungs- oder Störgrößenanregung der Regelung.

Um die Bedingung (4.105) für die Bestimmung von M_u in (4.88) auswerten zu können, müssen die Regelungseigenvektoren $\tilde{\phi}_i$, $i = 1, 2, \ldots, n_v$, welche zu den Signalmodelleigenwerten $\lambda_{v,i}$ gehören, berechnet werden. Hierzu nimmt man eine Partitionierung des Eigenvektors $\tilde{\phi}_i$ gemäß

$$\tilde{\phi}_i = \begin{bmatrix} \tilde{\phi}_{v,i} \\ \tilde{\phi}_{x,i} \end{bmatrix}, \quad \tilde{\phi}_{v,i} \in \mathbb{C}^{n_v}, \quad \tilde{\phi}_{x,i} \in H, \quad i = 1, 2, \ldots, n_v \qquad (4.106)$$

vor. Diese Vektoren sind nicht verschwindende Lösungen der Eigenwertprobleme

$$\tilde{\mathcal{A}}_e \tilde{\phi}_i = \lambda_{v,i} \tilde{\phi}_i, \quad i = 1, 2, \ldots, n_v. \qquad (4.107)$$

4.2 Führungs- und Störgrößenaufschaltung

Setzt man darin die Vektoren (4.106) ein, so erhält man mit (4.103) nach einer einfachen Umformung die Teilgleichungen

$$(\lambda_{v,i} I - S)\tilde{\phi}_{v,i} = 0 \tag{4.108}$$

und

$$(-\mathcal{G}P - \mathcal{B}(M_u + \mathcal{K}M_x))\tilde{\phi}_{v,i} + (\lambda_{v,i} I - \mathcal{A} + \mathcal{B}\mathcal{K})\tilde{\phi}_{x,i} = 0. \tag{4.109}$$

Die erste Teilgleichung (4.108) ist gerade die charakteristische Gleichung der Matrix S, womit die Eigenvektoren $\phi_{v,i}$ von S die Lösungen von (4.108) sind, d.h. $\tilde{\phi}_{v,i} = \phi_{v,i} \neq 0$, $i = 1, 2, \ldots, n_v$, gilt. Damit lässt sich (4.109) in der Form

$$(\lambda_{v,i} I - \mathcal{A})\tilde{\phi}_{x,i} = (\mathcal{G}P + \mathcal{B}M_u)\phi_{v,i} + \mathcal{B}\mathcal{K}(M_x\phi_{v,i} - \tilde{\phi}_{x,i}) \tag{4.110}$$

anschreiben. Anhand dieser Gleichung erkennt man, wie der Aufschaltoperator $\mathcal{M}_x$ in (4.93) zu wählen ist, damit der Entwurf von M_u unabhängig vom Reglerentwurf wird. Gilt nämlich

$$\mathcal{M}_x\phi_{v,i} = \tilde{\phi}_{x,i}, \quad i = 1, 2, \ldots, n_v, \tag{4.111}$$

dann treten in (4.110) nur noch die Aufschaltmatrix M_u und Größen der Streckenbeschreibung auf. Damit lässt sich M_u direkt anhand der Strecke bestimmen, ohne die Regelung berücksichtigen zu müssen. Für (4.110) gilt mit (4.111)

$$(\lambda_{v,i} I - \mathcal{A})\tilde{\phi}_{x,i} = (\mathcal{G}P + \mathcal{B}M_u)\phi_{v,i}, \tag{4.112}$$

was durch Auflösen nach $\tilde{\phi}_{x,i}$

$$\tilde{\phi}_{x,i} = (\lambda_{v,i} I - \mathcal{A})^{-1}(\mathcal{G}P + \mathcal{B}M_u)\phi_{v,i}, \quad \lambda_{v,i} \in \rho(\mathcal{A}) \tag{4.113}$$

liefert. Darin bedeutet $\lambda_{v,i} \in \rho(\mathcal{A})$, dass $\lambda_{v,i}$ mit keinem Eigenwert von $\mathcal{A}$ und deren eventuell auftretenden Häufungspunkten übereinstimmen darf (siehe Abschnitt 2.2.4). Einsetzen von (4.106) in (4.105) und Verwendung von (4.113) führt auf

$$\mathcal{C}(\lambda_{v,i} I - \mathcal{A})^{-1}(\mathcal{G}P + \mathcal{B}M_u)\phi_{v,i} = Q\phi_{v,i}. \tag{4.114}$$

Diese Beziehung lässt sich mit dem Übertragungsverhalten der Strecke (4.81)–(4.82) in Verbindung bringen. Hierzu führt man die durch

$$y(s) = \mathcal{C}(sI - \mathcal{A})^{-1}\mathcal{B}u(s) = F(s)u(s) \tag{4.115}$$

$$y(s) = \mathcal{C}(sI - \mathcal{A})^{-1}\mathcal{G}d(s) = F_d(s)d(s) \tag{4.116}$$

definierten Übertragungsmatrizen $F(s)$ und $F_d(s)$ ein, welche für $s \in \rho(\mathcal{A})$ existieren (siehe Abschnitt 2.2.4). Da vorausgesetzt wurde, dass kein Signalmodelleigenwert $\lambda_{v,i}$ mit den Streckeneigenwerten λ_i, $i \geq 1$, und deren Häufungspunkten übereinstimmt, kann man $F(s)$ und $F_d(s)$ bei $s = \lambda_{v,i} \in \rho(\mathcal{A})$ auswerten. Damit lässt sich (4.114) auch durch

$$F(\lambda_{v,i})M_u\phi_{v,i} = (Q - F_d(\lambda_{v,i})P)\phi_{v,i} \qquad (4.117)$$

darstellen.

Die Beziehung (4.117) erlaubt eine anschauliche Deutung der Bedingung für die Führungs- und Störgrößenaufschaltung. Hierzu bestimmt man die Zustandstrajektorie

$$v(t) = \sum_{i=1}^{n_v} \phi_{v,i}e^{\lambda_{v,i}t}v_i^*(0) \qquad (4.118)$$

des Signalmodells (4.84)–(4.86) mit

$$v_i^*(0) = \langle v(0), \psi_{v,i}\rangle_{\mathbb{C}^{n_v}} \qquad (4.119)$$

und den Eigenvektoren $\psi_{v,i}$ von $S^* = \overline{S^T}$ für die Eigenwerte $\overline{\lambda_{v,i}}$. Es lässt sich zeigen, dass im eingeschwungenen Zustand die Systemantwort der mit (4.88) vorgesteuerten Strecke durch

$$y(t) = \sum_{i=1}^{n_v} F(\lambda_{v,i})M_u\phi_{v,i}e^{\lambda_{v,i}t}v_i^*(0) \qquad (4.120)$$

gegeben ist. Setzt man darin (4.117) ein, so gilt

$$y(t) = \sum_{i=1}^{n_v} Q\phi_{v,i}e^{\lambda_{v,i}t}v_i^*(0) - \sum_{i=1}^{n_v} F_d(\lambda_{v,i})P\phi_{v,i}e^{\lambda_{v,i}t}v_i^*(0). \qquad (4.121)$$

Die Beziehungen (4.120) und (4.121) machen deutlich, dass die Aufschaltung (4.88) im eingeschwungenen Zustand wegen (4.117) als Systemantwort die modellierte Führungsgröße $w = Qv$ (erster Term in (4.121)) und dazu überlagert die negative Streckenantwort auf die Störsignale $d = Pv$ (zweiter Term in (4.121)) zur Kompensation der Störung erzeugt. Voraussetzung hierfür ist, dass gemäß (4.120) die modellierten Führungs- und Störsignale stationär übertragen werden können. Dies ist erfüllt, falls

$$\det F(\lambda_{v,i}) \neq 0 \qquad (4.122)$$

in (4.120) gilt, d.h. kein Signalmodelleigenwert $\lambda_{v,i}$ darf mit einer *Übertragungsnullstelle* von (4.81)–(4.82) übereinstimmen (siehe [8]).

Falls (4.122) erfüllt ist, kann man (4.117) nach $M_u\phi_{v,i}$ auflösen. Dies ergibt

$$M_u\phi_{v,i} = F^{-1}(\lambda_{v,i})(Q - F_d(\lambda_{v,i})P)\phi_{v,i} = p_{u,i}, \quad i = 1, 2, \ldots, n_v, \quad (4.123)$$

worin zur Vereinfachung der Darstellung die rechte Seite durch die Vektoren $p_{u,i}$ abgekürzt wird. Schreibt man diese Gleichungen in der Matrixform

4.2 Führungs- und Störgrößenaufschaltung 105

$$M_u \left[\phi_{v,1} \cdots \phi_{v,n_v} \right] = \left[p_{u,1} \cdots p_{u,n_v} \right], \qquad (4.124)$$

so kann man eindeutig nach M_u auflösen, da die Matrix S des Signalmodells diagonalähnlich ist und somit ihre Eigenvektoren $\phi_{v,i}$ linear unabhängig sind. Dies führt schließlich auf die Aufschaltmatrix

$$M_u = \left[p_{u,1} \cdots p_{u,n_v} \right] \left[\phi_{v,1} \cdots \phi_{v,n_v} \right]^{-1}, \qquad (4.125)$$

worin die Vektoren $p_{u,i}$ durch (4.123) gegeben sind.

Durch Einsetzen von (4.125) in (4.117) lässt sich leicht nachweisen, dass die Aufschaltmatrix (4.125) die Bedingung (4.117) erfüllt, die auch hinreichend für die Sicherstellung von (4.89) ist. Damit ist (4.125) nicht nur notwendig — wie vorher gezeigt — sondern auch hinreichend für die Erzielung der Eigenschaft (4.89). Die Darstellung (4.125) hat den Vorteil, dass die in (4.123) auftretenden konstanten Matrizen $F(\lambda_{v,i})$ und $F_d(\lambda_{v,i})$ einfach durch analytische oder numerische Lösung eines Randwertproblems im Frequenzbereich bestimmt werden können (siehe Beispiel 2.7).

Die Ergebnisse dieses Abschnitts werden im nachfolgenden Satz noch einmal zusammengefasst.

Satz 4.8 (Führungs- und Störgrößenaufschaltung). *Gegeben sei die exponentiell stabile Strecke*

$$\dot{x}(t) = \mathcal{A}x(t) + \mathcal{B}u(t) + \mathcal{G}d(t), \quad t > 0, \quad x(0) = x_0 \in H \qquad (4.126)$$
$$y(t) = \mathcal{C}x(t), \quad t \geq 0 \qquad (4.127)$$

mit dem Eingang $u(t) \in \mathbb{R}^m$, der Regelgröße $y(t) \in \mathbb{R}^m$ sowie der Störgröße $d(t) \in \mathbb{R}^q$. Das Übertragungsverhalten der Strecke (4.126)–(4.127) wird im Frequenzbereich durch die Übertragungsmatrizen in

$$y(s) = \mathcal{C}(sI - \mathcal{A})^{-1}\mathcal{B}u(s) = F(s)u(s) \qquad (4.128)$$
$$y(s) = \mathcal{C}(sI - \mathcal{A})^{-1}\mathcal{G}d(s) = F_d(s)d(s) \qquad (4.129)$$

charakterisiert. Von der Störung d in (4.126) und der Führungsgröße w wird angenommen, dass sie sich durch das gemeinsame Signalmodell

$$\dot{v}(t) = Sv(t), \quad t > 0, \quad v(0) = v_0 \in \mathbb{C}^{n_v} \qquad (4.130)$$
$$d(t) = Pv(t), \quad t \geq 0 \qquad (4.131)$$
$$w(t) = Qv(t), \quad t \geq 0 \qquad (4.132)$$

beschreiben lassen. Für das Signalmodell (4.130)–(4.132) gelten folgende Annahmen:

- *die Matrix S ist diagonalähnlich,*
- *kein Eigenwert $\lambda_{v,i}$, $i = 1, 2, \ldots, n_v$, von S stimmt mit einem Eigenwert von $\mathcal{A}$ und deren Häufungspunkten überein,*

- *kein Eigenwert $\lambda_{v,i}$, $i = 1, 2, \ldots, n_v$, von S stimmt mit einer Übertragungsnullstelle von (4.126)–(4.127) überein.*

Dann bewirkt die Führungs- und Störgrößenaufschaltung

$$u(t) = M_u v(t) \tag{4.133}$$

mit

$$M_u = \begin{bmatrix} p_{u,1} \ldots p_{u,n_v} \end{bmatrix} \begin{bmatrix} \phi_{v,1} \ldots \phi_{v,n_v} \end{bmatrix}^{-1}, \tag{4.134}$$

wobei $\phi_{v,i}$ die Eigenvektoren von S bezeichnen und die Vektoren $p_{u,i}$ durch

$$p_{u,i} = F^{-1}(\lambda_{v,i})(Q - F_d(\lambda_{v,i})P)\phi_{v,i} \tag{4.135}$$

gegeben sind, stationäre Genauigkeit im Führungs- und Störverhalten, d.h. es gilt

$$\lim_{t \to \infty} (y(t) - w(t)) = 0, \quad \forall x_0 \in H, \quad \forall v_0 \in \mathbb{C}^{n_v}. \tag{4.136}$$

In Satz 4.8 wird die exponentielle Stabilität der Strecke vorausgesetzt, damit sich der gewünschte eingeschwungene Zustand einstellen kann. Die Sicherstellung dieser Voraussetzung sowie die Vorgabe eines geeigneten Einschwingverhaltens ist Gegenstand des nächsten Abschnitts.

4.2.3 Entwurf des Zustandsfolgereglers

Die Einstellung des Einschwingverhaltens der Regelgröße y auf den durch (4.84) und (4.86) beschriebenen Sollverlauf w ist Aufgabe des *Zustandsfolgereglers*

$$\tilde{u}_R(t) = \mathcal{K}(x(t) - \mathcal{M}_x v(t)) = \mathcal{K}(x(t) - x_s(t)) \tag{4.137}$$

(siehe (4.90) sowie Abbildung 4.1). Hierzu müssen der Rückführoperator $\mathcal{K}$ (siehe (4.91)) und der Aufschaltoperator $\mathcal{M}_x$ (siehe (4.93)) bestimmt werden, mit dem der Sollwert $x_s = \mathcal{M}_x v$ gebildet wird.

Zum Entwurf von $\mathcal{M}_x$ geht man von (4.111) aus. Um diese Beziehung anschaulich zu deuten, schreibt man sie mit (4.113) in der Form

$$\mathcal{M}_x \phi_{v,i} = (\lambda_{v,i} I - \mathcal{A})^{-1}(\mathcal{G}P + \mathcal{B}M_u)\phi_{v,i}, \ \lambda_{v,i} \in \rho(\mathcal{A}), \ i = 1, 2, \ldots, n_v \tag{4.138}$$

und betrachtet die Bildung des Sollwertes

$$x_s(t) = \mathcal{M}_x v(t) \tag{4.139}$$

für den Zustand x (siehe (4.137)). Setzt man hierin (4.118) ein und beachtet (4.138), so gilt

4.2 Führungs- und Störgrößenaufschaltung

$$x_s(t) = \sum_{i=1}^{n_v} \mathcal{M}_x \phi_{v,i} e^{\lambda_{v,i} t} v_i^*(0)$$

$$= \sum_{i=1}^{n_v} (\lambda_{v,i} I - \mathcal{A})^{-1} \mathcal{G} P \phi_{v,i} e^{\lambda_{v,i} t} v_i^*(0)$$

$$+ \sum_{i=1}^{n_v} (\lambda_{v,i} I - \mathcal{A})^{-1} \mathcal{B} M_u \phi_{v,i} e^{\lambda_{v,i} t} v_i^*(0). \tag{4.140}$$

Da das Streckenübertragungsverhalten vom Eingang u und von der Störung d zum Zustand x durch

$$x(s) = (sI - \mathcal{A})^{-1} \mathcal{B} u(s) + (sI - \mathcal{A})^{-1} \mathcal{G} d(s) \tag{4.141}$$

beschrieben wird (siehe (4.115)–(4.116)), wird durch (4.140) gerade der eingeschwungene Streckenzustandsverlauf bei Einwirkung der Störung $d = Pv$ (erster Summand) und der eingeschwungene Streckenzustandsverlauf bei Führungs- und Störgrößenaufschaltung $M_u v$ (zweiter Summand) gebildet.

Zur Bestimmung von $\mathcal{M}_x$ schreibt man (4.111) in der Form

$$\mathcal{M}_x \begin{bmatrix} \phi_{v,1} \dots \phi_{v,n_v} \end{bmatrix} = \begin{bmatrix} \tilde{\phi}_{x,1} \dots \tilde{\phi}_{x,n_v} \end{bmatrix}. \tag{4.142}$$

Weil die Eigenvektoren $\phi_{v,i}$ von S linear unabhängig sind, lässt sich (4.142) eindeutig nach $\mathcal{M}_x$ auflösen

$$\mathcal{M}_x = \begin{bmatrix} \tilde{\phi}_{x,1} \dots \tilde{\phi}_{x,n_v} \end{bmatrix} \begin{bmatrix} \phi_{v,1} \dots \phi_{v,n_v} \end{bmatrix}^{-1}. \tag{4.143}$$

Darin können die Funktionen $\tilde{\phi}_{x,i}$ mittels (4.113) durch Bestimmung der Lösung des Randwertproblems (4.112) im Frequenzbereich berechnet werden (siehe Beispiel 2.7), die man auch zur Berechnung der konstanten Matrizen $F(\lambda_{v,i})$ und $F_d(\lambda_{v,i})$ benötigt (siehe (4.115)–(4.116)). Durch Einsetzen von (4.143) in (4.138) lässt sich nachweisen, dass (4.143) auch hinreichend für die Erzeugung des Sollwertes x_s ist.

Um den Rückführoperator $\mathcal{K}$ (siehe (4.91)) zu berechnen, bestimmt man die Dynamik des *Zustandsfolgefehlers*

$$e_x(t) = x(t) - x_s(t) = x(t) - \mathcal{M}_x v(t). \tag{4.144}$$

Zeitliche Ableitung von (4.144) liefert

$$\dot{e}_x(t) = \mathcal{A}x(t) + \mathcal{B}u(t) + \mathcal{G}Pv(t) - \mathcal{M}_x Sv(t), \tag{4.145}$$

worin (4.81) und (4.84)–(4.85) eingesetzt wurden. Ist die zeitliche Ableitung nicht möglich, weil e_x nicht die hierfür erforderliche Differenzierbarkeit besitzt, dann ist die folgende Herleitung im *milden Sinn* zu interpretieren (siehe Anhang A.1). Der Ausdruck (4.145) lässt sich durch eine einfache Umformung auch in der Form

$$\dot{e}_x(t) = \mathcal{A}e_x(t) + \mathcal{B}(u(t) - M_u v(t)) - (\mathcal{M}_x S - \mathcal{A}\mathcal{M}_x - \mathcal{B}M_u - \mathcal{G}P)v(t) \quad (4.146)$$

darstellen. Da man leicht zeigen kann, dass die Aufschaltmatrix M_u und der Aufschaltoperator $\mathcal{M}_x$ Lösungen der „*regulator equations*"

$$\mathcal{M}_x S - \mathcal{A}\mathcal{M}_x = \mathcal{B}M_u + \mathcal{G}P \quad (4.147)$$
$$\mathcal{C}\mathcal{M}_x = Q \quad (4.148)$$

mit Bild $\mathcal{M}_x \subset D(\mathcal{A})$ sind (siehe [8]), gilt für (4.146)

$$\dot{e}_x(t) = \mathcal{A}e_x(t) + \mathcal{B}(u(t) - M_u v(t)). \quad (4.149)$$

Führt man den *neuen Eingang* u_R mit (4.88) gemäß

$$u(t) = u_s(t) + u_R(t) = M_u v(t) + u_R(t) \quad (4.150)$$

ein, dann lautet das *Fehlersystem*

$$\dot{e}_x(t) = \mathcal{A}e_x(t) + \mathcal{B}u_R(t), \quad t > 0, \quad e_x(0) \in H. \quad (4.151)$$

Dieses wird durch die *Zustandsfolgefehlerrückführung*

$$u_R(t) = -\mathcal{K}e_x(t) \quad (4.152)$$

geregelt, was auf das *geregelte Fehlersystem*

$$\dot{e}_x(t) = (\mathcal{A} - \mathcal{B}\mathcal{K})e_x(t), \quad t > 0, \quad e_x(0) \in H \quad (4.153)$$

führt. Wie man sieht, ist die Dynamikvorgabe für (4.153) bzw. der Entwurf von $\mathcal{K}$ unabhängig von der Führungs- und Störgrößenaufschaltung. Da das Fehlersystem (4.151) wie die Strecke (4.81) zur Klasse der Riesz-Spektralsysteme gehört, ist es nahe liegend, den Rückführoperator $\mathcal{K}$ durch Eigenwertvorgabe zu bestimmen. Diese Aufgabenstellung lässt sich mit dem in Abschnitt 4.1.2 vorgestellten Entwurfsverfahren systematisch lösen.

Das nachfolgende Beispiel verdeutlicht die Vorgehensweise beim Entwurf einer Führungs- und Störgrößenaufschaltung mit Zustandsfolgeregler anhand des Wärmeleiters aus Abschnitt 2.1.

Beispiel 4.3. *Führungs- und Störgrößenaufschaltung für den Wärmeleiter mit Dirichletschen Randbedingungen*

Im Folgenden soll für den in Abschnitt 2.1 vorgestellten Wärmeleiter eine Führungs- und Störgrößenaufschaltung entworfen werden. Dazu wird angenommen, dass dieses System zusätzlich durch eine Wärmequelle mit der Heizleistung d gestört wird. Diese Störung hat die Ortscharakteristik

$$g(z) = \begin{cases} 15 & : \ 0.27 \le z \le 0.35 \\ 0 & : \ \text{sonst,} \end{cases} \quad (4.154)$$

4.2 Führungs- und Störgrößenaufschaltung

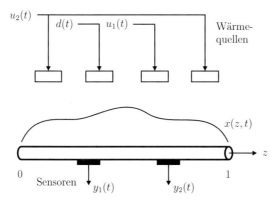

Abb. 4.2: Wärmeleiter mit der Temperatur $x(z,t)$, den Eingängen $u_1(t)$ und $u_2(t)$, der Störung $d(t)$ sowie den Regelgrößen $y_1(t)$ und $y_2(t)$

was auch schematisch in Abbildung 4.2 dargestellt ist. Berücksichtigt man dies bei der Modellbildung, so erhält man das Anfangs-Randwertproblem

$$\partial_t x(z,t) = \partial_z^2 x(z,t) + b^T(z)u(t) + g(z)d(t), \ t > 0, \ z \in (0,1) \quad (4.155)$$
$$x(0,t) = x(1,t) = 0, \ t > 0 \quad (4.156)$$
$$x(z,0) = x_0(z), \ z \in [0,1] \quad (4.157)$$
$$y(t) = \int_0^1 c(z)x(z,t)dz, \ t \geq 0 \quad (4.158)$$

mit der Zustandsbeschreibung

$$\dot{x}(t) = \mathcal{A}x(t) + \mathcal{B}u(t) + \mathcal{G}d(t), \quad t > 0, \quad x(0) = x_0 \quad (4.159)$$
$$y(t) = \mathcal{C}x(t), \quad (4.160)$$

worin die Operatoren $\mathcal{A}$, $\mathcal{B}$ und $\mathcal{C}$ in Abschnitt 2.1 bereits eingeführt wurden und der Störeingangsoperator $\mathcal{G}$ durch

$$\mathcal{G}d(t) = gd(t) \quad (4.161)$$

mit (4.154) gegeben ist. Es wird angenommen, dass die zwei Führungsgrößen w sprungförmig verlaufen und die Störung d Sinusform mit der Kreisfrequenz $\omega_0 = 10$ besitzt. Diese Anregungsgrößen lassen sich durch das Signalmodell

$$\dot{v}(t) = \begin{bmatrix} 0 & 1 & 0 & 0 \\ -\omega_0^2 & 0 & 0 & 0 \\ 0 & 0 & 0 & 0 \\ 0 & 0 & 0 & 0 \end{bmatrix} v(t), \quad v(0) = v_0 \in \mathbb{C}^4 \tag{4.162}$$

$$d(t) = \begin{bmatrix} 1 & 0 & 0 & 0 \end{bmatrix} v(t) \tag{4.163}$$

$$w(t) = \begin{bmatrix} 0 & 0 & 1 & 0 \\ 0 & 0 & 0 & 1 \end{bmatrix} v(t) \tag{4.164}$$

beschreiben. Mit diesen Vorgaben kann die Führungs- und Störgrößen-aufschaltung (4.88) nach Berechnung der Übertragungsmatrizen $F(s)$ und $F_d(s)$ mit MAPLE unmittelbar durch (4.134) in MATLAB bestimmt werden. Unabhängig davon lässt sich der Zustandsfolgeregler (4.137) entwerfen. Eine modale Analyse der Strecke liefert die 8 der Imaginärachse am nächsten gelegenen Streckeneigenwerte, die in Tabelle 4.1 dargestellt sind. Damit ist es

i	λ_i	i	λ_i
1	-9.87	5	-247
2	-39.5	6	-355
3	-88.8	7	-484
4	-158	8	-632

Tabelle 4.1: Die ersten acht Eigenwerte von $\mathcal{A}$

ausreichend, nur die ersten drei Streckeneigenwerte durch die Zustandsrückführung zu verschieben. Folglich sind drei Regelungseigenwerte $\tilde{\lambda}_i$, $i = 5, 6, 7$, und die zugehörigen Parametervektoren beim Entwurf des Zustandsfolgereglers (4.137) vorzugeben, um eine hinreichend schnelle Fehlerdynamik zu erhalten. Die nach der Eigenwertvorgabe noch vorhandenen Freiheitsgrade werden dazu genutzt, um eine näherungsweise Entkopplung des Ausgangsfolgefehlers $y - w$ zu erzielen. Wegen (4.82) und (4.86) gilt mit (4.144) und (4.148) für den Folgefehler

$$y(t) - w(t) = \mathcal{C}x(t) - Qv(t) = \mathcal{C}x(t) - \mathcal{C}\mathcal{M}_x v(t) = \mathcal{C}e_x(t). \tag{4.165}$$

Einsetzen der Lösung von (4.153) (siehe Abschnitt 2.2.2) ergibt

$$y(t) - w(t) = \sum_{i=5}^{7} \mathcal{C}\tilde{\phi}_{x,i} e^{\tilde{\lambda}_i t} \langle e_x(0), \tilde{\psi}_{x,i} \rangle_H + \sum_{i=8}^{\infty} \mathcal{C}\tilde{\phi}_{x,i} e^{\lambda_i t} \langle e_x(0), \tilde{\psi}_{x,i} \rangle_H. \tag{4.166}$$

Damit sich die erste Eigenschwingung nur auf $y_1 - w_1$, die zweite Eigenschwingung sich nur auf $y_2 - w_2$ und die dritte Eigenschwingung sich nicht auf den Folgefehler $y - w$ auswirkt, muss für die Eigenvektoren $\tilde{\phi}_{x,i}$, $i = 5, 6, 7$, von $\mathcal{A} - \mathcal{B}\mathcal{K}$

$$\mathcal{C}\tilde{\phi}_{x,5} = e_1, \ \mathcal{C}\tilde{\phi}_{x,6} = e_2 \quad \text{und} \quad \mathcal{C}\tilde{\phi}_{x,7} = 0 \tag{4.167}$$

4.2 Führungs- und Störgrößenaufschaltung   111

gelten. Setzt man darin die Beziehung (4.65) ein, so ergeben sich mit der Streckenübertragungsmatrix

$$F(s) = \mathcal{C}(sI - \mathcal{A})^{-1}\mathcal{B} \tag{4.168}$$

die Bestimmungsgleichungen

$$-F(\tilde{\lambda}_5)p_5 = e_1, \ -F(\tilde{\lambda}_6)p_6 = e_2 \quad \text{und} \quad F(\tilde{\lambda}_7)p_7 = 0. \tag{4.169}$$

Die ersten beiden Gleichungen besitzen eine eindeutige Lösung, falls die Regelungseigenwerte verschieden von den Übertragungsnullstellen und den Eigenwerten des Wärmeleiters gewählt werden, d.h. $\det F(\tilde{\lambda}_i) \neq 0$, $i = 5, 6$. Um für die dritte Bestimmungsgleichung eine nichttriviale Lösung zu erhalten, ist $\tilde{\lambda}_7$ gleich einer Übertragungsnullstelle zu wählen, d.h. es muss $\det F(\tilde{\lambda}_7) = 0$ gelten. Als erster Regelungseigenwert wird $\tilde{\lambda}_5 = -13$ vorgegebem und als zweiter Regelungseigenwert wird der Streckeneigenwert $\lambda_2 = -39.5$ in die Regelung übernommen, d.h. $\tilde{\lambda}_6 = -39.5$. Dieser Fall wurde in Kapitel 4.1.2 zu Gunsten einer übersichtlicheren Darstellung ausgeschlossen. Der zugehörige Rückführoperator $\mathcal{K}$ kann aber ebenfalls mit der dort angegebenen Zustandsreglerformel (4.64) berechnet werden, wenn man die Lösung $(\tilde{\phi}_6, p_6)$ von

$$(\lambda_i I - \mathcal{A})\tilde{\phi}_6 - \mathcal{B}p_6 = 0 \tag{4.170}$$

$$\mathcal{C}\tilde{\phi}_6 = e_2 \tag{4.171}$$

bestimmt. Anschließend erhält man den Vektor $\tilde{v}_6$ (siehe (4.62)) in (4.64) aus

$$(\Lambda - \lambda_2 I)\tilde{v}_6 = B^*p_6. \tag{4.172}$$

Zusammen mit dem dritten Regelungseigenwert $\tilde{\lambda}_7 = -20.1$ zur Kompensation einer Übertragungsnullstelle (siehe (4.169)) gilt für die Fehlerdynamik

$$y(t) - w(t) = \begin{bmatrix} e^{-13t}\langle e_x(0), \tilde{\psi}_{x,5}\rangle_H \\ e^{-39.5t}\langle e_x(0), \tilde{\psi}_{x,6}\rangle_H \end{bmatrix} + \sum_{i=8}^{\infty} \mathcal{C}\tilde{\phi}_{x,i}e^{\lambda_i t}\langle e_x(0), \tilde{\psi}_{x,i}\rangle_H. \tag{4.173}$$

Da wegen (4.173) die Fehlerdynamik bezüglich jeder Regelgröße näherungsweise nur durch eine Eigenschwingung beeinflusst wird, kann das Führungs- und Störverhalten gezielt eingestellt werden. Zur Simulation der Regelung aus Abbildung 4.1 wird ein modales Approximationsmodell 30-ter Ordnung für die Strecke (4.81)–(4.82) mit der Anfangsbedingung $x(0) = 0$ verwendet. Die Vorgabe von zwei Führungssprüngen $w_1(t) = 3\sigma(t)$ und $w_2(t) = 1.5\sigma(t)$ sowie $d = 0$ entspricht dem Signalmodellanfangswert $v(0) = [0 \ \ 0 \ \ 3 \ \ 1.5]^T$ und führt auf das in Abbildung 4.3 dargestellte Simulationsergebnis. Dort wird der exakte Entwurf der Führungsgrößenaufschaltung mit dem „early-lumping"-Ansatz verglichen, bei dem die Führungs- und Störgrößenaufschaltung sowie der Folgeregler anhand einer modalen Approxima-

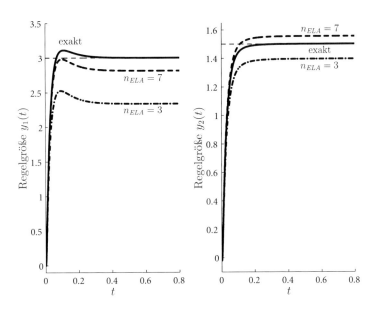

Abb. 4.3: Führungsverhalten der Regelung aus Abbildung 4.1 bei Führungssprüngen $w_1(t) = 3\sigma(t)$ und $w_2(t) = 1.5\sigma(t)$ für den vorgestellten exakten Entwurf und für den „early-lumping"-Ansatz mit Approximationsordnungen $n_{ELA} = 3$ und $n_{ELA} = 7$

tion der Ordnung $n_{ELA} = 3$ und $n_{ELA} = 7$ entworfen werden (siehe Abschnitt 2.2.2). Die Zeitverläufe in Abbildung 4.3 machen deutlich, dass der exakte Entwurf stationäre Genauigkeit der Regelung erzielt. Beim „early-lumping"-Ansatz macht sich die vernachlässigte Streckendynamik in Form einer bleibenden Regelabweichung deutlich bemerkbar, die mit ansteigender Approximationsordnung kleiner wird. Erst bei Approximationsordnungen größer als $n_{ELA} = 15$ ist kaum noch ein Unterschied des Ergebnisses zwischen exaktem Entwurf und „early-lumping" bemerkbar. Das deutliche Überschwingen in der Führungssprungantwort der ersten Regelgröße ist auf eine verbleibende Verkopplung der Regelgrößen zurückzuführen, da der Folgefehler $y_1 - w_1$ über $\langle e_x(0), \tilde{\psi}_{x,5} \rangle_H$ auch durch den Anfangswert $y_2(0) - w_2(0) \neq 0$ angeregt wird (siehe (4.173)). Verändert man die Anfangszustände des Signalmodells auf $v(0) = [200 \ \ 200 \ \ 0 \ \ 0]^T$, dann wirkt nur eine Sinusstörung $d(t) = d_0 \sin(10t + \varphi_0)$ auf die Regelung aus Abbildung 4.1. Das resultierende Störverhalten ist in Abbildung 4.4 dargestellt. Wie man sieht, ergibt sich beim vorgestellten exakten Entwurfsverfahren die gewünschte asymptotische Störkompensation. Der im Vergleich zu y_2 langsamere Verlauf von y_1 ist Ergebnis der Ausgangsgrößenformung (4.173). Für niedrige Approximationsordnungen $n_{ELA} = 3$ und $n_{ELA} = 7$ liefert der klassische „early-lumping"-Ansatz keine zufriedenstellende asymptotische Störkompensation. Erst bei einer Approxi-

4.2 Führungs- und Störgrößenaufschaltung 113

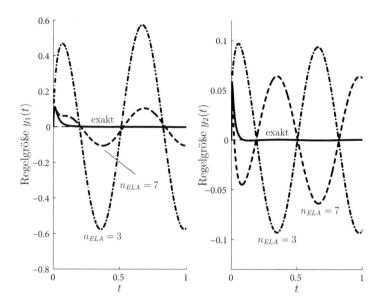

Abb. 4.4: Störverhalten der Regelung aus Abbildung 4.1 bei Sinusstörung $d(t) = d_0 \sin(10t + \varphi_0)$ für den vorgestellten exakten Entwurf und für den „early-lumping"-Ansatz mit Approximationsordnungen $n_{ELA} = 3$ und $n_{ELA} = 7$

mationsordnung größer als $n_{ELA} = 15$ wird die Störung nahezu ausgeregelt.
◂

4.2.4 Vorsteuerung des Führungs- und Störverhaltens mittels „late-lumping"

Bei der bisherigen Herleitung der Führungs- und Störgrößenaufschaltung wurde vorausgesetzt, dass der Signalmodellzustand v messbar ist (siehe Abbildung 4.1). Will man das vorgestellte Verfahren zum Entwurf einer modellgestützten Vorsteuerung (siehe Abschnitt 3.2.1) in praktischen Anwendungen nutzen, dann kann man von dieser Voraussetzung nicht mehr ausgehen. Ist jedoch nur die Störgröße d *messbar* und der Verlauf von w bekannt, dann lässt sich der Zustand v des Signalmodells (4.84)–(4.86) durch den *endlichdimensionalen Signalmodellbeobachter*

$$\dot{\hat{v}}(t) = S\hat{v}(t) + L_w(w(t) - \hat{w}(t)) + L_d(d(t) - \hat{d}(t)), \quad t > 0, \quad (4.174)$$
$$\hat{v}(0) = \hat{v}_0 \in \mathbb{C}^{n_v}$$

$$\hat{d}(t) = P\hat{v}(t), \quad t \geq 0 \tag{4.175}$$

$$\hat{w}(t) = Q\hat{v}(t), \quad t \geq 0 \tag{4.176}$$

asymptotisch rekonstruieren, d.h. es gilt

$$\lim_{t \to \infty} (v(t) - \hat{v}(t)) = 0, \quad \forall v_0, \hat{v}_0 \in \mathbb{C}^{n_v}. \tag{4.177}$$

Dies setzt die Beobachtbarkeit des Signalmodells (4.84)–(4.86) bzgl. d und w voraus (siehe Abschnitt 4.2.1). Davon kann man aber ausgehen, da nicht-beobachtbare Signalmodelleigenwerte für die Führungs- und Störgrößen-aufschaltung keine Rolle spielen. Um den Einfluss der Dynamik des Signal-modellbeobachters beim Entwurf der Führungs- und Störgrößenaufschaltung zu untersuchen, bestimmt man die Fehlerdifferentialgleichung

$$\dot{v}(t) - \dot{\hat{v}}(t) = (S - L_w Q - L_d P)(v(t) - \hat{v}(t)), \tag{4.178}$$

welche sich anhand des Signalmodells (4.84)–(4.86) und des Beobachters (4.174)–(4.176) leicht herleiten lässt. Da diese Differentialgleichung homo-gen ist, gilt das Separationsprinzip. Damit sind der Entwurf des Signal-modellbeobachters und der Führungs- und Störgrößenaufschaltung voneinan-der unabhängig. Darüber hinaus kann die Fehlerdynamik des Signalmodell-beobachters vergleichsweise schnell gewählt werden, womit sich anfängliche Beobachtungsfehler nur gering auf das zugehörige vorgesteuerte Führungs- und Störverhalten auswirken. Dabei ist zu beachten, dass man bei verrausch-ten Störgrößen diesen Beobachter nicht zu schnell machen darf, da er sonst differenzierendes Verhalten besitzt und deshalb das Rauschen übermäßig ver-stärkt wird (siehe [61]). Der endlich-dimensionale Signalmodellbeobachter (4.174)–(4.176) muss dann in der modellgestützten Vorsteuerung realisiert werden, was problemlos möglich ist. Ist das Führungssignalmodell erster Ord-nung, dann stimmt w mit dem zugehörigen Signalmodellzustand überein und muss folglich nicht durch einen Beobachter rekonstruiert werden. Dasselbe gilt auch für die Störung.

Als weitere Problemstellung bei der Implementierung der Führungs- und Störgrößenaufschaltung in einer modellgestützen Vorsteuerung verbleibt noch die Bestimmung des Zustands x. Weil sich dieser Zustand direkt am Strecken-modell in der Vorsteuerung abgreifen lässt, entfällt die Notwendigkeit ihn mittels eines Beobachters zu rekonstruieren. Allerdings besteht bei der mo-dellgestützten Vorsteuerung von verteilt-parametrischen Systemen das Pro-blem, dass sie die Realisierung eines Modells des verteilt-parametrischen Systems erfordert. Da dies nicht möglich ist, muss man mit einer endlich-dimensionalen Approximation auskommen. Verwendet man diese anstatt des verteilt-parametrischen Systems in der Vorsteuerung, so stellt sich die Fra-ge, ob das resultierende Steuersignal und die zugehörige Solltrajektorie für

4.2 Führungs- und Störgrößenaufschaltung 115

eine Vorsteuerung geeignet sind. In diesem Zusammenhang ist die Bildung des Steuersignals unproblematisch, da es immer exakt anhand einer endlich-dimensionalen *modalen Approximation* (siehe Abschnitt 2.2.2) gebildet werden kann. Dieses Ergebnis wird im nächsten Satz vorgestellt.

Satz 4.9 (Endlich-dimensionale Bildung des Steuersignals u_s). *Für den Rückführoperator $\mathcal{K}$ gelte*

$$\mathcal{K} = \overline{K^*} \begin{bmatrix} \langle \cdot, \psi_{x,1} \rangle_H \\ \vdots \\ \langle \cdot, \psi_{x,n} \rangle_H \end{bmatrix} \quad mit \quad \overline{K^*} \in \mathbb{C}^{m \times n}. \tag{4.179}$$

Dann kann das anhand des verteilt-parametrischen Streckenmodells

$$\dot{x}_s(t) = \mathcal{A}x_s(t) + \mathcal{B}u_s(t) + \mathcal{G}d(t) \tag{4.180}$$

mit

$$u_s(t) = M_u v(t) - \mathcal{K}(x_s(t) - \mathcal{M}_x v(t)) \tag{4.181}$$

gebildete Steuersignal u_s auch anhand der modalen Streckenapproximation

$$\dot{x}_s^*(t) = \Lambda x_s^*(t) + B^* u_s(t) + G^* d(t), \quad x_s^*(0) \in \mathbb{C}^n \tag{4.182}$$

der Ordnung n über

$$u_s(t) = M_u v(t) - \overline{K^*}(x_s^*(t) - M_x^* v(t)) \tag{4.183}$$

mit

$$M_x^* = \begin{bmatrix} \tilde{\varphi}_{x,1} \dots \tilde{\varphi}_{x,n_v} \end{bmatrix} \begin{bmatrix} \phi_{v,1} \dots \phi_{v,n_v} \end{bmatrix}^{-1} \tag{4.184}$$

und

$$\tilde{\varphi}_{x,i} = (\lambda_{v,i} I - \Lambda)^{-1}(G^* P + B^* M_u)\phi_{v,i} \tag{4.185}$$

gebildet werden. Darin sind die Matrizen Λ, B^* und G^* durch

$$\Lambda = \begin{bmatrix} \lambda_1 & & \\ & \ddots & \\ & & \lambda_n \end{bmatrix} \tag{4.186}$$

und

$$B^* = \begin{bmatrix} b_1^{*T} \\ \vdots \\ b_n^{*T} \end{bmatrix} = \begin{bmatrix} \langle b_1, \psi_{x,1} \rangle_H & \dots & \langle b_m, \psi_{x,1} \rangle_H \\ \vdots & & \vdots \\ \langle b_1, \psi_{x,n} \rangle_H & \dots & \langle b_m, \psi_{x,n} \rangle_H \end{bmatrix} \tag{4.187}$$

sowie

$$G^* = \begin{bmatrix} g_1^{*T} \\ \vdots \\ g_n^{*T} \end{bmatrix} = \begin{bmatrix} \langle g_1, \psi_{x,1} \rangle_H & \dots & \langle g_q, \psi_{x,1} \rangle_H \\ \vdots & & \vdots \\ \langle g_1, \psi_{x,n} \rangle_H & \dots & \langle g_q, \psi_{x,n} \rangle_H \end{bmatrix} \tag{4.188}$$

116   4 Entwurf von Vorsteuerungen

gegeben.

Beweis. Den Beweis dieses Satzes findet man in Abschnitt C.8. ◄

Dieses Ergebnis ist unmittelbar plausibel, weil wegen (4.179) der Regelungsanteil $\mathcal{K}(x_s(t) - \mathcal{M}_x v(t))$ in (4.181) nur n Eigenwerte verschiebt, wofür nur die Modalkoordinaten x_s^* in (4.182) rückgeführt werden müssen (siehe auch Beispiel 4.1). Der zugehörige Sollwert $M_x^* v(t)$ für den modalen Zustand x_s^* ergibt sich dann aus der modalen Projektion von $\mathcal{M}_x$. Der Steueranteil $M_u v(t)$ in (4.181) wird unverändert in (4.183) übernommen und verursacht deshalb keinen Fehler. Dies macht deutlich, dass für die Bestimmung der Führungs- und Störgrößenaufschaltung die Betrachtung des verteilt-parametrischen Systems (4.81)–(4.82) weiterhin notwendig ist. Die Realisierung von $M_u v$ in der Vorsteuerung ist dabei unproblematisch, da der hierfür benötigte Signalmodellzustand v durch den endlich-dimensionalen Signalmodellbeobachter (4.174) rekonstruiert werden kann.

Allerdings muss für den Ausgangsfolgeregler (siehe Abbildung 3.2) noch eine geeignete Solltrajektorie für die Regelgröße gebildet werden. Es ist nahe liegend, hierfür das modale Approximationsmodell (4.182) heranzuziehen. Um diese Vorgehensweise näher zu untersuchen, betrachtet man zunächst das mit der Steuerung u_s angeregte verteilt-parametrische System

$$\dot{x}_s(t) = \mathcal{A} x_s(t) + \mathcal{B} u_s(t) + \mathcal{G} d(t) \tag{4.189}$$

$$y_s(t) = \mathcal{C} x_s(t) \tag{4.190}$$

(siehe (4.81)–(4.82)), bei dem sich der gewünschte Verlauf y_s der Regelgröße y am Ausgang einstellt. Geht man mit dem Ansatz

$$x_s(t) = \sum_{i=1}^{\infty} \langle x_s(t), \psi_{x,i} \rangle_H \phi_{x,i} = \sum_{i=1}^{\infty} x_{s,i}^*(t) \phi_{x,i} \tag{4.191}$$

in die Ausgangsgleichung (4.190) ein, so ergibt sich der am verteilt-parametrischen System gebildete Verlauf

$$y_s(t) = \sum_{i=1}^{\infty} x_{s,i}^*(t) \mathcal{C} \phi_{x,i} \tag{4.192}$$

der Ausgangsgröße. Da an der modalen Approximation (4.182) nur der Zustand

$$x_s^*(t) = \begin{bmatrix} \langle x_s(t), \psi_{x,1} \rangle_H \\ \vdots \\ \langle x_s(t), \psi_{x,n} \rangle_H \end{bmatrix} \tag{4.193}$$

abgreifbar ist, kann nur die Approximation

4.2 Führungs- und Störgrößenaufschaltung 117

$$y_s^*(t) = \sum_{i=1}^n x_{s,i}^*(t)\mathcal{C}\phi_{x,i} = C^* x_s^*(t) \qquad (4.194)$$

mit

$$C^* = \begin{bmatrix} \mathcal{C}\phi_{x,1} \ldots \mathcal{C}\phi_{x,n} \end{bmatrix} \qquad (4.195)$$

von y_s als tatsächliche Solltrajektorie verwendet werden. Wie (4.194) zeigt, ist die Solltrajektorie y_s^* nur dann eine gute Approximation von y_s, wenn die Approximationsordnung n hinreichend groß ist, weil nur dann hinreichend viele Reihenglieder von (4.192) in (4.194) berücksichtigt werden. Dies ist problematisch, da man beim eigentlichen Entwurf der Führungs- und Störgrößenaufschaltung in vielen Fällen mit kleinen Werten von n auskommt (siehe Beispiel 4.3). Eine nahe liegende Maßnahme zur Lösung dieses Problems besteht darin, die Ordnung des Approximationsmodells (4.182) zu erhöhen. Man realisiert also anstatt von (4.182) das *erweiterte modale Approximationsmodell*

$$\dot{x}_s^*(t) = \Lambda x_s^*(t) + B^* u_s(t) + G^* d(t), \quad x_s^*(0) \in \mathbb{C}^n \qquad (4.196)$$
$$\dot{x}_{s,N}^*(t) = \Lambda_N x_{s,N}^*(t) + B_N^* u_s(t) + G_N^* d(t), \quad x_{s,N}^*(0) \in \mathbb{C}^N, \quad (4.197)$$

welches aus (4.182) durch Erweiterung um N Zustände

$$x_{s,N}^*(t) = \begin{bmatrix} \langle x_s(t), \psi_{x,n+1} \rangle_H \\ \vdots \\ \langle x_s(t), \psi_{x,n+N} \rangle_H \end{bmatrix} \qquad (4.198)$$

hervorgeht. Darin sind die zusätzlich auftretenden Matrizen durch

$$\Lambda_N = \begin{bmatrix} \lambda_{n+1} & & \\ & \ddots & \\ & & \lambda_{n+N} \end{bmatrix} \qquad (4.199)$$

sowie

$$B_N^* = \begin{bmatrix} \langle b_1, \psi_{x,n+1} \rangle_H & \cdots & \langle b_m, \psi_{x,n+1} \rangle_H \\ \vdots & & \vdots \\ \langle b_1, \psi_{x,n+N} \rangle_H & \cdots & \langle b_m, \psi_{x,n+N} \rangle_H \end{bmatrix} \qquad (4.200)$$

und

$$G_N^* = \begin{bmatrix} \langle g_1, \psi_{x,n+1} \rangle_H & \cdots & \langle g_q, \psi_{x,n+1} \rangle_H \\ \vdots & & \vdots \\ \langle g_1, \psi_{x,n+N} \rangle_H & \cdots & \langle g_q, \psi_{x,n+N} \rangle_H \end{bmatrix} \qquad (4.201)$$

gegeben. Unter Verwendung der zusätzlich verfügbaren Zustandsgrößen $x_{s,N}^*(t)$ (siehe (4.198)) kann dann die *Solltrajektorie*

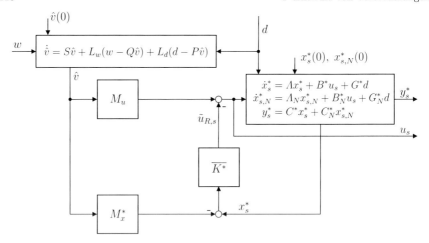

Abb. 4.5: Endlich-dimensionale modellgestützte Vorsteuerung mit Signalmodellbeobachter und erweitertem modalen Approximationsmodell

$$y_s^*(t) = \sum_{i=1}^{n} x_{s,i}^*(t)\mathcal{C}\phi_{x,i} + \sum_{i=n+1}^{N} x_{s,i}^*(t)\mathcal{C}\phi_{x,i} \qquad (4.202)$$

anhand von (4.196)–(4.197) gebildet werden.

In Anhang C.9 wird gezeigt, dass für hinreichend großes N die Solltrajektorie y_s^* ausreichend gut mit y_s übereinstimmt und deshalb für die Vorsteuerung geeignet ist. Die resultierende endlich-dimensionale modellgestützte Vorsteuerung ist in Abbildung 4.5 dargestellt, bei der zur Rekonstruktion des Signalmodellzustands v ein Beobachter eingesetzt wird, der wie das Signalmodell endlich-dimensional ist. Die eben beschriebene Vorgehensweise, den Entwurf am verteilt-parametrischen System durchzuführen und anschließend das Entwurfsergebnis endlich-dimensional zu approximieren, wird als „*late-lumping*" bezeichnet.

Abschließend lässt sich zu diesem Steuerungsentwurf noch anmerken, dass die Bestimmung einer hoch dimensionalen Vorsteuerung grundsätzlich unproblematisch ist, wenn man nur Führungssprünge oder daraus ableitbare Führungsgrößen vorsteuern will. Es ist dann nämlich möglich, mit der hoch dimensionalen Vorsteuerung nur das Steuersignal u_s und den Sollwert y_s^* für einen Einheitssprung der Führungsgröße w *offline* zu berechnen und die resultierenden Zeitverläufe anschließend im Rechner abzuspeichern. Die Steuerung und Sollwerte für beliebige Führungssprünge bzw. daraus ableitbare Führungssignale lassen sich aus den vorab berechneten Zeitverläufen von u_s und y_s^* einfach durch Multiplikation mit konstanten Faktoren bzw. durch Addition gewinnen, da für die lineare verteilt-parametrische Strecke das Superpositionsprinzip gilt.

4.3 Ein-/Ausgangsentkopplung des Führungsverhaltens

Eine typische Eigenschaft von Mehrgrößenstrecken ist die Verkopplung der Ein- und Ausgangsgrößen, d.h. die Änderung in einer Eingangsgröße beeinflusst nicht nur eine sondern mehrere Ausgangsgrößen. Will man für eine Mehrgrößenstrecke nicht nur den Wert der Regelgrößen im stationären Zustand vorgeben, sondern auch für jede Regelgröße unabhängig den zugehörigen Einschwingvorgang beeinflussen, dann muss man eine *Ein-/Ausgangsentkopplung* des Führungsverhaltens vornehmen. Falls die Regelung in diesem Sinn entkoppelt ist, wird nur die i-te Regelgröße y_i durch die zugehörige Führungsgröße w_i beeinflusst. Damit ist der Entwurf des Führungsverhaltens der Mehrgrößenregelung auf die unabhängige Vorgabe des Führungsübertragungsverhaltens von Eingrößenregelungen zurückgeführt.

Obwohl diese Problemstellung auch für verteilt-parametrische Mehrgrößensysteme grundlegend ist, findet man hierzu in der Literatur kaum Ergebnisse, die für einen konkreten Entwurf hilfreich sind. So wird beispielsweise in [63] das Entkopplungsproblem für parabolische Systeme betrachtet, die einen endlichen Differenzgrad besitzen. Wie anschließend noch gezeigt wird, ist diese Bedingung nur für wenige verteilt-parametrische Systeme erfüllt. Ein anderer Zugang wird in [11] vorgestellt, der auf der geometrischen Methode für verteilt-parametrische Systeme basiert und auch in den weiterführenden Arbeiten [42, 53, 54] Ausgangspunkt der Betrachtungen ist. Diese Untersuchungen liefern zwar Bedingungen für die Entkoppelbarkeit durch statische und dynamische Zustandsrückführungen, geben aber keine konkrete Vorgehensweise zur Bestimmung der zugehörigen Entkopplungsregler an. Eine praktikable näherungsweise Lösung des Entkopplungsproblems wird in [68] vorgeschlagen, bei welcher der Entkopplungsentwurf für eine endlich-dimensionale modale Approximation der verteilt-parametrischen Strecke durchgeführt wird. Die Ordnung der modalen Approximation entspricht dabei der Anzahl p der Eingangsgrößen der Strecke. Dieser Ansatz wird auch in [28] vorgeschlagen, wobei zur Reglerbestimmung das Galerkin-Verfahren herangezogen wird. Damit ist dieser Entkopplungsentwurf auch ohne Kenntnis der Eigenfunktionen durchführbar. Der Nachteil dieses Ansatzes besteht darin, dass sich bei einer geringen Anzahl von Stellgrößen kein gutes Entkopplungsergebnis erzielen lässt, weil dann die Ordnung des Approximationsmodells sehr niedrig ist. Darüber hinaus kann mit dieser Entwurfsmethode keine exakte Ein-/Ausgangsentkopplung bezüglich der dominanten Regelungsdynamik erreicht werden. Das gleiche Problem tritt ebenfalls bei Verwendung des „early-lumping"-Ansatzes zum Entkopplungsentwurf auf, bei dem sich auch modale Approximationen höherer Ordnung verwenden lassen, um den Approximationsfehler klein zu halten.

Dieser Abschnitt stellt einen Entkopplungsentwurf vor, der eine systematische Entkopplung der Ein-/Ausgangsdynamik bezüglich der ersten p dominanten Moden der Regelung im Führungsverhalten ermöglicht (siehe auch [21]). Hierzu wird zunächst das reine Ausgangsentkopplungsproblem gelöst. Dies bedeutet, dass die ersten p dominanten Moden der Regelung jeweils nur eine vorgegebene Regelgröße y_i beeinflussen. Da sich diese Problemstellung als Eigenstrukturvorgabeproblem formulieren lässt, kann es systematisch mit dem in Abschnitt 4.1.2 vorgestellten parametrischen Entwurfsverfahren gelöst werden. Um den Einfluss noch verbleibender dominanter Regelungsmoden auf das Führungsverhalten zu beseitigen, wird die Ausgangsentkopplung um einen Kompensationsschritt ergänzt. Hierbei kompensiert man die verbleibenden dominanten Regelungsmoden mit Übertragungsnullstellen der Strecke, womit sie keinen Beitrag zum Führungsverhalten mehr liefern. Da die stationäre Genauigkeit im Führungsverhalten eine grundlegende Anforderung an eine Regelung ist, bestimmt man die konstante Vorfiltermatrix der Führungsgrößenaufschaltung zur Sicherstellung dieser Eigenschaft. Anschließend wird gezeigt, dass dieses Vorfilter bei Berücksichtigung von hinreichend vielen Moden im Kompensationsschritt auch das Eingangsentkopplungsproblem in guter Näherung löst, d.h. dass jede der ersten p dominanten Regelungsmoden auch nur von einer Führungsgröße w_i angeregt wird. Ein weiterer Vorteil der vorgestellten Entkopplungsmethodik besteht in der Sicherstellung der exponentiellen Stabilität der Regelung, d.h. die Entkopplungsregelung ist auch intern stabil.

Im nächsten Abschnitt wird anhand eines einfachen Beispiels die Problematik der Ein-/Ausgangsentkopplung von verteilt-parametrischen Systemen kurz vorgestellt und daraus Hinweise für einen praktikablen Entkopplungsentwurf abgeleitet. Anschließend folgt nach einer genauen Problemformulierung die parametrische Lösung des Ausgangsentkopplungsproblems und die Darstellung des Kompensationsschritts. Der Entkopplungsentwurf wird durch Bestimmung der Vorfiltermatrix für stationäre Genauigkeit abgeschlossen, wobei die Wirkung dieser Matrix auf die Eingangsentkopplung diskutiert wird. Gegenstand des darauffolgenden Abschnitts ist die Verwendung der Ein-/Ausgangsentkopplung für den Entwurf von endlich-dimensionalen Vorsteuerungen. Hierzu wird die modellgestützte Vorsteuerung für das verteilt-parametrische System mittels Entkopplung entworfen. Die resultierende unendlich-dimensionale Vorsteuerung wird anschließend endlich-dimensional modal approximiert.

4.3.1 Einführendes Beispiel

Formal lässt sich der für lineare konzentriert-parametrische Systeme bekannte Entkopplungsentwurf nach *Falb-Wolovich* (siehe [24]) unmittelbar auch auf lineare verteilt-parametrische Systeme übertragen. Dabei treten jedoch aufgrund des unendlich-dimensionalen Charakters solcher Systeme zusätzliche Probleme auf, die den Entkopplungsentwurf wesentlich erschweren. Anhand des nächsten Beispiels wird dies gezeigt.

4.3 Ein-/Ausgangsentkopplung des Führungsverhaltens 121

Beispiel 4.4. *Entkopplungsentwurf nach Falb-Wolovich für den Wärmelei-*
ter mit Dirichletschen Randbedingungen
Ausgangspunkt der Betrachtungen ist der in Abschnitt 2.1 vorgestellte Wärmeleiter

$$\partial_t x(z,t) = \partial_z^2 x(z,t) + b^T(z)u(t), \quad t > 0, \quad z \in (0,1) \tag{4.203}$$

$$x(0,t) = x(1,t) = 0, \quad t > 0 \tag{4.204}$$

$$x(z,0) = x_0(z), \quad z \in [0,1] \tag{4.205}$$

$$y(t) = \int_0^1 c(z)x(z,t)dz, \quad t \geq 0. \tag{4.206}$$

Im Unterschied zu Abschnitt 2.1 sei die Ortscharakteristik $b^T(z)$ hinreichend
oft stetig differenzierbar. Gemäß der Vorgehensweise des Entkopplungsentwurfs nach Falb-Wolovich differenziert man die Ausgangsgrößen y_i, $i = 1,2$,
nach der Zeit, was

$$\dot{y}_i(t) = \int_0^1 c_i(z)\partial_t x(z,t)dz \tag{4.207}$$

ergibt (siehe (4.206)). Wird darin die PDgl. (4.203) eingesetzt, so erhält man

$$\dot{y}_i(t) = \int_0^1 c_i(z)\partial_z^2 x(z,t)dz + \int_0^1 c_i(z)b^T(z)dz \, u(t). \tag{4.208}$$

Wenn die Ortscharakteristiken $c(z)$ und $b^T(z)$ in unterschiedlichen Ortsinter-
vallen von Null verschieden sind, gilt

$$\int_0^1 c_i(z)b^T(z)dz = 0^T, \quad i = 1,2. \tag{4.209}$$

Damit ist der *Differenzgrad der Ausgangsgröße* y_i (d.h. die niedrigste Zeitableitung von y_i die erstmals von u abhängt) in beiden Fällen größer als Eins.
Bildet man auch die zweite Zeitableitung, so ergibt sich

$$\ddot{y}_i(t) = \int_0^1 c_i(z)\partial_z^2\partial_t x(z,t)dz, \tag{4.210}$$

was durch Einsetzen von (4.203) auf

$$\ddot{y}_i(t) = \int_0^1 c_i(z)\partial_z^4 x(z,t)dz + \int_0^1 c_i(z)\tfrac{d^2}{dz^2}b^T(z)dz \, u(t) \tag{4.211}$$

führt. Da die zweite Ortsableitung von $b^T(z)$ das Ortsintervall, in dem $b^T(z)$
nicht verschwindet, nicht vergrößert, gilt ebenfalls

$$\int_0^1 c_i(z)\tfrac{d^2}{dz^2}b^T(z)dz = 0^T. \tag{4.212}$$

Es ist daher unmittelbar einsichtig, dass auch beliebige höhere Zeitableitungen von y_i nicht von u abhängen. Aus diesem Grund hat der betrachtete Wärmeleiter keinen *endlichen* Differenzgrad. Damit ist das Verfahren von Falb-Wolovich nicht einfach anwendbar, da die resultierende Ein-/Ausgangsdynamik der Regelung nicht endlich-dimensional ist. Nur wenn die Ortsintervalle von $c(z)$ und $b^T(z)$, für welche die Ortscharakteristiken nicht verschwinden, sich überlappen, kann ein verteilt-parametrisches System einen endlichen Differenzgrad und damit die Regelung eine endlich-dimensionale Ein-/Ausgansgsdynamik besitzen. Dies ist aber i.Allg. eine sehr restriktive Annahme, inbesonders bei verteilt-parametrischen Systemen mit örtlich sehr ausgedehnter Geometrie. Wie (4.211) zeigt, erfordert der klassische Entkopplungsentwurf hohe Differenzierbarkeitsanforderungen an $x(z,t)$ und $b^T(z)$, was i.Allg. ebenfalls eine sehr einschränkende Annahme darstellt. Beispielsweise sind die Ortscharakteristiken $b^T(z)$ des in Abschnitt 2.1 vorgestellten Wärmeleiters unstetig, weshalb der klassische Entwurf von Falb-Wolovich nicht auf dieses Beispiel anwendbar ist. Selbst wenn das verteilt-parametrische Systeme einen endlichen Differenzgrad aufweist, treten noch weitere Probleme auf. Um dies zu erkennen, nimmt man an, dass

$$\det \int_0^1 c(z)\tfrac{d^2}{dz^2}b^T(z)dz \neq 0 \qquad (4.213)$$

gilt. In diesem Fall folgt mit der Forderung

$$\ddot{y}(t) \stackrel{!}{=} \bar{u}(t) \qquad (4.214)$$

aus (4.211) für das zugehörige Stellsignal

$$u(t) = \left(\int_0^1 c(z)\tfrac{d^2}{dz^2}b^T(z)dz \right)^{-1} \left(-\int_0^1 c(z)\partial_z^4 x(z,t)dz + \bar{u}(t) \right). \quad (4.215)$$

Bei diesem Stellgesetz handelt es sich i.Allg. um eine Rückführung des gesamten Zustands $x(z,t)$ und damit aller modalen Koordinaten $x_i^*(t)$. Im Unterschied dazu wurde in Kapitel 4.1.1 nur eine Rückführung von endlich vielen modalen Zuständen betrachtet (siehe Beispiel 4.1), die sich auch beim Entwurf einer endlich-dimensionalen Vorsteuerung unmittelbar verwenden lässt (siehe Abschnitt 4.2.4). Ein weiteres Problem ist die Stabilitätsuntersuchung der resultierenden Entkopplungsregelung. Aus der Entkopplungstheorie von konzentriert-parametrischen Systemen ist bekannt, dass die Stabilität der Entkopplungsregelung von der Stabilität der *Nulldynamik* abhängt. Bisher ist es jedoch noch nicht gelungen, einen allgemeingültigen Begriff der Nulldynamik bei linearen verteilt-parametrischen Systemen einzuführen (siehe z.B. [7]). Selbst wenn dies möglich ist, dann ist noch unklar, ob sich die Stabilitätsuntersuchung der Nulldynamik einfach durchführen lässt. ◄

4.3 Ein-/Ausgangsentkopplung des Führungsverhaltens   123

Wie dieses Beispiel zeigt, muss für die Entwicklung einer allgemeinen und einfach handhabbaren Methodik zum Entkopplungsentwurf für verteilt-parametrische Mehrgrößensysteme von der Forderung nach vollständiger Ein-/Ausgangsentkopplung abgegangen werden. Im nachfolgenden Abschnitt wird deshalb eine Problemstellung formuliert, die nur eine teilweise Entkopplung fordert, aber für viele verteilt-parametrische Systeme durchführbar ist und in den meisten Fällen ein gutes Führungsverhalten liefert. Darüber hinaus ist das Ergebnis des Entwurfs die in Kapitel 4.1 eingeführte Zustandsrückführung, womit sich der vorgestellte Entkopplungsentwurf direkt für den endlich-dimensionalen Vorsteuerungsentwurf eignet.

4.3.2 Problemstellung

Im Folgenden wird von dem Riesz-Spektralsystem

$$\dot{x}(t) = \mathcal{A}x(t) + \mathcal{B}u(t), \quad t > 0, \quad x(0) = x_0 \in H \tag{4.216}$$

$$y(t) = \mathcal{C}x(t), \quad t \geq 0 \tag{4.217}$$

mit dem p-dimensionalen Vektor u der Eingangsgrößen und dem p-dimensionalen Vektor y der Regelgrößen ausgegangen (siehe Abschnitt 2.2.1). Für die weiteren Betrachtungen sei vorausgesetzt, dass

$$\operatorname{rang} \mathcal{B} = \operatorname{rang} \mathcal{C} = p \tag{4.218}$$

gilt. Dies bedeutet, dass keiner der Eingänge u_i und keiner der Ausgänge y_i redundant sind. Um für die Regelung das Führungsverhalten einzustellen, ergänzt man die Zustandsrückführung um eine Aufschaltung des p-dimensionalen Vektors w der *Führungsgrößen*, was die Zustandsrückführung

$$u(t) = -\mathcal{K}x(t) + Mw(t), \quad \det M \neq 0 \tag{4.219}$$

mit einer *Führungsgrößenaufschaltung* ergibt. Darin bezeichnet die reguläre Matrix M das *Vorfilter* und der Rückführoperator $\mathcal{K}$ ist durch

$$\mathcal{K} = \begin{bmatrix} \langle \, \cdot \, , k_1 \rangle \\ \vdots \\ \langle \, \cdot \, , k_p \rangle \end{bmatrix} \tag{4.220}$$

mit

$$k_i = \sum_{j=1}^{n} k_{ij}^* \psi_j, \quad n < \infty \tag{4.221}$$

gegeben (siehe Abschnitt 4.1.1). Wendet man diesen Regler auf die Strecke (4.216)–(4.217) an, so erhält man das geregelte System

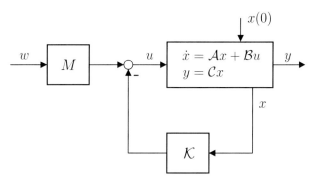

Abb. 4.6: Zustandsregelung zur Einstellung des Führungsverhaltens mittels Ein-/Ausgangsentkopplung

$$\dot{x}(t) = (\mathcal{A} - \mathcal{B}\mathcal{K})x(t) + \mathcal{B}Mw(t) \tag{4.222}$$
$$y(t) = \mathcal{C}x(t), \tag{4.223}$$

das in Abbildung 4.6 dargestellt ist. Gemäß Satz 4.2 ist die Regelung (4.222)–(4.223) wieder ein Riesz-Spektralsystem, falls der Rückführoperator so bestimmt wird, dass die Eigenwerte von $\mathcal{A} - \mathcal{B}\mathcal{K}$ einfach sind. Dies wird im Folgenden immer vorausgesetzt.

Zur Formulierung des Entkopplungsproblems wird eine Darstellung der geregelten Strecke (4.222)–(4.223) in den *Modalkoordinaten der Regelung* benötigt. Da $x(t) \in H$, $\forall t \geq 0$, und die Regelungseigenvektoren $\tilde{\phi}_i$, $i \geq 1$, eine Riesz-Basis für H bilden, lässt sich die Lösung $x(t)$ von (4.222) in der Form

$$x(t) = \sum_{i=1}^{\infty} \tilde{x}_i^*(t)\tilde{\phi}_i \tag{4.224}$$

mit

$$\tilde{x}_i^*(t) = \langle x(t), \tilde{\psi}_i \rangle \tag{4.225}$$

darstellen (vergleiche (2.114)). Darin bezeichnen $\tilde{\psi}_i$ die Eigenvektoren von $\tilde{\mathcal{A}}^*$ zum Eigenwert $\overline{\tilde{\lambda}_i}$. Der Term $\mathcal{B}Mw(t)$ in (4.222) kann ebenfalls nach den Eigenvektoren $\tilde{\phi}_i$ entwickelt werden. Hierzu geht man von

$$\mathcal{B}Mw(t) = b_1 e_1^T Mw(t) + \ldots + b_p e_p^T Mw(t) \tag{4.226}$$

aus (siehe (2.27)), worin e_i die i-ten Einheitsvektoren im $\mathbb{R}^p$ sind. Durch Einführung der Vektoren

$$\tilde{b}_i^{*T} = \left[\langle b_1, \tilde{\psi}_i \rangle \ldots \langle b_p, \tilde{\psi}_i \rangle \right], \quad i \geq 1 \tag{4.227}$$

erhält man mit (4.226) das Skalarprodukt

4.3 Ein-/Ausgangsentkopplung des Führungsverhaltens

$$\langle \mathcal{B}Mw(t), \tilde{\psi}_i \rangle = \langle b_1 e_1^T Mw(t) + \ldots + b_p e_p^T Mw(t), \tilde{\psi}_i \rangle$$
$$= \langle b_1, \tilde{\psi}_i \rangle e_1^T Mw(t) + \ldots + \langle b_p, \tilde{\psi}_i \rangle e_p^T Mw(t)$$
$$= \tilde{b}_i^{*T} Mw(t). \tag{4.228}$$

Damit hat der Eingangsterm (4.226) die Darstellung

$$\mathcal{B}Mw(t) = \sum_{i=1}^{\infty} \langle \mathcal{B}Mw(t), \tilde{\psi}_i \rangle \tilde{\phi}_i = \sum_{i=1}^{\infty} \tilde{b}_i^{*T} Mw(t) \tilde{\phi}_i. \tag{4.229}$$

Setzt man (4.224) und (4.229) in (4.222) ein, so erhält man

$$\sum_{i=1}^{\infty} \dot{\tilde{x}}_i^*(t) \tilde{\phi}_i = \sum_{i=1}^{\infty} \tilde{x}_i^*(t)(\mathcal{A} - \mathcal{B}\mathcal{K}) \tilde{\phi}_i + \sum_{i=1}^{\infty} \tilde{b}_i^{*T} Mw(t) \tilde{\phi}_i. \tag{4.230}$$

Ein anschließender Koeffizientenvergleich bezüglich der Eigenvektoren $\tilde{\phi}_i$ unter Berücksichtigung von

$$(\mathcal{A} - \mathcal{B}\mathcal{K})\tilde{\phi}_i = \tilde{\lambda}_i \tilde{\phi}_i, \quad i \geq 1 \tag{4.231}$$

liefert

$$\dot{\tilde{x}}_i^*(t) = \tilde{\lambda}_i \tilde{x}_i^*(t) + \tilde{b}_i^{*T} Mw(t), \quad i \geq 1. \tag{4.232}$$

Um auch die Ausgangsgleichung (4.223) in den Modalkoordinaten der Regelung darzustellen, setzt man (4.224) in (4.223) ein, was

$$y(t) = \sum_{i=1}^{\infty} \mathcal{C} \tilde{\phi}_i \tilde{x}_i^*(t) \tag{4.233}$$

ergibt. Zur gesuchten modalen Darstellung des Führungsverhaltens im Zeitbereich kommt man mit diesen Ergebnissen, wenn noch

$$\tilde{\phi}_i = \phi_i, \quad i \geq n + 1 \tag{4.234}$$
$$\tilde{\lambda}_i = \lambda_i, \quad i \geq n + 1 \tag{4.235}$$

berücksichtigt wird. Dies folgt aus dem speziellen Ansatz (4.221) für die Rückführfunktionen (siehe Abschnitt 4.1.1). Als Ergebnis erhält man so die Zeitbereichsbeschreibung

$$\dot{\tilde{x}}_i^*(t) = \tilde{\lambda}_i \tilde{x}_i^*(t) + \tilde{b}_i^{*T} Mw(t), \quad \tilde{x}_i^*(0) = 0, \quad i = 1, 2, \ldots, n \tag{4.236}$$
$$\dot{\tilde{x}}_i^*(t) = \lambda_i \tilde{x}_i^*(t) + \tilde{b}_i^{*T} Mw(t), \quad \tilde{x}_i^*(0) = 0, \quad i \geq n + 1 \tag{4.237}$$
$$y(t) = \sum_{i=1}^{n} \mathcal{C} \tilde{\phi}_i \tilde{x}_i^*(t) + \sum_{i=n+1}^{\infty} \mathcal{C} \phi_i \tilde{x}_i^*(t) \tag{4.238}$$

des Führungsübertragungsverhaltens in den Modalkoordinaten der Regelung. Darin werden verschwindende Anfangswerte angenommen, da (4.236)–(4.238) nur zur Beschreibung des Führungsübertragungsverhaltens verwendet werden soll.

Typischerweise wird das Führungsverhalten durch Anregung mit einem Führungssprung beurteilt, was auf nichtdifferenzierbare Lösungen von (4.236)–(4.237) führt. Dies ist jedoch unproblematisch, da man stets auch die milde Lösung bzw. die milde Formulierung von (4.236)–(4.237) betrachten kann (siehe Abschnitt 2.2.2 und Anhang A.1).

Anhand der Ausgangsgleichung (4.238) der modalen Darstellung des Führungsübertragungsverhaltens erkennt man, dass eine Ein-/Ausgangsentkopplung mit der Zustandsrückführung (4.219) bestenfalls bezüglich der ersten n modalen Regelungszuständen $\tilde{x}_i^*$, $i = 1, 2, \ldots, n$, möglich ist (siehe (4.236)). Dies liegt daran, dass nur die Regelungseigenvektoren $\tilde{\phi}_i$, $i = 1, 2, \ldots, n$, durch den Zustandsregler verändert werden können und sich folglich nur die Auswirkung der zugehörigen Regelungsmoden auf y beeinflussen lassen (siehe (4.238)). Das hieraus resultierende Entkopplungsproblem wird in der nachfolgenden Definition genau beschrieben, wobei die Bestimmung des Rückführoperators $\mathcal{K}$ (siehe (4.220)) durch Vorgabe der Regelungseigenwerte und der zugehörigen Parametervektoren mit dem parametrischen Entwurfsverfahren aus Abschnitt 4.1.2 erfolgt.

Entkopplungsproblem: Zu bestimmen ist das Vorfilter M in (4.219) sowie die Regelungseigenwerte $\tilde{\lambda}_i$, $i = 1, 2, \ldots, n$, und die zugehörigen Parametervektoren p_i, so dass die folgenden Bedingungen erfüllt sind:

(P1) *Stabilität der Regelung:* Die Regelung (4.222) ist exponentiell stabil.

(P2) Die modale Zustandsbeschreibung (4.236)–(4.238) des Führungsübertragungsverhaltens besitzt die Form

$$\dot{\tilde{x}}_i^*(t) = \tilde{\lambda}_i \tilde{x}_i^*(t) - \tilde{\lambda}_i e_i^T w(t), \ \tilde{x}_i^*(0) = 0, \ i = 1, 2, \ldots, p \qquad (4.239)$$

$$\dot{\tilde{x}}_i^*(t) = \tilde{\lambda}_i \tilde{x}_i^*(t) + \tilde{b}_i^{*T} M w(t), \ \tilde{x}_i^*(0) = 0, \ i = p+1, \ldots, n \qquad (4.240)$$

$$\dot{\tilde{x}}_i^*(t) = \lambda_i \tilde{x}_i^*(t) + \tilde{b}_i^{*T} M w(t), \ \tilde{x}_i^*(0) = 0, \ i \geq n+1 \qquad (4.241)$$

$$y(t) = \sum_{i=1}^{p} e_i \tilde{x}_i^*(t) + \sum_{i=n+1}^{\infty} \mathcal{C} \phi_i \tilde{x}_i^*(t). \qquad (4.242)$$

Um dies zu erreichen, sind folgende Teilprobleme zu lösen:

(P2.1) *Ausgangsentkopplung:* Bestimmung der Regelungseigenwerte $\tilde{\lambda}_i$, $i = 1, 2, \ldots, n$, und der zugehörigen Parametervektoren p_i so, dass jeder der modalen Koordinaten $\tilde{x}_i^*$, $i = 1, 2, \ldots, p$, nur den zugehörigen Ausgang y_i beeinflusst und dass der Ausgang y nicht von den modalen Koordinaten $\tilde{x}_i^*$, $i = p+1, p+2, \ldots, n$, abhängt (siehe (4.242)).

(P2.2) *Eingangsentkopplung:* Berechnung des Vorfilters M so, dass nur der i-te modale Zustand $\tilde{x}_i^*$, $i = 1, 2, \ldots, p$, durch die i-te Führungsgröße w_i

4.3 Ein-/Ausgangsentkopplung des Führungsverhaltens 127

angeregt wird (siehe (4.239)) und dass $\lim\limits_{t\to\infty} \tilde{x}_i^*(t) = w_{i,\infty}$, $i = 1, 2, \ldots, p$, für alle w mit $\lim\limits_{t\to\infty} w_i(t) = w_{i,\infty}$ gilt.

(P3) *Stationäre Genauigkeit:* Die Matrix M ist so zu entwerfen, dass stationäre Genauigkeit für stationär konstante Führungsgrößen sichergestellt ist, d.h. $\lim\limits_{t\to\infty} y(t) = w_\infty$ für alle w mit $\lim\limits_{t\to\infty} w(t) = w_\infty$.

Wie in Abschnitt 4.1.1 gezeigt wurde, ist das Stabilisierungsproblem (P1) lösbar, falls $\mathcal{A}$ nur endlich viele Eigenwerte in der abgeschlossenen rechten Halbebene besitzt, die alle modal steuerbar sind. Die restlichen Eigenwerte in der offenen linken Halbebene dürfen darüber hinaus der Imaginärachse nicht beliebig nahe kommen. Für das Riesz-Spektralsystem (4.216) lässt sich das zugehörige Stabilisierungsproblem dann durch Eigenwertvorgabe mittels des in Abschnitt 4.1.2 beschriebenen parametrischen Entwurfverfahrens lösen. Damit ist die exponentielle Stabilität der Regelung sichergestellt, wenn alle Regelungseigenwerte in der offenen linken Halbebene liegen und einfach sind. Die genaue Lage der Regelungseigenwerte in diesem Gebiet sowie die Parametervektoren sind dabei noch frei vorgebbar und können zur Erfüllung der noch verbleibenden Problemstellungen genutzt werden.

Die Formulierung der Problemstellung (P2) hat zur Folge, dass eine Entkopplung des Ein-/Ausgangsverhaltens nur bezüglich der ersten n Regelungsmoden angestrebt wird. Dies lässt sich durch die Tatsache rechtfertigen, dass für große Werte von n die modalen Zustände $\tilde{x}_i^*$, $i \geq n+1$, in (4.241) das Führungsübertragungsverhalten kaum noch beeinflussen. Eine große Klasse von verteilt-parametrischen Systemen, für welche diese Aussage bereits für kleine n gültig ist, sind die *Sturm-Liouville-Systeme* (siehe Anhang A.3). Bei solchen Systemen ist $-\mathcal{A}$ ein Sturm-Liouville-Operator, weshalb die Eigenwerte von $\mathcal{A}$ reell sind und das asymptotische Verhalten

$$\lambda_i \to -c \cdot i^2, \quad c > 0 \quad \text{für} \quad i \to \infty \tag{4.243}$$

besitzen (siehe [10]). Dies bedeutet, dass die Eigenwerte sehr schnell für zunehmenden Index i klein werden und deshalb auch die Zeitverläufe der zugehörigen modalen Zustände sehr schnell abklingen. Für deren Beitrag zum stationären Zustand erhält man mit $\dot{\tilde{x}}_i^* = 0$, $i \geq n + 1$, aus (4.241)

$$\tilde{x}_{i,\infty}^* = \lim\limits_{t\to\infty} x_i^*(t) = -\frac{\tilde{b}_i^{*T} M w_\infty}{\lambda_i}, \quad i \geq n + 1. \tag{4.244}$$

Da die Reihenentwicklung (4.229) konvergiert, müssen die Entwicklungsvektoren $\tilde{b}_i^{*T}$ für $i \to \infty$ verschwinden. Hieraus folgt, dass (4.244) ebenfalls für $i \to \infty$ verschwindet und wegen (4.243) schnell abnimmt. Falls der negative Systemoperator $-\mathcal{A}$ kein Sturm-Liouville-Operator ist, dann muss i.Allg. die Eigenwertverteilung von $\mathcal{A}$ sowie deren Häufungspunkte untersucht werden, um eine Aussage über den Einfluss der Dynamik in (4.241) machen zu können. Es gibt verteilt-parametrische Systeme, für die auch in diesem Fall die Realteile der Eigenwerte schnell abnehmen. Ein Beispiel ist der Euler-Bernoulli-Balken (siehe Beispiel 2.4), bei dem die Realteile der Eigenwerte auch proportional zu i^2 abnehmen und somit für hinreichend große Dämpfung α schnell kleiner werden (siehe (2.164)). Weiterhin ist zu beachten, dass die Vektoren

$$\mathcal{C}\phi_i = \begin{bmatrix} \langle \phi_i, c_1 \rangle \\ \vdots \\ \langle \phi_i, c_p \rangle \end{bmatrix} = \begin{bmatrix} \overline{\langle c_1, \phi_i \rangle} \\ \vdots \\ \overline{\langle c_p, \phi_i \rangle} \end{bmatrix} \tag{4.245}$$

die Entwicklungskoeffizienten der in H konvergenten Reihenentwicklung

$$c_i = \sum_{j=1}^{\infty} \langle c_i, \phi_j \rangle \psi_j \tag{4.246}$$

enthalten (siehe (2.59)). Aus diesem Grund verschwinden auch die Vektoren $\mathcal{C}\phi_i$ für $i \to \infty$, welche die Auswirkung der Zustände $\tilde{x}_i^*$, $i \geq n+1$, auf den Ausgang y festlegen (siehe (4.242)).

Wendet man die Laplace-Transformation auf (4.239)–(4.242) an und eliminiert den Zustand, so erhält man die komplexe Übertragungsgleichung

$$y(s) = \tilde{F}(s)w(s) \tag{4.247}$$

für das Führungsübertragungsverhalten. Darin bezeichnet $\tilde{F}(s)$ die *Führungsübertragungsmatrix*

$$\tilde{F}(s) = \mathcal{C}(sI - \mathcal{A} + \mathcal{B}\mathcal{K})^{-1}\mathcal{B}M = \tilde{F}_n(s) + \tilde{F}_r(s) \tag{4.248}$$

mit

$$\tilde{F}_n(s) = \sum_{i=1}^{p} \frac{-\tilde{\lambda}_i e_i e_i^T}{s - \tilde{\lambda}_i} = \begin{bmatrix} \frac{-\tilde{\lambda}_1}{s - \tilde{\lambda}_1} & & \\ & \ddots & \\ & & \frac{-\tilde{\lambda}_p}{s - \tilde{\lambda}_p} \end{bmatrix}, \quad p \leq n \tag{4.249}$$

und

$$\tilde{F}_r(s) = \sum_{i=n+1}^{\infty} \frac{\mathcal{C}\phi_i \tilde{b}_i^{*T} M}{s - \lambda_i}. \tag{4.250}$$

Die Führungsübertragungsmatrix in (4.248) existiert dabei für $s \in \rho(\mathcal{A}-\mathcal{B}\mathcal{K})$ (siehe Lemma 4.3.10 in [14]), da das geregelte System (4.222)–(4.223) ein Riesz-Spektralsystem ist. Da wie eben beschrieben der Einfluss von $\tilde{x}_i^*$, $i \geq n+1$, auf das Übertragungsverhalten für hinreichend großes n meist vernachlässigt werden kann, ist auch der Beitrag der Übertragungsmatrix $\tilde{F}_r(s)$ zu $\tilde{F}(s)$ vernachlässigbar (siehe (4.248) und (4.250)). Folglich kann das resultierende Führungsverhalten in guter Näherung durch $\tilde{F}_n(s)$ in (4.249) beschrieben werden, d.h. das Führungsverhalten ist nahezu ein-/ausgangsentkoppelt.

4.3 Ein-/Ausgangsentkopplung des Führungsverhaltens 129

Eine Voraussetzung für die Ausgangsentkopplung ist (siehe Problemstellung (P2.1)), dass das Riesz-Spektralsystem (4.216)–(4.217) mindestens $n-p$ Übertragungsnullstellen in der offenen linken Halbebene besitzt. Diese Nullstellen müssen nämlich durch Regelungseigenwerte kompensiert werden, damit die zugehörigen modalen Zustände der Regelung das Führungsübertragungsverhalten nicht beeinflussen (siehe (4.242)).

Das Vorfilter M in (4.219) wird bestimmt, um stationäre Genauigkeit im Führungsverhalten sicherzustellen (siehe Problemstellung (P3)). Dieses Vorfilter ist eindeutig festgelegt und existiert, falls das Riesz-Spektralsystem keine invariante Nullstelle im Ursprung besitzt. Die Matrix M muss aber auch die Eingangsentkopplung bewirken (siehe Problemstellung (P2.2)). Hierzu wird in den folgenden Abschnitten gezeigt, dass dies nur für $\tilde{F}_r(0) = 0$ möglich ist, d.h. wenn die Dynamik in (4.241) keinen Beitrag zum stationären Zustand leistet. Da aber für hinreichend große n die Absolutbeträge der Elemente von $\tilde{F}_r(0)$ beliebig klein werden (siehe (4.244) und (4.250)), lässt sich für hinreichend große n eine nahezu vollständige Ein-/Ausgangsentkopplung des Führungsverhaltens mit stationärer Genauigkeit erreichen, sofern genügend Nullstellen für die Entkopplung vorhanden sind. Bei Sturm-Liouville-Systemen stellt dies kein Problem dar, da bereits für kleine n die Matrix $\tilde{F}_r(0)$ vernachlässigbar ist und man deshalb dann sehr gute Entkopplungsergebnisse erzielt.

4.3.3 Bestimmung des Rückführoperators

Um das Ausgangsentkopplungsproblem zu lösen (siehe Problem (P2.1)), vergleicht man (4.238) mit (4.242), was auf

$$\mathcal{C}\tilde{\phi}_i = e_i, \quad i = 1, 2, \ldots, p \tag{4.251}$$

und

$$\mathcal{C}\tilde{\phi}_i = 0, \quad i = p+1, p+2, \ldots, n \tag{4.252}$$

führt. Die erste Bedingung stellt sicher, dass jede Modalkoordinate $\tilde{x}_i^*$, $i = 1, 2, \ldots, p$, nur den zugehörigen Ausgang y_i beeinflusst. Ist die zweite Bedingung erfüllt, so sind die modalen Zustände $\tilde{x}_i^*$, $i = p+1, p+2, \ldots, n$, vom Ausgang y entkoppelt.

Zur Vorgabe von Regelungseigenvektoren $\tilde{\phi}_i$, welche die Anforderung (4.251) erfüllen, ermittelt man mit Hilfe von

$$\tilde{\phi}_i = (\mathcal{A} - \tilde{\lambda}_i I)^{-1}\mathcal{B}p_i, \quad i = 1, 2, \ldots, n, \quad \tilde{\lambda}_i \in \rho(\mathcal{A}) \tag{4.253}$$

(siehe (4.65)) die zugehörigen Parametervektoren p_i. Dies erreicht man durch Einsetzen von (4.253) in (4.251) und Verwendung der *Streckenübertragungsmatrix*

$$F(s) = \mathcal{C}(sI - \mathcal{A})^{-1}\mathcal{B}, \quad s \in \rho(\mathcal{A}), \tag{4.254}$$

was die Entwurfsgleichung

$$-F(\tilde{\lambda}_i)p_i = e_i, \quad i = 1, 2, \ldots, p \tag{4.255}$$

ergibt. Damit die Übertragungsmatrix (4.254) an der Stelle $s = \tilde{\lambda}_i$ ausgewertet werden kann, muss $\tilde{\lambda}_i \in \rho(\mathcal{A})$ vorausgesetzt werden. Diese Bedingung ist erfüllt, wenn die Regelungseigenwerte $\tilde{\lambda}_i$, $i = 1, 2, \ldots, p$, verschieden von den Streckeneigenwerten λ_i und deren Häufungspunkten gewählt werden (siehe Abschnitt 2.2.4). Eine eindeutige Lösung

$$p_i = -F^{-1}(\tilde{\lambda}_i)e_i \tag{4.256}$$

von (4.255) existiert, falls

$$\det F(\tilde{\lambda}_i) \neq 0, \quad i = 1, 2, \ldots, p \tag{4.257}$$

gilt. Dies ist gleichbedeutend damit, dass kein Regelungseigenwert $\tilde{\lambda}_i$, $i = 1, 2, \ldots, p$, mit einer *Übertragungsnullstelle* η von $F(s)$ zusammenfällt, die durch $\det F(\eta) = 0$ charakterisiert ist (siehe [8]).

Die zweite Bedingung (4.252) für die Regelungseigenvektoren lässt sich durch Einsetzen von (4.253) in (4.252) und Verwendung von (4.254) auf die Entwurfsgleichung

$$-F(\tilde{\lambda}_i)p_i = 0, \quad i = p + 1, p + 2, \ldots, n \tag{4.258}$$

zurückführen. Eine nichttriviale Lösung p_i von (4.258) existiert, wenn

$$\det F(\tilde{\lambda}_i) = 0 \tag{4.259}$$

gilt, d.h. wenn die Regelungseigenwerte $\tilde{\lambda}_i$ mit einer Übertragungsnullstelle von $F(s)$ übereinstimmen. Da durch (4.252) gefordert wird, dass die Regelungseigenwerte $\tilde{\lambda}_i$ nicht *modal beobachtbar* sind (siehe Satz 5.5), werden durch Lösung von (4.258) die Regelungseigenwerte $\tilde{\lambda}_i$, $i = p + 1, p + 2, \ldots, n$, mit Übertragungsnullstellen kompensiert. Damit ist eine notwendige Bedingung für die Stabilität der Entkopplungsregelung, dass (4.216)–(4.217) wenigstens $n - p$ einfache Übertragungsnullstellen in der offenen linken Halbebene besitzt, die von den Streckeneigenwerten und deren Häufungspunkten verschieden sind. Mehrfache Nullstellen lassen sich nicht kompensieren, wenn der Systemoperator der Regelung — wie hier vorausgesetzt — ein Riesz-Spektraloperator gemäß Definition 2.1 sein soll (siehe Satz 4.2). Allerdings können die vorgestellten Ergebnisse auf die Kompensation mehrfacher Nullstellen erweitert werden, was aber die Einführung verallgemeinerter Riesz-Spektraloperatoren (siehe Definition 4.1) und verallgemeinerter Eigenvektoren (siehe [33]) erfordert. Falls nicht genügend geeignete Nullstellen vorhanden sind, dann ist es eventuell möglich, dies durch eine Reduktion von n zu

4.3 Ein-/Ausgangsentkopplung des Führungsverhaltens

erreichen, weil in diesem Fall weniger Eigenwerte zu kompensieren sind. Allerdings muss dabei sichergestellt sein, dass die Auswirkung der beim Entwurf nicht berücksichtigten Dynamik weiterhin tolerierbar bleibt.

Da bei Einhaltung dieser Bedingungen für den Entwurf alle Regelungseigenwerte $\tilde{\lambda}_i$ mit der Eigenschaft

$$\sup_{i \geq 1} \operatorname{Re} \tilde{\lambda}_i < 0 \tag{4.260}$$

vorgegeben werden können, ist auch das Stabilisierungsproblem (P1) in Abschnitt 4.3.2 lösbar. Dies liegt daran, dass unter den gemachten Annahmen die Regelung (4.222)–(4.223) ein Riesz-Spektralsystem ist. Es gilt dann die „spectrum determined growth assumption", weswegen aus (4.260) die exponentielle Stabilität der Entkopplungsregelung folgt (siehe Abschnitt 2.2.3).

Der nachfolgende Satz fasst die Ergebnisse dieses Abschnitts noch einmal zusammen.

Satz 4.10 (Ausgangsentkopplung). *Betrachtet wird das Riesz-Spektralsystem (4.216)–(4.217), für das*

- *nur $0 \leq k < \infty$ Eigenwerte $\operatorname{Re} \lambda_1 \geq \ldots \geq \operatorname{Re} \lambda_k$ von $\mathcal{A}$ in der abgeschlossenen rechten Halbebene liegen,*
- *die n Eigenwerte $\operatorname{Re} \lambda_1 \geq \ldots \geq \operatorname{Re} \lambda_n$, $n \geq k$, von $\mathcal{A}$ modal steuerbar sind und*
- *die restlichen Eigenwerte λ_i, $i \geq n + 1$, in der offenen linken Halbebene der Imaginärachse nicht beliebig nahe kommen.*

Darüber hinaus besitzt dessen Übertragungsmatrix $F(s) = \mathcal{C}(sI - \mathcal{A})^{-1}\mathcal{B}$ mindestens $n - p$ einfache Übertragungsnullstellen in der offenen linken Halbebene, die nicht mit den Streckeneigenwerten und deren Häufungspunkten übereinstimmen. Die Regelungseigenwerte $\tilde{\lambda}_i$, $i = 1, 2, \ldots, n$, und die zugehörigen Parametervektoren p_i werden folgendermaßen gewählt:

- *p einfache Regelungseigenwerte $\tilde{\lambda}_i$, $i = 1, 2, \ldots, p$, mit $\operatorname{Re} \tilde{\lambda}_i < 0$ werden beliebig, aber verschieden von den Eigenwerten λ_i, $i \geq 1$, von $\mathcal{A}$ und deren Häufungspunkten sowie verschieden von den Übertragungsnullstellen von $F(s)$ vorgegeben. Die zugehörigen Parametervektoren p_i sind durch*

$$p_i = -F^{-1}(\tilde{\lambda}_i)e_i, \quad i = 1, 2, \ldots, p \tag{4.261}$$

festgelegt.
- *$n - p$ Regelungseigenwerte $\tilde{\lambda}_i$, $i = p + 1, p + 2, \ldots, n$, mit $\operatorname{Re} \tilde{\lambda}_i < 0$ werden gleich $n - p$ einfachen Übertragungsnullstellen von $F(s)$ gewählt, die nicht mit Eigenwerten λ_i, $i \geq 1$, von $\mathcal{A}$ und deren Häufungspunkten übereinstimmen. Die zugehörigen Parametervektoren p_i sind Lösungen von*

$$F(\tilde{\lambda}_i)p_i = 0, \quad i = p + 1, p + 2, \ldots, n. \tag{4.262}$$

132   4 Entwurf von Vorsteuerungen

Wenn darüber hinaus die Vektoren

$$\tilde{v}_i = (\Lambda - \tilde{\lambda}_i I)^{-1} B^* p_i, \quad i = 1, 2, \ldots, n \tag{4.263}$$

(siehe (4.62)) linear unabhängig sind, dann löst der Rückführoperator $\mathcal{K}$ in (4.63), der durch Anwendung der Parametrierungsformel (4.64) resultiert, das Stabilisierungsproblem (P1) und bewirkt die Ausgangsentkopplung (siehe Problem (P2.1)).

Sollten die Vektoren $\tilde{v}_i$, $i = 1, 2, \ldots, n$, in (4.263) linear abhängig sein, so kann man in aller Regel bereits durch eine kleine Veränderung der gemäß Satz 4.10 vorgegebenen Eigenwerte, die lineare Unabhängigkeit dieser Vektoren herstellen.

4.3.4 Bestimmung des Vorfilters

Das Vorfilter M in (4.219) wird bestimmt, um stationäre Genauigkeit für stationär konstante Führungsgrößen w zu gewährleisten (siehe Problem (P3) in Abschnitt 4.3.2). Dies bedeutet, dass das Vorfilter M Lösung von

$$\tilde{F}(0) = \mathcal{C}(-\mathcal{A} + \mathcal{BK})^{-1}\mathcal{B}M = I \tag{4.264}$$

sein muss (siehe (4.248)). Da aufgrund der stabilisierenden Zustandsrückführung (4.219) Null kein Eigenwert und auch kein anderer Spektralpunkt von $\mathcal{A} - \mathcal{BK}$ ist, gilt $0 \in \rho(\mathcal{A} - \mathcal{BK})$, womit der inverse Operator $(-\mathcal{A} + \mathcal{BK})^{-1}$ in (4.264) gebildet werden darf und ein beschränkter Operator ist, der im ganzen Zustandsraum H definiert ist (siehe auch Abschnitt 2.2.4). Unter der Voraussetzung

$$\det \mathcal{C}(-\mathcal{A} + \mathcal{BK})^{-1}\mathcal{B} \neq 0 \tag{4.265}$$

ist die Lösung von (4.264) durch

$$M = \left(\mathcal{C}(-\mathcal{A} + \mathcal{BK})^{-1}\mathcal{B}\right)^{-1} \tag{4.266}$$

gegeben. Da die Übertragungsnullstellen der Strecke nicht durch die Zustandsrückführung (4.219) verändert werden können, d.h. aus $\det \mathcal{C}(\eta I - \mathcal{A})^{-1}\mathcal{B} = 0$ auch $\det \mathcal{C}(\eta I - \mathcal{A} + \mathcal{BK})^{-1}\mathcal{B} = 0$ für jede Übertragungsnullstelle $\eta \in \rho(\mathcal{A})$ und $\eta \in \rho(\mathcal{A} - \mathcal{BK})$ folgt (siehe Lemma V.2 in [8]), ist die Bedingung (4.265) gleichbedeutend mit

$$\det \mathcal{C}(-\mathcal{A})^{-1}\mathcal{B} = \det F(0) \neq 0 \tag{4.267}$$

(siehe (4.254)). Dabei muss allerdings $0 \in \rho(\mathcal{A})$ angenommen werden, d.h. kein Eigenwert von $\mathcal{A}$ und deren Häufungspunkte dürfen im Ursprung lie-

4.3 Ein-/Ausgangsentkopplung des Führungsverhaltens 133

gen. Insgesamt ergeben sich somit die im nächsten Satz zusammengestellten Bedingungen für die Sicherstellung der stationären Genauigkeit.

Satz 4.11 (Existenz des Vorfilters für stationäre Genauigkeit). *Das Vorfilter*

$$M = \left(\mathcal{C}(-\mathcal{A} + \mathcal{B}\mathcal{K})^{-1}\mathcal{B} \right)^{-1} \tag{4.268}$$

stellt stationäre Genauigkeit im Führungsverhalten für stationär konstante Führungsgrößen sicher (siehe Problemstellung (P3)), wenn

1. *kein Eigenwert von $\mathcal{A}$ sowie deren Häufungspunkte im Ursprung liegen und*
2. *das System (4.216)–(4.217) keine Übertragungsnullstelle im Ursprung besitzt.*

Man beachte, dass die erste Bedingung nur hinreichend aber nicht notwendig für die Existenz von (4.268) ist. Entscheidend ist nur, dass keine *invariante Nullstelle* von (4.216)–(4.217) in Null liegt. Dies wird in [8] unter Verwendung von *Rosenbrock-Operatoren* gezeigt.

Das Vorfilter M soll auch dafür sorgen, dass der i-te Zustand $\tilde{x}_i^*$, $i = 1, 2, \ldots, p$, nur von der i-ten Führungsgröße w_i angeregt wird (siehe Problem (P2.2) in Abschnitt 4.3.2). Ein Vergleich von (4.236) mit (4.239) zeigt, dass dies für

$$\tilde{b}_i^{*T} M = -\tilde{\lambda}_i e_i^T, \quad i = 1, 2, \ldots, p \tag{4.269}$$

sichergestellt ist. Diese Bedingung ist nur erfüllbar, sofern man

$$\tilde{b}_i^{*T} \neq 0^T, \quad i = 1, 2, \ldots, p \tag{4.270}$$

voraussetzt. Der nächste Satz zeigt, dass dies immer der Fall ist, wenn die Streckeneigenwerte λ_i, $i = 1, 2, \ldots, p$, modal steuerbar sind, d.h. diese Eigenwerte durch den Zustandsregler (4.219) verschoben werden können.

Satz 4.12 (Eigenschaft der Entwicklungsvektoren $\tilde{b}_i^{*T}$). *Wenn die Streckeneigenwerte λ_i, $i = 1, 2, \ldots, p$, die zu den Eigenvektoren ψ_i in (4.221) gehören, sämtlich modal steuerbar sind, dann gilt*

$$\tilde{b}_i^{*T} \neq 0^T, \quad i = 1, 2, \ldots, p. \tag{4.271}$$

Beweis. Den Beweis dieses Satzes findet man in Abschnitt C.10. ◄

Basierend auf diesem Ergebnis wird im nachfolgenden Satz gezeigt, unter welchen Voraussetzungen das Vorfilter M in (4.268) auch eine Eingangsentkopplung bewirkt (siehe Problem (P2.2)).

Satz 4.13 (Bedingung für Eingangsentkopplung). *Das Vorfilter*

$$M = \left(\mathcal{C}(-\mathcal{A} + \mathcal{B}\mathcal{K})^{-1}\mathcal{B} \right)^{-1}, \tag{4.272}$$

welches stationäre Genauigkeit sicherstellt (siehe Problem (P3)), bewirkt auch die Eingangsentkopplung (siehe Problemstellung (P2.2)), wenn die Übertragungsmatrix in (4.250) die Bedingung

$$\tilde{F}_r(0) = 0 \tag{4.273}$$

erfüllt.

Beweis. Den Beweis dieses Satzes findet man in Abschnitt C.11. ◄

Der Nutzen dieses Satzes lässt sich erkennen, wenn man die Übertragungsmatrizen

$$\tilde{F}_n^*(s) = \sum_{i=1}^{n} \frac{\mathcal{C}\tilde{\phi}_i \tilde{b}_i^{*T}}{s - \tilde{\lambda}_i} \tag{4.274}$$

und

$$\tilde{F}_r^*(s) = \sum_{i=n+1}^{\infty} \frac{\mathcal{C}\phi_i \tilde{b}_i^{*T}}{s - \tilde{\lambda}_i} \tag{4.275}$$

definiert. Die Führungsübertragungsmatrix $\tilde{F}(s)$ lautet dann

$$\tilde{F}(s) = \tilde{F}_n^*(s)M + \tilde{F}_r^*(s)M \tag{4.276}$$

(siehe (4.248)). Wird M so bestimmt, dass (4.264) erfüllt ist, so folgt aus (4.276)

$$\tilde{F}_n^*(0)M + \tilde{F}_r^*(0)M = I. \tag{4.277}$$

Beachtet man

$$\tilde{F}_r(s) = \tilde{F}_r^*(s)M \tag{4.278}$$

(siehe (4.250) und (4.275)) und verwendet (4.273), dann wird aus (4.277)

$$\tilde{F}_n^*(0)M = I. \tag{4.279}$$

Wie in Anhang C.11 gezeigt wird, liegt dann Eingangsentkopplung vor (siehe Problemstellung (P2.2)). Für den Fall, dass $\tilde{F}_r^*(0) \neq 0$ gilt, erhält man aus (4.277)

$$\tilde{F}_n^*(0)M = I - \tilde{F}_r^*(0)M. \tag{4.280}$$

Für hinreichend großes n werden die Absolutwerte der Elemente von $\tilde{F}_r^*(0)$ beliebig klein (siehe (4.244), (4.245) und (C.95)). Folglich lässt sich immer ein n finden, so dass der Term $\tilde{F}_r^*(0)M$ vernachlässigbar ist und in guter Näherung (4.279) gilt. In diesem Fall stellt M sicher, dass stationäre Genauigkeit vorliegt (siehe Problem (P3)) und auch nahezu eine Eingangsentkopplung (siehe Problem (P2.2)) erzielt wird. Wenn darüber hinaus für dieses n die Bedingungen von Satz 4.10 erfüllt sind, dann kann das Führungsverhalten in guter Näherung ein-/ausgangsentkoppelt werden.

Der vorgestellte Entkopplungsentwurf soll nun auf den in Abschnitt 2.1 eingeführten Wärmeleiter angewendet werden. Da dieses verteilt-parametrische

4.3 Ein-/Ausgangsentkopplung des Führungsverhaltens 135

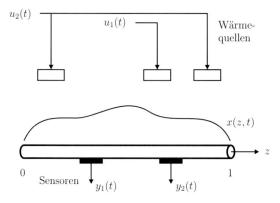

Abb. 4.7: Wärmeleiter mit der Temperatur $x(z,t)$, den Eingängen $u_1(t)$ und $u_2(t)$ sowie den Regelgrößen $y_1(t)$ und $y_2(t)$

System ein Sturm-Liouville-System ist, darf man ausgehend von den Ausführungen in Abschnitt 4.3.2 erwarten, dass sich ein gutes Entkopplungsergebnis bereits für kleine Werte von n erreichen lässt. Dies wird durch Simulation des Führungsübertragungsverhaltens der Entkopplungsregelung bestätigt.

Beispiel 4.5. Näherungsweise Ein-/Ausgangsentkopplung des Führungsverhaltens für den Wärmeleiter mit Dirichletschen Randbedingungen

Ausgangspunkt der Betrachtungen ist der Wärmeleiter aus Abschnitt 2.1, der in Abbildung 4.7 nochmals dargestellt ist. Die sich einstellende Temperaturverteilung $x(z,t)$ wird durch das Anfangs-Randwertproblem

$$\partial_t x(z,t) = \partial_z^2 x(z,t) + b^T(z)u(t), \quad t > 0, \quad z \in (0,1) \qquad (4.281)$$
$$x(0,t) = x(1,t) = 0, \quad t > 0 \qquad (4.282)$$
$$x(z,0) = x_0(z), \quad z \in [0,1] \qquad (4.283)$$
$$y(t) = \int_0^1 c(z)x(z,t)dz, \quad t \geq 0 \qquad (4.284)$$

beschrieben, wobei die Vektoren $b^T(z) = [b_1(z)\ b_2(z)]$ und $c(z) = [c_1(z)\ c_2(z)]^T$ der Ortscharakteristiken durch

$$b_1(z) = \begin{cases} 1 & : \ 0.5 \leq z \leq 0.6 \\ 0 & : \ \text{sonst} \end{cases} \qquad (4.285)$$

und

$$b_2(z) = \begin{cases} 0.5 & : \ 0.15 \leq z \leq 0.25 \\ 0.5 & : \ 0.75 \leq z \leq 0.85 \\ 0 & : \ \text{sonst} \end{cases} \qquad (4.286)$$

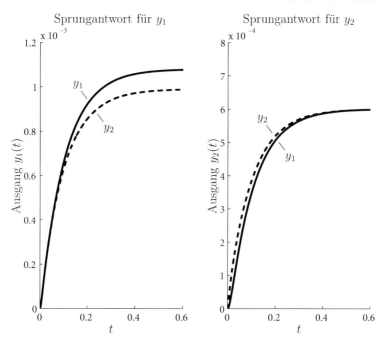

Abb. 4.8: Streckensprungantworten für $u_1(t) = \sigma(t)$ und $u_2 = 0$ sowie $u_1 = 0$ und $u_2(t) = \sigma(t)$

sowie durch

$$c_1(z) = \begin{cases} 1 & : \ 0.37 \leq z \leq 0.43 \\ 0 & : \ \text{sonst} \end{cases} \qquad (4.287)$$

und

$$c_2(z) = \begin{cases} 1 & : \ 0.67 \leq z \leq 0.73 \\ 0 & : \ \text{sonst} \end{cases} \qquad (4.288)$$

gegeben sind. Anhand von Abbildung 4.7 ist unmittelbar klar, dass sich die Erwärmung des Stabes durch eine sprungförmige Veränderung der Eingangsgröße u_1 mit $u_2(t) \equiv 0$ nicht nur auf die Regelgröße y_1 auswirkt, sondern auch auf y_2. Dasselbe gilt auch, wenn man u_2 sprungförmig verstellt und $u_1(t) \equiv 0$ setzt. Dass dabei eine deutliche Verkopplung auftritt, zeigt auch das Simulationsergebnis in Abbildung 4.8. Aufgrund dieser Verkopplung der Ein- und Ausgangsgrößen der Strecke muss zur Einstellung eines gewünschten Führungsverhaltens der Regler neben der Vorgabe des Einschwingverhaltens auch das Führungsverhalten der Regelung entkoppeln. Hierzu wird im Folgenden der in diesem Abschnitt dargestellte Entkopplungsentwurf herangezogen.

Unter Verwendung der Ergebnisse in Anhang A.3 lässt sich leicht nachweisen, dass der negative Systemoperator $-\mathcal{A}$ des Wärmeleiters ein Sturm-Liouville-Operator ist (siehe (2.17)–(2.18)), womit es sich bei diesem verteilt-

4.3 Ein-/Ausgangsentkopplung des Führungsverhaltens   137

parametrischen System um ein Sturm-Liouville-System handelt. Die Eigen-werte

$$\lambda_i = -\pi^2 \cdot i^2, \quad i \geq 1 \tag{4.289}$$

von $\mathcal{A}$ werden in Beispiel 2.1 berechnet und weisen die charakteristische Wachstumseigenschaft (4.243) auf. Diese schnelle Abnahme der Eigenwer-te wird auch durch die numerische Auswertung der ersten acht Eigenwerte in Tabelle 4.2 verdeutlicht. Angesichts dieser Eigenwertverteilung ist es sinnvoll,

i	λ_i	i	λ_i
1	-9.87	5	-247
2	-39.5	6	-355
3	-88.8	7	-484
4	-158	8	-632

Tabelle 4.2: Die ersten acht Eigenwerte von $\mathcal{A}$

eine Entkopplung mit $n = 4$ in (4.248) zu versuchen. In diesem Fall besitzt die gewünschte Führungsübertragungsmatrix die Form

$$\tilde{F}(s) = \tilde{F}_n(s) + \sum_{i=5}^{\infty} \frac{\mathcal{C}\phi_i \tilde{b}_i^{*T} M}{s - \lambda_i}, \tag{4.290}$$

worin

$$\tilde{F}_n(s) = \begin{bmatrix} \frac{-\tilde{\lambda}_1}{s-\tilde{\lambda}_1} & 0 \\ 0 & \frac{-\tilde{\lambda}_2}{s-\tilde{\lambda}_2} \end{bmatrix} \tag{4.291}$$

gilt (siehe (4.248)). Wählt man die in $\tilde{F}_n(s)$ auftretenden Regelungseigenwer-te zu $\tilde{\lambda}_1 = -13$ und $\tilde{\lambda}_2 = -60$, dann stellen die Parametervektoren

$$p_1 = -F^{-1}(-13)e_1 = 10^4 \begin{bmatrix} 1.5770 \\ -2.6429 \end{bmatrix} \tag{4.292}$$

und

$$p_2 = -F^{-1}(-60)e_2 = 10^3 \begin{bmatrix} -2.0248 \\ 0.06184 \end{bmatrix} \tag{4.293}$$

die Vorgabe dieser Eigenwerte in $\tilde{F}_n(s)$ sicher (siehe (4.261)). Die irrationa-le Übertragungsmatrix $F(s)$ in (4.292)–(4.293) kann dabei symbolisch mit-tels MAPLE berechnet werden. Da die Streckeneigenwerte $\lambda_3 = -88.8$ und $\lambda_4 = -158$ (siehe Tabelle 4.2) nicht in (4.290) auftreten, müssen sie durch Übertragungsnullstellen kompensiert werden. Die beiden größten Übertra-gungsnullstellen der verteilt-parametrischen Strecke sind durch

$$\eta_1 = -20.1370 \quad \text{und} \quad \eta_2 = -181.2742 \tag{4.294}$$

gegeben. Damit ist eine Kompensation mit den Regelungseigenwerten möglich, ohne die Stabilität der Regelung zu gefährden. Die Kompensation wird durch Vorgabe der Eigenwerte $\tilde{\lambda}_3 = -20.1370$ und $\tilde{\lambda}_4 = -181.2742$ sowie der Parametervektoren

$$p_3 = \begin{bmatrix} 0.5312 \\ -0.8473 \end{bmatrix} \quad \text{und} \quad p_4 = \begin{bmatrix} -0.2341 \\ 0.9722 \end{bmatrix} \tag{4.295}$$

erreicht, die man durch Lösung von

$$F(-20.1370)p_3 = 0 \quad \text{und} \quad F(-181.2742)p_4 = 0 \tag{4.296}$$

erhält (siehe (4.262)). Setzt man die Regelungseigenwerte $\tilde{\lambda}_i$, $i = 1, 2, \ldots, 4$, und die zugehörigen Parametervektoren p_i in (4.263) ein, so lässt sich leicht deren lineare Unabhängigkeit nachweisen. Damit kann der Rückführoperator $\mathcal{K}$ durch Berechnung der Matrix

$$\overline{K^*} = 10^3 \begin{bmatrix} -0.0398 & -0.1200 & 0.4064 & 1.1463 \\ 0.3747 & 0.0250 & -0.7109 & -2.6346 \end{bmatrix} \tag{4.297}$$

über (4.63) bestimmt werden. Für das Vorfilter M erhält man

$$M = 10^4 \begin{bmatrix} 2.0770 & -2.1214 \\ -3.4850 & 3.3026 \end{bmatrix}, \tag{4.298}$$

das stationäre Genauigkeit für stationär konstante Führungsgrößen w sicherstellt (siehe (4.268)). Dabei wird die Matrix M anhand einer modalen Approximation (C^*, Λ, B^*) der Ordnung 15 gemäß $M = (C^*(-\Lambda + B^*\overline{K^*})^{-1}B^*)^{-1}$ bestimmt. Die in der Regelung unverschobenen Eigenwerte $\tilde{\lambda}_5 = \lambda_5 = -247$, $\tilde{\lambda}_6 = \lambda_6 = -355, \ldots$ (siehe (4.235) und Tabelle 4.2) liegen hinreichend weit links in der komplexen Ebene und beeinflussen deshalb das Führungsverhalten noch kaum.

Diese Aussage wird durch die in Abbildung 4.9 dargestellten Simulationen des Führungsverhaltens der resultierenden Entkopplungsregelung bestätigt. Zum Vergleich wird auch das durch die Übertragungsmatrix

$$\tilde{F}_{id}(s) = \begin{bmatrix} \frac{-\tilde{\lambda}_1}{s - \tilde{\lambda}_1} & 0 \\ 0 & \frac{-\tilde{\lambda}_2}{s - \tilde{\lambda}_2} \end{bmatrix} \tag{4.299}$$

beschriebene ideale Führungsverhalten mitsimuliert, um den Einfluss der beim Entwurf vernachlässigten Dynamik beurteilen zu können. Wie Abbildung 4.9 zeigt, macht sich das durch $\tilde{F}_r(s)$ charakterisierte Übertragungsverhalten der Restdynamik nur durch schwache Verkopplungen bemerkbar.

Um dieses Ergebnis besser beurteilen zu können, wird der Entkopplungsregler (4.219) auch mittels des „early-lumping"-Ansatzes entworfen. Dies bedeutet, dass beim Entwurf in Abschnitt 4.3.3 eine modale Approximation der

4.3 Ein-/Ausgangsentkopplung des Führungsverhaltens 139

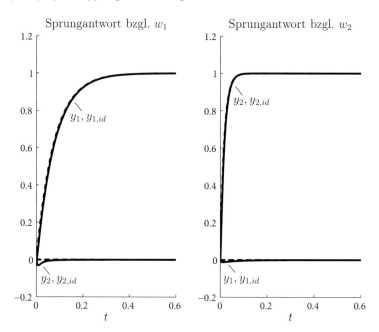

Abb. 4.9: Vergleich der Führungssprungantwort (durchgezogene Linie) für Führungsgrößen $w_1(t) = \sigma(t)$ und $w_2 = 0$ (links) sowie $w_1 = 0$ und $w_2(t) = \sigma(t)$ (rechts) mit idealem Führungsverhalten (gestrichelte Linie) beim exakten Entwurf

Ordnung $n_{ELA} = 4$ herangezogen wird. Dann wird nur die rationale Approximation

$$F_{rat}(s) = \sum_{i=1}^{4} \frac{\mathcal{C}\phi_i b_i^{*T}}{s - \lambda_i} \qquad (4.300)$$

der irrationalen Streckenübertragungsmatrix $F(s)$ in (4.292)–(4.293) und (4.296) verwendet, die man durch Reihenabbruch in (2.215) erhält. Deshalb lassen sich die Parametervektoren nicht mehr exakt berechnen, da man veränderte lineare Gleichungssysteme für sie erhält. Die Vorgabe der Regelungseigenwerte $\tilde{\lambda}_1 = -13$ und $\tilde{\lambda}_2 = -60$ in den jeweiligen Zeilen von $\tilde{F}_n(s)$ ist damit nicht mehr sichergestellt. Darüber hinaus erhält man die Übertragungsnullstellen

$$\tilde{\eta}_1 = -18.2790 \quad \text{und} \quad \tilde{\eta}_2 = -197.9515 \qquad (4.301)$$

als Lösungen von $\det F_{rat}(s) = 0$, welche sich deutlich von den tatsächlichen Übertragungsnullstellen in (4.294) unterscheiden. Aus diesen Gründen lassen sich die Regelungseigenwerte und die Parametervektoren zur Kompensation der Übertragungsnullstellen in (4.294) nicht genau bestimmen. Folglich treten die zugehörigen Eigenwerte in $\tilde{F}_n(s)$ auf und beeinflussen somit das Führungsverhalten. Dies wirkt sich besonders stark aus, wenn Nullstellen nahe der Imaginärachse wie $\tilde{\eta}_1$ in (4.301) liegen, weil dann unerwünschte domi-

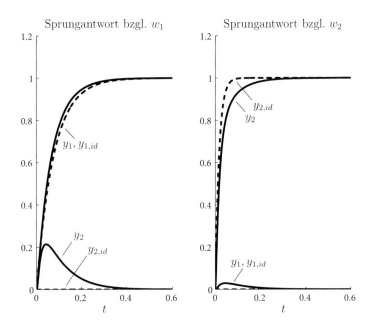

Abb. 4.10: Vergleich der Führungssprungantwort (durchgezogene Linie) für Führungsgrößen $w_1(t) = \sigma(t)$ und $w_2 = 0$ (links) sowie $w_1 = 0$ und $w_2(t) = \sigma(t)$ (rechts) mit idealem Führungsverhalten (gestrichelte Linie) beim Entwurf mittels „early-lumping"

nante Eigenwerte das Führungsverhalten beeinträchtigen. Damit man dieses Ergebnis mit dem vorherigen Entwurf vergleichen kann, wurde auch beim „early-lumping"-Ansatz das Vorfilter M mittels der modalen Approximation 15-ter Ordnung bestimmt. Das resultierende Führungsverhalten ist in Abbildung 4.10 dargestellt und zeigt die noch vorhandenen starken Verkopplungen, die eine deutliche Abweichung vom Idealverhalten bewirken.

Wie dieses Beispiel deutlich macht, lässt sich mit der vorgestellten Methodik für kleine n ein gutes Entkopplungsergebnis erzielen. Da man dabei mit vergleichsweise schwachen Anforderungen auskommt, ist dieses Verfahren für viele verteilt-parametrische Systeme anwendbar. ◄

4.3.5 Vorsteuerung des Führungsverhaltens mittels „late-lumping"

Soll die Entkopplung zum Entwurf für eine modellgestützte Vorsteuerung dienen (siehe Kapitel 3.2.1), dann kann man nicht unmittelbar die Regelung aus Abbildung 4.6 hierfür heranziehen, da sich in der Vorsteuerung nur eine endlich-dimensionale Approximation der Strecke realisieren lässt. Wie bei

4.3 Ein-/Ausgangsentkopplung des Führungsverhaltens 141

der Führungs- und Störgrößenaufschaltung in Abschnitt 4.2.4 kann jedoch auf Grundlage einer endlich-dimensionalen modalen Approximation

$$\dot{x}_s^*(t) = \Lambda x_s^*(t) + B^* u_s(t) \tag{4.302}$$
$$y_s^*(t) = C^* x_s^*(t) \tag{4.303}$$

der Strecke (4.216)–(4.217) das Steuersignal u_s exakt gebildet werden (für die zugehörigen Matrizen siehe Abschnitt 2.2.2), falls deren Ordnung gleich der Anzahl n der mit der Zustandsrückführung (4.219) zu verschiebenden Eigenwerte ist. Um dies zu erkennen, stellt man den Rückführoperator $\mathcal{K}$ in (4.219) durch

$$\mathcal{K} = \overline{K^*} \begin{bmatrix} \langle \,\cdot\,, \psi_1 \rangle \\ \vdots \\ \langle \,\cdot\,, \psi_n \rangle \end{bmatrix} \tag{4.304}$$

mit

$$\overline{K^*} = \begin{bmatrix} \overline{k_{11}^*} & \cdots & \overline{k_{1n}^*} \\ \vdots & & \vdots \\ \overline{k_{p1}^*} & \cdots & \overline{k_{pn}^*} \end{bmatrix} \tag{4.305}$$

dar (siehe (4.31)–(4.32)). Wird (4.304) in die Zustandsrückführung

$$u_s(t) = -\mathcal{K} x_s(t) + M w(t) \tag{4.306}$$

eingesetzt (siehe (4.219)) und beachtet man

$$x_s^*(t) = \begin{bmatrix} \langle x_s(t), \psi_1 \rangle \\ \vdots \\ \langle x_s(t), \psi_n \rangle \end{bmatrix} \tag{4.307}$$

(siehe (2.132)), dann lässt sich (4.306) auch durch

$$u_s(t) = -\overline{K^*} x_s^*(t) + M w(t) \tag{4.308}$$

ausdrücken. Folglich ist zur Bildung des Stellsignals u_s eine modale Approximation der Ordnung n ausreichend, da nur der n-dimensionale Zustand x_s^* in (4.308) eingeht. Problematisch bei der Verwendung eines modalen Approximationsmodells (4.302)–(4.303) n-ter Ordnung ist noch die Bildung des Sollwertes für die Regelgröße y. Bei dem in Abschnitt 4.3.2 betrachteten Entkopplungsverfahren kann nämlich n vergleichsweise klein sein (siehe Beispiel 4.5). Damit wird durch die Ausgangsgleichung (4.303) nur eine vergleichsweise schlechte Approximation y_s^* für den Verlauf y_s gebildet, der sich bei Verwendung der verteilt-parametrischen Strecke in der Vorsteuerung einstellen würde. Aus diesem Grund muss man auch hier auf den in Abschnitt 4.2.4 beschriebenen „late-lumping"-Ansatz zur Beseitigung dieses Problems zurückgreifen. Bei dieser Vorgehensweise wird die Ordnung der modalen Ap-

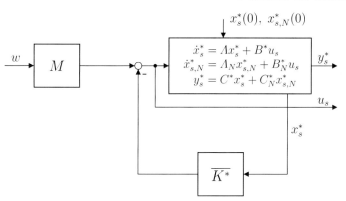

Abb. 4.11: Endlich-dimensionale modellgestützte Vorsteuerung mit erweitertem modalen Approximationsmodell

proximation so groß gemacht, dass y_s^* eine sehr genaue Approximation von y_s ist. Als Ergebnis erhält man so die in Abbildung 4.11 dargestellte modellgestützte Vorsteuerung. Im Vergleich zu (4.302)–(4.303) sind N weitere modale Zustände $x_{s,N}^*$ hinzugekommen, die zur Verbesserung der Approximation y_s^* von y_s verwendet werden. Für hinreichend großes N ist damit y_s^* eine geeignete Solltrajektorie für die Regelgröße y (siehe Anhang C.9).

4.4 Vorsteuerungsentwurf mittels „early-lumping"

In manchen Fällen kann es sein, dass ein Approximationsmodell sehr hoher Ordnung in der modellgestützten Vorsteuerung benötigt wird, um eine brauchbare Solltrajektorie für die Regelgröße zu erhalten. Aus diesem Grund soll in diesem Abschnitt noch eine weitere Möglichkeit zum Entwurf der modellgestützten Vorsteuerung vorgestellt werden, die auch mit einem modalen Approximationsmodell niedriger Ordnung auskommt.

Um die Notwendigkeit der Implementierung einer hoch dimensionalen Vorsteuerung zur Bildung einer geeigneten Solltrajektorie zu umgehen, entwirft man die Vorsteuerung nicht für das verteilt-parametrische System, sondern für das in der Vorsteuerung verwendete Approximationsmodell. Dieses kann dann in der Vorsteuerung den Sollverlauf für y exakt bilden. Da bei diesem Ansatz der Entwurf auf einer endlich-dimensionalen Approximation der verteilt-parametrischen Strecke basiert, bezeichnet man ihn als „*early-lumping*"-Ansatz. Mit dieser Vorgehensweise wird ein geeigneter Verlauf der Solltrajektorie durch den Entwurf sichergestellt, für den anschließend noch eine Steuerung bestimmt werden muss. Die anhand des niedrig dimensionalen Approximationsmodells bestimmte Steuerung ist hierfür nämlich nicht ausreichend, da sie nicht sicherstellen kann, dass die Regel-

4.4 Vorsteuerungsentwurf mittels „early-lumping" 143

größe der verteilt-parametrischen Strecke dem Sollverlauf im störungsfreien Fall exakt folgt. Dies lässt sich auf den Einfluss der beim Entwurf vernachlässigten Dynamik — der sog. *Restdynamik* — der verteilt-parametrischen Strecke zurückführen. In diesem Abschnitt wird gezeigt, dass die Restdynamik durch die anhand der endlich-dimensionalen Streckenapproximation bestimmten Steuerung ungünstig anregt wird. Damit lässt sich diese Steuerung als eine „Störung" interpretieren, die zu Ausgangsfolgefehler führt. Da sie bekannt ist, kann eine *Störgrößenaufschaltung* zur Beseitigung der ungünstigen Auswirkung der vernachlässigten Streckendynamik entworfen werden. Die Störgrößenaufschaltung sorgt dafür, dass der Beitrag der vernachlässigten Dynamik im Ausgangsfolgefehler asymptotisch kompensiert wird. Das Gesamtstellsignal, welches sich aus der Störgrößenaufschaltung und der anhand des Approximationsmodells berechneten Steuerung zusammensetzt, gewährleistet dann exaktes Folgen der verteilt-parametrischen Strecke, falls keine weiteren Störungen auftreten. Abweichungen vom Sollverhalten lassen sich auf Anfangsstörungen zurückführen und können deshalb durch Lösung eines Stabilisierungsproblems stationär vollständig ausgeregelt werden. Damit ist das vorgesteuerte Führungs- und Störverhalten der modellgestützten Vorsteuerung mit zusätzlicher Störgrößenaufschaltung stationär genau.

Dieser Entwurf von niedrig dimensionalen Vorsteuerungen wird zunächst für die Bestimmung von Vorsteuerungen mittels Führungs- und Störgrößenaufschaltung hergeleitet. Anschließend werden die vorgestellten Ergebnisse auf den Entkopplungsentwurf von Vorsteuerungen übertragen.

4.4.1 Führungs- und Störgrößenaufschaltung

Ausgangspunkt zum „early-lumping"-Entwurf der modellgestützten Vorsteuerung mittels Führungs- und Störgrößenaufschaltung ist die *modale Approximation*

$$\dot{x}_s^*(t) = \Lambda x_s^*(t) + B^* u_s^*(t) + G^* d(t), \ t > 0, \ x_s^*(0) = x_{s,0}^* \in \mathbb{C}^n \ (4.309)$$

$$y_s^*(t) = C^* x_s^*(t), \ t \geq 0 \tag{4.310}$$

n-ter Ordnung der verteilt-parametrischen Strecke (4.81)–(4.82) (siehe Abschnitt 2.2.2 und für die Definition von G^* Satz 4.9). Darin wird mit u_s^* das für die modale Approximation verwendete Stellsignal bezeichnet und der konzentrierte Zustand x_s^* ist durch

$$x_s^*(t) = \begin{bmatrix} \langle x_s(t), \psi_{x,1} \rangle_H \\ \vdots \\ \langle x_s(t), \psi_{x,n} \rangle_H \end{bmatrix} \tag{4.311}$$

gegeben (siehe (2.132)). Eine Führungs- und Störgrößenaufschaltung für (4.309)–(4.310) lässt sich mit den Ergebnissen aus Abschnitt 4.2.2 entwerfen, wenn man sie sinngemäß auf konzentriert-parametrische Systeme anwendet. Wird angenommen, dass die dort gemachten Voraussetzungen für das konzentriert-parametrische System (4.309)–(4.310) erfüllt sind, dann führt dies auf das Stellgesetz

$$u_s^*(t) = M_u^* v(t) - \overline{K^*}(x_s^*(t) - M_x^* v(t)) \qquad (4.312)$$

(siehe (4.90)). In (4.312) lässt sich die Matrix M_x^* mit (4.184) und die Rückführmatrix $\overline{K^*}$ mit (4.64) unmittelbar bestimmen. Die Aufschaltmatrix M_u^* ist durch (4.134)–(4.135) gegeben, wenn man für $F(s)$ und $F_d(s)$ die rationalen Approximationen

$$F^*(s) = C^*(sI - \Lambda)^{-1} B^* \qquad (4.313)$$

$$F_d^*(s) = C^*(sI - \Lambda)^{-1} G^* \qquad (4.314)$$

einsetzt (siehe (4.309)–(4.310)). Diese Vorgehensweise, beim Reglerentwurf für verteilt-parametrische Systeme ein endlich-dimensionales Approximationsmodell heranzuziehen, bezeichnet man als „early-lumping“-Ansatz. Mit dieser Methode erhält man auch bei Verwendung einer niedrig dimensionalen Vorsteuerung einen geeigneten Sollverlauf y_s^* für die Regelgröße des verteilt-parametrischen Systems. Problematisch hierbei ist jedoch die Verwendung von u_s^* als Steuersignal für die verteilt-parametrische Strecke, weil in u_s^* der Stellsignalanteil $M_u^* v$ anhand der rationalen Approximationen (4.313)–(4.314) entworfen wird. Da die modale Approximation aufgrund der niedrigen Ordnung n das dynamische Verhalten der verteilt-parametrischen Strecke meistens nur mit großem Fehler nachbildet, führt die Aufschaltung von u_s^* auf die verteilt-parametrische Strecke nicht zum gewünschten Sollverhalten. Welche Konsequenz dies für die Vorsteuerung hat, wird im Folgenden anhand des Folgefehlers zwischen dem Zustand der vorgesteuerten verteilt-parametrischen Strecke und dem Zustand der modellgestützten Vorsteuerung untersucht. Daraus lassen sich im Anschluss weiterführende Maßnahmen zur Verbesserung des resultierenden Führungs- und Störverhaltens ableiten.

Zur Bestimmung der Dynamik des Zustandsfolgefehlers ist es notwendig, die Dynamik des verteilt-parametrischen Systems (4.81)–(4.82) in einen Anteil zu zerlegen, der die beim Entwurf berücksichtige Dynamik beschreibt, und in einen Anteil, der die unberücksichtige Dynamik erfasst. Hierzu betrachtet man eine Zerlegung

$$H = H_n \oplus H_R \qquad (4.315)$$

(siehe (2.92)) des Zustandsraums H des verteilt-parametrischen Systems (4.81)–(4.82) in einen Anteil H_n der Dimension $n < \infty$, der den Zustand der Approximation enthält, und einen unendlich-dimensionalen Anteil H_R, der den Zustand der vernachlässigten Dynamik beinhaltet. Diese Zerlegung

4.4 Vorsteuerungsentwurf mittels „early-lumping" 145

lässt sich unter Verwendung der *modalen Projektionen*

$$\mathcal{P}_n = \sum_{i=1}^{n} \langle \,\cdot\, , \psi_{x,i} \rangle_H \phi_{x,i} \tag{4.316}$$

$$\mathcal{P}_R = I - \mathcal{P}_n = \sum_{i=n+1}^{\infty} \langle \,\cdot\, , \psi_{x,i} \rangle_H \phi_{x,i} \tag{4.317}$$

mit dem Eigenvektor $\phi_{x,i}$ von $\mathcal{A}$ zum Eigenwert λ_i und dem Eigenvektor $\psi_{x,i}$ von $\mathcal{A}^*$ zum Eigenwert $\overline{\lambda_i}$ durchführen. Mit (4.316) kann der Zustand x in den endlich-dimensionalen Anteil

$$x_n(t) = \mathcal{P}_n x(t) = \sum_{i=1}^{n} \langle x(t), \psi_{x,i} \rangle_H \phi_{x,i} \tag{4.318}$$

und mit (4.317) in den unendlich-dimensionalen Anteil

$$x_R(t) = \mathcal{P}_R x(t) = \sum_{i=n+1}^{\infty} \langle x(t), \psi_{x,i} \rangle_H \phi_{x,i} \tag{4.319}$$

zerlegt werden, wobei

$$x(t) = x_n(t) + x_R(t) \tag{4.320}$$

gilt. Dies erkennt man sofort, wenn man mit den Beziehungen (4.318)–(4.319) den Ausdruck

$$\mathcal{P}_n x(t) + \mathcal{P}_R x(t) = \sum_{i=1}^{n} \langle x(t), \psi_{x,i} \rangle_H \phi_{x,i} + \sum_{i=n+1}^{\infty} \langle x(t), \psi_{x,i} \rangle_H \phi_{x,i} \tag{4.321}$$

bildet und beachtet, dass auf der rechten Seite von (4.321) gerade die Reihenentwicklung

$$x(t) = \sum_{i=1}^{\infty} \langle x(t), \psi_{x,i} \rangle_H \phi_{x,i} \tag{4.322}$$

steht (siehe (2.58)). Man beachte, dass sich die endlich-dimensionale Projektion x_n vom konzentrierten Zustand x^* unterscheidet, der durch

$$x^*(t) = \begin{bmatrix} \langle x(t), \psi_{x,1} \rangle_H \\ \vdots \\ \langle x(t), \psi_{x,n} \rangle_H \end{bmatrix} \tag{4.323}$$

definiert ist (siehe (2.132)) und deshalb nicht wie x_n über $\phi_{x,i}$ vom Ort abhängt (siehe (4.318)). In Anhang C.12 werden die Zustandsgleichungen

$$\dot{x}_n(t) = \mathcal{A}_n x_n(t) + \mathcal{B}_n u(t) + \mathcal{G}_n d(t) \tag{4.324}$$

$$\dot{x}_R(t) = \mathcal{A}_R x_R(t) + \mathcal{B}_R u(t) + \mathcal{G}_R d(t) \tag{4.325}$$

$$y(t) = \mathcal{C}_n x_n(t) + \mathcal{C}_R x_R(t) \tag{4.326}$$

für x_n und x_R hergeleitet. Um die weitere Darstellung übersichtlich zu halten, wird die vereinfachte Schreibweise

$$\mathcal{A} = \begin{bmatrix} \mathcal{A}_n & 0 \\ 0 & \mathcal{A}_R \end{bmatrix}, \quad D(\mathcal{A}_n) = H_n \cap D(\mathcal{A}), \quad D(\mathcal{A}_R) = H_R \cap D(\mathcal{A}) \tag{4.327}$$

sowie

$$\mathcal{B} = \begin{bmatrix} \mathcal{B}_n \\ \mathcal{B}_R \end{bmatrix}, \quad \mathcal{G} = \begin{bmatrix} \mathcal{G}_n \\ \mathcal{G}_R \end{bmatrix} \tag{4.328}$$

und

$$\mathcal{C} = \begin{bmatrix} \mathcal{C}_n & \mathcal{C}_R \end{bmatrix} \tag{4.329}$$

verwendet. Im Folgenden soll der Zusammenhang zwischen dem ersten Teilsystem (4.324) und der modalen Approximation

$$\dot{x}^*(t) = \Lambda x^*(t) + B^* u(t) + G^* d(t) \tag{4.330}$$

hergestellt werden (siehe (4.309)), welche den Zustand (4.323) besitzt. Hierzu bildet man

$$x_n(t) = \mathcal{P}_n x(t) = \sum_{i=1}^{n} \langle x(t), \psi_{x,i} \rangle_H \phi_{x,i} = \begin{bmatrix} \phi_{x,1} \dots \phi_{x,n} \end{bmatrix} x^*(t), \tag{4.331}$$

worin (4.323) verwendet wurde. Dies bedeutet, dass man die Lösung der Differentialgleichung (4.324) durch Bestimmung der Lösung von (4.330) und anschließendes Einsetzen in (4.331) angeben kann. Damit beschreibt die modale Approximation (4.330) die Zeitabhängigkeit der Zustände x_n, die Elemente des Zustandsraums H und deshalb auch zusätzlich Funktionen des Orts z sind. Diese Dynamik wird in der modellgestützten Vorsteuerung mit (4.309) berücksichtigt. Die dabei vernachlässigte Dynamik in (4.325) bezeichnet man als *Restdynamik*. Deren Auswirkung auf das resultierende Führungs- und Störverhalten wird im Weiteren anhand der Dynamik des *Zustandsfolgefehlers*

$$e_x(t) = \begin{bmatrix} x_n(t) - x_{s,n}(t) \\ x_R(t) \end{bmatrix} \tag{4.332}$$

untersucht. Bei dieser Definition des Folgefehlers ist zu beachten, dass der Sollwert für den Zustand x_R der Restdynamik (4.325) gleich Null ist. Für den Sollzustand

$$x_{s,n}(t) = \mathcal{P}_n x_s(t) \tag{4.333}$$

gilt die Differentialgleichung

4.4 Vorsteuerungsentwurf mittels „early-lumping" 147

$$\dot{x}_{s,n}(t) = \mathcal{A}_n x_{s,n}(t) + \mathcal{B}_n u_s^*(t) + \mathcal{G}_n d(t) \tag{4.334}$$

(siehe (4.324)). Mit (4.324) und (4.334) lässt sich die Fehlerdifferentialgleichung

$$\dot{x}_n(t) - \dot{x}_{s,n}(t) = \mathcal{A}_n(x_n(t) - x_{s,n}(t)) + \mathcal{B}_n(u(t) - u_s^*(t)) \tag{4.335}$$

aufstellen. Führt man in (4.335) den *zusätzlichen Eingang* Δu gemäß

$$u(t) = u_s^*(t) + \Delta u(t) \tag{4.336}$$

ein, so gilt

$$\dot{x}_n(t) - \dot{x}_{s,n}(t) = \mathcal{A}_n(x_n(t) - x_{s,n}(t)) + \mathcal{B}_n \Delta u(t). \tag{4.337}$$

Wird (4.336) auch in (4.325) berücksichtigt, so lautet die *angeregte Restdynamik*

$$\dot{x}_R(t) = \mathcal{A}_R x_R(t) + \mathcal{B}_R \Delta u(t) + \mathcal{B}_R u_s^*(t) + \mathcal{G}_R d(t). \tag{4.338}$$

Unter Verwendung von (4.335) und (4.338) erhält man schließlich die Fehlerdifferentialgleichung

$$\begin{bmatrix} \dot{x}_n(t) - \dot{x}_{s,n}(t) \\ \dot{x}_R(t) \end{bmatrix} = \begin{bmatrix} \mathcal{A}_n & 0 \\ 0 & \mathcal{A}_R \end{bmatrix} \begin{bmatrix} x_n(t) - x_{s,n}(t) \\ x_R(t) \end{bmatrix} + \begin{bmatrix} \mathcal{B}_n \\ \mathcal{B}_R \end{bmatrix} \Delta u(t)$$
$$+ \begin{bmatrix} 0 \\ \mathcal{B}_R \end{bmatrix} u_s^*(t) + \begin{bmatrix} 0 \\ \mathcal{G}_R \end{bmatrix} d(t). \tag{4.339}$$

Für die Berücksichtigung der Restdynamik wird beim Entwurf der *Ausgangsfolgefehler* betrachtet, der durch

$$e_y(t) = y(t) - y_s^*(t) \tag{4.340}$$

definiert ist. Dies bedeutet, dass die anhand der modalen Approximation gebildete Größe y_s^* in (4.310) als Sollverlauf für die Regelgröße y verwendet wird. Um anhand von (4.340) eine Ausgangsgleichung für (4.339) herzuleiten, betrachtet man (4.310) und setzt darin (4.311) ein, was mit (2.137) auf

$$y_s^*(t) = \sum_{i=1}^{n} \langle x_s(t), \psi_{x,i} \rangle_H \mathcal{C} \phi_{x,i} \tag{4.341}$$

führt. Berücksichtigt man in (4.341) die Projektion (4.316), dann erhält man

$$y_s^*(t) = \mathcal{C} \mathcal{P}_n x_s(t). \tag{4.342}$$

Folglich gilt mit $\mathcal{P}_n = \mathcal{P}_n^2$ (siehe Anhang C.12) und (4.333)

148　　　　　　　　　　　　　　　　　　　　4 Entwurf von Vorsteuerungen

$$y_s^*(t) = \mathcal{C}\mathcal{P}_n x_s(t) = \mathcal{C}\mathcal{P}_n \mathcal{P}_n x_s(t) = \mathcal{C}_n x_{s,n}(t). \tag{4.343}$$

Mit (4.326), (4.340) und (4.343) lautet die Ausgangsgleichung für (4.339)

$$e_y(t) = y(t) - y_s^*(t) = \mathcal{C}_n(x_n(t) - x_{s,n}(t)) + \mathcal{C}_R x_R(t). \tag{4.344}$$

Insgesamt ergibt sich unter Berücksichtigung von (4.327)–(4.329) sowie (4.332) somit aus (4.339) und (4.344) das *Fehlersystem*

$$\dot{e}_x(t) = \mathcal{A}e_x(t) + \mathcal{B}\Delta u(t) + \tilde{\mathcal{G}}\tilde{d}(t) \tag{4.345}$$

$$e_y(t) = \mathcal{C}e_x(t) \tag{4.346}$$

mit der „*Störung*"

$$\tilde{d}(t) = \begin{bmatrix} u_s^*(t) \\ d(t) \end{bmatrix} \tag{4.347}$$

und dem zugehörigen *Eingangsoperator*

$$\tilde{\mathcal{G}} = \begin{bmatrix} 0 & 0 \\ \mathcal{B}_R & \mathcal{G}_R \end{bmatrix}. \tag{4.348}$$

Dieses Fehlersystem kann genutzt werden, um den Einfluss der beim Entwurf vernachlässigten Restdynamik (4.325) auf das vorgesteuerte Führungs- und Störverhalten zu untersuchen. Wie (4.345) zeigt (siehe auch (4.338)), regen das Steuersignal u_s^* und die messbare Störung d die Restdynamik an. Diese beeinflusst über (4.344) den Ausgangsfolgefehler und bewirkt einen dynamischen und statischen Folgefehler. Diese Effekte, welche durch beim Entwurf vernachlässigte Dynamik verursacht werden, bezeichnet man allgemein als „*spillover*" (siehe [1]).

Um die Auswirkung der Störung $\tilde{d}$ auf den Folgefehler e_y in (4.346) beim Entwurf zu berücksichtigen, bestimmt man eine Störgrößenaufschaltung zur asymptotischen Kompensation der Störung $\tilde{d}$ in e_y. Dies bedeutet, dass die Regelgröße y im eingeschwungenen Zustand mit ihrem Sollwert y_s^* übereinstimmt. Damit für den Entwurf der Störgrößenaufschaltung die Ergebnisse aus Abschnitt 4.2.2 verwendet werden können, muss sich $\tilde{d}$ durch ein endlichdimensionales Signalmodell beschreiben lassen. Die zweite Komponente d von $\tilde{d}$ in (4.347) wird bereits durch das endlich-dimensionale Signalmodell (4.84)–(4.85) modelliert. Da die Führungs- und Störgrößenaufschaltung (4.312) für die endlich-dimensionale modale Approximation (4.309)–(4.310) entworfen wird, lässt sich auch für u_s^* und damit insgesamt für $\tilde{d}$ ein endlichdimensionales Signalmodell herleiten. Hierzu setzt man (4.312) in (4.309) ein und berücksichtigt (4.85), womit sich

$$\dot{x}_s^*(t) = (\Lambda - B^*\overline{K^*})x_s^*(t) + (B^*(M_u^* + \overline{K^*}M_x^*) + G^*P)v(t) \tag{4.349}$$

ergibt. Da bei der Bildung von u_s^* gemäß (4.312) nur v und x_s^* als Zustände auftreten, erhält man zusammen mit (4.84)–(4.85) für $\tilde{d}$ das *endlich-*

4.4 Vorsteuerungsentwurf mittels „early-lumping"

dimensionale Signalmodell

$$\dot{\tilde{v}}(t) = \tilde{S}\tilde{v}(t), \quad t > 0, \quad \tilde{v}(0) = \tilde{v}_0 \in \mathbb{C}^{n+n_v} \tag{4.350}$$

$$\tilde{d}(t) = \tilde{P}\tilde{v}(t), \quad t \geq 0 \tag{4.351}$$

mit dem Zustandsvektor

$$\tilde{v}(t) = \begin{bmatrix} v(t) \\ x_s^*(t) \end{bmatrix} \tag{4.352}$$

und den Matrizen

$$\tilde{S} = \begin{bmatrix} S & 0 \\ B^*(M_u^* + \overline{K^*}M_x^*) + G^*P\,\Lambda - B^*\overline{K^*} \end{bmatrix} \tag{4.353}$$

sowie

$$\tilde{P} = \begin{bmatrix} M_u^* + \overline{K^*}M_x^* & -\overline{K^*} \\ P & 0 \end{bmatrix}. \tag{4.354}$$

Die eigentliche Aufgabenstellung besteht nun darin, für das Fehlersystem

$$\dot{e}_x(t) = \mathcal{A}e_x(t) + \mathcal{B}\Delta u(t) + \tilde{\mathcal{G}}\tilde{d}(t), \quad t > 0, \quad e_x(0) \in H \tag{4.355}$$

$$e_y(t) = \mathcal{C}e_x(t), \quad t \geq 0 \tag{4.356}$$

(siehe (4.345)–(4.346)) eine *Störgrößenaufschaltung*

$$u_{\tilde{d}}(t) = N_{u_{\tilde{d}}}\tilde{v}(t) \tag{4.357}$$

so zu entwerfen, dass mit

$$\Delta u(t) = u_{\tilde{d}}(t) \tag{4.358}$$

die Bedingung

$$\lim_{t \to \infty} e_y(t) = \lim_{t \to \infty} (y(t) - y_s^*(t)) = 0, \quad \forall x_0 \in H, \quad \forall \tilde{v}_0 \in \mathbb{C}^{n+n_v} \tag{4.359}$$

erfüllt ist. Im Folgenden wird der Stellsignalanteil $u_{\tilde{d}}$ dem Gesamtsteuersignal u_s für die verteilt-parametrische Strecke zugeschlagen, so dass wegen (4.336) und (4.358)

$$u(t) = u_s^*(t) + u_{\tilde{d}}(t) = u_s(t) \tag{4.360}$$

gilt. Dieses Steuersignal bewirkt, dass die Regelgröße y der Solltrajektorie y_s^* zumindest asymptotisch folgt. Damit ist aber der Ausgangsfolgeregler (siehe Abbildung 3.2) zur Einstellung des Störverhaltens der verteilt-parametrischen Regelung auch im vorgesteuerten Führungs- und Störverhalten im Eingriff, da nicht mehr $e_y(t) = y(t) - y_s^*(t) = 0$, $\forall t \geq 0$, gilt (siehe Kapitel 3). Das ist durchaus plausibel, da der Folgefehler e_y durch eine Modellunsicherheit in der modellgestützten Vorsteuerung also durch eine Störung angeregt wird. Das Einschwingverhalten der Regelgröße y auf y_s^* wird dann durch den Ausgangsfolgeregler festgelegt. Falls dabei e_y hinreichend schnell ausgeregelt wird, stimmt das vorgesteuerte Führungs- und Störverhalten des verteilt-parametrischen Systems mit dem Führungs- und Störverhalten der geregelten modalen Approximation überein. Der verteilt-parametrische Charakter der Strecke wird also bei diesem Ansatz nachträglich durch die Störgrößenaufschaltung (4.357) berücksichtigt, da sie unter Verwendung der verteilt-parametrischen Strecke entworfen wird. Im stationären Zustand tritt dann kein Folgefehler mehr auf, d.h. die Störgrößenaufschaltung stellt stationäre Genauigkeit im vorgesteuerten Führungs- und Störverhalten sicher, weshalb dann der Ausgangsfolgeregler (siehe Abbildung 3.2) im eingeschwungenen Zustand nicht mehr im Eingriff ist. Setzt man voraus, dass

- die Matrix $\tilde{S}$ diagonalähnlich ist,
- kein Eigenwert von $\tilde{S}$ mit einem Eigenwert von $\mathcal{A}$ und deren Häufungspunkten übereinstimmt,
- kein Eigenwert von $\tilde{S}$ mit einer Übertragungsnullstelle von

$$F(s) = \mathcal{C}(sI - \mathcal{A})^{-1}\mathcal{B} \tag{4.361}$$

übereinstimmt

(siehe Satz 4.8), dann können die Ergebnisse aus Abschnitt 4.2.2 zur Berechnung der Störgrößenaufschaltung verwendet werden. Die zugehörige *Aufschaltmatrix* ist durch

$$N_{u_{\tilde{d}}} = \left[p_{u_{\tilde{d}},1} \ldots p_{u_{\tilde{d}},n+n_v} \right] \left[\phi_{\tilde{v},1} \ldots \phi_{\tilde{v},n+n_v} \right]^{-1} \tag{4.362}$$

mit

$$p_{u_{\tilde{d}},i} = -F^{-1}(\lambda_{\tilde{v},i}) F_{\tilde{d}}(\lambda_{\tilde{v},i}) \tilde{P} \phi_{\tilde{v},i}, \quad i = 1, 2, \ldots, n + n_v \tag{4.363}$$

gegeben (siehe (4.134)–(4.135)). Darin bezeichnen die Vektoren $\phi_{\tilde{v},i}$ die Eigenvektoren von $\tilde{S}$ zu den Eigenwerten $\lambda_{\tilde{v},i}$ und die Übertragungsmatrix $F(s)$ ist in (4.361) definiert. Für die Übertragungsmatrix $F_{\tilde{d}}(s)$ gilt entsprechend zu (4.129)

$$F_{\tilde{d}}(s) = \mathcal{C}(sI - \mathcal{A})^{-1}\tilde{\mathcal{G}}. \tag{4.364}$$

In Anhang C.13 wird gezeigt, dass sie mit den Übertragungsmatrizen (4.361) und (4.129) und deren rationale Approximationen (4.313)–(4.314) durch

$$F_{\tilde{d}}(s) = \left[F(s) - F^*(s) \ F_d(s) - F_d^*(s) \right] \tag{4.365}$$

bestimmt werden kann.

Aus (4.365) folgt, dass in die Bestimmung der Vektoren $p_{u_{\tilde{d}},i}$ gemäß (4.363) die Approximationsfehler $F(s) - F^*(s)$ und $F_d(s) - F_d^*(s)$ der Übertragungsmatrizen der Strecke eingehen. Geht man beim Vorsteuerungsentwurf von der verteilt-parametrischen Strecke aus, dann verschwinden diese Fehler und damit auch die Vektoren $p_{u_{\tilde{d}},i}$. Folglich gilt für die Aufschaltmatrix $N_{u_{\tilde{d}}} = 0$, womit die endlich-dimensionale modellgestützte Vorsteuerung in eine unendlich-dimensionale Vorsteuerung übergeht.

4.4 Vorsteuerungsentwurf mittels „early-lumping"   151

Die Bildung der Solltrajektorie y_s^* anhand der Regelung für die modale Approximation (4.309)–(4.310) scheint der Forderung zu widersprechen, dass die Regelgröße y im störungsfreien Fall der Solltrajektorie y_s^* exakt folgen kann (siehe Abschnitt 3.2.1). Um diese Problematik zu untersuchen, führt man die *Zustandsfehlerabweichung*

$$\Delta e_x(t) = e_x(t) - e_{x,s}(t) \tag{4.366}$$

ein und betrachtet die zugehörige *Fehlerdifferentialgleichung*

$$\Delta \dot{e}_x(t) = \mathcal{A} \Delta e_x(t), \quad t > 0, \quad \Delta e_x(0) = e_x(0) - e_{x,s}(0) \in H, \tag{4.367}$$

die bei Anwendung der Störgrößenaufschaltung $\Delta u = N_{u_{\bar{d}}} \tilde{v}$ (siehe (4.357)–(4.358)) für das Fehlersystem (4.355)–(4.356) gilt und in Abschnitt 5.2 hergeleitet wird. Darin ist die *Solltrajektorie* $e_{x,s}$ durch

$$e_{x,s}(t) = \mathcal{N}_x \tilde{v}(t) \tag{4.368}$$

gegeben (siehe (4.139)). Der in (4.368) auftretende *Aufschaltoperator* $\mathcal{N}_x$ lautet

$$\mathcal{N}_x = \begin{bmatrix} \tilde{\phi}_{x,1} \ \dots \ \tilde{\phi}_{x,n+n_v} \end{bmatrix} \begin{bmatrix} \phi_{\tilde{v},1} \ \dots \ \phi_{\tilde{v},n+n_v} \end{bmatrix}^{-1} \tag{4.369}$$

mit

$$\tilde{\phi}_{x,i} = (\lambda_{\tilde{v},i} I - \mathcal{A})^{-1} (\tilde{\mathcal{G}} \tilde{P} + \mathcal{B} N_{u_{\bar{d}}}) \phi_{\tilde{v},i}, \quad \lambda_{\tilde{v},i} \in \rho(\mathcal{A}) \tag{4.370}$$

und den Eigenvektoren $\phi_{\tilde{v},i}$ der Matrix $\tilde{S}$ zu den Eigenwerten $\lambda_{\tilde{v},i}$ in (4.350) (siehe (4.113) und (4.143)). Aus der homogenen Fehlerdifferentialgleichung (4.367) und (4.368) folgt, dass für $e_x(0) = e_{x,s}(0) = \mathcal{N}_x \tilde{v}(0)$ die Regelgröße y mit y_s^* übereinstimmt, da für diesen Anfangswert $\Delta e_x = 0$ die eindeutige Lösung von (4.367) ist und deshalb $\Delta e_y(t) = \mathcal{C} \Delta e_x(t) = e_y(t) = y(t) - y_s^*(t) \equiv 0$ gilt (siehe (5.183)). Damit stellt die Solltrajektorie y_s^* einen zulässigen Sollverlauf für die Regelgröße y dar. Falls keine externen Störungen und Modellunsicherheit auftreten, regen nur Anfangsstörungen Folgefehler $y - y_s^*$ an, die sich durch Lösung eines Stabilisierungsproblems vollständig ausregeln lassen (siehe Abschnitt 5.2).

Im praktischen Anwendungsfall muss der Signalmodellzustand v durch einen Beobachter rekonstruiert werden, falls dieser nicht messbar ist (siehe Abschnitt 4.2.4). Ersetzt man in (4.352) die Zustandsgröße v durch ihre Rekonstruktion $\hat{v}$ und verwendet die Darstellung

$$N_{u_{\bar{d}}} = \begin{bmatrix} N_v \ N_{x_s^*} \end{bmatrix} \tag{4.371}$$

für $N_{u_{\bar{d}}}$ in (4.357), dann lautet die Störgrößenaufschaltung

$$u_{\bar{d}}(t) = N_v \hat{v}(t) + N_{x_s^*} x_s^*(t). \tag{4.372}$$

Entsprechend ergibt sich für das Stellsignal (4.312)

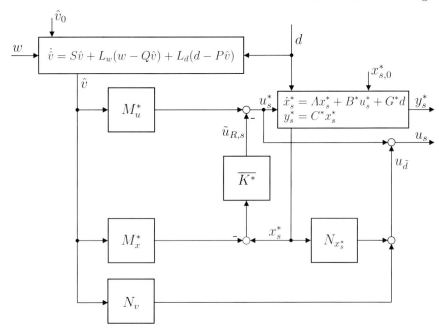

Abb. 4.12: Endlich-dimensionale modellgestützte Vorsteuerung mit Signalmodellbeobachter und zusätzlicher Störgrößenaufschaltung zur Berücksichtigung des Modellfehlers

$$u_s^*(t) = M_u^* \hat{v}(t) - \overline{K^*}(x_s^*(t) - M_x^* \hat{v}(t)). \tag{4.373}$$

Dies führt mit dem Signalmodellbeobachter (4.174) und (4.360) auf die in Abbildung 4.12 dargestellte modellgestützte Vorsteuerung.

Im nächsten Beispiel wird der vorgeschlagene endlich-dimensionale Vorsteuerungsentwurf anhand des Wärmeleiters mit Dirichletschen Randbedingungen veranschaulicht.

Beispiel 4.6. Endlich-dimensionaler Vorsteuerungsentwurf für den Wärmeleiter mit Dirichletschen Randbedingungen

Im Folgenden soll für den in Beispiel 4.3 behandelten Wärmeleiter eine niedrig dimensionale Vorsteuerung entworfen werden. Wie Abbildung 4.3 und 4.4 deutlich machen, ergibt sich mit einer „late-lumping"-Vorsteuerungen erst ab der Ordnung 15 ein akzeptabler Verlauf für die Solltrajektorie y_s^*. Damit ist die Vorsteuerung von vergleichsweise hoher Ordnung.

Zur Bestimmung einer niedrig dimensionalen Vorsteuerung wird der in diesem Abschnitt vorgestellte Ansatz herangezogen. Bei dieser Vorgehensweise entwirft man die Führungs- und Störgrößenaufschaltung für eine modale Approximation (4.309)–(4.310) der Ordnung $n = 3$, womit auch die Vorsteuerung diese Ordnung besitzt. Beim Entwurf werden nur die ersten beiden Regelungseigenwerte $\tilde{\lambda}_5 = -13$ und $\tilde{\lambda}_6 = -39.5$ aus Beispiel 4.3 übernommen.

4.4 Vorsteuerungsentwurf mittels „early-lumping"

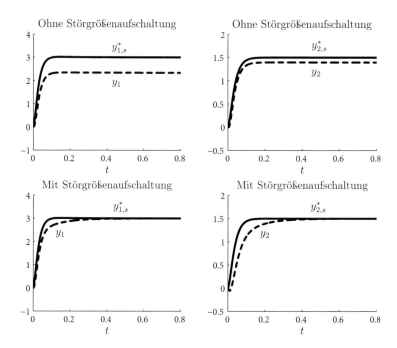

Abb. 4.13: Solltrajektorie y_s^* und resultierender Verlauf der Regelgröße y für das vorgesteuerte Führungsverhalten bei Führungssprüngen $w_1(t) = 3\sigma(t)$ und $w_2(t) = 1.5\sigma(t)$

Die zugehörigen Parametervektoren berechnen sich entsprechend zu Beispiel 4.3 aus

$$-F^*(-13)p_5 = e_1 \quad \text{und} \quad -F^*(-39.5)p_6 = e_2, \quad (4.374)$$

worin $F^*(s)$ die Streckenübertragungsmatrix (4.313) der modalen Approximation (4.309)–(4.310) ist. Als dritten Regelungseigenwert gibt man $\tilde{\lambda}_7 = -108.8$ vor, d.h. man verschiebt den Streckeneigenwert $\lambda_3 = -88.8$ um 20 nach links und schlägt mit dem aus

$$-F^*(-108.8)p_7 = e_1 \quad (4.375)$$

resultierenden Parametervektor p_7 seinen Beitrag dem Folgefehler $y_1^* - w_1$ zu (siehe (4.166)). Auf die Kompensation einer Nullstelle wie in Beispiel 4.3 wird hier verzichtet, da sich die Nullstellen der modalen Approximation und des verteilt-parametrischen Systems unterscheiden. Folglich würde ein mit einer Nullstelle der modalen Approximation kompensierter Eigenwert weiterhin das vorgesteuerte Führungs- und Störverhalten der verteilt-parametrische Strecke ungünstig beeinflussen. Abbildung 4.13 zeigt die Simulation des vorgesteuerten Führungsverhaltens ohne und mit Störgrößenaufschaltung bei Anregung mit Führungssprüngen wie in Abbildung 4.3. Deutlich ist die oh-

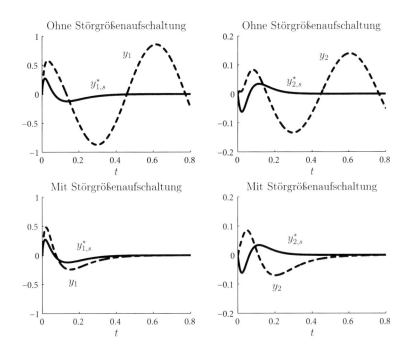

Abb. 4.14: Solltrajektorie y_s^* und resultierender Verlauf der Regelgröße y für das vorgesteuerte Störverhalten bei einer messbaren Sinusstörung $d(t) = d_0 \sin(10t + \varphi_0)$

ne Störgrößenaufschaltung auftretende bleibende Abweichung zu erkennen. Durch Hinzunahme der Störgrößenaufschaltung kann dieser stationäre Fehler beseitigt werden. Das resultierende vorgesteuerte Störverhalten für eine Sinusstörung $d(t) = d_0 \sin(10t + \varphi_0)$ ist in Abbildung 4.14 zu sehen. Auch hier stellt die zusätzliche Störgrößenaufschaltung stationäre Genauigkeit im vorgesteuerten Störverhalten sicher.

Die in Abbildung 4.13 und 4.14 auftretenden Abweichungen zwischen der Solltrajektorie y_s^* und der Regelgröße y im dynamischen Übergang haben ihre Ursache in Anfangsstörungen $\Delta e_x(0) \neq 0$ (siehe (4.367)) und werden nur mit der langsamen Streckendynamik abgebaut. Diese Fehlerdynamik lässt sich durch den Entwurf eines stabilisierenden Ausgangsfolgereglers schneller machen (siehe hierzu Abschnitt 5.2), womit insgesamt ein akzeptables vorgesteuertes Führungs- und Störverhalten erzielt werden. ◄

4.4.2 Ein-/Ausgangsentkopplung

Beim Vorsteuerungsentwurf mittels Entkopplung unter Verwendung des „early-lumping"-Ansatzes, geht man von dem *modalen Approximationsmodell*

$$\dot{x}_s^*(t) = \Lambda x_s^*(t) + B^* u_s^*(t), \quad t > 0, \quad x_s^*(0) = x_{s,0}^* \in \mathbb{C}^n \qquad (4.376)$$
$$y_s^*(t) = C^* x_s^*(t), \quad t \geq 0 \qquad (4.377)$$

der Ordnung n aus (siehe Abschnitt 2.2.2), wobei $u_s^*(t) \in \mathbb{R}^p$ und $y_s^*(t) \in \mathbb{R}^p$ gelten. Um mit diesem Approximationsmodell eine brauchbare Vorsteuerung zu entwerfen, wird direkt die modale Approximation (4.376)–(4.377) ein-/ausgangsentkoppelt. Besitzt sie genügend Übertragungsnullstellen in der offenen linken Halbebene, dann kann man die in Abschnitt 4.3 beschriebene Vorgehensweise dazu heranziehen. Dabei wird anstatt der irrationalen Übertragungsmatrix $F(s)$ in (4.254) deren rationale Approximation

$$F^*(s) = C^*(sI - \Lambda)^{-1} B^* \qquad (4.378)$$

beim Entwurf verwendet (siehe (4.376)–(4.377)). Als Ergebnis erhält man dann die Zustandsrückführung

$$u_s^*(t) = -\overline{K^*} x_s^*(t) + M^* w(t), \qquad (4.379)$$

worin das Vorfilter mit

$$M^* = (C^*(-\Lambda + B^* \overline{K^*})^{-1} B^*)^{-1} \qquad (4.380)$$

bestimmt wird (vergleiche (4.272)). Diese Vorgehensweise stellt sicher, dass die Ausgangsgröße y_s^* in (4.377) als Sollwert für die Regelgröße der verteilt-parametrischen Strecke verwendet werden kann. Allerdings muss die aus (4.379) resultierende Steuerung u_s^* um eine Störgrößenaufschaltung ergänzt werden, um stationäre Genauigkeit im vorgesteuerten Führungsverhalten sicherzustellen. Dies ist notwendig, weil der Entwurf anhand der endlichdimensionalen Streckenapproximation (4.376)–(4.377) durchgeführt wird und somit das Stellsignal u_s^* das gewünschte Führungsverhalten nur näherungsweise für die verteilt-parametrische Strecke sicherstellt. Ausgangspunkt zur Bestimmung der Störgrößenaufschaltung ist das *Fehlersystem*

$$\dot{e}_x(t) = \mathcal{A} e_x(t) + \mathcal{B} \Delta u(t) + \tilde{\mathcal{G}} \tilde{d}(t), \quad t > 0, \quad e_x(0) \in H \qquad (4.381)$$
$$e_y(t) = \mathcal{C} e_x(t), \quad t \geq 0, \qquad (4.382)$$

worin im Unterschied zu (4.345)–(4.346) der Störeingangsoperator $\tilde{\mathcal{G}}$ durch

$$\tilde{\mathcal{G}} = \begin{bmatrix} 0 \\ \mathcal{B}_R \end{bmatrix} \qquad (4.383)$$

und die „Störung" $\tilde{d}$ durch

$$\tilde{d}(t) = u_s^*(t) \tag{4.384}$$

gegeben sind. Externe Störungen bleiben bei der Ein-/Ausgangsentkopplung bzw. in (4.381) unberücksichtigt, da dieser Entwurf nur auf die Vorgabe des Führungsverhaltens abzielt. Um eine Störgrößenaufschaltung für (4.381)–(4.382) entwerfen zu können, wird ein Signalmodell für $\tilde{d}$ benötigt. Hierzu setzt man (4.379) in (4.376) ein, was

$$\dot{x}_s^*(t) = (\Lambda - B^*\overline{K^*})x_s^*(t) + B^*M^*w(t) \tag{4.385}$$

ergibt. Wird vorausgesetzt, dass die Führungsgröße w sprungförmig ist, so lässt sie sich durch

$$\dot{w}(t) = 0, \quad t > 0, \quad w(0) \in \mathbb{C}^p \tag{4.386}$$

modellieren. Damit erhält man insgesamt als *Signalmodell*

$$\dot{\tilde{v}}(t) = \tilde{S}\tilde{v}(t), \quad t > 0, \quad \tilde{v}(0) = \tilde{v}_0 \in \mathbb{C}^{n+p} \tag{4.387}$$
$$\tilde{d}(t) = \tilde{P}\tilde{v}(t), \quad t \geq 0 \tag{4.388}$$

mit dem Zustandsvektor

$$\tilde{v}(t) = \begin{bmatrix} w(t) \\ x_s^*(t) \end{bmatrix} \tag{4.389}$$

und den Matrizen

$$\tilde{S} = \begin{bmatrix} 0 & 0 \\ B^*M^* & \Lambda - B^*\overline{K^*} \end{bmatrix} \tag{4.390}$$

sowie

$$\tilde{P} = \begin{bmatrix} M^* & -\overline{K^*} \end{bmatrix}. \tag{4.391}$$

Zur Sicherstellung der stationären Genauigkeit im Führungsverhalten, d.h.

$$\lim_{t \to \infty} e_y(t) = \lim_{t \to \infty}(y(t) - y_s^*(t)) = 0, \quad \forall x_0 \in H, \quad \forall \tilde{v}_0 \in \mathbb{C}^{n+p} \tag{4.392}$$

entwirft man mit der Methode aus Abschnitt 4.2.2 die *Störgrößenaufschaltung*

$$u_{\tilde{d}}(t) = N_{u_{\tilde{d}}}\tilde{v}(t). \tag{4.393}$$

Unter den Annahmen, dass

- die Matrix $\tilde{S}$ in (4.390) diagonalähnlich ist,
- kein Eigenwert $\lambda_{\tilde{v},i}$ von $\tilde{S}$ mit einem Eigenwert von $\mathcal{A}$ und deren Häufungspunkten übereinstimmt,
- kein Eigenwert von $\tilde{S}$ mit einer Übertragungsnullstelle von

$$F(s) = \mathcal{C}(sI - \mathcal{A})^{-1}\mathcal{B} \tag{4.394}$$

übereinstimmt

4.4 Vorsteuerungsentwurf mittels „early-lumping" 157

(siehe Satz 4.8), lässt sich die zugehörige Aufschaltmatrix $N_{u_{\tilde{d}}}$ durch

$$N_{u_{\tilde{d}}} = \begin{bmatrix} p_{u_{\tilde{d}},1} \cdots p_{u_{\tilde{d}},n+p} \end{bmatrix} \begin{bmatrix} \phi_{\tilde{v},1} \cdots \phi_{\tilde{v},n+p} \end{bmatrix}^{-1} \tag{4.395}$$

mit

$$p_{u_{\tilde{d}},i} = -F^{-1}(\lambda_{\tilde{v},i})F_{\tilde{d}}(\lambda_{\tilde{v},i})\tilde{P}\phi_{\tilde{v},i}, \quad i = 1,2,\ldots,n+p \tag{4.396}$$

berechnen (siehe (4.134)–(4.135)). Darin bezeichnen die Vektoren $\phi_{\tilde{v},i}$ die Eigenvektoren von $\tilde{S}$ zu den Eigenwerten $\lambda_{\tilde{v},i}$. Für die Übertragungsmatrix $F_{\tilde{d}}(s)$ gilt entsprechend zu (4.129)

$$F_{\tilde{d}}(s) = \mathcal{C}(sI - \mathcal{A})^{-1}\tilde{\mathcal{G}}. \tag{4.397}$$

Mit dem Ergebnis (4.365) in Abschnitt 4.4.1 lässt sie sich durch

$$F_{\tilde{d}}(s) = F(s) - F^*(s) \tag{4.398}$$

berechnen. Verwendet man die Partionierung

$$N_{u_{\tilde{d}}} = \begin{bmatrix} N_w & N_{x_s^*} \end{bmatrix} \tag{4.399}$$

der Aufschaltmatrix in (4.393), so lautet die zu realisierende Störgrößenaufschaltung

$$u_{\tilde{d}}(t) = N_w w(t) + N_{x_s^*} x_s^*(t), \tag{4.400}$$

welche in Abbildung 4.15 zusammen mit der Bildung des Steuersignalanteils u_s^* dargestellt ist.

Wie beim „early-lumping"-Vorsteuerungsentwurf mittels Führungs- und Störgrößenaufschaltung (siehe Abschnitt 4.4.1) stellt die zusätzliche Störgrößenaufschaltung (4.400) sicher, dass die *Fehlerdifferentialgleichung*

$$\Delta\dot{e}_x(t) = \mathcal{A}\Delta e_x(t), \quad t > 0, \quad \Delta e_x(0) = e_x(0) - e_{x,s}(0) \in H \tag{4.401}$$

mit der *Zustandsfehlerabweichung*

$$\Delta e_x(t) = e_x(t) - e_{x,s}(t) \tag{4.402}$$

und

$$e_x(t) = \begin{bmatrix} x_n(t) - x_{s,n}(t) \\ x_R(t) \end{bmatrix} \tag{4.403}$$

gilt (siehe (4.332)). Darin ist der *Sollwert* $e_{x,s}$ durch

$$e_{x,s}(t) = \mathcal{N}_x \tilde{v}(t) \tag{4.404}$$

mit dem *Aufschaltoperator*

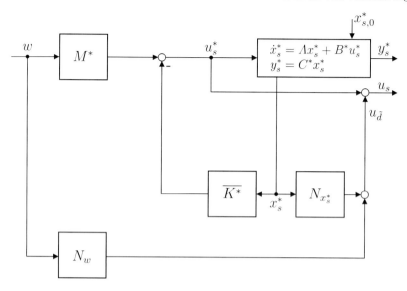

Abb. 4.15: Endlich-dimensionale modellgestützte Vorsteuerung mit zusätzlicher Störgrößenaufschaltung zur Berücksichtigung des Modellfehlers

$$\mathcal{N}_x = \begin{bmatrix} \tilde{\phi}_{x,1} & \dots & \tilde{\phi}_{x,n+p} \end{bmatrix} \begin{bmatrix} \phi_{\tilde{v},1} & \dots & \phi_{\tilde{v},n+p} \end{bmatrix}^{-1} \quad (4.405)$$

und

$$\tilde{\phi}_{x,i} = (\lambda_{\tilde{v},i} I - \mathcal{A})^{-1}(\tilde{\mathcal{G}}\tilde{P} + \mathcal{B}N_{u_{\tilde{d}}})\phi_{\tilde{v},i}, \quad \lambda_{\tilde{v},i} \in \rho(\mathcal{A}) \quad (4.406)$$

gegeben (siehe (4.113), (4.139) und (4.143)). Die in (4.405) auftretenden Vektoren $\phi_{\tilde{v},i}$ sind die Eigenvektoren der Matrix $\tilde{S}$ zu den Eigenwerten $\lambda_{\tilde{v},i}$. Anhand von (4.401) erkennt man, dass für $e_x(0) = e_{x,s}(0) = \mathcal{N}_x\tilde{v}(0)$ die Lösung von (4.401) identisch verschwindet. Wegen $\Delta e_y(t) = \mathcal{C}\Delta e_x(t) = e_y(t) = y(t) - y_s^*(t)$ (siehe (5.183)) folgt daraus $y(t) - y_s^*(t) \equiv 0$. Damit verhält sich die verteilt-parametrische Strecke im vorgesteuerten Führungsverhalten wie die geregelte modale Approximation. Abweichungen von diesem Sollverhalten entsprechen Anfangsstörungen der Fehlerdifferentialgleichung (4.401), die durch Lösung eines Stabilisierungsproblems vollständig ausgeregelt werden können.

Problematisch bei der Anwendung des in Abschnitt 4.3 vorgestellten Entkopplungsentwurfs auf die modale Approximation (4.376)–(4.377) kann die Lage der Übertragungsnullstellen des Approximationsmodells sein. Liegen zu kompensierende Nullstellen in der abgeschlossenen rechten Halbebene, dann führt der Entkopplungsentwurf auf eine instabile Regelung der modalen Approximation. Dieses Problem lässt sich leicht umgehen, da die Zustandsrückführung (4.379) auch mit anderen Entkopplungsverfahren für konzentriertparametrische Systeme entworfen werden kann. Diese Methoden ermöglichen die stabile Entkopplung von nichtminimalphasigen sowie nicht entkop-

4.4 Vorsteuerungsentwurf mittels „early-lumping"   159

pelbaren konzentriert-parametrischen Systemen durch *dynamische Zustands-rückführung* (siehe z.B. [47]). Die dargestellte Vorgehensweise zum endlich-dimensionalen Vorsteuerungsentwurf lässt sich auch auf diesen Fall anwenden, da man die dynamische Zustandsrückführung immer als eine statische Zustandsrückführung für ein dynamisch erweitertes System formulieren kann.

Dieser Entwurf der endlich-dimensionalen modellgestützten Vorsteuerung wird nachfolgend anhand des in Beispiel 2.4 eingeführten Euler-Bernoulli-Balkens demonstriert, bei dem die modale Approximation nichtminimalphasig ist.

Beispiel 4.7. *Endlich-dimensionaler Vorsteuerungsentwurf für den Euler-Bernoulli-Balken mittels Entkopplung*

Im Folgenden soll für den in Beispiel 2.4 eingeführten Euler-Bernoulli-Balken eine endlich-dimensionale modellgestützte Vorsteuerung mittels Ein-/Ausgangsentkopplung des Führungsverhaltens entworfen werden. Als Proportionalitätskonstante für die strukturelle Dämpfung wird dabei $\alpha = 0.9$ zugrunde gelegt. Die Zweckmäßigkeit der Einstellung des Führungsverhaltens durch einen Entkopplungsentwurf ist für diesen Balken unmittelbar einsichtig, da die beiden Ausgänge y_1 und y_2 durch Auslenkungen des Balkens an nahe beieinander gelegenen Orten gegeben sind (siehe Abbildung 2.2). Folglich sind diese Ausgänge im Streckenübertragungsverhalten stark verkoppelt.

Zunächst wird der Entkopplungsentwurf anhand des verteilt-parametrischen Systems durchgeführt (siehe Abschnitt 4.3.5). Da es sich beim Euler-Bernoulli-Balken nicht um ein Sturm-Liouville-System wie der in Beispiel 4.5 betrachtete Wärmeleiter handelt, erwartet man, dass eine brauchbare Entkopplung nur bei Berücksichtigung von vergleichsweise vielen Partialbrüchen in $\tilde{F}_n(s)$ (siehe (4.249)) möglich ist. Diese Aussage lässt sich durch Simulationen bestätigen, weil erst bei Kompensation von 4 dominanten Eigenwertpaaren eine ausreichende Entkopplung erzielt werden kann. Da der Euler-Bernoulli-Balken ein *nichtminimalphasiges System* ist, d.h. ein Teil seiner Übertragungsnullstellen in der rechten Halbebene liegt, muss beim Entwurf auf die Stabilität der Entkopplungsregelung geachtet werden. Neben den rechts gelegenen Nullstellen kommen allerdings noch ausreichend viele Nullstellen in der offenen linken Halbebene vor, weshalb ein stabiler Entkopplungsentwurf durchführbar ist. Zur Erzielung eines geeigneten Führungsverhaltens gibt man für den Balken die Führungsübertragungsmatrix

$$\tilde{F}(s) = \tilde{F}_n(s) + \sum_{i=11}^{\infty} \frac{\mathcal{C}\phi_i \tilde{b}_i^{*T} M}{s - \lambda_i} \tag{4.407}$$

mit

$$\tilde{F}_n(s) = \begin{bmatrix} \frac{12.8}{s+12.8} & 0 \\ 0 & \frac{13.5}{s+13.5} \end{bmatrix} \tag{4.408}$$

vor, was das in Abbildung 4.16 dargestellte Führungsverhalten ergibt. Die verteilt-parametrische Strecke wurde dabei mit Hilfe eines modalen Appro-

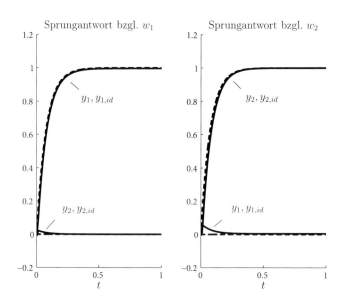

Abb. 4.16: Vergleich der Führungssprungantwort (durchgezogene Linie) für Führungsgrößen $w_1(t) = \sigma(t)$ und $w_2 = 0$ (links) sowie $w_1 = 0$ und $w_2(t) = \sigma(t)$ (rechts) mit idealem Führungsverhalten (gepunktete Linie)

ximationsmodells der Ordnung 64 simuliert, das für die nachfolgenden Untersuchungen hinreichend genau ist. Da zwei Regelungseigenwerte in $\tilde{F}_n(s)$ vorgegeben werden (siehe (4.408)) und weitere 8 Eigenwerte mit Übertragungsnullstellen kompensiert werden (siehe (4.407)), muss der Zustandsregler (4.306) beim „late-lumping"-Entwurf insgesamt $n = 10$ Streckeneigenwerte verschieben. Daraus folgt, dass die modellgestützte Vorsteuerung mindestens die Ordnung 10 besitzen muss (siehe Abschnitt 4.3.5). Die tatsächliche Ordnung der modellgestützten Vorsteuerung hängt allerdings von der Güte der resultierenden Solltrajektorie y_s^* ab (siehe (4.303)), welche den idealen Verlauf y_s nur approximiert. Sieht man keine zusätzliche dynamische Erweiterung zur Verbesserung der Approximation y_s^* vor, dann ergeben sich für die Solltrajektorie y_s^* die in Abbildung 4.17 in der ersten Zeile dargestellten Verläufe. Offensichtlich weisen sie aufgrund der zu niedrigen Ordnung der modalen Approximation einen großen dynamischen wie auch stationären Fehler auf. Um dieses Problem zu beseitigen, muss man die Ordnung des Approximationsmodells in der Vorsteuerung erhöhen. Sukzessive Vergrößerung der Approximationsordnung führt erst ab $N = 14$ auf einen brauchbaren Sollverlauf y_s^* (siehe Abbildung 4.11), der in der zweiten Zeile von Abbildung 4.17 mit dem exakten Sollverlauf y_s verglichen wird. Damit hat die modellgestützte Vorsteuerung insgesamt die Ordnung $n + N = 24$, die vergleichsweise groß ist.

4.4 Vorsteuerungsentwurf mittels „early-lumping"

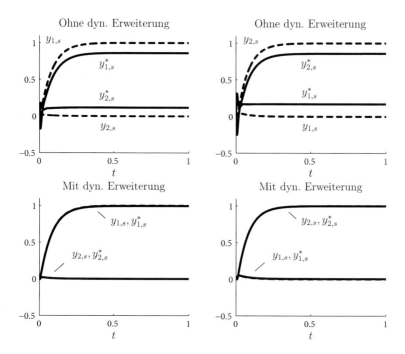

Abb. 4.17: Approximierte Solltrajektorie y_s^* und ihr exakter Verlauf y_s für Führungsgrößen $w_1(t) = \sigma(t)$ und $w_2 = 0$ (links) sowie $w_1 = 0$ und $w_2(t) = \sigma(t)$ (rechts)

Ist man an einer Vorsteuerung niedriger Ordnung interessiert, so kann man den Vorsteuerungsentwurf anhand einer modalen Approximation niedriger Ordnung durchführen und anschließend durch eine zusätzliche Störgrößenaufschaltung stationäre Genauigkeit sicherstellen. Für den Entwurf dieser Vorsteuerung geht man von einem modalen Approximationsmodell der Ordnung 6 aus, welches einen guten Kompromiss zwischen Höhe der Ordnung und Güte der Approximation darstellt. Dieses besitzt allerdings die Übertragungsnullstellen

$$\eta_{1,2} = 10.19 \pm j63.76 \qquad (4.409)$$

in der rechten Halbebene. Damit lässt sich der Entkopplungsentwurf nicht mehr mit dem Entkopplungsverfahren aus Abschnitt 4.3 durchführen. Dies liegt daran, dass für eine stabile Entkopplungsregelung die Übertragungsnullstellen nicht kompensiert werden können und damit die verbleibenden zwei dominanten Eigenwertpaare das Führungsverhalten ungünstig beeinflussen. Auch der klassische Entkopplungsentwurf nach Falb-Wolovich kann für dieses System nicht angewendet werden, da das System zwar entkoppelbar aber nichtminimalphasig ist und somit dieser Entwurf auf eine instabile Regelung führen würde. Allerdings besteht bei linearen konzentriert-parametrischen Systemen immer die Möglichkeit, entkoppelbare nichtminimalphasige Sys-

162   4 Entwurf von Vorsteuerungen

teme durch Verwendung einer *dynamischen Zustandsrückführung* stabil zu entkoppeln. Diese hat die allgemeine Form

$$\dot{\xi}(t) = A_\xi \xi(t) + B_\xi u(t), \quad t > 0, \quad \xi(0) = \xi_0 \in \mathbb{C}^{n_\xi} \tag{4.410}$$

$$u_s^*(t) = -K_\xi \xi(t) - K_{x^*} x_s^*(t) + M^* w(t), \quad t \geq 0, \tag{4.411}$$

worin x_s^* der Zustand der modalen Approximation (4.376) ist. Grundsätzlich lassen sich die Nullstellen (4.409) der Strecke durch eine dynamische Zustandsrückführung nicht verschieben, damit sie sich im Stabilitätsgebiet kompensieren lassen. Es ist jedoch möglich, mit dem dynamischen Regler (4.410)–(4.411) diese Nullstellen in sog. *non-interconnecting zeros* zu verwandeln. Solche Nullstellen haben die besondere Eigenschaft, dass sie für eine vollständige Entkopplung nicht kompensiert werden müssen, was den Entwurf einer stabilen Regelung ermöglicht. Für den Entwurf der dynamischen Zustandsrückführung (4.410)–(4.411) wird der in [47] angegebene systematische Entkopplungsentwurf verwendet. Beim betrachteten System liefert diese Entwurfsmethode eine dynamische Zustandsrückführung der Ordnung $n_\xi = 2$, da für jede Nullstelle in (4.409) eine dynamische Erweiterung erster Ordnung notwendig ist, um sie in eine non-interconnecting zero zu verwandeln. Für den Euler-Bernoulli-Balken kann so beim Entkopplungsentwurf die Übertragungsmatrix

$$\tilde{F}^*(s) \tag{4.412}$$
$$= \begin{bmatrix} \frac{12.94(s-10.19+j63.76)(s-10.19-j63.76)}{(s+11.5)(s+12)(s+17)(s+23)} & 0 \\ 0 & \frac{11.32(s-10.19+j63.76)(s-10.19-j63.76)}{(s+14)(s+14.5)(s+15)(s+15.5)} \end{bmatrix}$$

für das Führungsübertragungsverhalten

$$y_s^*(s) = \tilde{F}^*(s) w(s) \tag{4.413}$$

vorgegeben werden. Wie man sieht, gehen alle Eigenwerte der Regelung als Pole in $\tilde{F}^*(s)$ ein, da keine Übertragungsnullstellen kompensiert werden. Damit lässt sich die Stabilität der endlich-dimensionalen Entkopplungsregelung in der Vorsteuerung durch Eigenwertvorgabe sicherstellen. Insgesamt besitzt diese Regelung nur die Ordnung 8, welche auch mit der Ordnung der zugehörigen modellgestützten Vorsteuerung übereinstimmt. Zur Sicherstellung der stationären Genauigkeit im Führungsverhalten muss der Entkopplungsentwurf noch um eine Störgrößenaufschaltung ergänzt werden. Beim Entwurf der Störgrößenaufschaltung ist darauf zu achten, dass im Signalmodell die dynamische Zustandsrückführung zu berücksichtigen ist. Mit dem Signalmodellzustand

$$\tilde{v}(t) = \begin{bmatrix} w(t) \\ x_s^*(t) \\ \xi(t) \end{bmatrix} \tag{4.414}$$

führt dies auf die Dynamikmatrix

4.4 Vorsteuerungsentwurf mittels „early-lumping"

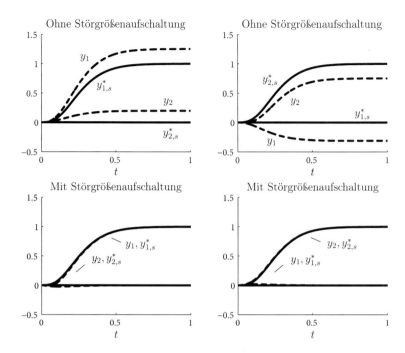

Abb. 4.18: Solltrajektorie y_s^* und resultierender Verlauf der Regelgröße y für das vorgesteuerte Führungsverhalten bei Führungsgrößen $w_1(t) = \sigma(t)$ und $w_2 = 0$ (links) sowie $w_1 = 0$ und $w_2(t) = \sigma(t)$ (rechts)

$$\tilde{S} = \begin{bmatrix} 0 & 0 & 0 \\ B^*M^* & \Lambda - B^*K_{x^*} & -B^*K_\xi \\ B_\xi M^* & -B_\xi K_{x^*} & A_\xi - B_\xi K_\xi \end{bmatrix} \quad (4.415)$$

und auf die Ausgangsmatrix

$$\tilde{P} = \begin{bmatrix} M^* & -K_{x^*} & -K_\xi \end{bmatrix} \quad (4.416)$$

des Signalmodells (4.387)–(4.388). Die resultierenden Simulationsergebnisse des vorgesteuerten Führungsverhaltens ohne Störgrößenaufschaltung in der ersten Zeile von Abbildung 4.18 machen nochmals deutlich, dass eine Störgrößenaufschaltung unbedingt notwendig ist, um ein geeignetes vorgesteuertes Führungsverhalten zu erzielen. Die mit dieser Aufschaltung erzielbaren Ergebnisse sind in der zweiten Zeile von Abbildung 4.18 dargestellt. Für dieses Beispiel liefert bereits die reine Vorsteuerung mit Störgrößenaufschaltung einen akzeptablen Verlauf für das vorgesteuerte Führungsverhalten, weshalb ein zusätzlich entworfener Ausgangsfolgeregler nur wenig im Eingriff ist, um den dynamischen Fehler zu beseitigen. ◂

4.5 Entwurf der Vorsteuerung zum Arbeitspunktwechsel

4.5.1 Problemstellung

Eine häufig in der Praxis vorkommende Steuerungsaufgabe ist der *Arbeitspunktwechsel* zwischen zwei Arbeitspunkten $(x_s(0), u_s(0))$ und $(x_s(T), u_s(T))$ in einem vorgegebenen *endlichen* Zeitintervall $[0, T]$, $T < \infty$. Bei dieser Problemstellung ist für ein verteilt-parametrisches System

$$\dot{x}(t) = \mathcal{A}x(t) + \mathcal{B}u(t), \quad t > 0, \quad x(0) = x_0 \in H \qquad (4.417)$$

mit $u(t) \in \mathbb{R}^p$ ein Stellsignalverlauf

$$u_s(t), \ t \in [0, T] : \ u_s(0) \to u_s(T) \qquad (4.418)$$

gesucht, so dass ein Wechsel

$$x_s(t), \ t \in [0, T] : \ x_s(0) \to x_s(T) \qquad (4.419)$$

zwischen zwei *stationären* Zuständen $x_s(0)$ und $x_s(T)$ vollzogen wird. Dies bedeutet, dass

$$\mathcal{A}x_s(0) + \mathcal{B}u_s(0) = 0 \qquad (4.420)$$

und

$$\mathcal{A}x_s(T) + \mathcal{B}u_s(T) = 0 \qquad (4.421)$$

gelten müssen. Darin bezeichnet T die endliche *Übergangszeit*, die einen wichtigen Entwurfsparameter für den Arbeitspunktwechsel darstellt. Damit der Arbeitspunktwechsel unter Verwendung der zu entwerfenden Steuerung exakt durchführbar ist, d.h. $x(t) = x_s(t)$, $t \in [0, T]$, gilt, muss offensichtlich für den Anfangswert von (4.417) die *Konsistenzbedingung*

$$x_0 = x_s(0) \qquad (4.422)$$

erfüllt sein. Eventuell auftretende Anfangsfehler, d.h. $x(0) \neq x_s(0)$, sowie weitere Störungen werden durch den anschließenden Entwurf eines Folgereglers berücksichtigt (siehe Kapitel 5). Insgesamt ergibt sich somit als Aufgabenstellung die Lösung des *Zwei-Punkt-Randwertproblems*

$$\dot{x}(t) = \mathcal{A}x(t) + \mathcal{B}u(t), \quad t > 0, \quad x(0) \in H \qquad (4.423)$$
$$x(0) = x_s(0) \qquad (4.424)$$
$$x(T) = x_s(T) \qquad (4.425)$$

für die abstrakte Differentialgleichung (4.423) in Abhängigkeit von u. Dessen Lösung x ist dann die gesuchte Solltrajektorie für den Arbeitspunktwechsel, der durch den zugehörigen Verlauf von u als Steuerung realisiert wird. Solche

4.5 Entwurf der Vorsteuerung zum Arbeitspunktwechsel

Randwertprobleme sind i.Allg. schwieriger zu behandeln als Anfangswertprobleme. Darüber hinaus muss die Lösung noch weitere aus der zugrundeliegenden technischen Aufgabenstellung resultierende Anforderungen, wie z.B. die Einhaltung von Zustands- und Stellsignalbegrenzungen, erfüllen. Aus diesen Gründen wird im Weiteren ein Verfahren vorgestellt, mit dem man eine Steuerung sowie eine zugehörige Solltrajektorie für den Arbeitspunktwechsel bestimmen kann, ohne dass dazu Differentialgleichungen gelöst werden müssen. Dabei lassen sich Zustands- und Stellsignalbegrenzungen beim Entwurf einfach berücksichtigen. Ausgangspunkt für diese Lösung der Problemstellung ist die Partionierung von (4.417) in der Form

$$\dot{x}_n(t) = \mathcal{A}_n x_n(t) + \mathcal{B}_n u(t), \quad t > 0, \quad x_n(0) = x_{n,0} \in H_n \quad (4.426)$$

$$\dot{x}_R(t) = \mathcal{A}_R x_R(t) + \mathcal{B}_R u(t), \quad t > 0, \quad x_R(0) = x_{R,0} \in H_R \quad (4.427)$$

(siehe Abschnitt 4.4.1), worin der endliche-dimensionale Zustandsraum H_n und der unendlich-dimensionale Zustandsraum H_R durch die modalen Unterräume $H_n = \text{span}\{\phi_i, i = 1, 2, \ldots, n\}$ und $H_R = \overline{\text{span}}\{\phi_i, i \geq n+1\}$ definiert sind. Das *endlich-dimensionale Teilsystem* (4.426) hat den Zustand x_n und x_R beschreibt den Zustand der *unendlich-dimensionalen Restdynamik* (4.427). Damit ergibt sich für das Zwei-Punkt-Randwertproblem die Darstellung

$$\dot{x}_n(t) = \mathcal{A}_n x_n(t) + \mathcal{B}_n u(t), \quad t > 0, \quad x_n(0) \in H_n \quad (4.428)$$

$$\dot{x}_R(t) = \mathcal{A}_R x_R(t) + \mathcal{B}_R u(t), \quad t > 0, \quad x_R(0) \in H_R \quad (4.429)$$

$$x_n(0) = x_{n,s}(0), \quad x_R(0) = x_{R,s}(0) \quad (4.430)$$

$$x_n(T) = x_{n,s}(T), \quad x_R(T) = x_{R,s}(T). \quad (4.431)$$

Die Ordnung n des endlich-dimensionalen Teilsystems (4.428) wird dabei so groß gewählt, dass x_n die wesentliche Systemdynamik beschreibt. Dies ist bei *Sturm-Liouville-Systemen* immer möglich (siehe Abschnitt 4.3.2). Bei allgemeineren *Riesz-Spektralsystemen* hängt diese Eigenschaft von der jeweiligen Eigenwertverteilung ab und bedarf deshalb einer gesonderten Untersuchung. Für den im Buch vorgestellten *Euler-Bernoulli-Balken* aus Beispiel 2.4 ist diese Vorgehensweise durchführbar, falls er hinreichend gut gedämpft ist. Zur Realisierung des Arbeitspunktwechsels ist es dann ausreichend, nur die Lösung des Randwertproblems für (4.428) zu betrachten, was auf einen „early-lumping"-Ansatz zum Steuerungsentwurf hinausläuft. Dabei ist zu beachten, dass hierbei die Ordnung n des endlich-dimensionalen Entwurfsmodells groß gewählt werden kann, da es nicht in der Vorsteuerung realisiert werden muss. Damit hat man anstatt von (4.428)–(4.431) nur noch das Randwertproblem

$$\dot{x}^*(t) = \Lambda x^*(t) + B^* u(t), \quad t > 0, \quad x^*(0) \in \mathbb{C}^n \quad (4.432)$$

$$x^*(0) = x_s^*(0) \quad (4.433)$$

$$x^*(T) = x_s^*(T) \quad (4.434)$$

zu betrachten, wenn man die modale Darstellung von (4.428) zugrundelegt (siehe Abschnitt 2.2.2). Darin sollen $x_s^*(0)$ und $x_s^*(T)$ Ruhelagen der modalen Approximation (4.432) sein. Dies bedeutet, dass $u_s(0)$ und $u_s(T)$ nicht aus (4.420)–(4.421) folgen, sondern über

$$\Lambda x_s^*(0) + B^* u_s(0) = 0 \tag{4.435}$$

$$\Lambda x_s^*(T) + B^* u_s(T) = 0 \tag{4.436}$$

bestimmt werden. Damit ist für $u_s(0)$ und $u_s(T)$ jeweils ein lineares Gleichungssystem zu lösen. Dies entspricht gerade der näherungsweisen Lösung der Randwertprobleme (4.420)–(4.421) zur Bestimmung des stationären Zustands mittels Eigenwerten und Eigenvektoren von $\mathcal{A}$. Als Konsistenzbedingung ergibt sich für dieses Steuerungsproblem, dass der Anfangswert $x^*(0)$ von (4.432) die Randbedingung (4.433) erfüllen muss. Die Lösung des Zwei-Punkt-Randwertproblems (4.432)–(4.434) bzw. die Bestimmung der Solltrajektorie und der zugehörigen Steuerung lässt sich rein algebraisch durchführen, wenn (4.432) ein *flaches System* ist. Dies bedeutet, dass es für (4.432) einen *flachen Ausgang*

$$y_f^*(t) = C_f^* x^*(t) \tag{4.437}$$

mit $y_f^*(t) \in \mathbb{R}^p$ gibt. Dann lässt sich die Lösung des Zwei-Punkt-Randwertproblems sowie der zugehörige Verlauf von u in Abhängigkeit von y_f^* und endlich vieler von dessen Zeitableitungen darstellen. Durch eine geeignete Trajektorienplanung für y_f^* kann deshalb eine Solltrajektorie für den Zustand und eine zugehörige Steuerung einfach bestimmt werden. Im nächsten Abschnitt wird zunächst gezeigt, unter welchen Voraussetzungen ein flacher Ausgang für (4.432) existiert und wie man ihn bestimmen kann.

4.5.2 Flachheit endlich-dimensionaler linearer Systeme

Flache endlich-dimensionale Systeme sind i.Allg. nichtlinear und lassen sich durch folgende Definition charakterisieren (siehe [25, 26]).

Definition 4.2 (Flache Systeme). Das System

$$\dot{x}(t) = f(x(t), u(t)), \quad t > 0, \quad x(0) = x_0 \in \mathbb{R}^n, \quad \text{rang} \frac{\partial}{\partial u} f(x, u) = p \tag{4.438}$$

mit hinreichend glattem Vektorfeld $f : \mathbb{R}^n \times \mathbb{R}^p \to \mathbb{R}^n$ ist *flach*, wenn es einen *flachen Ausgang* $y_f(t) \in \mathbb{R}^p$ gibt, so dass

$$y_f(t) = \Phi(x(t), u_1(t), \ldots, u_p(t), \ldots, u_1^{(\alpha_1)}(t), \ldots, u_p^{(\alpha_p)}(t)) \tag{4.439}$$

$$x(t) = \psi_x(y_{f1}(t), \ldots, y_{fp}(t), \ldots, y_{f1}^{(\beta_1-1)}(t), \ldots, y_{fp}^{(\beta_p-1)}(t)) \tag{4.440}$$

$$u(t) = \psi_u(y_{f1}(t), \ldots, y_{fp}(t), \ldots, y_{f1}^{(\beta_1)}(t), \ldots, y_{fp}^{(\beta_p)}(t)) \tag{4.441}$$

4.5 Entwurf der Vorsteuerung zum Arbeitspunktwechsel 167

zumindest lokal für endliche α_i und β_i gilt.

Wenn ein flacher Ausgang gemäß Definition 4.2 existiert, dann sind seine Komponenten y_{fi}, $i = 1, 2, \ldots, p$, *differentiell unabhängig*. Dies heißt, dass es keine Differentialgleichungen

$$\varphi(y_{f1}(t), \ldots, y_{fp}(t), \ldots, y_{f1}^{(\gamma_1)}(t), \ldots, y_{fp}^{(\gamma_p)}(t)) = 0 \qquad (4.442)$$

für endliche γ_i gibt, deren Lösung y_f ist. Folglich lassen sich die Komponenten y_{fi} des flachen Ausgangs y_f unabhängig voneinander vorgeben. Sie müssen allerdings hinreichend oft differenzierbar sein, damit sie x und u gemäß (4.440)–(4.441) *differentiell parametrieren*.

Wie beispielsweise in [59] gezeigt wird, ist jedes lineare System genau dann flach, wenn es steuerbar ist. Damit lässt sich die Flachheit von (4.432) mittels Steuerbarkeitskriterien einfach überprüfen. Falls dieses System steuerbar ist, kann man deshalb einen flachen Ausgang y_f^* immer in der Form

$$y_f^*(t) = C_f^* x^*(t) \qquad (4.443)$$

finden, wobei die zugehörigen Funktionen ψ_x und ψ_u in (4.440)–(4.441) linear sind. Darüber hinaus lässt sich ein flacher Ausgang y_f^* so bestimmen, dass die höchste Ableitungsordnungen β_i in (4.441) gleich den *Steuerbarkeitsindizes* κ_i des Systems (4.432) sind, für die $\kappa_1 + \ldots + \kappa_p = n$ gilt. Der Steuerbarkeitsindex κ_i stimmt dann mit dem *Differenzgrad* der jeweiligen Komponente y_{fi}^*, $i = 1, 2, \ldots, p$, von y_f^* überein. Dieser ist gleich der niedrigsten Zeitableitung von y_{fi}^*, auf welche der Eingang u direkt zugreift. Damit lässt sich der Differenzgrad für das System (4.432) gemäß folgender Definition einführen.

Definition 4.3 (Differenzgrad). Eine Ausgangsgröße

$$y(t) = c^T x^*(t) \qquad (4.444)$$

des Systems (4.432) hat den *Differenzgrad* $0 < r \leq n$, wenn

$$c^T \Lambda^k B^* = 0^T, \quad k = 0, 1, \ldots, r - 2 \qquad (4.445)$$
$$c^T \Lambda^{r-1} B^* \neq 0^T \qquad (4.446)$$

gilt.

Unter Verwendung des Differenzgrads kann bei linearen Systemen die Bestimmung flacher Ausgänge immer systematisch durchgeführt werden. Zunächst wird der Fall von *Eingrößensystemen*

$$\dot{x}^*(t) = \Lambda x^*(t) + b^* u(t), \quad t > 0, \quad x^*(0) = x_0^* \in \mathbb{C}^n \qquad (4.447)$$

mit $u(t) \in \mathbb{R}$ betrachtet. Für diese Systeme sind flache Ausgänge skalar, d.h. $y_f(t) \in \mathbb{R}$ (siehe Definition 4.2). Zur Bestimmung eines flachen Ausgangs geht man von

$$y_f^*(t) = c_f^{*T} x^*(t) \tag{4.448}$$

mit dem gesuchten Vektor $c_f^* \in \mathbb{C}^n$ aus. Im Folgenden wird gezeigt, dass (4.448) ein flacher Ausgangs von (4.447) ist, wenn er den Differenzgrad $r = n$ besitzt. Durch sukzessives Ableiten von y_f^* nach der Zeit erhält man unter der Annahme, dass y_f^* den Differenzgrad $r = n$ hat, das Ergebnis

$$\begin{bmatrix} y_f^*(t) \\ \dot{y}_f^*(t) \\ \vdots \\ \frac{d^{n-1}}{dt^{n-1}} y_f^*(t) \end{bmatrix} = T x^*(t) \tag{4.449}$$

mit

$$T = \begin{bmatrix} c_f^{*T} \\ c_f^{*T} \Lambda \\ \vdots \\ c_f^{*T} \Lambda^{n-1} \end{bmatrix} \tag{4.450}$$

und

$$\frac{d^n}{dt^n} y_f^*(t) = c_f^{*T} \Lambda^n x^*(t) + c_f^{*T} \Lambda^{n-1} b^* u(t) \tag{4.451}$$

(siehe Definition 4.3). Darin ist die Matrix T aufgrund des Differenzgrads $r = n$ regulär (siehe Anhang C.14) und es gilt $c_f^{*T} \Lambda^{n-1} b^* \neq 0$ (siehe (4.446)). Aus (4.449) folgt dann die *differentielle Parametrierung*

$$x^*(t) = T^{-1} \begin{bmatrix} y_f^*(t) \\ \dot{y}_f^*(t) \\ \vdots \\ \frac{d^{n-1}}{dt^{n-1}} y_f^*(t) \end{bmatrix} = \psi_{x^*}(y_f^*(t), \dot{y}_f^*(t), \dots, \frac{d^{n-1}}{dt^{n-1}} y_f^*(t)) \tag{4.452}$$

von x^* durch y_f^*. Löst man (4.451) nach u auf, so ergibt sich

$$u(t) = \frac{1}{c_f^{*T} \Lambda^{n-1} b^*} \left(\frac{d^n}{dt^n} y_f^*(t) - c_f^{*T} \Lambda^n x^*(t) \right). \tag{4.453}$$

Nach Einsetzen der differentiellen Parametrierung (4.452) von x^* in (4.453) erhält man die *differentielle Parametrierung*

$$u(t) = \psi_u(y_f^*(t), \dot{y}_f^*(t), \dots, \frac{d^n}{dt^n} y_f^*(t)) \tag{4.454}$$

von u. Folglich ist y_f^* ein flacher Ausgang von (4.447). Ausgehend von dieser Charakterisierung flacher Ausgänge lässt sich ein Verfahren zu deren Bestimmung angeben. Hierzu geht man von den Definitionsgleichungen

4.5 Entwurf der Vorsteuerung zum Arbeitspunktwechsel

$$c_f^{*T} \Lambda^k b^* = 0, \quad k = 0, 1, \ldots, n - 2 \qquad (4.455)$$
$$c_f^{*T} \Lambda^{n-1} b^* \neq 0 \qquad (4.456)$$

des Differenzgrads $r = n$ von (4.447) bezüglich (4.448) aus (siehe (4.445)–(4.446)) und fasst sie gemäß

$$c_f^{*T} Q_s = [0 \ldots 0 \; \gamma] = \gamma e_n^T, \quad \gamma \neq 0 \qquad (4.457)$$

in einer Gleichung zusammen. Darin ist Q_s die *Steuerbarkeitsmatrix*

$$Q_s = [b^* \; \Lambda b^* \; \ldots \; \Lambda^{n-1} b^*] \qquad (4.458)$$

des Systems (4.447). Wenn es steuerbar ist, d.h. $\det Q_s \neq 0$ gilt, dann lässt sich (4.457) eindeutig nach c_f^* auflösen und man erhält

$$c_f^{*T} = \gamma e_n^T Q_s^{-1}, \quad \gamma \neq 0. \qquad (4.459)$$

Dieses Ergebnis macht deutlich, dass steuerbare Eingrößensysteme flach sind. Darüber hinaus ist der flache Ausgang y_f^* wegen $\gamma \neq 0$ nicht eindeutig. Da Λ in (4.447) Diagonalgestalt hat, ist das Eingrößensystem (4.447) gemäß des *Gilbert-Kriteriums* steuerbar bzw. flach, wenn alle Eigenwerte von Λ einfach und alle Elemente von b^* von Null verschieden sind (siehe z.B. [27]).

Im Folgenden soll der eben dargestellte Ansatz zur Bestimmung flacher Ausgänge auf lineare *Mehrgrößensysteme*

$$\dot{x}^*(t) = \Lambda x^*(t) + B^* u(t), \quad t > 0, \quad x^*(0) = x_0^* \in \mathbb{C}^n \qquad (4.460)$$

mit $u(t) \in \mathbb{R}^p$, $p > 1$, verallgemeinert werden. Ausgehend von Definition 4.2 hat ein flacher Ausgang für dieses System die allgemeine Form

$$y_f^*(t) = \begin{bmatrix} c_{f1}^{*T} \\ \vdots \\ c_{fp}^{*T} \end{bmatrix} x^*(t) = C_f^* x^*(t) \qquad (4.461)$$

mit $y_f^*(t) \in \mathbb{R}^p$, worin die Matrix C_f^* gesucht ist. Entsprechend zum Eingrößenfall kann man flache Ausgänge aus der Forderung bestimmen, dass der Differenzgrad r_i seiner Elemente y_{fi}^*, $i = 1, 2, \ldots, p$, gleich dem Steuerbarkeitsindex κ_i ist. Zur Bestimmung der hierfür benötigten Steuerbarkeitsindizes κ_i geht man von der *Steuerbarkeitsmatrix*

$$Q_s = [B^* \; \Lambda B^* \; \ldots \; \Lambda^{n-1} B^*] = [b_1^* \ldots b_p^* \; \Lambda b_1^* \ldots \Lambda b_p^* \ldots \Lambda^{n-1} b_1^* \ldots \Lambda^{n-1} b_p^*] \qquad (4.462)$$

von (4.460) aus. Da das Mehrgrößensystem (4.460) genau dann ein flaches System darstellt, wenn es steuerbar ist, muss $\text{rang} \, Q_s = n$ gelten. Nun prüft man fortlaufend, von links beginnend, ob ein Spaltenvektor von den links davon stehenden Spaltenvektoren linear abhängig ist. Ist κ_i die kleinste ganze

Zahl, so dass der Spaltenvektor $\Lambda^{\kappa_i} b_i^*$ von den links gelegenen Spalten linear abhängig ist, dann ist κ_i der *Steuerbarkeitsindex* zur i-ten Eingangsgröße u_i (siehe [48]). Mit diesen Größen lässt sich die zu Q_s gehörende *Auswahlmatrix*

$$\tilde{Q}_s = \begin{bmatrix} b_1^* \ \Lambda b_1^* \ \dots \ \Lambda^{\kappa_1-1} b_1^* \ \dots \ b_p^* \ \dots \ \Lambda^{\kappa_p-1} b_p^* \end{bmatrix} \tag{4.463}$$

unmittelbar angeben. Aufgrund der Steuerbarkeit gilt

$$\kappa_1 + \dots + \kappa_p = n, \tag{4.464}$$

womit $\tilde{Q}_s$ per Konstruktion eine reguläre $(n \times n)$-Matrix ist. Im folgenden Zahlenbeispiel wird die Vorgehensweise zur Bestimmung der Steuerbarkeitsindizes verdeutlicht.

Beispiel 4.8. *Bestimmung der Steuerbarkeitsindizes*
Gegeben sei die zeilenreguläre Steuerbarkeitsmatrix

$$Q_s = \begin{bmatrix} 1 & 0 & 0 & 0 & 0 & 1 & 1 & 5 \\ 0 & 0 & 1 & 0 & 0 & 2 & 2 & 11 \\ 0 & 0 & 0 & 1 & 1 & 5 & 3 & 20 \\ 0 & 1 & 0 & 2 & 0 & 3 & -1 & 1 \end{bmatrix} . \tag{4.465}$$
$$\begin{matrix} b_1^* & b_2^* & \Lambda b_1^* & \Lambda b_2^* & \Lambda^2 b_1^* & \Lambda^2 b_2^* & \Lambda^3 b_1^* & \Lambda^3 b_2^* \end{matrix}$$

Zur Bestimmung des Steuerbarkeitsindex κ_1 muss als erstes die lineare Abhängigkeit des Vektors Λb_1^* von den davon links stehenden Vektoren überprüft werden. Da dies offensichtlich nicht der Fall ist, muss $\kappa_1 > 1$ gelten. Als nächstes überprüft man deshalb ob $\Lambda^2 b_1^*$ von den links davon stehenden Vektoren linear abhängt. Wegen

$$\Lambda^2 b_1^* = \Lambda b_2^* - 2 b_2^* \tag{4.466}$$

trifft dies zu, womit $\kappa_1 = 2$ gilt. Entsprechend ist $\kappa_2 = 2$, da sich $\Lambda^2 b_2^*$ durch

$$\Lambda^2 b_2^* = b_1^* + 3 b_2^* + 2 \Lambda b_1^* + 5 \Lambda^2 b_1^* \tag{4.467}$$

darstellen lässt. Wegen $\kappa_1 + \kappa_2 = 4$ muss es sich um ein System vierter Ordnung handeln, was man unmittelbar anhand von (4.465) erkennt. Unter Verwendung der Steuerbarkeitsindizes lautet die Auswahlmatrix für dieses Beispiel somit

$$\tilde{Q}_s = \begin{bmatrix} b_1^* \ \Lambda b_1^* \ b_2^* \ \Lambda b_2^* \end{bmatrix} = \begin{bmatrix} 1 & 0 & 0 & 0 \\ 0 & 1 & 0 & 0 \\ 0 & 0 & 0 & 1 \\ 0 & 0 & 1 & 2 \end{bmatrix} . \tag{4.468}$$

◄

Die Komponenten $y_{f_i}^*$ des flachen Ausgangs besitzen den Differenzgrad $r_i = \kappa_i$, wenn

4.5 Entwurf der Vorsteuerung zum Arbeitspunktwechsel 171

$$c_{fi}^{*T} \Lambda^k B^* = 0^T, \quad k = 0, 1, \ldots, \kappa_i - 2 \tag{4.469}$$

$$c_{fi}^{*T} \Lambda^{\kappa_i - 1} B^* = \gamma_i^T \neq 0^T, \quad i = 1, 2, \ldots, p \tag{4.470}$$

erfüllt ist (siehe (4.461) und Definition 4.3). Darin stellt der Vektor γ_i einen Freiheitsgrad dar, der allerdings so gewählt werden muss, dass das System bzgl. der resultierenden Komponenten y_{fi}^* des flachen Ausgangs ein-/ausgangsentkoppelbar ist. Dies ist insofern plausibel, da man für die Komponenten des flachen Ausgangs unabhängig voneinander Solltrajektorien vorgeben kann. Im Folgenden werden darüber hinaus die in γ_i noch vorhandenen Freiheitsgrade dazu genutzt, die Bestimmung eines flachen Ausgangs zu vereinfachen. Wenn man

$$c_{fi}^{*T} \Lambda^{\kappa_i - 1} b_j^* = \begin{cases} 1 & : i = j \\ 0 & : i \neq j \end{cases}, \quad i, j = 1, 2, \ldots, p \tag{4.471}$$

fordert bzw. $\gamma_i^T = e_i^T \in \mathbb{R}^p$ in (4.470) wählt, dann lassen sich die Bedingungen (4.469) und (4.471) in der Form

$$c_{fi}^{*T} \tilde{Q}_s = \begin{cases} e_{\kappa_1}^T & : i = 1 \\ e_{\kappa_1 + \ldots + \kappa_i}^T & : i = 2, 3, \ldots, p \end{cases} \tag{4.472}$$

mit (4.463) darstellen, wenn e_i den i-ten Einheitsvektor in $\mathbb{R}^n$ bezeichnet. Durch Zusammenfassen all dieser Bedingungen ergibt sich mit (4.461)

$$\begin{bmatrix} c_{f1}^{*T} \\ \vdots \\ c_{fp}^{*T} \end{bmatrix} \tilde{Q}_s = C_f^* \tilde{Q}_s = \begin{bmatrix} e_{\kappa_1}^T \\ \vdots \\ e_{\kappa_1 + \ldots + \kappa_p}^T \end{bmatrix}. \tag{4.473}$$

Da $\tilde{Q}_s$ regulär ist, kann (4.473) eindeutig nach C_f^* aufgelöst werden. Dies führt auf das Ergebnis

$$C_f^* = \begin{bmatrix} e_{\kappa_1}^T \\ \vdots \\ e_{\kappa_1 + \ldots + \kappa_p}^T \end{bmatrix} \tilde{Q}_s^{-1}, \tag{4.474}$$

welches eine Verallgemeinerung von (4.459) ist. I.Allg. ist auch im Mehrgrößenfall der flache Ausgang nicht eindeutig. Diese Freiheitsgrade treten in (4.474) nicht auf, da sie dazu verwendet wurden, um die Bestimmung von y_f^* zu vereinfachen.

Um nachzuweisen, dass (4.461) mit (4.474) ein flacher Ausgang von (4.460) ist, führt man die Matrizen

$$T_i = \begin{bmatrix} c_{fi}^{*T} \\ c_{fi}^{*T} \Lambda \\ \vdots \\ c_{fi}^{*T} \Lambda^{\kappa_i - 1} \end{bmatrix}, \quad i = 1, 2, \ldots, p \tag{4.475}$$

und

$$T = \begin{bmatrix} T_1 \\ \vdots \\ T_p \end{bmatrix} \tag{4.476}$$

ein. Durch zeitliche Ableitung der Komponenten

$$y_{fi}^*(t) = c_{fi}^{*T} x^*(t) \tag{4.477}$$

erhält man unter Beachtung von (4.469) und (4.471)

$$\left[y_{f1}^*(t)\ \dot{y}_{f1}^*(t)\ \ldots\ \tfrac{d^{\kappa_1 - 1}}{dt^{\kappa_1 - 1}} y_{f1}^*(t)\ \ldots\ \tfrac{d^{\kappa_p - 1}}{dt^{\kappa_p - 1}} y_{fp}^*(t) \right]^T = T x^*(t) \tag{4.478}$$

sowie

$$\begin{bmatrix} \tfrac{d^{\kappa_1}}{dt^{\kappa_1}} y_{f1}^*(t) \\ \vdots \\ \tfrac{d^{\kappa_p}}{dt^{\kappa_p}} y_{fp}^*(t) \end{bmatrix} = \begin{bmatrix} c_{f1}^{*T} \Lambda^{\kappa_1} \\ \vdots \\ c_{fp}^{*T} \Lambda^{\kappa_p} \end{bmatrix} x^*(t) + u(t). \tag{4.479}$$

Da T eine reguläre Matrix ist (siehe Anhang C.14) lässt sich (4.478) nach x^* auflösen, was auf die differentielle Parametrierung

$$x^*(t) = \psi_{x^*}(y_f^*(t), \dot{y}_f^*(t), \ldots, \tfrac{d^{\kappa - 1}}{dt^{\kappa - 1}} y_f^*(t)) \tag{4.480}$$

mit $\kappa = (\kappa_1, \ldots, \kappa_p)$ führt, wenn man die abkürzende Schreibweise

$$\frac{d^i}{dt^i} y_f^*(t) = \begin{bmatrix} \tfrac{d^{i_1}}{dt^{i_1}} y_{f1}^*(t) \\ \vdots \\ \tfrac{d^{i_p}}{dt^{i_p}} y_{fp}^*(t) \end{bmatrix} \tag{4.481}$$

mit $i = (i_1, \ldots, i_p)$ verwendet. Aus (4.479) folgt durch Auflösen nach u mit (4.480) die differentielle Parametrierung

$$u(t) = \psi_u(y_f^*(t), \dot{y}_f^*(t), \ldots, \tfrac{d^{\kappa}}{dt^{\kappa}} y_f^*(t)). \tag{4.482}$$

Dabei ist zu beachten, dass die eindeutige Auflösbarkeit von (4.479) nach u durch die spezielle Wahl der Vektoren γ_i in (4.470) sichergestellt wird und der bereits erwähnten Entkoppelbarkeitsbedingung entspricht. Diese Betrachtungen machen deutlich, dass steuerbare Mehrgrößensysteme (4.460) flach sind. Da auch die Umkehrung dieser Aussage gilt, sind die Mehrgrößensysteme

4.5 Entwurf der Vorsteuerung zum Arbeitspunktwechsel　　　　　173

(4.460) gemäß des *Gilbert-Kriteriums* für Steuerbarkeit (siehe [27]) somit genau dann flach, wenn die zu gleichen Eigenwerten gehörenden Zeilenvektoren in B^* linear unabhängig sind. Dies bedeutet, dass bei sämtlich einfachen Eigenwerten alle Zeilen von B^* nicht verschwinden dürfen. Im Falle eines l-fachen Eigenwerts mit $0 < l \leq p$, der in der i-ten bis $(i + l - 1)$-ten Zeile von Λ auftritt, darf die i-te bis $(i + l - 1)$-te Zeile von B^* nicht verschwinden und diese Zeilen müssen darüber hinaus linear unabhängig sein.

4.5.3 Flachheitsbasierter Steuerungsentwurf

Die Lösung des Zwei-Punkt-Randwertproblems (4.432)–(4.434) kann rein algebraisch erfolgen, wenn man es als ein *Trajektorienplanungsproblem* für den flachen Ausgang y_f^* umformuliert. Denn im Gegensatz zur Zustandstrajektorie x^* ist der flache Ausgang y_f^* keine Lösung einer Differentialgleichung. Damit die zu planende Solltrajektorie x_s^* die Randbedingungen (4.433)–(4.434) einhält, muss der Startpunkt $y_{f,s}^*(0)$ und der Endpunkt $y_{f,s}^*(T)$ der Solltrajektorie $y_{f,s}^*(t) : y_{f,s}^*(0) \rightarrow y_{f,s}^*(T)$ für den flachen Ausgang y_f^* geeignet gewählt werden. Diese sind durch

$$y_{f,s}^*(0) = C_f^* x_s^*(0) \tag{4.483}$$
$$y_{f,s}^*(T) = C_f^* x_s^*(T) \tag{4.484}$$

gegeben, wenn man die Darstellung (4.461) des flachen Ausgangs zugrundelegt. Weil ein Arbeitspunktwechsel zwischen stationären Zuständen $x_s^*(0)$ und $x_s^*(T)$ von (4.432) betrachtet wird, gilt

$$\left. \frac{d^j}{dt^j} y_{fi,s}^* \right|_{0,T} = 0, \quad i = 1, 2, \ldots, p, \quad j = 1, 2, \ldots, \kappa_i - 1 \tag{4.485}$$

für die Zeitableitungen der Solltrajektorie $y_{f,s}^*$ des flachen Ausgangs y_f^*. Man kann zusätzlich noch fordern, dass

$$\left. \frac{d^{\kappa_i}}{dt^{\kappa_i}} y_{fi,s}^* \right|_{0,T} = 0, \quad i = 1, 2, \ldots, p \tag{4.486}$$

erfüllt ist, um die Stetigkeit des gesuchten Eingangsverlaufs u_s an den Randpunkten $t = 0$ und $t = T$ sicherzustellen. Diese Ergebnisse können leicht durch Einsetzen in die differentiellen Parametrierungen (4.480) und (4.482) begründet werden. Da die Komponenten y_{fi}^*, $i = 1, 2, \ldots, p$, des flachen Ausgangs differentiell unabhängig sind, lassen sich Trajektorien

$$y_{fi,s}^*(t), \ t \in [0, T] : y_{fi,s}^*(0) \rightarrow y_{fi,s}^*(T) \tag{4.487}$$

planen, die (4.483)–(4.485) und eventuell zusätzlich (4.486) erfüllen. Mit diesen Trajektorien kann die Lösung des Zwei-Punkt-Randwertproblems (4.432)–(4.434) rein algebraisch über

$$x_s^*(t) = \psi_{x^*}(y_{f,s}^*(t), \dot{y}_{f,s}^*(t), \dots, \tfrac{d^{\kappa-1}}{dt^{\kappa-1}} y_{f,s}^*(t)) \tag{4.488}$$

berechnet werden, die sich für

$$u_s(t) = \psi_u(y_{f,s}^*(t), \dot{y}_{f,s}^*(t), \dots, \tfrac{d^{\kappa}}{dt^{\kappa}} y_{f,s}^*(t)) \tag{4.489}$$

ergibt (siehe Definition 4.2). Wie anhand von (4.488)–(4.489) unmittelbar zu erkennen ist, müssen dazu die Komponenten $y_{fi,s}^*$, $i = 1, 2, \dots, p$, $(\kappa_i - 1)$-mal stetig differenzierbar sein und die Zeitableitungen $\tfrac{d^{\kappa_i}}{dt^{\kappa_i}} y_{fi,s}^*$ existieren. Falls u_s stetig sein soll, sind die Komponenten $y_{fi,s}^*$ als κ_i-fach stetig differenzierbare Funktionen vorzugeben. Da die differentiellen Parametrierungen (4.480) und (4.482) auch für den stationären Zustand von (4.432) gelten, erfüllt u_s aus (4.489) die Bedingungen (4.435)–(4.436). Aus den mittels $y_{f,s}^*$ parametrierten Lösungen (4.488)–(4.489) des Zwei-Punkt-Randwertproblems (4.432)–(4.434), muss man diejenige auswählen, welche weitere Anforderungen an den Arbeitspunktwechsel erfüllt. Durch Einsetzen der geplanten Solltrajektorie $y_{f,s}^*$ in (4.488) kann der zugehörige Sollverlauf x_s^* ohne Lösung einer Differentialgleichung bestimmt werden. Damit ist es einfach möglich, Zustandsbegrenzungen zu überprüfen und eventuell eine Umplanung der Solltrajektorie $y_{f,s}^*$ vorzunehmen oder die Übergangszeit T geeignet zu bestimmen. Insbesonders ist T so groß zu wählen, dass Stellsignalbegrenzungen eingehalten werden und darüber hinaus noch eine genügend große Stellsignalreserve für die Regelung zur Bekämpfung von Störungen vorhanden ist. Dies lässt sich leicht untersuchen, da das zugehörige Stellsignal u_s durch Auswertung von (4.489) einfach bestimmt werden kann.

Bei den bisherigen Betrachtungen wurde die Restdynamik vernachlässigt. Um ihre Auswirkung auf den Arbeitspunktwechsel zu untersuchen, geht man vom verteilt-parametrischen System (4.417) in der Form

$$\dot{x}^*(t) = \Lambda x^*(t) + B^* u(t), \quad t > 0, \quad x^*(0) = x_0^* \in \mathbb{C}^n \tag{4.490}$$

$$\dot{x}_R(t) = \mathcal{A}_R x_R(t) + \mathcal{B}_R u(t), \quad t > 0, \quad x_R(0) = x_{R,0} \in H_R \tag{4.491}$$

$$y_{fi}^*(t) = C_f^* x^*(t) \tag{4.492}$$

aus (siehe (4.429) und (4.432)). Diese Systembeschreibung verdeutlicht, dass mit der vorgestellten Vorgehensweise ein Arbeitspunktwechsel nur für das x^*-Teilsystem bestimmt wird. Um die Auswirkung der beim Entwurf vernachlässigten Restdynamik (4.491) zu untersuchen, wendet man den geplanten Arbeitspunktwechsel auf das System (4.490)–(4.491) an. Hierzu geht man davon aus, dass sich das verteilt-parametrische System (4.417) bei $t = 0$ in einer Ruhelage befindet. Diese kann man ohne Beschränkung der Allgemeinheit zu

$$x_s^*(0) = 0 \quad \text{und} \quad x_{R,s}(0) = 0 \tag{4.493}$$

annehmen. Durch den Steuerungsentwurf wird für das x^*-Teilsystem der neue Arbeitspunkt $x_s^*(T)$ in endlicher Zeit T eingestellt. Allerdings ist zum Zeitpunkt $t = T$ die Restdynamik (4.491) i.Allg. in keinem stationären Zustand,

4.5 Entwurf der Vorsteuerung zum Arbeitspunktwechsel 175

denn sie wird über die Steuerung u_s gemäß

$$\dot{x}_R(t) = \mathcal{A}_R x_R(t) + \mathcal{B}_R u_s(t) \qquad (4.494)$$

angeregt und es gilt i.Allg.

$$\mathcal{A}_R x_R(T) + \mathcal{B}_R u_s(T) \neq 0. \qquad (4.495)$$

Da vorausgesetzt wird, dass die Restdynamik keinen wesentlichen Einfluss auf die Systemdynamik hat, muss sie stabil sein und insbesonders eine große Stabilitätsreserve besitzen. Dies bedeutet, dass x_R schnell auf den Endwert

$$x_{R,\infty} = \lim_{t \to \infty} x_R(t) = -\mathcal{A}_R^{-1} \mathcal{B}_R u_s(T) \qquad (4.496)$$

einschwingt. Dabei wurde vorausgesetzt, dass für die Steuerung

$$u_s(t) = u_s(T), \quad t \geq T \qquad (4.497)$$

gilt, da das x^*-Teilsystem im stationären Zustand $x_s^*(T)$ für $t > T$ bleiben soll. Wegen (4.496) wird der neue Arbeitspunkt $(x_s^*(T), x_{R,\infty})$ des verteilt-parametrischen Systems (4.417) nicht in endlicher Zeit angenommen. Wenn allerdings $\|x_{R,\infty}\|$ nicht groß ist, dann ergibt sich in guter Näherung der Arbeitspunkt

$$x_s(T_1) \approx \sum_{i=1}^{n} x_{i,s}^*(T)\phi_i \qquad (4.498)$$

(siehe (2.130)) bzw. $(x_s^*(T), 0)$ in endlicher Zeit $T_1 > T$. Um dies genauer zu untersuchen, geht man von der spektralen Darstellung

$$\mathcal{A}_R^{-1} = -\sum_{i=n+1}^{\infty} \frac{\langle \cdot, \psi_i \rangle \phi_i}{\lambda_i} \qquad (4.499)$$

von $\mathcal{A}_R^{-1}$ aus, die wegen $0 \in \rho(\mathcal{A}_R)$ existiert (siehe (2.203)), weil $\mathcal{A}_R$ ein Riesz-Spektraloperator ist. Wendet man (4.499) auf (4.496) an, so ergibt sich mit

$$\langle \mathcal{B}_R u_s(T), \psi_i \rangle = b_i^{*T} u_s(T) \qquad (4.500)$$

(siehe z.B. Abschnitt 2.2.4) die Beziehung

$$x_{R,\infty} = -\sum_{i=n+1}^{\infty} \frac{b_i^{*T} u_s(T)\phi_i}{\lambda_i}. \qquad (4.501)$$

Da für hinreichend großes n bei den hier betrachteten verteilt-parametrischen Systemen die Elemente der Entwicklungsvektoren b_i^{*T} betragsmäßig klein und die Eigenwerte λ_i betragsmäßig groß sind, macht dieses Ergebnis deutlich, dass $x_{R,\infty}$ keinen wesentlichen Beitrag zum stationären Zustand liefert (siehe

176   4 Entwurf von Vorsteuerungen

auch Abschnitt 4.3.2). In guter Näherung ist dann (4.498) die neue Ruhelage des Systems für $t = T_1$.

Als Beispiel für den vorgestellten Ansatz zum Arbeitspunktwechsel wird im Folgenden ein Wärmeleiter mit Neumannschen Randbedingungen betrachtet.

Beispiel 4.9.   *Arbeitspunktwechsel für einen Wärmeleiter mit Neumannschen Randbedingungen*

Im Folgenden soll für den Wärmeleiter

$$\partial_t x(z,t) = \partial_z^2 x(z,t) + b^T(z)u(t), \quad t > 0, \quad z \in (0,1) \tag{4.502}$$

$$\partial_z x(0,t) = \partial_z x(1,t) = 0, \quad t > 0 \tag{4.503}$$

$$x(z,0) = 0, \quad z \in [0,1] \tag{4.504}$$

mit Neumannschen Randbedingungen und den Ortscharakteristiken

$$b_1(z) = \begin{cases} 1 & : \ 0.5 \leq z \leq 0.6 \\ 0 & : \ \text{sonst} \end{cases}, \quad b_2(z) = \begin{cases} 0.3 & : \ 0.1 \leq z \leq 0.25 \\ 0.3 & : \ 0.65 \leq z \leq 0.85 \\ 0 & : \ \text{sonst} \end{cases} \tag{4.505}$$

im Vektor $b^T(z) = [b_1(z) \ b_2(z)]$ ein Arbeitspunktwechsel realisiert werden. Für die flachheitsbasierte Lösung dieser Problemstellung, wird anhand einer modalen Approximation der Ordnung $n = 10$ eine Flachheits-Analyse des Wärmeleiters durchgeführt. Unter Verwendung des Steuerbarkeitskriteriums aus Satz 4.3 lässt sich leicht zeigen, dass die modale Approximation steuerbar und damit flach ist. Hierzu ist anzumerken, dass für den selben Wärmeleiter mit den Ortscharakteristiken gemäß Beispiel 5.1 im nächsten Kapitel das modale Approximationsmodell zehnter Ordnung nicht mehr steuerbar bzw. flach ist. Dies macht deutlich, dass die Wahl der Ortscharakteristiken für die flachheitsbasierte Durchführung des Arbeitspunktwechsels eine entscheidende Bedeutung hat. In diesem Zusammenhang kann die Flachheitseigenschaft der modalen Approximation als Kriterium für die Vorgabe der Ortscharakteristiken bzw. geeigneter Stellglieder dienen, sofern dies technologisch möglich ist. Anhand der Steuerbarkeitsmatrix Q_s lassen sich mit dem vorgestellten Verfahren die Steuerbarkeitsindizes $\kappa_1 = 5$ und $\kappa_2 = 5$ bestimmen. Damit ist auch die Auswahlmatrix $\tilde{Q}_s$ festgelegt und der flache Ausgang $y_f^* = C_f^* x^*$ kann mittels (4.474) bestimmt werden.

Als Steuerungsproblem wird der Arbeitspunktwechsel des Systems von der Ruhelage $x_s(0) = 0$ für $u_s(0) = 0$ in die neue Ruhelage $x_s(z,T) = 1$, $z \in [0,1]$, mit der Übergangszeit $T = 0.1$ betrachtet. Für den ersten Arbeitspunkt der modalen Approximation gilt somit $x_s^*(0) = 0$ für $u_s(0) = 0$. Zur Festlegung des zweiten Arbeitspunkt der modalen Approximation berechnet man mit deren Hilfe den Wert des Stellsignals $u_s(T)$ am Ende des Übergangsintervalls. Da $\phi_1 = const \neq 0$ der Eigenvektor zum Eigenwert $\lambda_1 = 0$ des Wärmeleiters ist, erhält man durch Normierung $x_s(T) = \phi_1 = 1$. Damit gilt

4.5 Entwurf der Vorsteuerung zum Arbeitspunktwechsel 177

$$x_s^*(T) = \begin{bmatrix} \langle x_s(T), \phi_1 \rangle \\ \vdots \\ \langle x_s(T), \phi_{10} \rangle \end{bmatrix} = \begin{bmatrix} 1 \\ 0 \\ \vdots \\ 0 \end{bmatrix} = e_1 \qquad (4.506)$$

und $u_s(T)$ lässt sich anhand von

$$\Lambda x_s^*(T) + B^* u_s(T) = 0 \qquad (4.507)$$

bestimmen (siehe (4.436)). Wegen

$$\Lambda = \mathrm{diag}(\lambda_1, \lambda_2, \ldots, \lambda_{10}) = \mathrm{diag}(0, \lambda_2, \ldots, \lambda_{10}) \qquad (4.508)$$

folgt

$$\Lambda x_s^*(T) = \Lambda e_1 = 0, \qquad (4.509)$$

womit aus (4.507) die Bestimmungsgleichung

$$B^* u_s(T) = 0 \qquad (4.510)$$

mit der Lösung $u_s(T) = 0$ resultiert. Also ergibt sich für den Steuerungsentwurf das Zwei-Punkt-Randwertproblem

$$\dot{x}^*(t) = \Lambda x^*(t) + B^* u(t), \quad t > 0, \quad x^*(0) \in \mathbb{C}^{10} \qquad (4.511)$$
$$x^*(0) = 0 \qquad (4.512)$$
$$x^*(T) = e_1 \qquad (4.513)$$

für die modale Approximation (4.511) des Wärmeleiters. Da die modale Approximation flach ist, lässt sich dieses Zwei-Punkt-Randwertproblem rein algebraisch lösen. Hierzu werden der Start- und Endpunkt der Solltrajektorie $y_{f,s}^*$ für den flachen Ausgang y_f^* durch

$$y_{f,s}^*(0) = C_f^* x_s^*(0) = 0 \qquad (4.514)$$
$$y_{f,s}^*(T) = C_f^* x_s^*(T) = C_f^* e_1 \qquad (4.515)$$

bestimmt. Für die zugehörigen Zeitableitungen muss

$$\frac{d^j}{dt^j} y_{fi,s}^*(0) = 0, \quad i = 1, 2, \quad j = 1, 2, \ldots, \kappa_i \qquad (4.516)$$

$$\frac{d^j}{dt^j} y_{fi,s}^*(T) = 0, \quad i = 1, 2, \quad j = 1, 2, \ldots, \kappa_i \qquad (4.517)$$

gelten, da $x_s^*(0) = 0$ und $x_s^*(T) = e_1$ Ruhelagen der modalen Approximation (4.511) und das Stellsignal an den Rändern $t = 0$ und $t = T$ des Übergangsintervalls stetig sein sollen. Zur Lösung dieses Interpolationsproblems kann der Polynomansatz

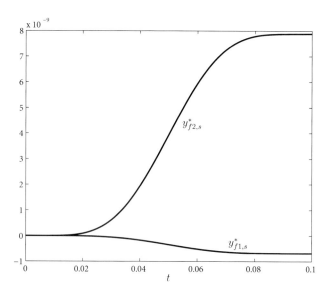

Abb. 4.19: Geplante Solltrajektorie für den flachen Ausgang y_f^* zur Durchführung des Arbeitspunktwechsels für den Wärmeleiter im Intervall $[0, 0.1]$

$$y_{fi,s}^*(t) = \sum_{j=0}^{2\kappa_i+1} a_{ij} t^j = \sum_{j=0}^{11} a_{ij} t^j, \quad i = 1, 2 \tag{4.518}$$

verwendet werden, was auf ein lösbares lineares Gleichungssystem für die Koeffizienten a_{ij} führt. Das Ergebnis dieser Trajektorienplanung ist in Abbildung 4.19 dargestellt. Mit diesem Sollverlauf für y_f^* lässt sich der zugehörige Steuerverlauf u_s durch Auswertung von

$$u_s(t) = \psi_u(y_{f1,s}^*(t), \dot{y}_{f1,s}^*(t), \ldots, \tfrac{d^5}{dt^5} y_{f1,s}^*(t), y_{f2,s}^*(t), \dot{y}_{f2,s}^*(t), \ldots, \tfrac{d^5}{dt^5} y_{f2,s}^*(t)) \tag{4.519}$$

bestimmen (siehe (4.489)). Um Sicherzustellen, dass die so anhand einer modalen Approximation bestimmte Vorsteuerung auch für das verteilt-parametrische System den gewünschten Arbeitspunktwechsel bewirkt, wird die Vorsteuerung für ein modales Approximationsmodell der Ordnung 40 simuliert, welches das Systemverhalten des Wärmeleiters mit hinreichender Genauigkeit wiedergibt. Das resultierende Steuerungsergebnis in Abbildung 4.20 macht deutlich, dass die beim Entwurf verwendete Systemapproximation hinreichend genau ist. ◀

Beim bisher betrachteten Arbeitspunktwechsel wird ein Übergang zwischen einem Anfangs- und Endzustand vollzogen. Es kann aber auch der Fall auftreten, dass nur der Anfangs- und Endwert der Regelgröße $y(t) \in \mathbb{R}^p$ in

4.5 Entwurf der Vorsteuerung zum Arbeitspunktwechsel

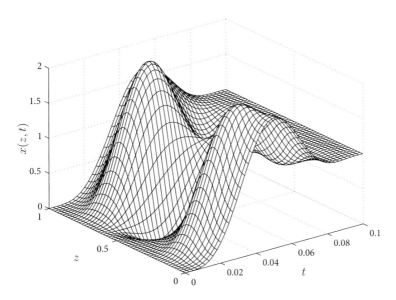

Abb. 4.20: Simulation des Arbeitspunktwechsels für den Wärmeleiter mit dem Temperaturprofil $x(z,t)$

$$\dot{x}(t) = \mathcal{A}x(t) + \mathcal{B}u(t), \quad t > 0, \quad x(0) = x_0 \in H \tag{4.520}$$
$$y(t) = \mathcal{C}x(t) \tag{4.521}$$

vorgegeben sind. Dies bedeutet, dass ein Übergang

$$y_s(0) = \mathcal{C}x_s(0) \rightarrow y_s(T) = \mathcal{C}x_s(T) \tag{4.522}$$

zu realisieren ist, worin $x_s(0)$ und $x_s(T)$ stationäre Zustände sind, d.h.

$$\mathcal{A}x_s(0) + \mathcal{B}u_s(0) = 0 \tag{4.523}$$
$$\mathcal{A}x_s(T) + \mathcal{B}u_s(T) = 0 \tag{4.524}$$

gelten. Wenn man diese Problemstellung auf den vorgestellten Ansatz zum Arbeitspunktwechsel überträgt, dann ist anstatt von (4.432)

$$\dot{x}^*(t) = \Lambda x^*(t) + B^* u(t), \quad t > 0, \quad x^*(0) = x_0^* \in \mathbb{C}^n \tag{4.525}$$
$$y^*(t) = C^* x^*(t) \tag{4.526}$$

Ausgangspunkt der Betrachtungen, worin (4.526) die modale Approximation von (4.521) darstellt (siehe (2.138)) und voraussetzungsgemäß

$$y^*(t) \approx y(t), \quad t \geq 0 \tag{4.527}$$

in guter Näherung gilt. Damit wird anstelle von (4.522)–(4.524) der Arbeitspunktwechsel

$$y_s^*(0) = C^* x_s^*(0) \;\to\; y_s^*(T) = C^* x_s^*(T) \tag{4.528}$$

mit

$$\Lambda x_s^*(0) + B^* u_s(0) = 0 \tag{4.529}$$
$$\Lambda x_s^*(T) + B^* u_s(T) = 0 \tag{4.530}$$

sowie

$$x_0^* = x_s^*(0) \tag{4.531}$$

für die modale Approximation (4.525)–(4.526) durchgeführt. Zur flachheitsbasierten Lösung dieser Problemstellung muss zunächst mit der Methode aus Abschnitt 4.5.2 ein flacher Ausgang y_f^* von (4.525) bestimmt werden, sofern y^* nicht bereits ein flacher Ausgang ist. Dann lässt sich das zugehörige Zwei-Punkt-Randwertproblem als Interpolationsproblem für $y_{f,s}^*$ formulieren. Da ein Wechsel zwischen stationären Zuständen realisiert werden soll, muss die Solltrajektorie $y_{f,s}^*$ die Bedingungen (4.485) erfüllen. Zu bestimmen sind noch die Anfangs- und Endwerte dieser Trajektorie aus den Randpunkten $y_s^*(0)$ und $y_s^*(T)$. Hierzu geht man von der modalen Approximation (4.526) von (4.521) aus und setzt darin die differentielle Parametrierung von x^* ein. Dies führt auf die differentielle Parametrierung

$$\begin{aligned} y^*(t) &= C^* \psi_{x^*}\big(y_f^*(t), \dot{y}_f^*(t), \ldots, \tfrac{d^{\kappa-1}}{dt^{\kappa-1}} y_f^*(t)\big) \\ &= \psi_{y^*}\big(y_f^*(t), \dot{y}_f^*(t), \ldots, \tfrac{d^{\delta}}{dt^{\delta}} y_f^*(t)\big) \end{aligned} \tag{4.532}$$

von y^* mit $\delta = (\delta_1, \delta_2, \ldots, \delta_p)$ und $\delta_i \leq \kappa_i - 1$, $i = 1, 2, \ldots, p$. Beachtet man, dass die Solltrajektorie $y_{f,s}^*$ die Bedingungen (4.485) in den Randpunkten erfüllen muss, so folgt aus (4.532)

$$y_s^*(0) = \psi_{y^*}\big(y_{f,s}^*(0), 0, \ldots, 0\big) \tag{4.533}$$
$$y_s^*(T) = \psi_{y^*}\big(y_{f,s}^*(T), 0, \ldots, 0\big). \tag{4.534}$$

Da die Funktion ψ_{x^*} linear ist und dies folglich auch für ψ_{y^*} gilt, stellt (4.533)–(4.534) ein lineares Gleichungssystem zur Bestimmung von $y_{f,s}^*(0)$ und $y_{f,s}^*(T)$ dar. Damit kann die Steuerung u_s sowie eine geeignete Solltrajektorie $y_{f,s}^*$ auf die gleiche Art und Weise wie beim Arbeitspunktwechsel zwischen zwei stationären Zuständen entworfen werden.

Um Anfangsfehler, externe Störungen und Modellunsicherheit bei der Trajektorienfolge zu berücksichtigen, muss die Vorsteuerung um eine stabilisierende und robuste Folgeregelung ergänzt werden. Der zugehörige Folgeregler ist immer ein Ausgangsregler, da nur die Ausgangsgröße y der Strecke messbar ist. Deshalb muss zu einer geplanten Solltrajektorie $y_{f,s}^*$ auch der zugehörige Sollverlauf y_s für y bekannt sein. Ausgehend vom zugehörigen Ausgangsfolgefehler $y - y_s$ bildet nämlich der Ausgangsfolgeregler einen Stell-

4.5 Entwurf der Vorsteuerung zum Arbeitspunktwechsel   181

signalanteil zur Bekämpfung der eben genannten Störeinflüsse. Anhand von
(4.532) kann der Sollverlauf y_s^* für die Approximation y^* von y ohne Integration einer Differentialgleichung bestimmt werden. Da $y^* \approx y$ vorausgesetzt
wird (siehe (4.527)), ist $y_s = y_s^*$ eine geeignete Solltrajektorie für y. Damit
lässt sich y_s mittels (4.532) ebenfalls offline berechnen und zusammen mit u_s
abspeichern.

Die vorgestellte Vorgehensweise zum Arbeitspunktwechsel setzt voraus,
dass das verteilt-parametrische System hinreichend gut gedämpft ist, damit
die näherungsweisen Betrachtungen durchgeführt werden können. In manchen Fällen — wie z.B. bei flexible Strukturen — sind verteilt-parametrische
Systeme jedoch nur schwach gedämpft und werden für den Steuerungs- und
Regelungsentwurf als ungedämpft angenommen. In diesem Fall lässt sich
der Arbeitspunktwechsel in der vorgestellten Art und Weise nicht anwenden. In [3, 52] wird jedoch gezeigt, dass sich die dargestellte Vorgehensweise
auch auf den unendlich-dimensionalen Fall erweitern lässt. Dazu wird der
flache Ausgang nicht für eine modale Approximation (4.432) bestimmt, sondern direkt für eine unendlich-dimensionale modale Darstellung des verteilt-parametrischen Systems (4.417). In diesem Fall hat der zugehörige flache
Ausgang y_f die allgemeine Form

$$y_f(t) = \sum_{i=1}^{\infty} c_{fi}^* x_i^*(t) \tag{4.535}$$

mit Entwicklungsvektoren $c_{fi}^* \in \mathbb{C}^p$. Durch y_f wird dann die gesamte Dynamik des verteilt-parametrischen Systems erfasst, weshalb die Problematik mit
der Restdynamik entfällt und somit auch ungedämpfte Systeme betrachtet
werden können. Im Unterschied zur bisherigen Vorgehensweise müssen allerdings Konvergenzuntersuchungen für die auftretenden unendlichen Summen
angestellt werden (für Details siehe [3, 52]). Die resultierende Konvergenzbedingung muss dann durch eine geeignete Trajektorienplanung für den flachen
Ausgang y_f erfüllt werden, so dass sich die unendlichen Summen durch Reihenabbruch hinreichend genau approximieren lassen, oder man verwendet geeignete Summierbarkeitsmethoden zur Bestimmung der endlichen Summenausdrücke. Die bisherige Vorgehensweise zur flachheitsbasierten Steuerung
beruht auf der Darstellung

$$x(z,t) = \sum_{i=1}^{\infty} x_i^*(t)\phi_i(z) \tag{4.536}$$

des Streckenzustands mittels der Eigenvektoren ϕ_i von $\mathcal{A}$. Eine alternative
Möglichkeit zur flachheitsbasierten Steuerung verteilt-parametrischer Systeme mit Randeingriff geht von einer Beschreibung des Streckenzustands gemäß

$$x(z,t) = \sum_{i=1}^{\infty} a_i(t)\varphi_i(z) \tag{4.537}$$

aus, worin φ_i Polynome in z sind. Dies hat den Vorteil, dass einerseits die Eigenvektoren ϕ_i nicht berechnet werden müssen und andererseits der flachheitsbasierte Arbeitspunktwechsel dann auch für Klassen nichtlinearer verteilt-parametrischer Systeme durchführbar ist (siehe [51, 60]).

Kapitel 5
Entwurf von Ausgangsfolgereglern

In diesem Kapitel werden Verfahren zum Entwurf von Ausgangsfolgereglern für verteilt-parametrische Systeme vorgestellt, welche zusammen mit den im vorhergehenden Kapitel entworfenen Vorsteuerungen die Folgeregelung vervollständigen. Aufgabe des Ausgangsfolgereglers ist die Einstellung des Störverhaltens der Regelung. Dies schließt neben der Stabilisierung der Folgefehlerdynamik die Berücksichtigung von externen nichtmessbaren Störungen sowie von Modellunsicherheit mit ein.

Grundsätzliches Problem beim Entwurf von Ausgangsfolgereglern für verteilt-parametrische Systeme ist die Bestimmung eines *endlich-dimensionalen Reglers*, der die gewünschten Anforderungen an die Regelung sicherstellt. Hierfür wird ein Ansatz vorgestellt, bei dem zusätzliche Ausgangsgrößen durch einen *endlich-dimensionalen Ausgangsbeobachter* asymptotisch rekonstruiert werden. Den Regler erhält man dann durch Entwurf einer statischen Ausgangsrückführung der messbaren sowie der rekonstruierten Ausgangsgrößen. Zusammen mit dem Ausgangsbeobachter ergibt sich so eine endlich-dimensionale *beobachterbasierte Ausgangsrückführung*, welche ohne eine Systemapproximation direkt für die verteilt-parametrische Strecke entworfen wird. Da die Fehlerdifferentialgleichung des Ausgangsbeobachters homogen ist, gilt für den Entwurf dieser Regler das Separationsprinzip. Damit lässt sich die Stabilität der verteilt-parametrischen Regelung direkt beim Entwurf sicherstellen und muss nicht erst im nachhinein für die resultierende Regelung überprüft werden. Zur systematischen Bestimmung der beobachterbasierten Ausgangsrückführung wird eine Reglerparametrierung angegeben, mit welcher der Entwurf durch eine Parameteroptimierung auf einfache Weise durchführbar ist. Um externe nichtmessbare Störungen, die sich durch bekannte Störmodelle beschreiben lassen, asymptotisch auszuregeln, lässt sich der vorgestellte Ausgangsfolgeregler leicht mithilfe des *internen Modellprinzips* erweitern. Die resultierende asymptotische Störkompensation ist dann *robust* gegenüber Modellunsicherheit, womit der sich ergebende Ausgangsfolgeregler auch bei nicht exakter Modellierung der verteilt-parametrischen Strecke eingesetzt werden kann. Ein weiterer Vorteil der vorgestellten endlich-dimensionalen Regler besteht darin, dass sich unerwünschte Auswirkungen von Stellsignalbegrenzungen, d.h. das sog. *Windup-Phänomen*, durch einfache strukturelle Maßnahmen beseitigen lassen. Da ein endlich-dimensionaler Ausgangsbeobachter im Ausgangsfolgeregler verwendet wird, können nämlich Ansätze zur Windup-Vermeidung bei konzentriert-parametrischen Zustandsregelungen unmittelbar auf die vorgestellte endlich-dimensionale Regelung verteilt-parametrischer Systeme übertragen werden.

Im anschließenden Abschnitt wird der endlich-dimensionale Reglerentwurf für verteilt-parametrische Systeme zunächst allgemein vorgestellt. Ausgehend von diesen Ergebnissen wird im darauffolgenden Abschnitt gezeigt, wie sich mit beobachterbasierten Ausgangsrückführungen die Folgefehlerdynamik für die im letzten Kapitel behandelten Vorsteuerungen stabilisieren lässt. Die Berücksichtigung von externen Störungen mithilfe des internen Modellprinzips schließt das Kapitel ab.

5.1 Beobachterbasierte Ausgangsrückführung

Die Stabilisierung linearer verteilt-parametrischer Systeme durch endlich-dimensionale Regler ist ein grundlegendes Regelungsproblem, da nur solche Regler auch in der Praxis implementiert werden können. Erfolgt dabei der Entwurf durch Eigenwertvorgabe, so ist neben der Einstellung einer hinreichend großen Stabilitätsreserve auch die Beeinflussung der Regelungsgüte durch Festlegung geeigneter Eigenwertlagen möglich. Aus diesem Grund ist diese Problemstellung seit den 1980er Jahren Gegenstand intensiver Untersuchungen. Ein häufig verwendeter Ansatz besteht in der Bestimmung eines beobachterbasierten Zustandsreglers für eine endlich-dimensionale Approximation des verteilt-parametrischen Systems. Diese als *„early-lumping"-Ansatz* bezeichnete Entwurfsmethodik besitzt aber den entscheidenden Nachteil, dass aufgrund der beim Entwurf vernachlässigten Dynamik die resultierende Regelung instabil sein kann, was Ursache des sog. *„spillovers"* ist. Um die Stabilität der Regelung bei diesem Entwurfsverfahren sicherzustellen, wurden in der Literatur Stabilitätskriterien angegeben (siehe [2]). Allerdings sind sie nicht einfach handhabbar und liefern keine Anhaltspunkte für den Entwurf von Reglern niedriger Ordnung. Eine weitere Methode zum endlich-dimensionalen Reglerentwurf mittels Eigenwertvorgabe wird in [62] vorgestellt, bei dem sich ein endlich-dimensionaler Zustandsregler mit Hilfe des Separationsprinzips bestimmen lässt und somit eine nachträgliche Stabilitätsuntersuchung der Regelung entfällt. Allerdings ist bisher nur eine Existenzaussage für diesen Regler aber keine systematische Vorgehensweise zu seiner Bestimmung unter Einhaltung einer niedrigen Reglerordnung bekannt.

Eine nahe liegende Vorgehensweise zur Stabilisierung linearer verteilt-parametrischer Systeme ohne Verwendung eines Zustandsbeobachters ist die Bestimmung einer *statischen Ausgangsrückführung* durch Eigenwertvorgabe.

5.1 Beobachterbasierte Ausgangsrückführung   185

Die Lösbarkeit dieser Aufgabenstellung hängt entscheidend davon ab, wieviele Ausgangsgrößen für die Rückführung zur Verfügung stehen. In diesem Abschnitt wird zunächst gezeigt, dass für lineare verteilt-parametrische Systeme zusätzliche Ausgänge bestimmt werden können, die sich mittels eines endlich-dimensionalen *Ausgangsbeobachters* asymptotisch rekonstruieren lassen. Damit gilt für den Entwurf das Separationsprinzip, womit der Einsatz dieses Beobachters unproblematisch ist. Darüber hinaus besitzen die zusätzlichen Ausgänge die besondere Eigenschaft, dass sie kaum von den höheren Moden der Streckendynamik abhängen. Aus diesem Grund beeinflusst eine Rückführung dieser Systemgrößen die höheren Streckenmoden in der Regelung nur wenig, womit beim Entwurf nur die dominante Streckendynamik berücksichtigt werden muss. Für die Bestimmung der statischen Ausgangsrückführung wird ein parametrisches Entwurfsverfahren hergeleitet, was den systematischen Entwurf endlich-dimensionaler Regler niedriger Ordnung durch Parameteroptimierung ermöglicht (siehe [18, 20]).

Im nächsten Abschnitt wird nach einer kurzen Erläuterung der Problematik des Entwurfs von beobachterbasierten Zustandsregelungen für lineare verteilt-parametrische Systeme der Ausgangsbeobachter eingeführt. Anschließend wird gezeigt, wie sich solche Beobachter in parametrischer Form angeben lassen. Zusammen mit einer zusätzlich entworfenen statischen Ausgangsrückführung ergibt sich eine beobachterbasierte Ausgangsrückführung, für deren Entwurf die Gültigkeit des Separationsprinzips nachgewiesen wird. Der nachfolgende Abschnitt vervollständigt den parametrischen Ausgangsreglerentwurf durch Herleitung einer Parametrierungsformel für die statische Ausgangsrückführung. Ausgehend von der resultierenden Parametrierung der beobachterbasierten Ausgangsrückführung wird gezeigt, wie sich durch Parameteroptimierung systematisch endlich-dimensionale Regler niedriger Ordnung für lineare verteilt-parametrische Systeme bestimmen lassen.

5.1.1 Entwurf von Ausgangsbeobachtern

In diesem Kapitel wird der Ausgangsreglerentwurf für Riesz-Spektralsysteme

$$\dot{x}(t) = \mathcal{A}x(t) + \mathcal{B}u(t), \quad t > 0, \quad x(0) = x_0 \in H \tag{5.1}$$
$$y(t) = \mathcal{C}x(t), \quad t \geq 0 \tag{5.2}$$

behandelt, worin u der p-dimensionale Vektor der Eingangsgrößen und y der m-dimensionale Vektor der messbaren Ausgangsgrößen sind.

Zur Stabilisierung des Systems (5.1)–(5.2) ist es nahe liegend, eine *Zustandsrückführung*

$$u(t) = -\mathcal{K}x(t) \tag{5.3}$$

zu entwerfen (siehe Kapitel 4.1). Die Implementierung dieser Zustandsrückführung ist unproblematisch, wenn man nur endlich viele Eigenwerte mit

186   5 Entwurf von Ausgangsfolgereglern

ihr verschiebt und sie in einer modellgestützten Vorsteuerung einsetzt (siehe Kapitel 4). In diesem Fall werden nur die zugehörigen modalen Zustände x_i^* zurückgeführt, die sich direkt an der endlich-dimensionalen modalen Approximation der Strecke abgreifen lassen. Will man (5.3) unmittelbar zur Stabilisierung der verteilt-parametrischen Strecke (5.1)–(5.2) einsetzen, dann muss der Streckenzustand x messbar sein. Leider ist dies bei verteilt-parametrischen Systemen aus technologischen Gründen nicht möglich. Beispielsweise muss man zur Zustandsbestimmung des in Abschnitt 2.1 eingeführten Wärmeleiters die Temperatur $x(z,t)$ des Leiters zu jedem Zeitpunkt t und an jedem Ort z messen. Das Temperaturprofil $x(z,t)$ lässt sich jedoch bestenfalls nur näherungsweise durch endlich viele Temperaturmessfühler an verschiedenen Orten bestimmen. Aus diesem Grund muss zur Implementierung einer Zustandsrückführung (5.3) immer eine *Beobachtungsaufgabe* für das verteilt-parametrische System (5.1)–(5.2) gelöst werden. Sie beinhaltet die Bestimmung eines dynamischen Systems, das unter Verwendung des Eingangs u und des Ausgangs y eine *Rekonstruktion* $\hat{x}$ für den Zustand x bildet. Dabei ist die Konvergenz des rekonstruierten Zustands $\hat{x}$ gegen den Zustand x des Systems (5.1)–(5.2) sicherzustellen. Ein dynamisches System, welches dies leistet, bezeichnet man als *Beobachter*. Eine nahe liegende Vorgehensweise zur Lösung dieses Problems besteht darin, wie bei konzentriert-parametrischen Systemen einen *Zustandsbeobachter*

$$\dot{\hat{x}}(t) = \mathcal{A}\hat{x}(t) + \mathcal{B}u(t) + \mathcal{L}(y(t) - \mathcal{C}\hat{x}(t)), \quad t > 0, \quad \hat{x}(0) = \hat{x}_0 \in H \quad (5.4)$$

zu entwerfen, worin $\mathcal{L} : \mathbb{C}^m \to H$ ein beschränkter linearer Operator ist. Wie beispielsweise in [14] gezeigt wird, lässt sich mit diesem dynamischen System die Beobachtungsaufgabe lösen, sofern die Strecke (5.1)–(5.2) exponentiell detektierbar ist. Allerdings besitzt diese Lösung den Nachteil, dass der Zustandsbeobachter (5.4) ein verteilt-parametrisches System darstellt und deshalb nicht realisiert werden kann. Die nahe liegende Verwendung einer endlich-dimensionalen Approximation von (5.4) ist problematisch, da aufgrund des Modellfehlers der Beobachtungsfehler i.Allg. nicht abklingt und deshalb die endlich-dimensionale Approximation eigentlich keinen Beobachter für das System (5.1)–(5.2) darstellt. Damit verliert auch das Separationsprinzip seine Gültigkeit, welches Grundlage für den Zustandsreglerentwurf ist. Dies macht deutlich, dass sich das bei konzentriert-parametrischen Systemen bewährte Konzept der Zustandsregelung nicht geradlinig auf verteilt-parametrische Systeme übertragen lässt. Für den Entwurf realisierbarer Zustandsregler sind bei verteilt-parametrischen Systemen noch weitere theoretische Überlegungen notwendig. Verschiedene Zugänge zur Lösung dieser Problematik werden beispielsweise in [2] vorgestellt.

Will man an der Idee, Systemgrößen für eine Rückführung durch einen Beobachter zu rekonstruieren, festhalten, ohne dabei die eben beschriebenen Probleme in Kauf nehmen zu müssen, so kann man einen *Ausgangsbeobachter* einsetzen. Dies ist ein endlich-dimensionales System

5.1 Beobachterbasierte Ausgangsrückführung

$$\dot{\hat{\xi}}(t) = A_o\hat{\xi}(t) + B_o u(t) + L y(t), \quad t > 0, \quad \hat{\xi}(0) = \hat{\xi}_0 \in \mathbb{C}^{n_o}, \quad n_o < \infty, \quad (5.5)$$

das *zusätzliche Ausgangsgrößen*

$$\xi(t) = \mathcal{H}x(t) = \begin{bmatrix} \mathcal{H}_1 x(t) \\ \vdots \\ \mathcal{H}_{n_o} x(t) \end{bmatrix} \tag{5.6}$$

asymptotisch rekonstruiert und daher im Folgenden als *Ausgangsbeobachter* bezeichnet wird. In (5.6) sind die Operatoren $\mathcal{H}_i$ wie beim Ausgangsoperator $\mathcal{C}$ in (5.2) beschränkte lineare Funktionale (siehe auch Abschnitt 2.2.1). Gemäß dem *Rieszschen Darstellungssatz* (siehe Satz 4.1) besitzen die Operatoren $\mathcal{H}_i$ somit stets die Darstellung

$$\mathcal{H}_i x(t) = \langle x(t), h_i \rangle \quad \text{für} \quad h_i \in H, \quad i = 1, 2, \ldots, n_o, \tag{5.7}$$

wobei die Funktionen h_i, $i = 1, 2, \ldots, n_o$, eindeutig festgelegt sind. Damit die zusätzlichen Ausgänge ξ neben den Messgrößen y bei einer Rückführung weitere Freiheitsgrade zur Systembeeinflussung liefern, müssen sie selbst und von den Ausgängen y linear unabhängig sein. Dies bedeutet, dass

$$\operatorname{rang}\begin{bmatrix} \mathcal{C} \\ \mathcal{H} \end{bmatrix} = m + n_o \tag{5.8}$$

gelten muss, wobei $\operatorname{rang}\mathcal{C} = m$ vorausgesetzt wird. Im Unterschied zum unendlich-dimensionalen Zustandsbeobachter (5.4) ist der Ausgangsbeobachter (5.5) aufgrund seiner endlichen Ordnung realisierbar und kann deshalb unmittelbar zur Implementierung einer Rückführung eingesetzt werden. Die *Beobachtungsaufgabe* besteht nun darin, den Beobachter (5.5) so auszulegen, dass

$$\lim_{t \to \infty} (\xi(t) - \hat{\xi}(t)) = 0, \quad \forall \xi(0) - \hat{\xi}(0) = \mathcal{H}x_0 - \hat{\xi}_0 \in \mathbb{C}^{n_o} \tag{5.9}$$

gilt. D.h. der Beobachtungsfehler $\xi - \hat{\xi}$ muss asymptotisch abklingen. Zur Lösung der Beobachtungsaufgabe stellt man die Differentialgleichung

$$\dot{\xi}(t) - \dot{\hat{\xi}}(t) = A_o(\xi(t) - \hat{\xi}(t)) + (-A_o\mathcal{H} + \mathcal{H}A - L\mathcal{C})x(t)$$
$$+ (\mathcal{H}\mathcal{B} - B_o)u(t) \tag{5.10}$$

des Beobachtungsfehlers $\xi - \hat{\xi}$ auf, die sich leicht unter Verwendung von (5.1)–(5.2), (5.5) und (5.6) herleiten lässt. Die wegen $\dot{\xi}(t) = \mathcal{H}\dot{x}(t)$ in (5.10) zu bildende Zeitableitung $\dot{x}(t)$ existiert, falls $x_0 \in D(\mathcal{A})$ gilt und $u(t)$ stetig differenzierbar ist (siehe Theorem 3.1.3 in [14]). Gilt nur $x_0 \in H$ und $u \in L_r([0, \tau], \mathbb{R}^p)$ für $\tau > 0$ sowie für ein $r \geq 1$, so ist $x(t)$ im Intervall $[0, \tau]$ stetig, womit man die *milde Lösung* von (5.10) betrachten kann. In diesem Fall ist (5.10) stellvertretend für die zugehörige *milde Formulierung* der Feh-

188   5 Entwurf von Ausgangsfolgereglern

lerdynamik zu verstehen (siehe Anhang A.1). Wie man unmittelbar anhand von (5.10) erkennt, ergibt sich eine *homogene Fehlerdifferentialgleichung*

$$\dot{\xi}(t) - \dot{\hat{\xi}}(t) = A_o(\xi(t) - \hat{\xi}(t)), \tag{5.11}$$

sofern

$$\mathcal{H}\mathcal{A} - A_o\mathcal{H} = L\mathcal{C} \tag{5.12}$$
$$\mathcal{H}\mathcal{B} = B_o \tag{5.13}$$

gilt. Damit muss zur Bestimmung des Ausgangsbeobachters (5.5) nur die *Sylvester-Operatorgleichung* (5.12) für $\mathcal{H}$ gelöst werden, da die Matrix B_o über (5.13) festlegt ist. Mit der Lösung $\mathcal{H}$ von (5.12) sind über (5.6) auch die zusätzlichen Ausgänge ξ bestimmt. Dies bedeutet, dass beim Beobachterentwurf gerade diejenigen Ausgänge ξ des verteilt-parametrischen Systems (5.1) berechnet werden, welche sich durch einen endlich-dimensionalen Ausgangsbeobachter rekonstruieren lassen. Setzt man die Lösbarkeit von (5.12) voraus, so ist wegen (5.11) die Beobachtungsaufgabe gelöst, falls alle Eigenwerte von A_o in der offenen linken Halbebene liegen. Diese Ergebnisse sind im nächsten Satz zusammengefasst.

Satz 5.1 (Entwurf von Ausgangsbeobachtern). *Das endlich-dimensionale dynamische System*

$$\dot{\hat{\xi}}(t) = A_o\hat{\xi}(t) + B_o u(t) + L y(t), \quad t > 0, \quad \hat{\xi}(0) = \hat{\xi}_0 \in \mathbb{C}^{n_o}, \quad n_o < \infty \tag{5.14}$$

mit dem Zustand

$$\hat{\xi}(t) = \begin{bmatrix} \hat{\xi}_1(t) \\ \vdots \\ \hat{\xi}_{n_o}(t) \end{bmatrix} \tag{5.15}$$

ist ein Ausgangsbeobachter *für das Riesz-Spektralsystem (5.1)–(5.2) bezüglich der Ausgänge*

$$\xi_i(t) = \mathcal{H}_i x(t), \quad i = 1, 2, \ldots, n_o, \tag{5.16}$$

d.h. es gilt (5.9), wenn

- *der Operator*

$$\mathcal{H} = \begin{bmatrix} \mathcal{H}_1 \\ \vdots \\ \mathcal{H}_{n_o} \end{bmatrix} : H \to \mathbb{C}^{n_o} \tag{5.17}$$

  eine Lösung der Sylvester-Operatorgleichung

$$\mathcal{H}\mathcal{A} - A_o\mathcal{H} = L\mathcal{C} \tag{5.18}$$

5.1 Beobachterbasierte Ausgangsrückführung   189

ist, in der die Operatoren $\mathcal{H}_i$ beschränkte lineare Funktionale sind,
- *die Eingangsmatrix B_o des Ausgangsbeobachters durch*

$$B_o = \mathcal{H}B \tag{5.19}$$

gegeben ist und
- *alle Eigenwerte von A_o links der Imaginärachse liegen.*

Um eine Lösung der Sylvester-Operatorgleichung (5.18) zu bestimmen, macht man den Ansatz

$$A_o = \tilde{\tilde{\Lambda}} = \operatorname{diag}(\tilde{\tilde{\lambda}}_1, \dots, \tilde{\tilde{\lambda}}_{n_o}), \tag{5.20}$$

worin $\tilde{\tilde{\lambda}}_i$ die *Beobachtereigenwerte* sind. Setzt man (5.20) in (5.18) ein, so ergibt sich durch zeilenweise Betrachtung

$$\mathcal{H}_i(\mathcal{A} - \tilde{\tilde{\lambda}}_i I) = l_i^T \mathcal{C}, \tag{5.21}$$

worin l_i^T die Zeilen von L sind. Um diese Gleichung eindeutig nach $\mathcal{H}_i$ auflösen zu können, muss $\tilde{\tilde{\lambda}}_i$ Element der Resolventenmenge $\rho(\mathcal{A})$ von $\mathcal{A}$ sein (siehe Abschnitt 2.2.4). Da $\mathcal{A}$ ein Riesz-Spektraloperator ist, bedeutet dies, dass die Beobachtereigenwerte von den Eigenwerten von $\mathcal{A}$ und deren Häufungspunkten verschieden sein müssen. Ist diese Bedingung erfüllt, so lautet die Lösung von (5.21)

$$\mathcal{H}_i = l_i^T \mathcal{C}(\mathcal{A} - \tilde{\tilde{\lambda}}_i I)^{-1}, \quad i = 1, 2, \dots, n_o. \tag{5.22}$$

Wegen $\tilde{\tilde{\lambda}}_i \in \rho(\mathcal{A})$ ist $(\mathcal{A} - \tilde{\tilde{\lambda}}_i I)^{-1}$ ein beschränkter linearer Operator und damit $\mathcal{H}_i$ in (5.22) ein beschränktes lineares Funktional.

Die in (5.7) angegebene Form von $\mathcal{H}_i$ lässt sich aus dem Ergebnis (5.22) leicht ableiten. Hierzu verwendet man die spektrale Darstellung

$$(\mathcal{A} - \lambda I)^{-1} = \sum_{i=1}^{\infty} \frac{1}{\lambda_i - \lambda} \langle \cdot, \psi_i \rangle \phi_i \tag{5.23}$$

des Resolventenoperators (siehe Theorem 2.3.5 in [14]). Darin sind ϕ_i die Eigenvektoren von $\mathcal{A}$ zum Eigenwert λ_i und ψ_i bezeichnet den Eigenvektor zum adjungierten Systemoperator $\mathcal{A}^*$ für den Eigenwert $\overline{\lambda_i}$. Führt man die Abkürzungen

$$\overline{c_j^*} = \mathcal{C}\phi_j = \begin{bmatrix} \overline{\langle c_1, \phi_j \rangle} \\ \vdots \\ \overline{\langle c_m, \phi_j \rangle} \end{bmatrix} \tag{5.24}$$

ein (siehe (2.217)), dann gilt mit (5.22) und (5.23) für den Operator $\mathcal{H}_i$

$$\mathcal{H}_i x(t) = l_i^T \mathcal{C}(\mathcal{A} - \tilde{\tilde{\lambda}}_i I)^{-1} x(t) = \sum_{j=1}^{\infty} \frac{l_i^T \overline{c_j^*} \langle x(t), \psi_j \rangle}{\lambda_j - \tilde{\tilde{\lambda}}_i} = \langle x(t), \sum_{j=1}^{\infty} \frac{\overline{l_i^T \overline{c_j^*}}}{\lambda_j - \tilde{\tilde{\lambda}}_i} \psi_j \rangle.$$

$$(5.25)$$

Ein Vergleich mit (5.7) zeigt, dass die Funktionen h_i die Reihenentwicklungen

$$h_i = \sum_{j=1}^{\infty} h_{ij}^* \psi_i, \quad i = 1, 2, \ldots, n_o \qquad (5.26)$$

mit

$$h_{ij}^* = \frac{\overline{l_i^T \overline{c_j^*}}}{\lambda_j - \tilde{\tilde{\lambda}}_i} \qquad (5.27)$$

besitzen.

Wie (5.22) deutlich macht, lassen sich die Lösungen von (5.18) mit (5.20) durch die Beobachtereigenwerte $\tilde{\tilde{\lambda}}_i$ und die Vektoren l_i^T parametrieren. Im Fall mehr als einer Messgröße, d.h. $m > 1$, sind nach der Eigenwertvorgabe in $\mathcal{H}_i$ noch Freiheitsgrade vorhanden. Diese Freiheitsgrade werden durch die Vektoren l_i^T erfasst, weshalb sie im Weiteren als *Parametervektoren* bezeichnet werden. Die Beobachtereigenwerte $\tilde{\tilde{\lambda}}_i$ und ihre Parametervektoren l_i^T sind so zu wählen, dass die Rangbedingung (5.8) erfüllt ist. Hieraus folgt aufgrund von (5.22) unmittelbar die Forderung $l_i^T \neq 0^T$, weil sonst $\mathcal{H}_i = 0$ gelten würde. Gibt man mehrfache Beobachtereigenwerte vor, dann müssen wegen (5.8) auch die zugehörigen Parametervektoren linear unabhängig sein. Im Fall einer Ausgangsgröße, d.h. $m = 1$, sind die Parametervektoren Skalare, weshalb die Beobachtereigenwerte nur einfach sein dürfen, um (5.8) erfüllen zu können. Diese parametrische Lösung der Sylvester-Operatorgleichung wird im nachfolgenden Satz angegeben.

Satz 5.2 (Parametrische Lösung der Sylvester-Operatorgleichung).
Die Sylvester-Operatorgleichung

$$\mathcal{H}\mathcal{A} - A_o\mathcal{H} = LC \qquad (5.28)$$

besitzt für

$$A_o = \tilde{\tilde{\Lambda}} = \mathrm{diag}(\tilde{\tilde{\lambda}}_1, \ldots, \tilde{\tilde{\lambda}}_{n_o}), \quad \tilde{\tilde{\lambda}}_i \in \rho(\mathcal{A}) \qquad (5.29)$$

die Lösung

$$\mathcal{H} = \begin{bmatrix} \mathcal{H}_1 \\ \vdots \\ \mathcal{H}_{n_o} \end{bmatrix} : H \to \mathbb{C}^{n_o} \qquad (5.30)$$

mit

$$\mathcal{H}_i = l_i^T \mathcal{C}(\mathcal{A} - \tilde{\tilde{\lambda}}_i I)^{-1}, \quad i = 1, 2, \ldots, n_o. \qquad (5.31)$$

Darin sind die Vektoren l_i^T die Parametervektoren *zu den Beobachtereigenwerten $\tilde{\tilde{\lambda}}_i$, $i = 1, 2, \ldots, n_o$.*

5.1 Beobachterbasierte Ausgangsrückführung 191

Verwendet man die mit dem Ausgangsbeobachter (5.14) rekonstruierten Ausgänge ξ als Rückführgrößen, dann werden i.Allg. alle Eigenwerte der Strecke verändert. Wünschenswert wäre, dass eine Rückführung dieser Ausgänge nur die dominanten Streckeneigenwerte beeinflusst. Im Folgenden wird gezeigt, dass der Beitrag der höheren Streckenmoden zur Bildung der zusätzlichen Ausgänge ξ bei vielen verteilt-parametrischen Systemen sehr gering ist und somit diese Moden durch eine Rückführung kaum verändert werden. Um dies zu begründen, verwendet man in (5.25) die *modalen Zustände*

$$x_j^*(t) = \langle x(t), \psi_j \rangle \qquad (5.32)$$

(siehe (2.115)), womit sich die zusätzlichen Ausgänge durch

$$\xi_i(t) = \mathcal{H}_i x(t) = l_i^T \mathcal{C} (\mathcal{A} - \bar{\tilde{\lambda}}_i I)^{-1} x(t) = \sum_{j=1}^{\infty} \frac{l_i^T}{\lambda_j - \bar{\tilde{\lambda}}_i} \overline{c_j^*} x_j^*(t) \qquad (5.33)$$

darstellen lassen (siehe (5.25)). Dieses Ergebnis lässt sich beurteilen, wenn man die Darstellung des Ausgangs y (siehe (5.2)) ebenfalls in den Modalkoordinaten x_i^* (siehe (5.32)) bestimmt. Hierzu wird der Zustand x nach den Streckeneigenvektoren ϕ_i entwickelt, was mit (5.32)

$$x(t) = \sum_{i=1}^{\infty} \langle x(t), \psi_i \rangle \phi_i = \sum_{i=1}^{\infty} x_i^*(t) \phi_i \qquad (5.34)$$

ergibt. Setzt man (5.34) in die Ausgangsgleichung (5.2) ein, so führt dies mit (5.24) auf

$$y(t) = \mathcal{C} \sum_{i=1}^{\infty} x_i^*(t) \phi_i = \sum_{i=1}^{\infty} \mathcal{C} \phi_i x_i^*(t) = \sum_{i=1}^{\infty} \overline{c_i^*} x_i^*(t). \qquad (5.35)$$

Da $|\lambda_j|$ für zunehmenden Index j typischerweise bei verteilt-parametrischen Systemen stark anwächst, zeigt ein Vergleich von (5.33) mit (5.35), dass die modalen Zustände x_j^* in (5.33) aufgrund des Vorfaktors $\frac{l_i^T}{\lambda_j - \bar{\tilde{\lambda}}_i}$ einen immer kleiner werdenden Beitrag zur Bildung von ξ_i für $j \to \infty$ leisten. Dies ist grundsätzlich bei Sturm-Liouville-Systemen der Fall (siehe Anhang A.3), da $-\mathcal{A}$ ein Sturm-Liouville-Operator ist, dessen Eigenwerte das asymptotische Verhalten

$$\lambda_i \to c \cdot i^2, \quad c > 0 \quad \text{für} \quad i \to \infty \qquad (5.36)$$

besitzen (siehe [10]). Bei allgemeinen Riesz-Spektralsystemen hängt die Abnahme des Vorfaktors $\frac{l_i^T}{\lambda_j - \bar{\tilde{\lambda}}_i}$ von der Lage der Häufungspunkte des Eigenwert-Spektrums ab und muss für die jeweils vorliegende Strecke gesondert untersucht werden. Dabei ist zu beachten, dass es nur auf die Beträge von λ_j ankommt. Aus diesem Grund spielt eine geringe Dämpfung des verteilt-parametrisches Systems keine Rolle. In vielen Fällen besitzt das Spektrum von $\mathcal{A}$ jedoch die Eigenschaft, dass der Vorfaktor $\frac{l_i^T}{\lambda_j - \bar{\lambda}_i}$ schnell abnimmt (wie beispielsweise der Euler-Bernoulli-Balken mit struktureller Dämpfung in Beispiel 2.4 und Euler-Bernoulli-Balken mit Kelvin-Voigt-Dämpfung, bei denen die Eigenwerte ein quadratisches Wachstum besitzen). Da diese Vorfaktoren auch in den Entwicklungskoeffizienten (5.27) der Funktionen h_i in (5.26) auftreten, gilt nahezu

$$h_i = \sum_{j=1}^{M} h_{ij}^* \psi_j, \quad M < \infty \tag{5.37}$$

für vergleichsweise kleine Werte von M. Eine Rückführung der zusätzlichen Ausgänge ξ in (5.6) mit der reellen Rückführmatrix

$$R = \begin{bmatrix} r_{11} & \cdots & r_{1n_o} \\ \vdots & & \vdots \\ r_{p1} & \cdots & r_{pn_o} \end{bmatrix} \tag{5.38}$$

hat die Form

$$u(t) = -R\xi(t) = -R \begin{bmatrix} \langle x(t), h_1 \rangle \\ \vdots \\ \langle x(t), h_{n_o} \rangle \end{bmatrix} = - \begin{bmatrix} \sum_{i=1}^{n_o} r_{1i} \langle x(t), h_i \rangle \\ \vdots \\ \sum_{i=1}^{n_o} r_{pi} \langle x(t), h_i \rangle \end{bmatrix}$$
$$= - \begin{bmatrix} \langle x(t), \sum_{i=1}^{n_o} r_{1i} h_i \rangle \\ \vdots \\ \langle x(t), \sum_{i=1}^{n_o} r_{pi} h_i \rangle \end{bmatrix}. \tag{5.39}$$

Vergleicht man dies mit dem Rückführoperator $\mathcal{K}$ in (4.4) und den Rückführfunktionen (4.17), so folgt aus der Betrachtung in Abschnitt 4.1.1 unmittelbar, dass die Ausgangsrückführung (5.39) nur die Eigenwerte λ_i, $i = 1, 2, \ldots, M$, von $\mathcal{A}$ verschieben kann. Damit bleiben bei einer Rückführung der Ausgänge ξ die restlichen Eigenwerte nahezu unverändert, was beim Reglerentwurf sehr vorteilhaft ist. Eine quantitative Untersuchung der Eigenwertverschiebung bei Rückführung der Ausgänge ξ lässt sich mit den in [36] vorgestellten Ergebnissen durchführen.

Um den Ausgangsbeobachter (5.14) unter Verwendung von (5.19) und (5.31) zu realisieren, setzt man (5.31) in (5.19) ein und verwendet die Streckenübertragungsmatrix

$$F(s) = \mathcal{C}(sI - \mathcal{A})^{-1}\mathcal{B}, \quad s \in \rho(\mathcal{A}) \tag{5.40}$$

von (5.1)–(5.2) (siehe Abschnitt 2.2.4). Dies führt mit (5.29) auf die Beobachterdarstellung

5.1 Beobachterbasierte Ausgangsrückführung

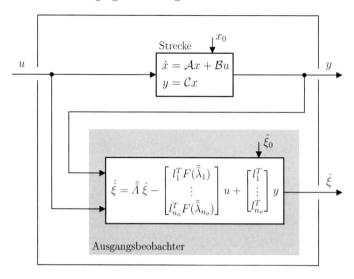

Abb. 5.1: Verteilt-parametrische Strecke mit Ausgangsbeobachter

$$\dot{\hat{\xi}}(t) = \tilde{\mathcal{A}}\hat{\xi}(t) - \begin{bmatrix} l_1^T F(\tilde{\lambda}_1) \\ \vdots \\ l_{n_o}^T F(\tilde{\lambda}_{n_o}) \end{bmatrix} u(t) + \begin{bmatrix} l_1^T \\ \vdots \\ l_{n_o}^T \end{bmatrix} y(t), \qquad (5.41)$$

in der nur noch die Streckenübertragungsmatrix $F(s)$, ausgewertet an den Beobachtereigenwerten $\tilde{\lambda}_i$, zu bestimmen ist. Dies ist auf einfache Weise möglich, da sich die Konstantmatrizen $F(\tilde{\lambda}_i)$ durch numerische Lösung von Randwertproblemen im Frequenzbereich berechnen lassen (siehe Beispiel 2.7). Dies führt auf die in Abbildung 5.1 dargestellte unmittelbar realisierbare Struktur des Ausgangsbeobachters.

Da für den Beobachtungsfehler die homogene Fehlerdifferentialgleichung (5.11) gilt, ist bereits an dieser Stelle plausibel, dass sich verteilt-parametrische Regelungen mit Ausgangsbeobachtern unter Verwendung des *Separationsprinzips* entwerfen lassen. Dies bedeutet, dass man beim Reglerentwurf von der Strecke

$$\dot{x}(t) = \mathcal{A}x(t) + \mathcal{B}u(t), \quad t > 0, \quad x(0) = x_0 \in H \qquad (5.42)$$
$$y(t) = \mathcal{C}x(t), \quad t \geq 0 \qquad (5.43)$$
$$\xi(t) = \mathcal{H}x(t), \quad t \geq 0 \qquad (5.44)$$

ausgehen kann, da nach Einschwingen des Ausgangsbeobachters kein weiterer Beobachtungsfehler $\xi - \hat{\xi}$ durch u angeregt wird. Die Stabilität der Regelung folgt dann aus der Stabilität des Ausgangsbeobachters und der Stabilität der durch eine Rückführung eingestellten Dynamik (siehe nächster Abschnitt).

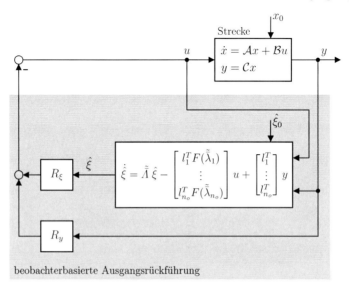

Abb. 5.2: Verteilt-parametrische Regelung mit endlich-dimensionaler beobachterbasierter Ausgangsrückführung

5.1.2 Separationsprinzip

Geht man von der Strecke (5.42)–(5.44) aus und entwirft die *statische Ausgangsrückführung*

$$u(t) = -R_\xi \xi(t) - R_y y(t), \tag{5.45}$$

dann lässt sich diese Rückführung im Unterschied zur Zustandsrückführung (5.3) unmittelbar durch den Ausgangsbeobachter (5.41) realisieren. Hierzu ersetzt man ξ durch die zugehörige rekonstruierte Größe $\hat{\xi}$, was zusammen mit dem Ausgangsbeobachter (5.41) die in Abbildung 5.2 dargestellte *beobachterbasierte Ausgangsrückführung*

$$\dot{\hat{\xi}}(t) = \tilde{\bar{\Lambda}}\hat{\xi}(t) - \begin{bmatrix} l_1^T F(\tilde{\bar{\lambda}}_1) \\ \vdots \\ l_{n_o}^T F(\tilde{\bar{\lambda}}_{n_o}) \end{bmatrix} u(t) + \begin{bmatrix} l_1^T \\ \vdots \\ l_{n_o}^T \end{bmatrix} y(t), \quad t > 0 \tag{5.46}$$

$$u(t) = -R_\xi \hat{\xi}(t) - R_y y(t), \quad t \geq 0 \tag{5.47}$$

mit der Anfangsbedingung $\hat{\xi}(0) = \hat{\xi}_0 \in \mathbb{C}^{n_o}$ ergibt. Im Folgenden wird gezeigt, dass beim Entwurf der beobachterbasierten Ausgangsrückführung (5.46)–(5.47) wie bei der beobachterbasierten Zustandsregelung von konzentriert-parametrischen Systemen das *Separationsprinzip* gilt. Hierzu definiert man die *Rückführmatrix* R durch

5.1 Beobachterbasierte Ausgangsrückführung

$$R = \begin{bmatrix} R_y & R_\xi \end{bmatrix}, \tag{5.48}$$

womit das Stellgesetz (5.45) auch als

$$u(t) = -R \begin{bmatrix} y(t) \\ \xi(t) \end{bmatrix} = -R\tilde{\mathcal{C}}x(t) \tag{5.49}$$

mit

$$\tilde{\mathcal{C}} = \begin{bmatrix} \mathcal{C} \\ \mathcal{H} \end{bmatrix} \tag{5.50}$$

dargestellt werden kann. Formuliert man die Ausgangsgleichung (5.47) des Reglers in Abhängigkeit von x und $\xi - \hat{\xi}$ und verwendet dazu (5.49), so folgt

$$u(t) = -R_y y(t) - R_\xi \xi(t) + R_\xi (\xi(t) - \hat{\xi}(t)) = -R\tilde{\mathcal{C}}x(t) + R_\xi (\xi(t) - \hat{\xi}(t)). \tag{5.51}$$

Damit lässt sich die Regelung bestehend aus der Strecke (5.1)–(5.2) und dem Regler (5.46)–(5.47) mit dem Beobachtungsfehler $\xi - \hat{\xi}$ und dem Streckenzustand x als Zustandsgrößen durch

$$\begin{bmatrix} \dot{\xi}(t) - \dot{\hat{\xi}}(t) \\ \dot{x}(t) \end{bmatrix} = \tilde{\mathcal{A}} \begin{bmatrix} \xi(t) - \hat{\xi}(t) \\ x(t) \end{bmatrix}, \quad t > 0, \quad \begin{bmatrix} \xi(0) - \hat{\xi}(0) \\ x(0) \end{bmatrix} \in \mathbb{C}^{n_o} \oplus H \tag{5.52}$$

mit dem Systemoperator

$$\tilde{\mathcal{A}} = \begin{bmatrix} \tilde{\tilde{\Lambda}} & 0 \\ \mathcal{B}R_\xi & \mathcal{A} - \mathcal{B}R\tilde{\mathcal{C}} \end{bmatrix}, \quad D(\tilde{\mathcal{A}}) = \mathbb{C}^{n_o} \oplus D(\mathcal{A}) \tag{5.53}$$

im erweiterten Zustandsraum $\mathbb{C}^{n_o} \oplus H$ beschreiben, wenn man die Fehlerdifferentialgleichung (5.11) mit (5.29) berücksichtigt. Diese spezielle Wahl der Zustandsgrößen der Regelung hat den Vorteil, dass sich für den Systemoperator $\tilde{\mathcal{A}}$ eine Dreiecksstruktur ergibt, an der man bereits die beim Entwurf gültige Separationseigenschaft erkennen kann. Die damit für die Regelungsdynamik verbundenen Aussagen werden im nachfolgenden Satz angegeben.

Satz 5.3 (Separationsprinzip der Regelung mit Ausgangsbeobachter). *Es gelten folgende Annahmen:*

- *$\mathcal{A}$ besitzt nur endlich viele Eigenwerte in der abgeschlossenen rechten Halbebene.*
- *Für die Beobachtereigenwerte $\tilde{\tilde{\lambda}}_i$, d.h. für die Eigenwerte der Matrix $\tilde{\tilde{\Lambda}}$, gilt*

$$\alpha_{stab} = - \max_{i=1,2,\ldots,n_o} \operatorname{Re} \tilde{\tilde{\lambda}}_i > 0, \tag{5.54}$$

d.h. der Ausgangsbeobachter (5.46) ist asymptotisch stabil.
- *Die Rückführmatrix R sei so entworfen, dass die exponentielle Stabilität der über (5.49) geregelten Strecke*

$$\dot{x}(t) = \tilde{\mathcal{A}}_R x(t), \quad t > 0, \quad x(0) = x_0 \in H \tag{5.55}$$

mit

$$\tilde{\mathcal{A}}_R = \mathcal{A} - \mathcal{B}R\tilde{\mathcal{C}}, \quad D(\tilde{\mathcal{A}}_R) = D(\mathcal{A}), \tag{5.56}$$

sichergestellt ist, d.h. die zugehörige C_0-Halbgruppe $\mathcal{T}_{\tilde{\mathcal{A}}_R}(t)$ hat die Wachstumseigenschaft

$$\|\mathcal{T}_{\tilde{\mathcal{A}}_R}(t)\| \le M_{\tilde{\mathcal{A}}_R} e^{-\beta t}, \quad t \ge 0 \tag{5.57}$$

für ein $\beta > 0$.

Dann ist der Systemoperator

$$\tilde{\mathcal{A}} = \begin{bmatrix} \tilde{\Lambda} & 0 \\ \mathcal{B}R_\xi & \mathcal{A} - \mathcal{B}R\tilde{\mathcal{C}} \end{bmatrix}, \quad D(\tilde{\mathcal{A}}) = \mathbb{C}^{n_o} \oplus D(\mathcal{A}) \tag{5.58}$$

ein infinitesimaler Generator der C_0-Halbgruppe $\mathcal{T}_{\tilde{\mathcal{A}}}(t)$. Darüber hinaus gibt es eine positive Konstante $M_{\tilde{\mathcal{A}}}$, so dass

$$\|\mathcal{T}_{\tilde{\mathcal{A}}}(t)\| \le M_{\tilde{\mathcal{A}}} e^{-\tilde{\alpha} t}, \quad t \ge 0 \tag{5.59}$$

mit

$$\tilde{\alpha} = \min(\alpha_{stab}, \beta) > 0 \tag{5.60}$$

für $\alpha_{stab} \ne \beta$ gilt. Dies bedeutet, dass die Regelung (5.52) exponentiell stabil ist.

Beweis. Den Beweis dieses Satzes findet man in Abschnitt C.15. ◄

Bei diesem Satz ist noch zu beachten, dass $\alpha_{stab} \ne \beta$ keine zusätzliche Voraussetzung bedeutet. Diese Bedingung lässt sich nämlich durch geeignete Wahl von β in (5.57) stets sicherstellen. Die Aussage des Satzes 5.3 ist im Wesentlichen, dass die Regelung (5.52) exponentiell stabil ist, wenn

1. der Ausgangsbeobachter (5.46) asymptotisch stabil ist und
2. die statische Ausgangsrückführung (5.45) so entworfen wird, dass das geregelte System (5.55) exponentiell stabil ist.

Anhand dieser Aussagen kann aus der Stabilität des Ausgangsbeobachters und der durch die Rückführung (5.45) eingestellten Dynamik auf die Stabilität der Regelung geschlossen werden. Damit lassen sich der Ausgangsbeobachter und die Ausgangsrückführung getrennt voneinander entwerfen, womit das *Separationsprinzip* für den Entwurf gilt.

Die Stabilität des Ausgangsbeobachters kann immer durch Eigenwertvorgabe sichergestellt werden, da es sich um ein endlich-dimensionales System handelt. Beim zweiten Stabilisierungsproblem muss eine Ausgangsrückführung für ein verteilt-parametrisches System entworfen werden. Im Unterschied zu konzentriert-parametrischen Systemen ist bei verteilt-parametrischen Systemen zunächst zu klären, ob eine Stabilitätsanalyse anhand der Ei-

5.1 Beobachterbasierte Ausgangsrückführung

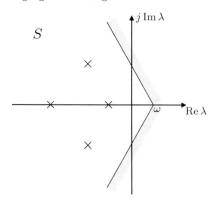

Abb. 5.3: Zulässige Lage der Eigenwerte „×" von $\mathcal{A}$ in einem Sektor S der komplexen Ebene, bei der das Eigenwertkriterium für statische Ausgangsrückführungen gilt

genwerte durchführbar ist. Bei der Zustandsregelung von verteilt-parametrischen Systemen lässt sich die Rückführung so entwerfen, dass der Systemoperator $\mathcal{A} - \mathcal{B}\mathcal{K}$ ein Riesz-Spektraloperator ist (siehe Satz 4.2), womit das Eigenwertkriterium für die Regelung gilt (siehe Abschnitt 2.2.3). Dies ist bei Verwendung der Ausgangsrückführung (5.45) nicht mehr möglich, weil der Nachweis der Riesz-Spektraleigenschaft des Systemoperators $\mathcal{A} - \mathcal{B}R\tilde{\mathcal{C}}$ der Regelung i.Allg. schwierig ist. Deshalb wird das Eigenwertkriterium für Regelungen mit Ausgangsrückführung auf einem anderen Weg nachgewiesen. Das Ergebnis dieser Untersuchung ist im nachfolgenden Satz dargestellt, der eine Voraussetzung für den Systemoperator $\mathcal{A}$ angibt, damit die Eigenwerte von $\mathcal{A} - \mathcal{B}R\tilde{\mathcal{C}}$ die Stabilität der Regelung (5.55) festlegen.

Satz 5.4 (Eigenwertkriterium für Ausgangsrückführungen). *Wenn es Konstanten $c > 0$ und $\omega \in \mathbb{R}$ gibt, sodass alle Eigenwerte λ_i, $i \geq 1$, von $\mathcal{A}$ in (5.1) innerhalb eines Sektors*

$$S = \{\lambda \in \mathbb{C} \mid |\operatorname{Im} \lambda| \leq c\,(\omega - \operatorname{Re} \lambda)\} \tag{5.61}$$

in der komplexen Ebene liegen (siehe Abbildung 5.3), dann gilt für den Systemoperator $\tilde{\mathcal{A}}_R = \mathcal{A} - \mathcal{B}R\tilde{\mathcal{C}}$ in (5.55)–(5.56) die „spectrum determined growth assumption". Dies bedeutet, dass die zugehörige C_0-Halbgruppe die Wachstumseigenschaft

$$\|\mathcal{T}_{\tilde{\mathcal{A}}_R}(t)\| \leq M_{\tilde{\mathcal{A}}_R} e^{-\beta t}, \quad t \geq 0 \tag{5.62}$$

für alle $\beta < \beta_{stab}$ mit der Stabilitätsreserve

$$\beta_{stab} = -\sup_{i \geq 1} \operatorname{Re} \tilde{\lambda}_i \tag{5.63}$$

besitzt, worin $\tilde{\lambda}_i$, $i \geq 1$, die Regelungseigenwerte, d.h. die Eigenwerte von $\mathcal{A} - \mathcal{B}R\tilde{\mathcal{C}}$ sind. Damit ist das geregelte System (5.55) exponentiell stabil,

198   5 Entwurf von Ausgangsfolgereglern

wenn
$$\sup_{i \geq 1} \operatorname{Re} \tilde{\lambda}_i < 0 \tag{5.64}$$

gilt.

Beweis. Den Beweis dieses Satzes findet man in Abschnitt C.16. ◄

Im Vergleich zum Entwurf von Zustandsrückführungen schränkt die Sektorbedingung (5.61) die Klasse der Systemoperatoren für den Ausgangsrückführungsentwurf ein. Beispielsweise darf beim Entwurf von Zustandsrückführungen der Fall auftreten, dass sich unendlich viele Eigenwerte asymptotisch einer Parallelen zur Imaginärachse in der linken Halbebene annähern und nur endlich viele Eigenwerte in der abgeschlossenen rechten Halbebene liegen. Durch die Zustandsrückführung lassen sich zur Stabilisierung des Systems die in der abgeschlossenen rechten Halbebene gelegenen Eigenwerte verschieben, sofern sie modal steuerbar sind. Da in diesem Fall das Sektorkriterium nicht erfüllt ist, kann der Entwurf mittels einer Ausgangsrückführung auf Grundlage von Satz 5.4 für dieses System nicht durchgeführt werden. Allerdings erfüllen Sturm-Liouville-Systeme immer die Sektorbedingung, was auch für viele in Anwendungen auftretende allgemeinere Riesz-Spektralsysteme wie z.B. Balken- und Plattenmodelle mit Dämpfung zutrifft. Darüber hinaus ist die Sektorbedingung nur hinreichend und nicht notwendig für die Gültigkeit des Eigenwertkriteriums. Dies bedeutet, dass der Entwurf von Ausgangsrückführungen durch Eigenwertvorgabe auch möglich sein kann, wenn die Sektorbedingung nicht erfüllt ist. In solchen Fällen muss dann das Eigenwertkriterium auf andere Art und Weise nachgewiesen werden, wobei die Vorgehensweise i.Allg. vom jeweiligen Beispiel abhängt.

Das Eigenwertkriterium (5.64) bedeutet, dass die Regelung (5.55) *exponentiell stabil* ist, wenn alle Regelungseigenwerte $\tilde{\lambda}_i$ links der Imaginärachse liegen sowie ihr nicht beliebig nahe kommen (siehe Abschnitt 2.2.3). Im Spektrum von $\mathcal{A} - \mathcal{B}R\tilde{\mathcal{C}}$ treten stets auch die Häufungspunkte von $\mathcal{A}$ als Spektralpunkte auf (siehe [37]), da sie nicht durch die Ausgangsrückführung (5.45) verschoben werden können. Diese Spektralpunkte sind somit auch Häufungspunkte der Eigenwerte von $\mathcal{A} - \mathcal{B}R\tilde{\mathcal{C}}$. Folglich legen sie die maximale mit der Ausgangsrückführung (5.45) erzielbare Stabilitätsreserve β_{stab} fest, weil die Eigenwerte von $\mathcal{A} - \mathcal{B}R\tilde{\mathcal{C}}$ in einer beliebigen Nähe dieser Häufungspunkte vorkommen. Dasselbe gilt allerdings auch beim Entwurf von Zustandsrückführungen (siehe Abschnitt 4.1.1).

Auf Grundlage von Satz 5.4 kann die Bestimmung der Rückführmatrix R in (5.49) wie beim Entwurf des Ausgangsbeobachters durch Eigenwertvorgabe erfolgen. Da die $p \times m + n_o$ Rückführmatrix R in (5.49) nur $p(m + n_o)$ frei wählbare Elemente enthält, lassen sich mit der Ausgangsrückführung (5.45) nicht alle Eigenwerte $\tilde{\lambda}_i$, $i \geq 1$, beliebig vorgeben. Zur Lösung dieses Problems wird die Ausgangsrückführung (5.45) im nächsten Abschnitt durch Vorgabe von endlich vielen Regelungseigenwerten bestimmt. Die bei diesem Entwurf noch in den zugehörigen Parametervektoren vorhandenen Freiheits-

5.1 Beobachterbasierte Ausgangsrückführung   199

grade werden genutzt, um weitere Regelungseigenwerte gezielt durch eine Parameteroptimierung zu beeinflussen. Dies entspricht einer Verallgemeinerung des in [66] vorgestellten Ansatzes auf verteilt-parametrische Systeme. Anschließend werden weiterführende Maßnahmen zur Beeinflussung der beim Entwurf vernachlässigten Eigenwerte angegeben.

5.1.3 Parametrischer Entwurf

Im letzten Abschnitt wurde gezeigt, dass der Entwurf der beobachterbasierten Ausgangsrückführung (5.46)–(5.47) durch die Bestimmung einer statischen Ausgangsrückführung (5.45) erfolgt, die mittels des Ausgangsbeobachters (5.46) implementiert wird. Da das Separationsprinzip und das Eigenwertkriterium beim Entwurf gilt, lässt sich die beobachterbasierte Ausgangsrückführung (5.46)–(5.47) durch getrennte Eigenwertvorgabe für die statische Ausgangsrückführung und den Ausgangsbeobachter bestimmen. Zur Lösung des letzteren Eigenwertvorgabeproblems wurde bereits in Abschnitt 5.1.1 ein parametrisches Entwurfsverfahren angegeben. Damit ist ein parametrischer Entwurf der beobachterbasierten Ausgangsrückführung möglich, falls auch für die statische Ausgangsrückführung (5.45) eine Parametrierungsformel hergeleitet wird. Dazu muss ein Formelausdruck für die Rückführmatrix R in der statischen Ausgangsrückführung

$$u(t) = -R\tilde{\mathcal{C}}x(t) \tag{5.65}$$

so bestimmt werden (siehe (5.49)), dass der geregelten Strecke

$$\dot{x}(t) = (\mathcal{A} - \mathcal{B}R\tilde{\mathcal{C}})x(t), \quad t > 0, \quad x(0) = x_0 \in H \tag{5.66}$$

die gewünschten Eigenwerte und Parametervektoren verliehen werden (siehe (5.55)–(5.56)). Hierzu geht man von der Eigenvektorgleichung

$$(\mathcal{A} - \mathcal{B}R\tilde{\mathcal{C}})\tilde{\phi}_i = \tilde{\lambda}_i\tilde{\phi}_i, \quad i \geq 1 \tag{5.67}$$

der Regelung (5.66) aus. Führt man darin die *Parametervektoren*

$$p_i = R\tilde{\mathcal{C}}\tilde{\phi}_i, \quad i \geq 1 \tag{5.68}$$

ein, so lassen sich die Regelungseigenvektoren $\tilde{\phi}_i$ gemäß

$$\tilde{\phi}_i = (\mathcal{A} - \tilde{\lambda}_i I)^{-1}\mathcal{B}p_i, \quad i \geq 1 \tag{5.69}$$

durch die Regelungseigenwerte $\tilde{\lambda}_i$ und die Parametervektoren p_i darstellen. Dabei wird vorausgesetzt, dass die Regelungseigenwerte $\tilde{\lambda}_i$ in der Resolventenmenge $\rho(\mathcal{A})$ von $\mathcal{A}$ enthalten sind, womit der inverse Operator in (5.69) existiert und im gesamten Zustandsraum beschränkt ist. Betrachtet man m + n_o Definitionsgleichungen (5.68) in der Matrixschreibweise

$$[p_1 \ldots p_{m+n_o}] = R\left[\tilde{\mathcal{C}}\tilde{\phi}_1 \ldots \tilde{\mathcal{C}}\tilde{\phi}_{m+n_o}\right] \qquad (5.70)$$

und nimmt an, dass die Matrix auf der rechten Seite invertierbar ist, dann ergibt sich durch Auflösen nach R die *Ausgangsreglerformel*

$$R = [p_1 \ldots p_{m+n_o}]\left[\tilde{\mathcal{C}}\tilde{\phi}_1 \ldots \tilde{\mathcal{C}}\tilde{\phi}_{m+n_o}\right]^{-1}. \qquad (5.71)$$

Zur Berechnung der Vektoren $\tilde{\mathcal{C}}\tilde{\phi}_i$ in (5.71) setzt man (5.69) in $\tilde{\mathcal{C}}\tilde{\phi}_i$ ein, was mit der Übertragungsmatrix

$$G(s) = \tilde{\mathcal{C}}(sI - \mathcal{A})^{-1}\mathcal{B} = \begin{bmatrix} \mathcal{C} \\ \mathcal{H} \end{bmatrix}(sI - \mathcal{A})^{-1}\mathcal{B}, \quad s \in \rho(\mathcal{A}) \qquad (5.72)$$

(siehe (5.50)) die Beziehung

$$\tilde{\mathcal{C}}\tilde{\phi}_i = \tilde{\mathcal{C}}(\mathcal{A} - \tilde{\lambda}_i I)^{-1}\mathcal{B}p_i = -G(\tilde{\lambda}_i)p_i \qquad (5.73)$$

ergibt. Damit erhält man die äquivalente Darstellung

$$R = -[p_1 \ldots p_{m+n_o}]\left[G(\tilde{\lambda}_1)p_1 \ldots G(\tilde{\lambda}_{m+n_o})p_{m+n_o}\right]^{-1} \qquad (5.74)$$

der Ausgangsreglerformel (5.71). Der Vorteil dieser Form der Parametrierung von R besteht darin, dass sich die auftretenden Matrizen $G(\tilde{\lambda}_i)$ unmittelbar bei Kenntnis der Streckenübertragungsmatrix

$$F(s) = \mathcal{C}(sI - \mathcal{A})^{-1}\mathcal{B} \qquad (5.75)$$

berechnen lassen, sofern kein Regelungseigenwert $\tilde{\lambda}_i$ mit einem Beobachtereigenwert $\tilde{\tilde{\lambda}}_i$ übereinstimmt. Um dies zu zeigen, berücksichtigt man (5.75) in (5.72), woraus

$$G(s) = \begin{bmatrix} F(s) \\ \mathcal{H}(sI - \mathcal{A})^{-1}\mathcal{B} \end{bmatrix} \qquad (5.76)$$

folgt. Also muss zur Berechnung von $G(s)$ anhand von $F(s)$ nur noch

$$G_{\mathcal{H}}(s) = \mathcal{H}(sI - \mathcal{A})^{-1}\mathcal{B} \qquad (5.77)$$

bestimmt werden. Dies erreicht man, indem mit (5.31)

$$\mathcal{H}_i(sI - \mathcal{A})^{-1}\mathcal{B} = l_i^T \mathcal{C}(\mathcal{A} - \tilde{\tilde{\lambda}}_i I)^{-1}(sI - \mathcal{A})^{-1}\mathcal{B} \qquad (5.78)$$

gebildet wird. Für $s \neq \tilde{\tilde{\lambda}}_i$ sowie $\tilde{\tilde{\lambda}}_i \in \rho(\mathcal{A})$ und $s \in \rho(\mathcal{A})$ lässt sich dann die *Resolventengleichung*

5.1 Beobachterbasierte Ausgangsrückführung

$$(\mathcal{A} - \tilde{\tilde{\lambda}}_i I)^{-1}(sI - \mathcal{A})^{-1} = \frac{1}{s - \tilde{\tilde{\lambda}}_i}((sI - \mathcal{A})^{-1} - (\tilde{\tilde{\lambda}}_i I - \mathcal{A})^{-1}) \quad (5.79)$$

auf (5.78) anwenden (siehe [14]). Hieraus folgt

$$\mathcal{H}_i(sI - \mathcal{A})^{-1}\mathcal{B} = \frac{l_i^T}{s - \tilde{\tilde{\lambda}}_i}(F(s) - F(\tilde{\tilde{\lambda}}_i)), \quad (5.80)$$

wenn man (5.75) berücksichtigt. Damit hat $G(s)$ in (5.72) die Darstellung

$$G(s) = \begin{bmatrix} F(s) \\ \frac{l_1^T}{s - \tilde{\tilde{\lambda}}_1}(F(s) - F(\tilde{\tilde{\lambda}}_1)) \\ \vdots \\ \frac{l_{n_o}^T}{s - \tilde{\tilde{\lambda}}_{n_o}}(F(s) - F(\tilde{\tilde{\lambda}}_{n_o})) \end{bmatrix}, \quad s \neq \tilde{\tilde{\lambda}}_i, \ i = 1, 2, \dots, n_o, \ s \in \rho(\mathcal{A}),$$

$$(5.81)$$

die bei Kenntnis von $F(s)$ direkt gebildet werden kann. Bei der weiteren Verwendung der Übertragungsmatrix $G(s)$ ist zu beachten, dass sie an keinem Beobachtereigenwert $\tilde{\tilde{\lambda}}_i$ sowie an keinem Streckeneigenwert λ_i und deren Häufungspunkte ausgewertet werden darf.

Bei der Herleitung der Ausgangsreglerformel gehen nur $m + n_o$ Regelungseigenwerte $\tilde{\lambda}_i$ direkt in die Bildung von R ein. Um die Lage der restlichen Eigenwerte der Regelung zu bestimmen, betrachtet man die Definitionsgleichungen

$$p_i = R\tilde{\mathcal{C}}\tilde{\phi}_i, \quad i \geq m + n_o + 1 \quad (5.82)$$

der Parametervektoren (siehe (5.68)), die nicht bei der Bestimmung der Ausgangsreglerformel verwendet werden. Durch Einsetzen von (5.69) in (5.82) erhält man mit (5.72) die Beziehung

$$p_i = -RG(\tilde{\lambda}_i)p_i, \quad i \geq m + n_o + 1, \quad \tilde{\lambda}_i \neq \tilde{\tilde{\lambda}}_j, \quad j = 1, 2, \dots, n_o, \quad \tilde{\lambda}_i \in \rho(\mathcal{A}).$$

$$(5.83)$$

Durch eine einfache Umformung von (5.83) ergibt sich

$$(I + RG(\tilde{\lambda}_i))p_i = 0, \quad i \geq m + n_o + 1. \quad (5.84)$$

Da die Regelungseigenvektoren $\tilde{\phi}_i$ per Definition nicht verschwinden können, muss wegen (5.69) $p_i \neq 0$ gelten. Folglich besitzt (5.84) eine nichtverschwindende Lösung p_i, was nur möglich ist, wenn

$$\det(I + RG(\tilde{\lambda}_i)) = 0, \ i \geq m + n_o + 1, \ \tilde{\lambda}_i \neq \tilde{\tilde{\lambda}}_j, \ j = 1, 2, \dots, n_o, \ \tilde{\lambda}_i \in \rho(\mathcal{A})$$

$$(5.85)$$

gilt. Dies bedeutet, dass die restlichen Regelungseigenwerte $\tilde{\lambda}_i, \ i \geq m + n_o + 1$, welche verschieden von den Beobachtereigenwerten $\tilde{\tilde{\lambda}}_i$ und den Streckeneigenwerten λ_i sowie deren Häufungspunkte sind, Lösungen von (5.85) darstellen.

202 5 Entwurf von Ausgangsfolgereglern

Die bisherigen Betrachtungen zeigen, dass sich die Rückführmatrix R unter den gemachten Voraussetzungen mittels der Ausgangsreglerformel (5.74) darstellen lässt. Will man (5.74) auch zur Bestimmung von R mittels Vorgabe von $m + n_o$ Regelungseigenwerten und ihrer Parametervektoren heranziehen, so muss die Umkehrung der bisher gezeigten Aussage bewiesen werden. Damit der Entwurf von stabilisierenden Ausgangsrückführung mit dieser Aussage überhaupt möglich ist, müssen die in der abgeschlossenen rechten Halbebene liegenden Streckeneigenwerte alle modal steuerbar und *modal beobachtbar* sein. Letztere Bedingung lässt sich mit dem Kriterium des nächsten Satzes überprüfen.

Satz 5.5 (Kriterium für modale Beobachtbarkeit). *Die Eigenwerte λ_i, $i = 1, 2, \ldots, n$, des Riesz-Spektralsystems (5.1)–(5.2) sind genau dann modal beobachtbar, wenn die Matrix*

$$C^* = \begin{bmatrix} \mathcal{C}\phi_1 \ldots \mathcal{C}\phi_n \end{bmatrix} \tag{5.86}$$

keine Nullspalte besitzt, wobei ϕ_i die Eigenvektoren von $\mathcal{A}$ zum Eigenwert λ_i sind.

Beweis. Siehe Beweis von Theorem 4.2.3 in [14]. ◀

Die modale Beobachtbarkeit ist dual zur modalen Steuerbarkeit, für die in Abschnitt 4.1.1 ein Kriterium angegeben wurde. Mit diesen Systemeigenschaften lässt sich der parametrische Ausgangsreglerentwurf im nachfolgenden Satz angeben.

Satz 5.6 (Ausgangsreglerformel). *Gegeben ist das Riesz-Spektralsystem (5.1)–(5.2), bei dem*

- *nur $0 \leq k < \infty$ Eigenwerte mit $\operatorname{Re} \lambda_1 \geq \ldots \geq \operatorname{Re} \lambda_k$ von $\mathcal{A}$ in der abgeschlossenen rechten Halbebene liegen,*
- *die $m + n_o$ Eigenwerte mit $\operatorname{Re} \lambda_1 \geq \ldots \geq \operatorname{Re} \lambda_{m+n_o}$, $m + n_o \geq k$, von $\mathcal{A}$ modal steuerbar und beobachtbar sind und*
- *die restlichen Eigenwerte λ_i, $i \geq m+n_o+1$, in der offenen linken Halbebene der Imaginärachse nicht beliebig nahe kommen.*

Man gibt beliebige reelle oder komplexe Zahlen $\tilde{\lambda}_i$ und Vektoren $p_i \in \mathbb{C}^p$, $i = 1, 2, \ldots, m + n_o$, mit folgenden Eigenschaften vor:

- *Die Zahlen $\tilde{\lambda}_i$ sind entweder reell oder treten nur in konjugiert komplexen Zahlenpaaren auf.*
- *Zu einer reellen Zahl $\tilde{\lambda}_i$ ist der zugehörige Vektor p_i ebenfalls reell und zu einem konjugiert komplexen Zahlenpaar $(\tilde{\lambda}_i, \tilde{\lambda}_j)$, $\tilde{\lambda}_j = \overline{\tilde{\lambda}_i}$, ist das zugehörige Vektorpaar (p_i, p_j) ebenfalls konjugiert komplex, d.h. $p_j = \overline{p_i}$.*
- *Keine Zahl $\tilde{\lambda}_i$, $i = 1, 2, \ldots, m + n_o$, darf mit einem Beobachtereigenwert $\tilde{\lambda}_i$ oder einem Eigenwert λ_i von $\mathcal{A}$ sowie deren Häufungspunkten übereinstimmen.*

5.1 Beobachterbasierte Ausgangsrückführung   203

- *Die Zahlen $\tilde{\lambda}_i$ und die Vektoren p_i, $i = 1, 2, \ldots, m+n_o$, müssen so gewählt werden, dass die Vektoren $G(\tilde{\lambda}_i)p_i$, $i = 1, 2, \ldots, m + n_o$, mit*

$$
G(s) = \begin{bmatrix} F(s) \\ \frac{l_1^T}{s-\tilde{\tilde{\lambda}}_1}(F(s) - F(\tilde{\tilde{\lambda}}_1)) \\ \vdots \\ \frac{l_{n_o}^T}{s-\tilde{\tilde{\lambda}}_{n_o}}(F(s) - F(\tilde{\tilde{\lambda}}_{n_o})) \end{bmatrix} \tag{5.87}
$$

sämtlich linear unabhängig sind.

Dann verleiht die Rückführmatrix

$$
R = - \begin{bmatrix} p_1 \ \ldots \ p_{m+n_o} \end{bmatrix} \begin{bmatrix} G(\tilde{\lambda}_1)p_1 \ \ldots \ G(\tilde{\lambda}_{m+n_o})p_{m+n_o} \end{bmatrix}^{-1} \tag{5.88}
$$

der Regelung

$$
\dot{x}(t) = (\mathcal{A} - \mathcal{B}R\tilde{\mathcal{C}})x(t), \quad t > 0, \quad x(0) = x_0 \in H \tag{5.89}
$$

die Eigenwerte $\tilde{\lambda}_i$, $i = 1, 2, \ldots, m + n_o$, und die zugehörigen Parametervektoren p_i. Die restlichen Regelungseigenwerte $\tilde{\lambda}_i$, $i \geq m + n_o + 1$, welche nicht mit den Beobachtereigenwerten $\tilde{\tilde{\lambda}}_i$ und den Streckeneigenwerten λ_i sowie deren Häufungspunkten übereinstimmen, sind Lösungen von

$$
\det(I + RG(\tilde{\lambda}_i)) = 0,\ i \geq m + n_o + 1,\ \tilde{\lambda}_i \neq \tilde{\tilde{\lambda}}_j,\ j = 1, 2, \ldots, n_o,\ \tilde{\lambda}_i \in \rho(\mathcal{A}). \tag{5.90}
$$

Beweis. Den Beweis dieses Satzes findet man in Abschnitt C.17. ◄

Zusammen mit der parametrischen Lösung (5.31) der Sylvester-Operatorgleichung (5.28) lässt sich mit der Ausgangsreglerformel (5.88) die *parametrische Darstellung*

$$
\dot{\hat{\xi}}(t) = \tilde{\tilde{\Lambda}}\hat{\xi}(t) - \begin{bmatrix} l_1^T F(\tilde{\tilde{\lambda}}_1) \\ \vdots \\ l_{n_o}^T F(\tilde{\tilde{\lambda}}_{n_o}) \end{bmatrix} u(t) + \begin{bmatrix} l_1^T \\ \vdots \\ l_{n_o}^T \end{bmatrix} y(t) \tag{5.91}
$$

$$
u(t) = - \begin{bmatrix} p_1 \ \ldots \ p_{m+n_o} \end{bmatrix} \begin{bmatrix} G(\tilde{\lambda}_1)p_1 \ \ldots \ G(\tilde{\lambda}_{m+n_o})p_{m+n_o} \end{bmatrix}^{-1} \begin{bmatrix} y(t) \\ \hat{\xi}(t) \end{bmatrix} \tag{5.92}
$$

der beobachterbasierten Ausgangsrückführung (5.46)–(5.47) angeben. Bemerkenswert an diesem Ergebnis ist, dass man damit eine *koordinatenfreie* Reglerdarstellung erhält. Dies liegt daran, dass von Seiten der Strecke mit (5.81) nur die Streckenübertragungsmatrix $F(s)$ in (5.91)–(5.92) eingeht. Da $F(s)$ sowie die vorgegebenen Eigenwerte und ihre Parametervektoren sämtlich gegenüber Zustandstransformationen invariant sind, ist die Darstellung (5.91)–(5.92) von der Wahl der Zustandsgrößen unabhängig. Dieses Ergebnis lässt sich leicht begründen. Da bei einer dynamischen Ausgangsrückführung der Regler nur durch das Streckenübertragungsverhalten beeinflusst wird, ist es ausreichend, für den Reglerentwurf nur diese Systembeschreibung zu betrachten. Dem wird bei der hier verwendeten beobachterbasierten Ausgangsrückführung (5.91)–(5.92) Rechnung getragen. Dies hat den unmittelbaren Vorteil, dass zur Bestimmung des Ausgangsreglers nur die Streckenübertragungsmatrix $F(s)$ ausgewertet an den Beobachtereigenwerten $\tilde{\lambda}_i$ bestimmt werden muss. Die Berechnung dieser Konstantmatrizen kann mittels Lösung eines Randwertproblems im Frequenzbereich erfolgen (siehe Abschnitt 2.2.4), welches immer numerisch und in manchen Fällen analytisch gelöst werden kann.

In Satz 5.6 wird vorausgesetzt, dass zumindest die Streckeneigenwerte in der abgeschlossenen rechten Halbebene modal steuerbar und beobachtbar sind. Diese Forderung ist eine notwendige Bedingung für die Stabilisierbarkeit der Strecke durch die statische Ausgangsrückführung (5.65). Streckeneigenwerte λ_i, die nicht modal steuerbar und/oder modal beobachtbar sind, kürzen sich nämlich in der Streckenübertragungsmatrix

$$F(s) = \mathcal{C}(sI - \mathcal{A})^{-1}\mathcal{B} = \sum_{i=1}^{\infty} \frac{\mathcal{C}\phi_i b_i^{*T}}{s - \lambda_i} \tag{5.93}$$

(siehe (2.215)), da im Falle der Nichtsteuerbarkeit

$$b_i^{*T} = 0^T \tag{5.94}$$

(siehe Satz 4.3) und bei Nichtbeobachtbarkeit

$$\mathcal{C}\phi_i = 0 \tag{5.95}$$

gilt (siehe Satz 5.5). Diese Eigenwerte tragen somit nicht zum Übertragungsverhalten der Strecke bei, weshalb sie bei statischer Ausgangsrückführung unverschoben bleiben. Damit man die Regelungsdynamik durch statische Ausgangsrückführung hinreichend schnell machen kann, müssen aus diesem Grund auch nahe der Imaginärachse in der linken Halbebene gelegene Eigenwerte der Strecke modal steuer- und beobachtbar sein.

Mit der Ausgangsreglerformel (5.88) in Satz 5.6 lassen sich der Regelung $m+n_o$ Regelungseigenwerte $\tilde{\lambda}_i$, $i = 1, 2, \ldots, m+n_o$, zuweisen. Für die Vorgabe der restlichen Regelungseigenwerte können die in den Parametervektoren p_i, $i = 1, 2, \ldots, m + n_o$, enthaltenen Freiheitsgrade genutzt werden. Dabei ist zu beachten, dass jeder Parametervektor p_i nur $p - 1$ Freiheitsgrade besitzt, da eine Multiplikation der Parametervektoren mit einer nichtverschwindenden Konstanten das Ergebnis in (5.88) nicht verändert. Um einen weiteren Eigenwert $\tilde{\lambda}_j$ durch eine geeignete Wahl der Parametervektoren vorzugeben, müssen die Parametervektoren p_i, $i = 1, 2, \ldots, m + n_o$, so bestimmt werden, dass

$$\det(I + R(\tilde{\lambda}_i, p_i)G(\tilde{\lambda}_j)) = 0, \quad i \neq j \tag{5.96}$$

5.1 Beobachterbasierte Ausgangsrückführung

gilt (siehe Satz 5.6). Wie man anhand von (5.96) unmittelbar erkennen kann, ergibt sich aufgrund der Determinantenbildung und der Ausgangsreglerformel (5.88) ein nichtlineares Gleichungssystem für die Parametervektoren p_i. Deshalb ist eine geschlossene Lösung dieses Eigenwertvorgabeproblems i.Allg. nicht möglich. Um dennoch weitere $N < \infty$ Regelungseigenwerte $\tilde{\lambda}_i$, $i = m + n_o + 1, \ldots, m + n_o + N$, zumindest in die Nähe der *Wunscheigenwerte* $\tilde{\lambda}_{i,d}$, $i = 1, 2, \ldots, m + n_o$, zu schieben, kann man zur Minimierung des *Eigenwertgütemaßes*

$$J_\lambda = \sum_{i=m+n_o+1}^{m+n_o+N} g_{\tilde{\lambda}_{i,d}} |\det(I + RG(\tilde{\lambda}_{i,d}))|^2, \quad g_{\tilde{\lambda}_{i,d}} > 0, \quad N < \infty \tag{5.97}$$

bezüglich der Parametervektoren p_i, $i = 1, 2, \ldots, m + n_o$, übergehen. Dabei wird vorausgesetzt, dass alle Wunscheigenwerte $\tilde{\lambda}_{i,d}$, $i = 1, 2, \ldots, m + n_o$, verschieden von den Beobachtereigenwerten, den Streckeneigenwerten und den Häufungspunkten der Streckeneigenwerte sind. Meistens wird es nicht möglich sein, das Gütemaß (5.97) durch eine Parameteroptimierung, wie in (5.96) gefordert, zu Null zu machen. Ergeben sich jedoch bei der Optimierung kleine Werte für J_λ, so werden die Regelungseigenwerte $\tilde{\lambda}_i$ in der Nähe der Wunscheigenwerte $\tilde{\lambda}_{i,d}$ zu liegen kommen, da das Eigenwertgütemaß (5.97) stetig von $\tilde{\lambda}_{i,d}$ abhängt. Mit Hilfe der *Gewichtungsfaktoren* $g_{\tilde{\lambda}_{i,d}}$ kann man erzwingen, dass Regelungseigenwerte in der Nähe von bestimmten Wunscheigenwerten vorgegeben werden. Insgesamt können damit $m + n_o$ Eigenwerte der Regelung exakt vorgegeben und die Lage von weiteren N Eigenwerten beeinflusst werden. Die restlichen Regelungseigenwerte lassen sich beim Entwurf allerdings nicht miteinbeziehen. Wählt man jedoch n_o und N hinreichend groß, dann können meist die dominanten Regelungseigenwerte gezielt zugewiesen werden. Die restlichen nicht dominanten Eigenwerte tragen nicht mehr wesentlich zum Regelkreisverhalten bei, weil sie nur wenig durch die Rückführung verschoben werden. Diese Schlußweise ist insbesonders bei parabolischen Systemen (z.B. beim Wärmeleiter) immer möglich, kann jedoch auch für biharmonische Systeme (z.B. für den hinreichend gedämpften Euler-Bernoulli-Balken) zum Ziel führen.

Falls man mit der hier beschriebenen Vorgehensweise keine zufriedenstellenden Ergebnisse erhält, kann durch folgende einfache Erweiterungen der vorgestellten Entwurfsmethodik versucht werden, eine gewünschte Regelungsdynamik zu erzielen:

- Wenn die verfügbaren Messgrößen y stark spilloverbehaftet sind, d.h. wesentlich von den höheren Streckenmoden abhängen, ist es nahe liegend, mit der statischen Ausgangsrückführung (5.65) nur die rekonstruierten Ausgangsgrößen ξ zurückzuführen. Diese sind meistens kaum spilloverbehaftet, womit die Restdynamik wenig verschoben wird.
- Sollte die durch den Ausgangsbeobachter erzielte Spillover-Unterdrückung nicht ausreichend sein, so kann man mehrere Ausgangsbeobachter hinter-

einander schalten. Dies führt zu einer Potenzierung der Spillover-Unterdrückung und somit zu einer *systematischen Spillover-Vermeidung* mit einer vergleichsweisen niedrigen Reglerordnung (für Details siehe [18, 36]).

Wenn für den Systemoperator $\mathcal{A} - \mathcal{B}R\tilde{\mathcal{C}}$ die „spectrum determined growth assumption" gilt (siehe Satz 5.4), lässt sich die Stabilität der resultierenden Regelung durch Bestimmung der Regelungseigenwerte überprüfen. Sie können hinreichend genau anhand einer modalen Approximation der Strecke bestimmt werden, sofern man die Approximationsordnung genügend groß macht.

Bei der Implementierung der Parameteroptimierung ist zu beachten, dass man zusätzlich zu den Parametervektoren p_i auch die Beobachtereigenwerte $\tilde{\tilde{\lambda}}_i$ und ihre Parametervektoren l_i^T als freie Parameter berücksichtigen kann, da die Abhängigkeit

$$R = R(\tilde{\lambda}_1, \ldots, \tilde{\lambda}_{m+n_o}, p_1, \ldots, p_{m+n_o}, \tilde{\tilde{\lambda}}_1, \ldots, \tilde{\tilde{\lambda}}_{n_o}, l_1, \ldots, l_{n_o}) \qquad (5.98)$$

gilt (siehe (5.31), (5.87) und (5.88)). Dies bedeutet, dass dann für die Ausgangsrückführung (5.65) bei der Parameteroptimierung geeignete zusätzliche Ausgänge ξ mitbestimmt werden.

Die Anzahl der bei der Parameteroptimierung verfügbaren Freiheitsgrade lässt sich weiter erhöhen, wenn man von der Eigenwertvorgabe zur *Eigenwertgebietsvorgabe* übergeht. Bei diesem Entwurf wird nur verlangt, dass die Eigenwerte innerhalb vorgegebener Gebiete zu liegen kommen, weshalb für jeden Beobachter- und Regelungseigenwert ein weiterer Freiheitsgrad bei der Optimierung hinzukommt. Dieser Ansatz wird im nachfolgenden Beispiel anhand eines Wärmeleiters mit Neumannschen Randbedingungen demonstriert.

Beispiel 5.1. *Entwurf einer beobachterbasierten Ausgangsrückführung für einen Wärmeleiter mit Neumannschen Randbedingungen*
In diesem Beispiel wird der beobachterbasierte Entwurf von Ausgangsrückführungen zur Stabilisierung des in Abbildung 5.4 dargestellten Wärmeleiters verwendet. Dieser wird durch das Anfangs-Randwertproblem

$$\partial_t x(z, t) = \partial_z^2 x(z, t) + b^T(z)u(t), \quad t > 0, \quad z \in (0, 1) \qquad (5.99)$$
$$\partial_z x(0, t) = \partial_z x(1, t) = 0, \quad t > 0 \qquad (5.100)$$
$$x(z, 0) = x_0(z), \quad z \in [0, 1] \qquad (5.101)$$
$$y(t) = \int_0^1 c(z)x(z, t)dz, \quad t \geq 0 \qquad (5.102)$$

mit $p = 2$ Eingängen, d.h. $u(t) \in \mathbb{R}^2$, $m = 2$ Ausgängen, d.h. $y(t) \in \mathbb{R}^2$, beschrieben. Der Stabanfang und das Stabende seien wärmeisoliert, was auf die *Neumannschen Randbedingungen* (5.100) führt. Die örtliche Beeinflussung des Wärmeleiters wird durch die Ortscharakteristiken

5.1 Beobachterbasierte Ausgangsrückführung

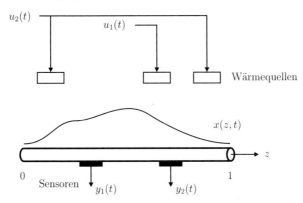

Abb. 5.4: Wärmeleiter mit der Temperatur $x(z,t)$, den Eingängen $u_1(t)$ und $u_2(t)$ sowie den Messgrößen $y_1(t)$ und $y_2(t)$

$$b_1(z) = \begin{cases} 1 & : 0.5 \leq z \leq 0.6 \\ 0 & : \text{sonst} \end{cases}, \quad b_2(z) = \begin{cases} 0.5 & : 0.15 \leq z \leq 0.25 \\ 0.5 & : 0.75 \leq z \leq 0.85 \\ 0 & : \text{sonst} \end{cases} \quad (5.103)$$

im Vektor $b^T(z) = [b_1(z)\ b_2(z)]$ beschrieben. Die verteilte Messung erfolgt gemäß der Ortscharakteristiken

$$c_1(z) = \begin{cases} 1 & : 0.37 \leq z \leq 0.43 \\ 0 & : \text{sonst} \end{cases}, \quad c_2(z) = \begin{cases} 1 & : 0.67 \leq z \leq 0.73 \\ 0 & : \text{sonst,} \end{cases} \quad (5.104)$$

die im Vektor $c(z) = [c_1(z)\ c_2(z)]^T$ auftreten. Zur Formulierung des Wärmeleiters (5.99)–(5.102) als abstraktes Anfangswertproblem

$$\dot{x}(t) = \mathcal{A}x(t) + \mathcal{B}u(t), \quad t > 0, \quad x(0) = x_0 \in H \quad (5.105)$$
$$y(t) = \mathcal{C}x(t), \quad t \geq 0 \quad (5.106)$$

wird der Hilbertraum $H = L_2(0,1)$ mit dem Skalarprodukt

$$\langle v, w \rangle = \int_0^1 v(z)\overline{w(z)}\,dz \quad (5.107)$$

als Zustandsraum eingeführt. In diesem Zustandsraum lässt sich der Systemoperator $\mathcal{A}$ in (5.105) durch

$$\mathcal{A}h = \frac{d^2 h}{dz^2} \quad \text{mit} \quad (5.108)$$

$$D(\mathcal{A}) = \{h \in L_2(0,1) \mid h, \tfrac{dh}{dz} \text{ absolut stetig,} \\ \tfrac{d^2 h}{dz^2} \in L_2(0,1),\ \tfrac{dh}{dz}(0) = \tfrac{dh}{dz}(1) = 0\} \quad (5.109)$$

definieren. Da $-\mathcal{A}$ ein Sturm-Liouville-Operator ist, stellt $\mathcal{A}$ einen Riesz-Spektraloperator dar (siehe Anhang A.3). Es lässt sich leicht zeigen, dass für die Eigenwerte von $\mathcal{A}$

$$\lambda_i = -(i-1)^2 \pi^2, \quad i \geq 1 \qquad (5.110)$$

gilt. Damit liegen die Streckeneigenwerte innerhalb eines Sektors der komplexen Ebene, womit für die geregelte Strecke das Eigenwertkriterium (5.64) gilt. Damit kann die statische Ausgangsrückführung (5.65) gemäß Satz 5.4 durch Eigenwertvorgabe entworfen werden. Der Eingangsoperator $\mathcal{B}$ lässt sich mit

$$\mathcal{B}u(t) = b_1 u_1(t) + b_2 u_2(t) \qquad (5.111)$$

einführen (siehe (5.99)). Unter Berücksichtigung des Skalarprodukts (5.107) und von (5.102) lautet der Ausgangsoperator

$$\mathcal{C}x(t) = \begin{bmatrix} \langle x(t), c_1 \rangle \\ \langle x(t), c_2 \rangle \end{bmatrix}. \qquad (5.112)$$

Da die Operatoren $\mathcal{B}$ und $\mathcal{C}$ beschränkte lineare Operatoren sind und $\mathcal{A}$ einen Riesz-Spektraloperator darstellt, handelt es sich beim betrachteten Wärmeleiter um ein Riesz-Spektralsystem (siehe Abschnitt 2.2).

Aufgrund der Neumannschen Randbedingungen besitzt der Systemoperator $\mathcal{A}$ einen Eigenwert im Ursprung (siehe (5.110)), womit der Wärmeleiter (5.105)–(5.106) nicht exponentiell stabil ist. Im Folgenden wird eine exponentiell stabilisierende beobachterbasierte Ausgangsrückführung bestimmt, die zusätzlich auch eine gewünschte Regelgüte sicherstellt. Um eine hinreichend große Stabilitätsreserve zu erzielen, wählt man als Ordnung für den Ausgangsbeobachter $n_o = 2$. Damit lassen sich $m + n_o = 4$ Eigenwerte der Regelung vorgeben. Darüber hinaus werden die Freiheitsgrade in den Parametervektoren dazu genutzt, durch Minimierung des Eigenwertgütemaßes

$$J_\lambda = |\det(I + RG(\tilde{\lambda}_{5,d}))|^2 \qquad (5.113)$$

(siehe (5.97)) mit $N = 1$ die Lage eines weiteren Regelungseigenwerts gezielt zu beeinflussen. Stellsignalbegrenzungen und Messrauschen werden beim Entwurf berücksichtigt, indem zusätzlich zum Eigenwertgütemaß das *Normgütemaß*

$$J_N = \|R\|_F^2 = \operatorname{spur}(R^T R) \qquad (5.114)$$

eingeführt wird, worin $\|\cdot\|_F$ die *Frobeniusnorm* einer Matrix bezeichnet. Dies bewirkt tendenziell betragsmäßig kleine Stellgrößen, da für die statische Ausgangsrückführung

$$u(t) = -R \begin{bmatrix} y(t) \\ \hat{\xi}(t) \end{bmatrix} \qquad (5.115)$$

(siehe (5.47) und (5.48)) der Zusammenhang

5.1 Beobachterbasierte Ausgangsrückführung

$$\|u(t)\| \le \|R\|_F \left\| \begin{bmatrix} y(t) \\ \hat{\xi}(t) \end{bmatrix} \right\| \tag{5.116}$$

gilt. Darüber hinaus besitzt die Einführung des Normgütemaßes den Vorteil, dass eine Annäherung an eine nicht zulässige Wahl der Entwurfsparameter, wie z.B. linear abhängige Spalten in der inversen Matrix in (5.88), sich in der Minimierung durch große Werte des Gütemaßes bemerkbar machen. Folglich werden solche Fälle durch den Optimierungsalgorithmus vermieden. Insgesamt ergibt sich somit das zu minimierende Gütemaß

$$J = 100 J_\lambda + J_N, \tag{5.117}$$

wobei der Gewichtungsfaktor für J_λ deutlich größer gewählt wird, um eine möglichst genaue Eigenwertvorgabe für $\tilde{\lambda}_5$ sicherzustellen. Weitere Freiheitsgrade erhält man für den Entwurf, wenn die Regelungseigenwerte nur in einem *Eigenwertgebiet* liegen sollen. Eine gewünschte Regelgüte wird im Beispiel durch das Eigenwertvorgabegebiet

$$D = \{ s = r e^{j\varphi} \mid r \ge 15, \tfrac{2}{3}\pi \le \varphi \le \tfrac{4}{3}\pi \} \tag{5.118}$$

sichergestellt, welches eine hinreichend gut gedämpfte sowie schnelle Systemantwort gewährleistet. Die Eigenwerte des Ausgangsbeobachters seien reell und werden im Intervall $I = [-70, -50] \subset D$ platziert. Da die vorgegebenen Regelungseigenwerte $\tilde{\lambda}_i$, $i = 1, 2, \ldots, 4$, und $\tilde{\lambda}_{5,d}$ im Eigenwertgütemaß beliebig innerhalb von D für $15 \le r \le 90$ sowie die Beobachtereigenwerte beliebig innerhalb von I liegen dürfen, erhält man für diese Entwurfsgrößen jeweils einen weiteren Freiheitsgrad beim Entwurf. Dies führt auf eine Optimierung mit Nebenbedingungen, die aber effizient mit der MATLAB-Funktion `fmincon` durchgeführt werden kann. Als Startwerte für die Optimierung gibt man die Eigenwerte

$$\tilde{\lambda}_1 = \overline{\tilde{\lambda}_2} = 16 \, e^{j\frac{3}{4}\pi} \quad \text{und} \quad \tilde{\lambda}_3 = \overline{\tilde{\lambda}_4} = 60 \, e^{j\frac{3}{4}\pi} \tag{5.119}$$

$$\tilde{\lambda}_{5,d} = -160 \tag{5.120}$$

$$\hat{\tilde{\lambda}}_1 = -50 \quad \text{und} \quad \hat{\tilde{\lambda}}_2 = -61 \tag{5.121}$$

innerhalb der Eigenwertgebiete D für $15 \le r \le 90$ und I vor und wählt die zugehörigen Parametervektoren zufällig. Der nach der Optimierung resultierende und an der Imaginärachse am nächsten gelegene Teil der Eigenwertverteilung der Regelung in Abbildung 5.5 zeigt, dass die vier durch die Optimierung vorgegebenen Regelungseigenwerte

$$\tilde{\lambda}_1 = \overline{\tilde{\lambda}_2} = -11.575 + j9.7646 \tag{5.122}$$

$$\tilde{\lambda}_3 = \overline{\tilde{\lambda}_4} = -31.319 + j26.282 \tag{5.123}$$

der Regelung tatsächlich zugewiesen werden. Der Wunscheigenwert

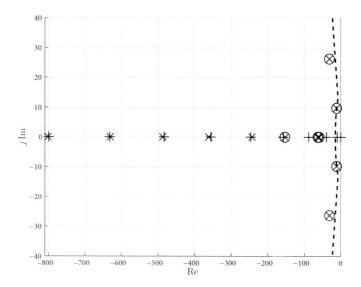

Abb. 5.5: Streckeneigenwerte '+', Regelungseigenwerte 'x' einschließlich der Beobachtereigenwerte bei Durchführung des exakten Entwurfs, wobei 'o' die aus der Optimierung resultierenden Sollpositionen der Eigenwerte bezeichnet. Die gestrichelte Linie ist der Rand des Eigenwertvorgabegebiets D

$$\tilde{\lambda}_{5,d} = -154.11, \tag{5.124}$$

welcher durch Minimierung des Eigenwertgütemaßes vorgegeben werden soll, stimmt nahezu mit dem sich tatsächlich einstellenden Regelungseigenwert

$$\tilde{\lambda}_5 = -153.59 \tag{5.125}$$

überein. Dabei wurde für das Eigenwertgütemaß der Wert $J_\lambda = 0.0714$ erzielt. Aufgrund des gültigen Separationsprinzips treten die durch die Optimierung vorgegebenen Beobachtereigenwerte

$$\tilde{\tilde{\lambda}}_1 = -59.885 \quad \text{und} \quad \tilde{\tilde{\lambda}}_2 = -63.566 \tag{5.126}$$

auch in der Regelung auf. Da die restlichen nicht beim Entwurf berücksichtigten Eigenwerte ebenfalls im Gebiet D liegen (siehe Abbildung 5.5), sind insgesamt die Entwurfsanforderungen mit der resultierenden dynamischen Ausgangsrückführung zweiter Ordnung erfüllt. Dieses Ergebnis macht deutlich, dass sich mit dem vorgeschlagenen Entwurfsverfahren in der Tat niedrig dimensionale Regler für verteilt-parametrische Systeme entwerfen lassen, die vorgegebene Entwurfsspezifikationen erfüllen.

Das erhaltene Ergebnis soll abschließend noch mit dem „early-lumping"-Entwurf verglichen werden. Bei diesem Ansatz entwirft man die beobachterbasierte Ausgangsrückführung anhand einer modalen Approximation der

5.1 Beobachterbasierte Ausgangsrückführung

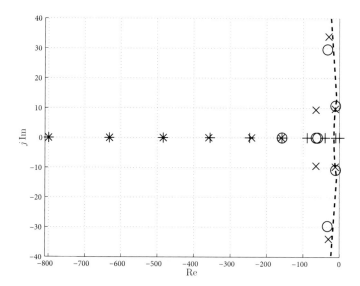

Abb. 5.6: Streckeneigenwerte '+', Regelungseigenwerte 'x' einschließlich der Beobachtereigenwerte beim „early-lumping"-Entwurf, wobei 'o' die aus der Optimierung resultierenden Sollpositionen der Eigenwerte bezeichnet. Die gestrichelte Linie ist der Rand des Eigenwertvorgabegebiets D

Ordnung $n_{ELA} = 5$. Für die Parameteroptimierung werden dabei die gleichen Startwerte wie vorher verwendet, was zu dem in Abbildung 5.6 dargestellten Teil der Eigenwertverteilung der Regelung führt. Da beim Entwurf nur eine rationale Approximation der Streckenübertragungsmatrix $F(s)$ in (5.88) verwendet wird, können die Regelungseigenwerte $\tilde{\lambda}_i$, $i = 1, 2, \ldots, 4$, mit der Ausgangsreglerformel (5.88) nicht mehr exakt vorgegeben werden (siehe Abbildung 5.6). Darüber hinaus führt die Vorgabe des Wunscheigenwerts

$$\tilde{\lambda}_{5,d} = -157.85 \tag{5.127}$$

für das Eigenwertgütemaß J_λ auf den Regelungseigenwert

$$\tilde{\lambda}_5 = -159.55, \tag{5.128}$$

obwohl mit $J_\lambda = 3.5125 \cdot 10^{-6}$ ein um vier Zehnerpotenzen kleineres Gütemaß als beim exakten Entwurf erzielt wird. Die in der Regelung auftretenden Beobachtereigenwerte

$$\tilde{\tilde{\lambda}}_1 = \overline{\tilde{\tilde{\lambda}}_2} = -64.736 + j9.4065 \tag{5.129}$$

weisen eine deutliche Abweichung von den vorgegebenen Beobachtereigenwerten

$$\tilde{\tilde{\lambda}}_{1,d} = -59.973 \quad \text{und} \quad \tilde{\tilde{\lambda}}_{2,d} = -64.531 \tag{5.130}$$

212 5 Entwurf von Ausgangsfolgereglern

auf. Dies liegt an der Verwendung der endlich-dimensionalen Approximation der Sylvester-Operatorgleichung (5.28) zur Bestimmung der zusätzlichen Ausgänge ξ. Bezüglich dieser Ausgänge gilt nämlich das Separationsprinzip nicht, weshalb die Beobachtereigenwerte durch das dann auftretende *Beobachtungs-Spillover* (siehe [2]) in der Regelung verschoben werden. ◀

5.2 Stabilisierung der Folgefehlerdynamik

In diesem Abschnitt wird die im vorhergehenden Unterkapitel vorgestellte beobachterbasierte Ausgangsrückführung verwendet, um die Zustandsfolgefehlerdynamik von verteilt-parametrischen Folgeregelungen zu stabilisieren. Wie in Kapitel 4 gezeigt wird, ist mit dieser Synthesemaßnahme sowohl beim „late-lumping“-Entwurf als auch beim „early-lumping“-Entwurf der Vorsteuerung die stationär genaue Ausregelung des Ausgangsfolgefehlers möglich, sofern keine nichtmessbaren externen Störungen oder Modellunsicherheit auftreten.

Stellsignalbegrenzungen müssen beim Entwurf des Ausgangsfolgereglers grundsätzlich berücksichtigt werden, da deren Auftreten aufgrund von nichtmessbaren Störungen prinzipiell nicht vermieden werden kann. Wenn sich als Lösung des Stabilisierungsproblems ein instabiler Regler ergibt, dann wirkt sich dessen Dynamik besonders ungünstig aus, weil im Begrenzungsfall der Regelkreis offen ist. Dieses als *Regler-Windup* bezeichnete Phänomen (siehe [39]) lässt sich systematisch vermeiden, da beim Ausgangsreglerentwurf ein endlich-dimensionaler Ausgangsbeobachter eingesetzt wird. Damit können nämlich die Methoden zur Beseitigung des Regler-Windups für konzentriert-parametrische Zustandsregelungen, die ebenfalls auf Verwendung eines endlich-dimensionalen Beobachters basieren, auch zur Regler-Windupvermeidung bei verteilt-parametrischen Systemen eingesetzt werden.

Nachfolgend wird eine stabilisierende Ausgangsrückführung für den modellgestützten Vorsteuerungsentwurf bestimmt. Durch eine einfache strukturelle Maßnahme lässt sich das Regler-Windup für den resultierenden Ausgangsregler systematisch beseitigen. Anschließend wird gezeigt, dass sich der gleiche Ausgangsregler auch für den inversionsbasierten Vorsteuerungsentwurf und den in Abschnitt 4.4 behandelten „early-lumping“-Entwurf der Vorsteuerung als Folgregler verwenden lässt.

Im Folgenden wird davon ausgegangen, dass eine Vorsteuerung unter Verwendung der Methoden aus Kapitel 4 mittels „late-lumping“ entworfen wurde. Diese Vorsteuerung bildet die Steuerung u_s und die Solltrajektorie x_s zur Festlegung des Führungsverhaltens und eventuell auch des Störverhaltens bezüglich messbarer Störungen. Um das zugehörige Folgeverhalten der Strecke beschreiben zu können, führt man den *Zustandsfolgefehler*

$$e_x(t) = x(t) - x_s(t) \tag{5.131}$$

5.2 Stabilisierung der Folgefehlerdynamik 213

ein. Zur Bestimmung der Dynamik dieses Fehlers wird die zugehörige Differentialgleichung mit

$$\dot{e}_x(t) = \dot{x}(t) - \dot{x}_s(t) \qquad (5.132)$$

aufgestellt. Für die Strecke gilt

$$\dot{x}(t) = \mathcal{A}x(t) + \mathcal{B}u(t) + \mathcal{G}d(t), \quad t > 0, \quad x(0) = x_0 \in H, \qquad (5.133)$$

worin d der q-dimensionale Vektor der *messbaren Störungen* ist. Nichtmessbare Störungen bleiben bei dieser Betrachtung unberücksichtigt, da es in diesem Abschnitt nur um die Lösung des Stabilisierungsproblems, d.h. nur um die Ausregelung von Anfangsstörungen geht. Im nachfolgenden Abschnitt wird gezeigt, wie sich die hier vorgestellten Ergebnisse erweitern lassen, damit eine robuste asymptotische Störkompensation für bestimmte Klassen nichtmessbarer Störungen möglich ist. Um das Folgeverhalten gezielt zu beeinflussen, muss die Steuerung u_s, welche durch die modellgestützte Vorsteuerung gebildet wird, um einen *Regelungsanteil* u_R ergänzt werden. Dies führt in (5.133) auf das Stellsignal

$$u(t) = u_s(t) + u_R(t). \qquad (5.134)$$

Die in (5.131) auftretende Solltrajektorie $x_s(t)$ des Streckenzustands $x(t)$ wird in der modellgestützten Vorsteuerung anhand eines Approximationsmodells erzeugt (siehe Abbildung 3.3). Im Weiteren wird dessen Ordnung als so hoch angenommen, dass Approximationsfehler vernachlässigt werden können. Damit ist $x_s(t)$ in guter Näherung Lösung des abstrakten Anfangswertproblems

$$\dot{x}_s(t) = \mathcal{A}x_s(t) + \mathcal{B}u_s(t) + \mathcal{G}d(t), \quad t > 0, \quad x_s(0) = x_{s,0} \in H, \qquad (5.135)$$

wobei die messbare Störung d mit aufgeschaltet wird (siehe Abschnitt 4.2.4).

Bei der Aufstellung dieser Zustandsgleichung wird angenommen, dass mit (5.133) eine hinreichend exakte Streckenbeschreibung vorliegt. Dann brauchen bei der weiteren Herleitung keine Modellfehler berücksichtigt werden. Ist diese Voraussetzung nicht erfüllt, so müssen Modellungenauigkeiten durch Entwurf eines *robusten Reglers* explizit miteinbezogen werden. Beispielsweise kann es bei nicht hinreichender Modellkenntnis notwendig sein, die stationäre Genauigkeit im Führungs- und im Störverhalten durch Verwendung eines geeigneten Signalmodells im Ausgangsfolgeregler sicherzustellen. Diese auf dem *internen Modellprinzip* basierende Vorgehensweise wird in Abschnitt 5.3 behandelt.

Durch Einsetzen von (5.131) und (5.133)–(5.135) in (5.132) lässt sich die *Fehlerdifferentialgleichung*

$$\dot{e}_x(t) = \mathcal{A}e_x(t) + \mathcal{B}u_R(t), \quad t > 0, \quad e_x(0) = x_0 - x_{s,0} \in H \qquad (5.136)$$

für (5.131) angeben. Wie man sieht, regen unter den gemachten Annahmen nur Anfangsfolgefehler $x_0 - x_{s,0} \neq 0$ einen Zustandsfolgefehler e_x an. Die messbare Störung d wirkt sich dabei nicht auf die Fehlerdifferentialgleichung

(5.136) aus, da sie in der modellgestützten Vorsteuerung aufgeschaltet und somit beim Steuerungsentwurf explizit berücksichtigt wird (siehe (5.135)). Entsprechend zu (5.131) ist der *Ausgangsfolgefehler* durch

$$e_y(t) = y(t) - y_s(t) \tag{5.137}$$

definiert. Mit der Ausgangsgleichung

$$y(t) = \mathcal{C}x(t) \tag{5.138}$$

der Strecke (5.133) und der Ausgangsgleichung

$$y_s(t) = \mathcal{C}x_s(t) \tag{5.139}$$

des Streckenmodells (5.135) lässt sich der Ausgangsfolgefehler gemäß

$$e_y(t) = \mathcal{C}e_x(t) \tag{5.140}$$

durch den Zustandsfolgefehler e_x ausdrücken. Zusammen mit (5.136) ergibt sich somit das *Fehlersystem*

$$\dot{e}_x(t) = \mathcal{A}e_x(t) + \mathcal{B}u_R(t), \quad t > 0, \quad e_x(0) = x_0 - x_{s,0} \in H \tag{5.141}$$
$$e_y(t) = \mathcal{C}e_x(t), \quad t \geq 0, \tag{5.142}$$

für das nur e_y als messbar vorausgesetzt wird. Ziel des Folgereglerentwurfs ist es, dieses System exponentiell zu stabilisieren und ihm eine gewünschte Dynamik zu verleihen, damit die Regelgröße y in Anwesenheit von Anfangsfolgefehlern schnell auf ihren Sollverlauf y_s einschwingt. Vergleicht man diese Problemstellung mit der Aufgabenstellung aus Abschnitt 5.1, so ist offensichtlich, dass sie unmittelbar durch den dort beschriebenen Entwurf einer endlich-dimensionalen beobachterbasierten Ausgangsrückführung gelöst werden kann. Diesen Regler erhält man durch Anwendung der Ergebnisse aus Abschnitt 5.1 auf das Fehlersystem (5.141)–(5.142). Dies führt unter Verwendung des *Reglerausgangssignals*

$$\tilde{u}_R(t) = -u_R(t) \tag{5.143}$$

in Analogie zu (5.46)–(5.47) auf die Zustandsbeschreibung

$$\dot{\hat{e}}_\xi(t) = A_o\hat{e}_\xi(t) + B_o u_R(t) + Le_y(t), \, t > 0, \, \hat{e}_\xi(0) = \hat{e}_{\xi,0} \in \mathbb{C}^{n_o} \tag{5.144}$$
$$\tilde{u}_R(t) = R_\xi\hat{e}_\xi(t) + R_y e_y(t), \, t \geq 0 \tag{5.145}$$

mit

$$A_o = \tilde{\bar{\Lambda}} = \mathrm{diag}(\tilde{\bar{\lambda}}_1, \ldots, \tilde{\bar{\lambda}}_{n_o}) \tag{5.146}$$

und

5.2 Stabilisierung der Folgefehlerdynamik 215

$$B_o = - \begin{bmatrix} l_1^T F(\tilde{\bar{\lambda}}_1) \\ \vdots \\ l_{n_o}^T F(\tilde{\bar{\lambda}}_{n_o}) \end{bmatrix} \tag{5.147}$$

sowie

$$L = \begin{bmatrix} l_1^T \\ \vdots \\ l_{n_o}^T \end{bmatrix} \tag{5.148}$$

des *Ausgangsfolgereglers*, der zur Bildung des Stellsignals $\tilde{u}_R$ nur die Eingangsgröße u_R und die Ausgangsgröße e_y des Fehlersystems (5.141)–(5.142) verwendet. Damit ist für den Reglerentwurf nur das Streckenübertragungsverhalten relevant. Dies zeigt sich auch an der parametrischen Darstellung (5.144) des Ausgangsbeobachters, in der nur das Streckenübertragungsverhalten in Form der Übertragungsmatrix

$$F(s) = \mathcal{C}(sI - \mathcal{A})^{-1}\mathcal{B}, \quad s \in \rho(\mathcal{A}) \tag{5.149}$$

eingeht (siehe (5.147)). Die vom Ausgangsbeobachter rekonstruierte *zusätzliche Ausgangsgröße* ist durch

$$e_\xi(t) = \mathcal{H}e_x(t) \tag{5.150}$$

definiert (siehe (5.6)). Zur Beschreibung der mit dem Ausgangsfolgeregler (5.144)–(5.145) resultierenden Fehlerdynamik der Regelung verwendet man den Beobachtungsfehler $e_\xi - \hat{e}_\xi$ und den Fehlersystemzustand e_x als Zustandsgrößen. Mit der Rückführmatrix

$$R = \begin{bmatrix} R_y & R_\xi \end{bmatrix} \tag{5.151}$$

und dem erweiterten Ausgangsoperator

$$\tilde{\mathcal{C}} = \begin{bmatrix} \mathcal{C} \\ \mathcal{H} \end{bmatrix} \tag{5.152}$$

führt dies unter Verwendung der Ergebnisse aus Abschnitt 5.1.2 unmittelbar auf die *Fehlerdynamik der Regelung*

$$\begin{bmatrix} \dot{e}_\xi(t) - \dot{\hat{e}}_\xi(t) \\ \dot{e}_x(t) \end{bmatrix} = \tilde{\mathcal{A}} \begin{bmatrix} e_\xi(t) - \hat{e}_\xi(t) \\ e_x(t) \end{bmatrix}, \, t > 0, \begin{bmatrix} e_\xi(0) - \hat{e}_\xi(0) \\ e_x(0) \end{bmatrix} \in \mathbb{C}^{n_o} \oplus H \tag{5.153}$$

mit dem Systemoperator

$$\tilde{\mathcal{A}} = \begin{bmatrix} \tilde{\bar{A}} & 0 \\ \mathcal{B}R_\xi & \mathcal{A} - \mathcal{B}R\tilde{\mathcal{C}} \end{bmatrix}, \quad D(\tilde{\mathcal{A}}) = \mathbb{C}^{n_o} \oplus D(\mathcal{A}). \tag{5.154}$$

Damit lässt sich der Ausgangsfolgeregler ebenfalls auf Grundlage des Separationsprinzips entwerfen (siehe Satz 5.3).

An dieser Stelle soll noch auf einen Unterschied zur klassischen Zustandsregelung, bestehend aus Vorfilter und beobachterbasierter Zustandsrückführung, hingewiesen werden (siehe z.B. [27]). Damit Anfangsbeobachtungsfehler das Führungsverhalten der klassischen Zustandsregelung nicht zu stark beeinträchtigen, gibt man die Beobachtereigenwerte links von den Eigenwerten des ohne Beobachter geschlossenen Regelkreises vor. Bei der hier vorliegenden Problemstellung wird die Fehlerdynamik (5.153) nur im Störverhalten, d.h. bei Auftreten von Anfangsbeobachtungsfehlern, Anfangsfolgefehlern, Modellunsicherheit und externen Störungen angeregt. Da bei all diesen Störeinwirkungen sowohl Beobachtungsfehler $e_\xi - \hat{e}_\xi$ als auch der Zustandsfolgefehler e_x angeregt werden, bedeutet dies, dass die Beobachtereigenwerte und die durch die Ausgangsrückführung vorgegebenen Regelungseigenwerte die Fehlerdynamik (5.153) gleichermaßen beeinflussen. Folglich muss deren Vorgabe nicht wie üblich getrennt, sondern gemeinsam erfolgen.

Wie bereits in Kapitel 3 angedeutet, muss beim Ausgangsfolgereglerentwurf die immer vorhandene Stellsignalbegrenzung berücksichtigt werden. Dies liegt daran, dass man einerseits beim Entwurf den vorhandenen Stellsignalbereich möglichst gut ausnutzen will und andererseits nichtmessbare Störungen Begrenzungen des Stellsignals verursachen können. Die dann auftretenden Stellsignalbegrenzungen führen zu sog. *Windup-Effekten*, die ein ungünstiges oder sogar instabiles Regelkreisverhalten bewirken können (siehe [39]). Um die zugrundeliegende Problematik genauer zu analysieren, stellt man die Zustandsgleichungen des Ausgangsfolgereglers (5.144)–(5.145) in der Form

$$\dot{e}_\xi(t) = (A_o - B_o R_\xi)\hat{e}_\xi(t) + (L - B_o R_y)e_y(t) \qquad (5.155)$$

dar, wobei die Rückführung (5.145) mit (5.143) in (5.144) eingesetzt wurde. Da beim Entwurf nur für die Matrix A_o direkt Eigenwerte vorgegeben werden (siehe (5.146)), kann die Matrix $A_o - B_o R_\xi$ Eigenwerte auf oder rechts der Imaginärachse haben. Tritt eine Stellsignalbegrenzung auf, dann ist der Regelkreis offen und die durch (5.155) beschriebene Dynamik kommt zum Tragen. Dies bedeutet, dass bei instabilem Regler dessen Zustände zunächst weglaufen und erst wieder stabilisiert werden, wenn das Stellsignal aus der Begrenzung geht. Da das Streckenübertragungsverhalten ebenfalls im offenen Kreis wirksam ist, muss man voraussetzen, dass die Strecke exponentiell stabil ist. Anderenfalls klingt auch der Streckenzustand im Begrenzungsfall auf. Da man daran prinzipiell nichts ändern kann, wird im Folgenden die exponentielle Stabilität der Strecke vorausgesetzt. Ist dies nicht der Fall, so muss man die Stellsignalbegrenzungen grundsätzlich durch einen geeigneten Vorsteuerungsentwurf vermeiden. Eine Möglichkeit besteht darin, die Stellsignalbegrenzung in der modellgestützten Vorsteuerung zu realisieren und ihre Schranken hinreichend klein zu machen, so dass zur Ausregelung von auf-

5.2 Stabilisierung der Folgefehlerdynamik 217

tretenden externen Störungen eine noch ausreichende Stellsignalreserve zur Verfügung steht.

Als Folge der vom Regler verursachten Windup-Problematik kann sich das Regelungsverhalten verschlechtern oder sogar instabil werden. Da jedoch der Ausgangsfolgeregler einen Beobachter enthält, lässt sich die negative Auswirkung der Reglerdynamik auf das Windup — das sog. *Regler-Windup* — leicht verhindern. Dies erreicht man, indem das begrenzte Stellsignal

$$\bar{u}_R(t) = \bar{u}(t) - u_s(t) \tag{5.156}$$

mit

$$\bar{u}(t) = \mathrm{sat}(u(t)) = \begin{bmatrix} \mathrm{sat}(u_1(t)) \\ \vdots \\ \mathrm{sat}(u_p(t)) \end{bmatrix} \tag{5.157}$$

und

$$\mathrm{sat}(u_i(t)) = \begin{cases} u_{i,sat} & : u_i > u_{i,sat} \\ u_i & : -u_{i,sat} \leq u_i \leq u_{i,sat}, \quad u_{i,sat} > 0 \\ -u_{i,sat} & : u_i < -u_{i,sat} \end{cases} \tag{5.158}$$

in den Beobachter (5.144) anstatt von $u_R = u - u_s$ (siehe (5.134)) eingespeist wird, womit auch im Begrenzungsfall die *Fehlerdifferentialgleichung*

$$\dot{e}_\xi(t) - \dot{\hat{e}}_\xi(t) = A_o(e_\xi(t) - \hat{e}_\xi(t)), \quad t > 0, \quad e_\xi(0) - \hat{e}_\xi(0) = \mathcal{H}e_x(0) - \hat{e}_{\xi,0} \in \mathbb{C}^{n_o} \tag{5.159}$$

gilt (vergleiche (5.11)). Da A_o als Hurwitz-Matrix vorgegeben wird, folgt hieraus

$$\lim_{t \to \infty} (e_\xi(t) - \hat{e}_\xi(t)) = 0, \quad \forall e_\xi(0) - \hat{e}_\xi(0) = \mathcal{H}e_x(0) - \hat{e}_{\xi,0} \in \mathbb{C}^{n_o}, \tag{5.160}$$

d.h. der Ausgangsbeobachter konvergiert im Begrenzungsfall gegen $e_\xi = \mathcal{H}e_x$, wobei e_x Lösung des Fehlersystems

$$\dot{e}_x(t) = \mathcal{A}e_x(t) + \mathcal{B}(\bar{u}(t) - u_s(t)) \tag{5.161}$$

ist (siehe (5.141) und (5.156)). Da die Strecke als exponentiell stabil angenommen wird und $\bar{u} - u_s$ beschränkt ist, laufen im Begrenzungsfall die Zustände e_x nicht weg. Folglich kommt es wegen (5.160) zu keinem Aufklingen der Beobachterzustände $\hat{e}_\xi$. Dies macht deutlich, dass ein weiterer Vorteil der Verwendung einer beobachterbasierten Ausgangsrückführung (5.144)–(5.145) als Ausgangsfolgeregler darin besteht, dass das Regler-Windup durch eine einfache strukturelle Maßnahme systematisch beseitigt werden kann. Treten nach Vermeidung des Regler-Windups noch Windup-Effekte in der Regelung auf, dann können diese nur von der Streckendynamik herrühren, weswegen man vom sog. *Strecken-Windup* spricht. Dies lässt sich leicht anhand des gültigen

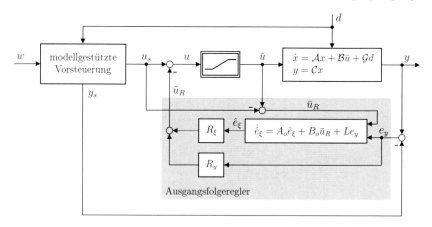

Abb. 5.7: Folgeregelung bestehend aus modellgestützter Vorsteuerung und Ausgangsfolgeregler mit Vermeidung von Regler-Windup

Separationsprinzips begründen. Nach Vermeidung des Regler-Windups regen die Stellsignalbegrenzungen keinen Beobachtungsfehler mehr an. Damit wirkt die Regelung nach Einschwingen des Beobachters, als ob nur eine statische Ausgangsrückführung

$$u_R(t) = -R_\xi e_\xi(t) - R_y e_y(t) \tag{5.162}$$

vorliegt. Treten dann noch Windup-Effekte auf, so können sie folglich nur von der Streckendynamik herrühren. Eine Möglichkeit das Strecken-Windup zu bekämpfen besteht darin, die Regelungsdynamik hinreichend langsam zu wählen. Will man dennoch eine schnelle Regelungsdynamik unter Berücksichtigung des Strecken-Windups erzielen, so kann man hierfür ein *Zusatznetzwerk* einsetzen. Diese Maßnahmen zur Vermeidung von Strecken-Windup findet man für konzentriert-parametrische Systeme in [39]. Prinzipiell lassen sich diese Methoden aber auch bei verteilt-parametrischen Systemen anwenden.

Die resultierende Folgeregelung bestehend aus modellgestützter Vorsteuerung und Ausgangsfolgeregler mit Regler-Windup-Vermeidung ist in Abbildung 5.7 dargestellt. Die Stellsignalbegrenzung wird dabei als Modell der tatsächlichen Begrenzung realisiert, weil so das begrenzte Stellsignal $\bar{u}$ einfach abgegriffen und in den Ausgangsfolgeregler eingespeist werden kann. Es ist vorteilhaft dieses Modell vor die Strecke bzw. das begrenzende Stellglied zu schalten, da einerseits damit die Begrenzung des Stellsignals vorgegeben werden kann und andererseits Modellfehler bezüglich der Stellsignalbegrenzung vermieden werden können. Wenn man mit der modellgestützten Vorsteuerung auch das Störverhalten bezüglich messbarer Störungen d vorsteuert (siehe Abschnitt 4.2.4), dann werden die Störungen d in der modellgestützten Vorsteuerung aufgeschaltet (siehe Abbildung 5.7). Der Sollverlauf y_s für die Regelgröße y wird bei Verwendung einer hoch dimensionalen Vorsteuerung

5.2 Stabilisierung der Folgefehlerdynamik

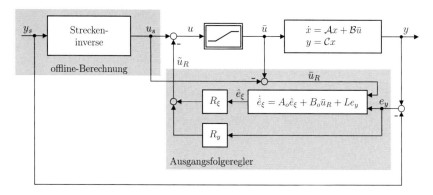

Abb. 5.8: Folgeregelung bestehend aus inversionsbasierter Vorsteuerung und Ausgangsfolgeregler mit Vermeidung von Regler-Windup

durch die Approximation y_s^* von y_s gebildet (siehe z.B. Abbildung 4.5), die aber aufgrund des genauen Approximationsmodells nahezu mit y_s übereinstimmt.

Wird mit der Vorsteuerung ein Arbeitspunktwechsel realisiert (siehe Abschnitt 4.5), so kann der beobachterbasierte Ausgangsregler auch in diesem Fall mit der vorherigen Argumentation hergeleitet werden. Lediglich eine Aufschaltung der messbaren Störung d in der Vorsteuerung ist nicht möglich, da die Berechnung des Sollwerts y_s und des Steuersignals u_s offline erfolgt. Für solche Vorsteuerungen erhält man die in Abbildung 5.8 dargestellte Folgeregelung.

Als eine weitere Möglichkeit zum Vorsteuerungsentwurf wurde in Abschnitt 4.4 der Entwurf einer modellgestützten Vorsteuerung mittels „early-lumping" betrachtet. Vorteil dieses Ansatzes ist der geringe Realisierungsaufwand, da nur ein Approximationsmodell vergleichsweise niedriger Ordnung in der Vorsteuerung implementiert werden muss. Zwar erhält man einen akzeptablen Sollverlauf y_s^* für die Regelgröße y, das zugehörige Steuersignal u_s^* kann allerdings aufgrund des Modellfehlers die exakte Vorsteuerung dieser Solltrajektorie nicht sicherstellen. Dieses Steuersignal muss deshalb so korrigiert werden, dass zumindest *asymptotisches Folgen* für die Regelgröße gewährleistet ist. Dies bedeutet, dass

$$\lim_{t\to\infty} e_y(t) = \lim_{t\to\infty} (y(t) - y_s^*(t)) = 0, \quad \forall x_0 \in H, \quad \forall \tilde{v}_0 \in \mathbb{C}^{n_{\tilde{v}}} \tag{5.163}$$

gilt (siehe (4.359) und (4.392)), wenn man mit $n_{\tilde{v}}$ die Ordnung des Störmodells für die Störgrößenaufschaltung bezeichnet. Um diese Korrektur zu bestimmen, wird in Abschnitt 4.4.1 das *Fehlersystem*

$$\dot{e}_x(t) = \mathcal{A} e_x(t) + \mathcal{B}_\Delta u(t) + \tilde{\mathcal{G}} \tilde{d}(t), \quad t > 0, \quad e_x(0) \in H \tag{5.164}$$

$$e_y(t) = \mathcal{C} e_x(t), \quad t \geq 0 \tag{5.165}$$

hergeleitet (siehe (4.345)–(4.346)). Dabei ist der *Zustandsfolgefehler* durch

$$e_x(t) = \begin{bmatrix} x_n(t) - x_{s,n}(t) \\ x_R(t) \end{bmatrix} \tag{5.166}$$

gegeben (siehe (4.332)). Im Unterschied zum Folgefehler (5.131) tritt in (5.166) nur für x_n ein nichtverschwindender Sollverlauf $x_{s,n}$ auf, der durch das Approximationsmodell der Ordnung n in der modellgestützten Vorsteuerung gebildet wird. Der Sollwert für die Zustände x_R der Restdynamik ist Null. Da man für die Störung $\tilde{d}$ in (5.164) das Störmodell

$$\dot{\tilde{v}}(t) = \tilde{S}\tilde{v}(t), \quad t > 0, \quad \tilde{v}(0) = \tilde{v}_0 \in \mathbb{C}^{n_{\tilde{v}}} \tag{5.167}$$

$$\tilde{d}(t) = \tilde{P}\tilde{v}(t), \quad t \geq 0 \tag{5.168}$$

angeben kann, lässt sich zur Erzielung des asymptotischen Folgens die *Störgrößenaufschaltung*

$$u_{\tilde{d}}(t) = N_{u_{\tilde{d}}}\tilde{v}(t) \tag{5.169}$$

entwerfen (siehe Abschnitt 4.4). Diese Aufschaltung kann die Dynamik des Fehlersystems (5.164)–(5.165) nicht verändern, weil sie lediglich eine Steuerungsmaßnahme darstellt. Damit muss zur Sicherstellung von (5.163) gefordert werden, dass das Fehlersystem (5.164)–(5.165) exponentiell stabil oder exponentiell stabilisierbar ist. Aber selbst wenn das Fehlersystem stabil ist, kann eine zu langsame Fehlerdynamik zu einem nicht zufriedenstellenden Systemverhalten führen, weil dann die Regeldifferenz $y - y_s^*$ erst für sehr große Zeiten nahezu Null wird. Aus diesen Gründen muss man i.Allg. die Aufschaltung (5.169) um einen *Regelungsanteil* u_R ergänzen, was auf das Stellgesetz

$$\Delta u(t) = u_{\tilde{d}}(t) + u_R(t) \tag{5.170}$$

führt. Bei der Bestimmung von u_R ist zu beachten, dass man den zugehörigen Regler nicht direkt für das Fehlersystem (5.164)–(5.165) entwirft, da dieses für den Entwurf der Störgrößenaufschaltung die Rolle der Strecke spielt. Der Regler wird zur Stabilisierung des dynamischen Verhaltens der *Zustandsfehlerabweichung*

$$\Delta e_x(t) = e_x(t) - e_{x,s}(t) \tag{5.171}$$

mit dem *Sollverlauf*

$$e_{x,s}(t) = \mathcal{N}_x\tilde{v}(t) \tag{5.172}$$

bestimmt (siehe Abschnitt 4.4). Man könnte erwarten, dass $e_{x,s}(t) \equiv 0$ sein müsste. Dies ist aber nicht möglich, da man mit der Störgrößenaufschaltung (5.169) nur die asymptotische Kompensation der Störung $\tilde{d}$ in e_y jedoch nicht in e_x erreichen kann. Deshalb liefert der nichtverschwindende Sollverlauf $e_{x,s}$ gerade denjenigen Verlauf des Folgefehlers e_x, für den $e_y(t) \equiv 0$ gilt. Der Ausgangsfolgeregler wird für die Ausregelung der Zustandsfehlerabweichung (5.171) entworfen, damit die Bestimmung der Störgrößenaufschaltung (5.169)

5.2 Stabilisierung der Folgefehlerdynamik 221

unabhängig vom Reglerentwurf ist (siehe auch Abschnitt 4.2.1). Dazu benötigt man die Differentialgleichung für die Zustandsfehlerabweichung (5.171). Zeitliche Ableitung von (5.171) liefert

$$\Delta \dot{e}_x(t) = \dot{e}_x(t) - \dot{e}_{x,s}(t). \tag{5.173}$$

Setzt man darin (5.164) und (5.172) ein, so folgt

$$\Delta \dot{e}_x(t) = \mathcal{A}e_x(t) + \mathcal{B}\Delta u(t) + \tilde{\mathcal{G}}\tilde{d}(t) - \mathcal{N}_x\dot{\tilde{v}}(t). \tag{5.174}$$

Zur Bestimmung von Δu in (5.174) betrachtet man (5.170) und verwendet (5.169), was

$$\Delta u(t) = N_{u_{\tilde{d}}}\tilde{v}(t) + u_R(t) \tag{5.175}$$

ergibt. Durch Berücksichtigung von (5.167)–(5.168) und (5.175) in (5.174) erhält man nach einer einfachen Umformung

$$\Delta \dot{e}_x(t) = \mathcal{A}(e_x(t) - \mathcal{N}_x\tilde{v}(t)) + \mathcal{B}u_R(t) - (\mathcal{N}_x\tilde{S} - \mathcal{A}\mathcal{N}_x - \mathcal{B}N_{u_{\tilde{d}}} - \tilde{\mathcal{G}}\tilde{P})\tilde{v}(t). \tag{5.176}$$

Da für die Operatoren und Matrizen der Störgrößenaufschaltung die *„regulator equations"*

$$\mathcal{N}_x\tilde{S} - \mathcal{A}\mathcal{N}_x = \mathcal{B}N_{u_{\tilde{d}}} + \tilde{\mathcal{G}}\tilde{P} \tag{5.177}$$

$$\mathcal{C}\mathcal{N}_x = 0 \tag{5.178}$$

gelten (siehe (4.147)–(4.148)), ergibt sich mit (5.171) aus (5.176) die *Fehlerdifferentialgleichung*

$$\Delta \dot{e}_x(t) = \mathcal{A}\Delta e_x(t) + \mathcal{B}u_R(t). \tag{5.179}$$

Entsprechend zu (5.171) lautet die *Ausgangsfehlerabweichung*

$$\Delta e_y(t) = e_y(t) - e_{y,s}(t) = \mathcal{C}\Delta e_x(t) \tag{5.180}$$

mit dem *Sollverlauf*

$$e_{y,s}(t) = \mathcal{C}\mathcal{N}_x\tilde{v}(t) \tag{5.181}$$

(siehe (5.165) und (5.172)). Wegen (5.178) folgt für den Sollwert

$$e_{y,s}(t) = 0, \quad \forall t \geq 0 \tag{5.182}$$

und deshalb

$$\Delta e_y(t) = e_y(t), \quad \forall t \geq 0. \tag{5.183}$$

Dieses Ergebnis ist unmittelbar plausibel, da der Sollwert für den Fehler e_y offensichtlich Null sein muss. Damit ergibt sich aus (5.179)–(5.180) das *Fehlersystem*

$$\Delta\dot{e}_x(t) = \mathcal{A}\Delta e_x(t) + \mathcal{B}u_R(t), \quad t > 0 \tag{5.184}$$

$$\Delta e_y(t) = \mathcal{C}\Delta e_x(t), \quad t \geq 0 \tag{5.185}$$

mit der Anfangsbedingung $\Delta e_x(0) = e_x(0) - e_{x,s}(0) \in H$, bei dem nur Δe_y als messbar vorausgesetzt wird. Vergleicht man dieses Ergebnis mit dem Fehlersystem (5.141)–(5.142) und beachtet (5.183), so wird deutlich, dass zur Regelung von (5.184)–(5.185) der bereits hergeleitete Ausgangsfolgeregler (5.144)–(5.145) unmittelbar eingesetzt werden kann. Im Unterschied zu (5.144)–(5.145) ist der *rekonstruierte zusätzliche Ausgang* e_ξ jedoch durch

$$e_\xi(t) = \mathcal{H}\Delta e_x(t) \tag{5.186}$$

definiert. Für das resultierende Stellsignal u gilt wegen

$$u(t) = \Delta u(t) + u_s^*(t) \tag{5.187}$$

(siehe (4.336)) und

$$\Delta u(t) = u_{\tilde{d}}(t) + u_R(t) \tag{5.188}$$

(siehe (5.170)) die Beziehung

$$u(t) = u_s(t) + u_R(t), \tag{5.189}$$

wenn man

$$u_s(t) = u_s^*(t) + u_{\tilde{d}}(t) \tag{5.190}$$

berücksichtigt (siehe (4.360)). Damit ist die resultierende Folgeregelung wieder durch das Strukturbild 5.7 gegeben. Im Unterschied zur hoch dimensionalen Vorsteuerung setzt sich bei der niedrig dimensionalen Vorsteuerung das Steuersignal u_s aus der Vorsteuerung u_s^* des Approximationsmodells und der Störgrößenaufschaltung $u_{\tilde{d}}$ zusammen (siehe (5.190) und Abbildung 4.12 sowie Abbildung 4.15). Der Sollverlauf y_s für die Regelgröße ist gerade der sich an dem Approximationsmodell einstellende Sollverlauf y_s^*.

Der Entwurf eines Ausgangsfolgereglers wird nachfolgend anhand des Wärmeleiters mit Dirichletschen Randbedingungen demonstriert, für den in Beispiel 4.6 bereits eine endlich-dimensionale Vorsteuerung dritter Ordnung mittels „early-lumping" entworfen wurde.

Beispiel 5.2. *Endlich-dimensionaler Ausgangsfolgereglerentwurf für den Wärmeleiter mit Dirichletschen Randbedingungen*
Dieses Beispiel behandelt den Entwurf eines Ausgangsfolgereglers für den Wärmeleiter mit Dirichletschen Randbedingungen. Zusammen mit dem Vorsteuerungsentwurf in Beispiel 4.6 wird damit die Bestimmung einer Folgeregelung für dieses verteilt-parametrische System vervollständigt. Da die Eigenwerte des Wärmeleiters durch

$$\lambda_i = -i^2\pi^2, \quad i \geq 1 \tag{5.191}$$

5.2 Stabilisierung der Folgefehlerdynamik

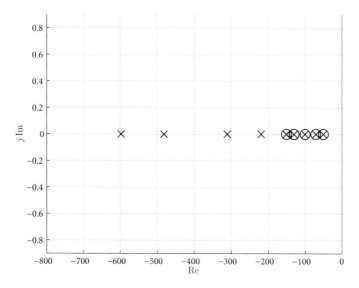

Abb. 5.9: Regelungseigenwerte 'x' einschließlich der Beobachtereigenwerte, wobei 'o' die aus der Optimierung resultierenden Sollpositionen der Eigenwerte bezeichnet

gegeben sind (siehe Beispiel 2.1), ist die Sektorbedingung von Satz 5.4 erfüllt. Damit lässt sich die beobachterbasierte Ausgangsrückführung mittels Eigenwertvorgabe entwerfen. Für diesen Ausgangsfolgeregler wird ein Ausgangsbeobachter der Ordnung $n_o = 2$ angesetzt, der zwei zusätzliche Ausgänge asymptotisch rekonstruiert. Zusammen mit den $m = 2$ verfügbaren Messgrößen lassen sich somit insgesamt $n_o + m = 4$ Regelungseigenwerte mit der Ausgangsreglerformel (5.88) direkt vorgeben. Um noch weitere Freiheitsgrade für den Entwurf bereitzustellen, werden die *Eigenwertintervalle*

$$I_1 = \begin{bmatrix} -60 & -50 \end{bmatrix}, \quad I_2 = \begin{bmatrix} -80 & -70 \end{bmatrix}, \tag{5.192}$$

$$I_3 = \begin{bmatrix} -110 & -100 \end{bmatrix}, \quad I_4 = \begin{bmatrix} -130 & -120 \end{bmatrix} \tag{5.193}$$

für die Regelungseigenwerte $\tilde{\lambda}_i$, $i = 1, \ldots, 4$, sowie die Intervalle

$$I_5 = \begin{bmatrix} -140 & -130 \end{bmatrix} \quad \text{und} \quad I_6 = \begin{bmatrix} -160 & -150 \end{bmatrix} \tag{5.194}$$

für die Beobachtereigenwerte $\tilde{\tilde{\lambda}}_i$, $i = 1, 2$, gewählt. Sie sind ausschließlich reell, damit keine allzu großen Überschwinger im Folgefehlerverhalten auftreten. Die durch diese Eigenwertgebietsvorgabe zusätzlich erhaltenen 6 Freiheitsgrade und die noch frei wählbaren Parametervektoren werden genutzt, um das *Normgütemaß*

$$J_N = \|R\|_F^2 \tag{5.195}$$

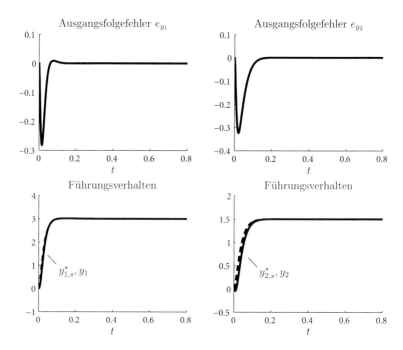

Abb. 5.10: Ausgangsfolgefehler e_y sowie Solltrajektorie y_s^* (gepunktet) und resultierender Verlauf der Regelgröße y (durchgezogen) im Führungsverhalten bei Führungssprüngen $w_1(t) = 3\sigma(t)$ und $w_2(t) = 1.5\sigma(t)$

zu minimieren. Dies soll einen geringeren Stellaufwand für die Regelung bewirken. Als Ergebnis der Parameteroptimierung mithilfe der MATLAB-Funktion `fmincon` erhält man den in Abbildung 5.9 dargestellten Teil der Eigenwertverteilung der Folgefehlerdynamik, welcher der Imaginärachse am nächsten gelegen ist. In Abbildung 5.9 sind nur 5 direkt vorgegebene Eigenwerte anstatt der 4 Regelungseigenwerte und der 2 Beobachtereigenwerte sichtbar, da ein Regelungseigenwert sehr nahe bei einem Beobachtereigenwert liegt und deshalb diese Eigenwerte in Abbildung 5.9 nur als ein Eigenwert auftreten. Mit diesem Regler wird als erstes das resultierende Führungsverhalten unter Verwendung der Vorsteuerung aus Beispiel 4.6 untersucht. Das Simulationsergebnis in Abbildung 5.10 macht deutlich, dass der Folgefehler durch Stabilisierung des Fehlersystems (5.184)–(5.185) ausgeregelt werden kann. Darüber hinaus zeigt ein Vergleich mit Abbildung 4.13, dass dabei der im Führungsverhalten auftretende Ausgangsfolgefehler durch den Ausgangsfolgeregler wesentlich reduziert wird. Würde man bei der Vorsteuerung auf die Störgrößenaufschaltung verzichten, so kann aufgrund des bleibenden Ausgangsfolgefehlers (siehe Abbildung 4.13 oben) stationäre Genauigkeit im vorgesteuerten Führungsverhalten nur durch Verwendung eines zusätzlichen I-Anteils im Ausgangsregler sichergestellt werden. Dasselbe gilt auch für das

5.3 Robuste asymptotische Störkompensation

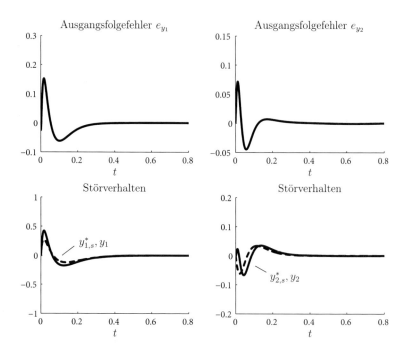

Abb. 5.11: Ausgangsfolgefehler e_y sowie Solltrajektorie y_s^* (gepunktet) und resultierender Verlauf der Regelgröße y (durchgezogen) im Störverhalten bei einer messbaren Sinusstörung $d(t) = d_0 \sin(10t + \varphi_0)$

Störverhalten der Regelung bezüglich einer messbaren Störung, das in Abbildung 5.11 dargestellt ist.

Die für den betrachteten Wärmeleiter entworfene Vorsteuerung besitzt die Ordnung 5, die sich aus einem Vorsteuermodell der Ordnung 3 (siehe Beispiel 4.6) und einem Signalmodellbeobachter der Ordnung 2 zur Rekonstruktion der Zustandsgrößen des Signalmodells für die Sinusstörung zusammensetzt (siehe Abschnitt 4.2.4). Da zudem der bestimmte Ausgangsfolgeregler nur die Ordnung 2 besitzt, zeigt dieses Beispiel, dass man mit den in diesem Buch vorgestellten Methoden systematisch verteilt-parametrische Folgeregelungen mit vertretbarem Realisierungsaufwand bestimmen kann. ◂

5.3 Robuste asymptotische Störkompensation

Neben der Ausregelung von Anfangsfolgefehlern $e_x(0)$ muss der Ausgangsfolgeregler auch Dauerstörungen r bekämpfen können. Von diesen wird hier angenommen, dass sie *nichtmessbar* sind und sich deshalb nicht in der modellgestützten Vorsteuerung berücksichtigen lassen. Zur Berechnung solcher

Folgeregler legt man das Riesz-Spektralsystem

$$\dot{x}(t) = \mathcal{A}x(t) + \mathcal{B}u(t) + \mathcal{G}_r r(t), \quad t > 0, \quad x(0) = x_0 \in H \quad (5.196)$$
$$y(t) = \mathcal{C}x(t), \quad t \geq 0 \quad (5.197)$$

mit dem Eingang $u(t) \in \mathbb{R}^m$, dem messbaren Ausgang $y(t) \in \mathbb{R}^m$ sowie einer nichtmessbaren Störung $r(t) \in \mathbb{R}^q$ beim Entwurf als Strecke zugrunde. Im Folgenden wird angenommen, dass die Messgröße y gleich der Regelgröße ist. In (5.196) bezeichnet $\mathcal{G}_r : \mathbb{C}^q \to H$ einen beschränkten linearen *Störeingangsoperator*

$$\mathcal{G}_r r(t) = \sum_{i=1}^{q} g_{r_i} r_i(t) \quad \text{für} \quad g_{r_i} \in H, \quad i = 1, 2, \ldots, q, \quad (5.198)$$

worin g_{r_i} die *Ortscharakteristiken der Störungen* sind. Zur Vereinfachung der Darstellung wird angenommen, dass die Anzahl der Ein- und Ausgänge gleich ist. Der allgemeinere Fall von unterschiedlich vielen Ein- und Ausgängen lässt sich leicht anhand der Ergebnisse dieses Abschnitts ableiten. Wie eine messbare Störung d bei der Folgeregelung zu behandeln ist, wurde bereits in Abschnitt 5.2 gezeigt. Darüber hinaus spielen solche Störungen für die Herleitung der robusten asymptotischen Störkompensation keine Rolle, weshalb sie in (5.196) und im Folgenden unberücksichtigt bleiben.

Wenn man die modellgestützte oder inversionsbasierte Vorsteuerung anhand des verteilt-parametrischen Systems bestimmt, dann führt die Strecke (5.196)–(5.197) auf das *Fehlersystem*

$$\dot{e}_x(t) = \mathcal{A}e_x(t) + \mathcal{B}u_R(t) + \mathcal{G}_r r(t), \quad t > 0 \quad (5.199)$$
$$e_y(t) = \mathcal{C}e_x(t), \quad t \geq 0 \quad (5.200)$$

mit der Anfangsbedingung $e_x(0) = x_0 - x_{s,0} \in H$ (siehe (5.141)–(5.142)). Entsprechend lautet das Fehlersystem

$$\Delta\dot{e}_x(t) = \mathcal{A}\Delta e_x(t) + \mathcal{B}u_R(t) + \mathcal{G}_r r(t), \quad t > 0 \quad (5.201)$$
$$\Delta e_y(t) = \mathcal{C}\Delta e_x(t), \quad t \geq 0 \quad (5.202)$$

mit der Anfangsbedingung $\Delta e_x(0) = e_{x,0} - e_{x_s,0} \in H$ beim Vorsteuerungsentwurf mittels „early-lumping" (siehe (5.184)–(5.185)). Wie man sieht, stimmen beide Fehlersysteme bis auf die Definition des Fehlerzustands überein. Deshalb wird im Folgenden die asymptotische Störkompensation nur für das erste Fehlersystem (5.199)–(5.200) hergeleitet, da die resultierenden Ergebnisse unter Beachtung von (5.183) dann auch für das Fehlersystem (5.201)–(5.202) gelten.

Damit die angestrebte *asymptotische Störkompensation* von r in e_y, d.h.

$$\lim_{t \to \infty} e_y(t) = 0 \quad (5.203)$$

5.3 Robuste asymptotische Störkompensation   227

auch robust gegenüber Modellunsicherheit ist, kann man das *interne Modell-prinzip* zum Entwurf verwenden (siehe z.B. [40]). Hierzu wird angenommen, dass die Störung r durch das *Störmodell*

$$\dot{v}_r(t) = S_r v_r(t), \quad t > 0, \quad v_r(0) = v_{r,0} \in \mathbb{C}^{n_{v_r}} \tag{5.204}$$

$$r(t) = H_r v_r(t), \quad t \geq 0 \tag{5.205}$$

beschrieben werden kann. Darin ist v_r der Zustandsvektor des Störmodells und $v_r(0)$ ein unbekannter Anfangswert. Damit das Störmodell eine minimale Ordnung besitzt, wird das Paar (H_r, S_r) als beobachtbar angenommen. Das einfachste Beispiel für ein Störmodell ist die Modellierung konstanter Störungen $r(t) = const$, für die $S_r = 0$ gilt. Für jede Komponente des Folgefehlers $e_{y_i} = y_i - y_{i,s}$ wird ein Störmodell im Regler realisiert, das jeweils durch die Fehlerkomponente e_{y_i} angeregt wird, d.h.

$$\dot{\bar{v}}_i(t) = S_r \bar{v}_i(t) + b_{e_y} e_{y_i}(t), \quad i = 1, 2, \ldots, m. \tag{5.206}$$

Darin muss der Eingangsvektor b_{e_y} so gewählt werden, dass das Paar (S_r, b_{e_y}) steuerbar ist. Damit werden alle Eigenschwingungen von (5.206) durch e_{y_i} angeregt. Für $S_r = 0$ erkennt man hierin sofort die klassische Erweiterung der Regelung um einen I-Anteil, d.h. die asymptotische Störkompensation für stationär konstante Störungen r. Wählt man die Bezeichnungen

$$v(t) = \begin{bmatrix} \bar{v}_1(t) \\ \vdots \\ \bar{v}_m(t) \end{bmatrix}, \ S = \begin{bmatrix} S_r & & \\ & \ddots & \\ & & S_r \end{bmatrix}, \ B_{e_y} = \begin{bmatrix} b_{e_y} & & \\ & \ddots & \\ & & b_{e_y} \end{bmatrix} \tag{5.207}$$

mit $v(t) \in \mathbb{C}^{n_v}$ und $n_v = m n_{v_r}$, so lassen sich die *angeregten Störmodelle* gemäß

$$\dot{v}(t) = S v(t) + B_{e_y} e_y(t), \quad t > 0, \quad v(0) = v_0 \in \mathbb{C}^{n_v} \tag{5.208}$$

zusammenfassen. Im Gegensatz zur Störgrößenaufschaltung (siehe Abschnitt 4.2) muss $e_y = y - y_s$ und damit die Regelgröße y *messbar* sein, weil sonst (5.208) nicht realisiert werden kann. Zudem muss bei Verwendung des internen Modellprinzips für die asymptotische Störkompensation für jedes Element e_{y_i} des Ausgangsfolgefehlers ein separates Störmodell eingeführt werden. Bei der Störgrößenaufschaltung ist insgesamt nur ein Störmodell nötig, weshalb bei diesem Verfahren der Realisierungsaufwand im Mehrgrößenfall geringer als bei Verwendung des internen Modellprinzips ist.

Beim klassischen Reglerentwurf für einen Regelkreis mit einem Freiheitsgrad (siehe Abbildung 3.1) werden die Störmodelle sowie mögliche Führungsmodelle im Regler gemäß

$$\dot{v}(t) = S v(t) + B_{e_y}(y(t) - w(t)) \tag{5.209}$$

angesetzt. Im Führungsverhalten gilt $y - w \neq 0$, womit auch die Störmodelle durch die Führungsgröße w beeinflusst werden. Dies kann ein schlechtes Führungsverhalten bewirken. Modelliert man beispielsweise im Signalmodell sinusförmige Störungen, so wird das zugehörige Signalmodell im Führungsverhalten angeregt, was zu unerwünschtem Unter- und Überschwingen in der Führungssprungantwort führen kann. Bei der Zwei-Freiheitsgradestruktur hingegen tritt diese Problematik prinzipiell nicht auf, da im Führungsverhalten stets $e_y(t) \equiv 0$ gilt und somit (5.208) nicht angeregt wird. Dies ist also ein weiterer Vorteil solcher Regelungen.

Für die asymptotische Störkompensation der durch (5.204)–(5.205) modellierten Störungen in e_y muss das *erweiterte Fehlersystem*

$$\begin{bmatrix} \dot{v}(t) \\ \dot{e}_x(t) \end{bmatrix} = \mathcal{A}_e \begin{bmatrix} v(t) \\ e_x(t) \end{bmatrix} + \mathcal{B}_e u_R(t), \quad t > 0, \quad \begin{bmatrix} v(0) \\ e_x(0) \end{bmatrix} \in H_e \quad (5.210)$$

$$e_y(t) = \mathcal{C}_e \begin{bmatrix} v(t) \\ e_x(t) \end{bmatrix}, \quad t \geq 0 \quad (5.211)$$

mit

$$\mathcal{A}_e = \begin{bmatrix} S & B_{e_y}\mathcal{C} \\ 0 & \mathcal{A} \end{bmatrix}, \quad D(\mathcal{A}_e) = \mathbb{C}^{n_v} \oplus D(\mathcal{A}) \subset H_e \quad (5.212)$$

und

$$\mathcal{B}_e = \begin{bmatrix} 0 \\ \mathcal{B} \end{bmatrix} \quad \text{und} \quad \mathcal{C}_e = \begin{bmatrix} 0 & \mathcal{C} \end{bmatrix} \quad (5.213)$$

betrachtet werden, das man durch Kombination von (5.199)–(5.200) mit (5.208) erhält. Da die Störung r für die weiteren Betrachtungen keine Rolle spielt, wird sie in (5.210) nicht berücksichtigt. Der Systemoperator $\mathcal{A}_e$ wird im *Hilbertraum*

$$H_e = \mathbb{C}^{n_v} \oplus H \quad (5.214)$$

mit dem *Skalarprodukt*

$$\left\langle \begin{bmatrix} x_1 \\ x_2 \end{bmatrix}, \begin{bmatrix} y_1 \\ y_2 \end{bmatrix} \right\rangle = \langle x_1, y_1 \rangle_{\mathbb{C}^{n_v}} + \langle x_2, y_2 \rangle_H \quad (5.215)$$

eingeführt. Entwirft man für das erweiterte Fehlersystem einen exponentiell stabilisierenden Regler, dann können die mit (5.204)–(5.205) modellierten Störungen im eingeschwungenen Zustand nicht mehr in e_y auftreten. Anderenfalls würden die Zustände v in (5.208) weglaufen, da das Signalmodell zur Modellierung von Störungen Eigenwerte auf oder rechts der Imaginärachse besitzt. Dies steht aber im Widerspruch zur Stabilität des geregelten erweiterten Fehlersystems, womit asymptotische Störkompensation vorliegen muss. Im Gegensatz zur Störgrößenaufschaltung bleibt diese Regelkreiseigenschaft auch dann erhalten, wenn nicht destabilisierende Modellfehler auftreten. Deshalb lässt sich mit diesem Ansatz eine *robuste asymptotische Störkompensation* erreichen. Bei Verwendung einer Störgrößenaufschaltung bewirken da-

5.3 Robuste asymptotische Störkompensation   229

gegegen solche Modellfehler i.Allg. bereits eine bleibende Regelabweichung, d.h. die asymptotische Störkompensation geht verloren und ist deshalb nicht robust. Ein weiterer Vorteil des internen Modellprinzips besteht darin, dass der Eingriffsort der Störung r nicht bekannt sein muss. Bei der Störgrößenaufschaltung trifft dies nämlich nicht zu, da der Störeingangsoperator $\mathcal{G}$ in die Bestimmungsgleichungen eingeht (siehe Abschnitt 4.2).

Zur Berechnung einer stabilisierenden dynamischen Ausgangsrückführung lassen sich die Ergebnisse aus Abschnitt 5.1 anwenden. Hierzu definiert man die *zusätzlichen Ausgänge* durch

$$e_\xi(t) = \mathcal{H}e_x(t) \tag{5.216}$$

(siehe (5.150)). Damit ist der Entwurf eines *Ausgangsbeobachters*

$$\dot{\hat{e}}_\xi(t) = A_o\hat{e}_\xi(t) + B_o u_R(t) + L e_y(t), \quad t > 0, \quad \hat{e}_\xi(0) = \hat{e}_{\xi,0} \in \mathbb{C}^{n_o} \tag{5.217}$$

für das Fehlersystem (5.199)–(5.200) ausreichend (siehe (5.144)), da die Zustände v der angeregten Störmodelle (5.208) messbar sind. Der Beobachter (5.217) rekonstruiert die zusätzlichen Ausgänge e_ξ, womit die *statische Ausgangsrückführung*

$$u_R(t) = -R_v v(t) - R_y e_y(t) - R_\xi e_\xi(t) = -R_e \tilde{\mathcal{C}}_e \begin{bmatrix} v(t) \\ e_x(t) \end{bmatrix} \tag{5.218}$$

mit der *Rückführmatrix*

$$R_e = \begin{bmatrix} R_v & R_y & R_\xi \end{bmatrix} \tag{5.219}$$

und dem *Ausgangsoperator*

$$\tilde{\mathcal{C}}_e = \begin{bmatrix} I & 0 \\ 0 & \begin{bmatrix} \mathcal{C} \\ \mathcal{H} \end{bmatrix} \end{bmatrix} \tag{5.220}$$

realisiert werden kann, wenn man e_ξ durch $\hat{e}_\xi$ ersetzt. Dies ist aufgrund des gültigen Separationsprinzips möglich (siehe Satz 5.3). Der Entwurf der dynamischen Ausgangsrückführung setzt sich dann aus der Bestimmung des Beobachters (5.217) und der statischen Ausgangsrückführung (5.218) zusammen. Letztere muss so entworfen werden, dass sie das erweiterte Fehlersystem (5.210)–(5.211) exponentiell stabilisiert. Dazu müssen die in Abschnitt 5.1 getroffenen Voraussetzungen für das Fehlersystem (5.210)–(5.211) überprüft werden. Damit dies möglich ist, muss der Systemoperator $\mathcal{A}_e$ in (5.212) aufgrund evtl. mehrfacher Eigenwerte in S ein verallgemeinerter Riesz-Spektraloperator gemäß Definition 4.1 sein. Hierfür werden im folgenden Satz Bedingungen angegeben.

Satz 5.7 (Verallgemeinerte Riesz-Spektraleigenschaft von $\mathcal{A}_e$). *Wenn*

- *alle Eigenvektoren von S_r linear unabhängig sind und*

230   5 Entwurf von Ausgangsfolgereglern

- *alle Eigenwerte von $\mathcal{A}$ und deren Häufungspunkte verschieden von den Eigenwerten von S_r sind,*

dann ist $\mathcal{A}_e$ in (5.212) ein verallgemeinerter Riesz-Spektraloperator gemäß Definition 4.1.

Beweis. Den Beweis dieses Satzes findet man in Abschnitt C.18. ◄

Basierend auf diesem Ergebnis lassen sich notwendige Bedingungen für die Stabilisierbarkeit des erweiterten Fehlersystems (5.210)–(5.211) durch die statische Ausgangsrückführung (5.218) angeben. Diese sind im folgenden Satz zusammengefasst.

Satz 5.8 (Steuer- und Beobachtbarkeit des erweiterten Fehlersystems). *Es gelten folgende Annahmen:*

- *$\mathcal{A}_e$ ist ein verallgemeinerter Riesz-Spektraloperator gemäß Definition 4.1,*
- *die Strecke (5.196)–(5.197) hat nur endlich viele Eigenwerte in der abgeschlossenen rechten Halbebene, die alle modal steuer- und beobachtbar sind,*
- *alle Eigenwerte von $\mathcal{A}$ und deren Häufungspunkte sind verschieden von den Eigenwerten von S_r,*
- *das Paar (S_r, b_{e_y}) ist steuerbar,*
- *kein Eigenwert von S_r stimmt mit einer Übertragungsnullstelle der Strecke (5.196)–(5.197) bezüglich des Übertragungsverhaltens von u nach y überein.*

Dann sind alle Eigenwerte des erweiterten Fehlersystems (5.210)–(5.211) in der abgeschlossenen rechten Halbebene modal steuerbar und bezüglich des Ausgangs

$$\begin{bmatrix} v(t) \\ e_y(t) \end{bmatrix} = \begin{bmatrix} I & 0 \\ 0 & \mathcal{C} \end{bmatrix} \begin{bmatrix} v(t) \\ e_x(t) \end{bmatrix} \tag{5.221}$$

modal beobachtbar.

Beweis. Den Beweis dieses Satzes findet man in Abschnitt C.19. ◄

Bis auf die letzte Bedingung werden die Annahmen des Satzes für die modalen Betrachtungen benötigt oder sind unmittelbar einsichtig. Die letzte Annahme muss erfüllt sein, weil das Fehlersystem (5.199)–(5.200) den angeregten Störmodellen (5.208) vorgeschaltet ist. Folglich sind die in der abgeschlossenen rechten Halbebene gelegenen Eigenwerte von S_r über u_R sicher steuerbar, wenn diese Eigenwerte nicht durch Übertragungsnullstellen des Fehlersystems bzw. der Strecke kompensiert werden. Die Bedingungen von Satz 5.8 stellen sicher, dass alle Eigenwerte des erweiterten Fehlersystems (5.210)–(5.211) in der abgeschlossenen rechten Halbebene das zugehörige Übertragungsverhalten beeinflussen, wenn man auch die messbaren Ausgänge v berücksichtigt. Damit sind diese Eigenwerte durch die statische Ausgangsrückführung (5.218) verschiebbar, was für die Stabilisierbarkeit notwendig ist. Bevor man

5.3 Robuste asymptotische Störkompensation

eine Stabilisierung des erweiterten Fehlersystems (5.210)–(5.211) durch Eigenwertvorgabe durchführen kann, muss noch die Gültigkeit des Eigenwertkriteriums für das durch die statische Ausgangsrückführung (5.218) geregelte erweiterte Fehlersystem nachgewiesen werden. Durch Einsetzen des Stellgesetzes (5.218) in (5.210) erhält man die Zustandsdifferentialgleichung

$$\begin{bmatrix} \dot{v}(t) \\ \dot{e}_x(t) \end{bmatrix} = (\mathcal{A}_e - \mathcal{B}_e R_e \tilde{\mathcal{C}}_e) \begin{bmatrix} v(t) \\ e_x(t) \end{bmatrix} \tag{5.222}$$

des durch statische Ausgangsrückführung *geregelten erweiterten Fehlersystems*. Der nachfolgende Satz 5.9 gibt Bedingungen an, unter denen das Eigenwertkriterium für (5.222) gilt.

Satz 5.9 (Eigenwertkriterium für das geregelte erweiterte Fehlersystem). *Folgende Annahmen seien erfüllt:*

- $\mathcal{A}_e$ *ist ein verallgemeinerter Riesz-Spektraloperator gemäß Definition 4.1,*
- *es gibt Konstanten $c > 0$ und $\omega \in \mathbb{R}$, sodass alle Eigenwerte λ_i, $i \geq 1$, von $\mathcal{A}$ in (5.196) innerhalb eines Sektors*

$$S = \{\lambda \in \mathbb{C} \mid |\operatorname{Im}\lambda| \leq c\,(\omega - \operatorname{Re}\lambda)\} \tag{5.223}$$

in der komplexen Ebene liegen (siehe Abbildung 5.3),
- *das Paar (S_r, b_{e_y}) ist steuerbar,*
- *kein Eigenwert von S_r stimmt mit einer Übertragungsnullstelle der Strecke (5.196)–(5.197) bezüglich des Übertragungsverhaltens von u nach y überein.*

Dann gilt für den Systemoperator $\tilde{\mathcal{A}}_{R_e} = \mathcal{A}_e - \mathcal{B}_e R_e \tilde{\mathcal{C}}_e$ in (5.222) die „spectrum determined growth assumption". Dies bedeutet, dass die zugehörige C_0-Halbgruppe die Wachstumseigenschaft

$$\|\mathcal{T}_{\tilde{\mathcal{A}}_{R_e}}(t)\| \leq M_{\tilde{\mathcal{A}}_{R_e}} e^{-\beta t}, \quad t \geq 0 \tag{5.224}$$

für alle $\beta < \beta_{stab}$ mit der Stabilitätsreserve

$$\beta_{stab} = -\sup_{i \geq 1} \operatorname{Re} \tilde{\lambda}_i \tag{5.225}$$

besitzt, worin $\tilde{\lambda}_i$, $i \geq 1$, die Regelungseigenwerte, d.h. die Eigenwerte von $\mathcal{A}_e - \mathcal{B}_e R_e \tilde{\mathcal{C}}_e$ sind. Damit ist das geregelte System (5.222) exponentiell stabil, wenn

$$\sup_{i \geq 1} \operatorname{Re} \tilde{\lambda}_i < 0 \tag{5.226}$$

gilt.

Beweis. Den Beweis dieses Satzes findet man in Abschnitt C.20. ◄

232   5 Entwurf von Ausgangsfolgereglern

Zur systematischen Bestimmung der Rückführmatrix R_e lässt sich der in Abschnitt 5.1.3 vorgestellte parametrische Entwurf anwenden. Der nächste Satz gibt dazu einen Formelausdruck für die Rückführmatrix R_e an, den man durch Anwendung der Ergebnisse aus Abschnitt 5.1.3 auf das erweiterte Fehlersystem (5.210) mit der Ausgangsgleichung

$$\begin{bmatrix} v(t) \\ e_y(t) \\ e_\xi(t) \end{bmatrix} = \tilde{\mathcal{C}}_e \begin{bmatrix} v(t) \\ e_x(t) \end{bmatrix} \tag{5.227}$$

erhält. Dabei werden im Vergleich zur Ausgangsgleichung (5.211) noch die zusätzlich verfügbaren Rückführgrößen v und e_ξ berücksichtigt.

Satz 5.10 (Ausgangsreglerformel für das erweiterte Fehlersystem). *Betrachtet wird das erweiterte Fehlersystem (5.210) mit der Ausgangsgleichung (5.227), das folgende Eigenschaften besitzt:*

- *$\mathcal{A}_e$ ist ein verallgemeinerter Riesz-Spektraloperator gemäß Definition 4.1,*
- *nur $0 \leq k < \infty$ Eigenwerte mit $\operatorname{Re} \lambda_{e,1} \geq \ldots \geq \operatorname{Re} \lambda_{e,k}$ von $\mathcal{A}_e$ liegen in der abgeschlossenen rechten Halbebene,*
- *die $m + n_v + n_o$ Eigenwerte mit $\operatorname{Re} \lambda_{e,1} \geq \ldots \geq \operatorname{Re} \lambda_{e,m+n_v+n_o}$, $m + n_v + n_o \geq k$, von $\mathcal{A}_e$ sind modal steuerbar sowie beobachtbar und*
- *die restlichen Eigenwerte $\lambda_{e,i}$, $i \geq m + n_v + n_o + 1$, in der offenen linken Halbebene kommen der Imaginärachse nicht beliebig nahe.*

Man gibt beliebige reelle oder komplexe Zahlen $\tilde{\lambda}_i$ und Vektoren $p_i \in \mathbb{C}^m$, $i = 1, 2, \ldots, m + n_v + n_o$, mit folgenden Eigenschaften vor:

- *Die Zahlen $\tilde{\lambda}_i$ sind entweder reell oder treten nur in konjugiert komplexen Zahlenpaaren auf.*
- *Zu einer reellen Zahl $\tilde{\lambda}_i$ ist der zugehörige Vektor p_i ebenfalls reell, und zu einem konjugiert komplexen Zahlenpaar $(\tilde{\lambda}_i, \tilde{\lambda}_j)$, $\tilde{\lambda}_j = \overline{\tilde{\lambda}_i}$, ist das zugehörige Vektorpaar (p_i, p_j) ebenfalls konjugiert komplex, d.h. $p_j = \overline{p_i}$.*
- *Keine Zahl $\tilde{\lambda}_i$, $i = 1, 2, \ldots, m + n_v + n_o$, darf mit einem Beobachtereigenwert $\tilde{\tilde{\lambda}}_i$, einem Eigenwert λ_i von $\mathcal{A}$ und deren Häufungspunkten sowie mit einem Eigenwert $\lambda_{v,i}$ von S_r übereinstimmen.*
- *Die Zahlen $\tilde{\lambda}_i$ und die Vektoren p_i, $i = 1, 2, \ldots, m + n_v + n_o$, müssen so gewählt werden, dass die Vektoren $G_e(\tilde{\lambda}_i)p_i$, $i = 1, 2, \ldots, m + n_v + n_o$, mit*

$$G_e(s) = \begin{bmatrix} (sI - S)^{-1} B_{e_y} F(s) \\ F(s) \\ \dfrac{l_1^T}{s - \tilde{\tilde{\lambda}}_1}(F(s) - F(\tilde{\tilde{\lambda}}_1)) \\ \vdots \\ \dfrac{l_{n_o}^T}{s - \tilde{\tilde{\lambda}}_{n_o}}(F(s) - F(\tilde{\tilde{\lambda}}_{n_o})) \end{bmatrix} \tag{5.228}$$

sämtlich linear unabhängig sind.

5.3 Robuste asymptotische Störkompensation   233

Dann verleiht die Rückführmatrix

$$R_e = - \begin{bmatrix} p_1 \ \dots \ p_{m+n_v+n_o} \end{bmatrix}$$
$$\cdot \begin{bmatrix} G_e(\tilde{\lambda}_1)p_1 \ \dots \ G_e(\tilde{\lambda}_{m+n_v+n_o})p_{m+n_v+n_o} \end{bmatrix}^{-1} \quad (5.229)$$

der Regelung

$$\begin{bmatrix} \dot{v}(t) \\ \dot{e}_x(t) \end{bmatrix} = (\mathcal{A}_e - \mathcal{B}_e R_e \tilde{\mathcal{C}}_e) \begin{bmatrix} v(t) \\ e_x(t) \end{bmatrix} \quad (5.230)$$

die Eigenwerte $\tilde{\lambda}_i$, $i = 1, 2, \dots, m + n_v + n_o$, und die zugehörigen Parametervektoren p_i. Die restlichen Regelungseigenwerte $\tilde{\lambda}_i$, $i \geq m + n_v + n_o + 1$, welche nicht mit den Beobachtereigenwerten $\tilde{\tilde{\lambda}}_i$, den Streckeneigenwerten λ_i und deren Häufungspunkten sowie mit den Eigenwerten $\lambda_{v,i}$ von S_r übereinstimmen, sind Lösungen von

$$\det(I + R_e G_e(\tilde{\lambda}_i)) = 0 \quad (5.231)$$

für $i \geq m + n_o + 1$, $\tilde{\lambda}_i \neq \tilde{\tilde{\lambda}}_j$, $j = 1, 2, \dots, n_o$, $\tilde{\lambda}_i \in \rho(\mathcal{A})$ und $\tilde{\lambda}_i \neq \lambda_{v,i}$.

Beweis. Den Beweis dieses Satzes findet man in Abschnitt C.21. ◀

Schlägt man die angeregten Störmodelle (5.208) dem Regler zu, dann ergibt sich zusammen mit dem Ausgangsbeobachter (5.217) und der statischen Ausgangsrückführung (5.218) bei Rückführung von $\hat{e}_\xi$ der *Ausgangsfolgeregler*

$$\dot{\hat{e}}_\xi(t) = A_o \hat{e}_\xi(t) + B_o u_R(t) + L e_y(t), \ t > 0, \ \hat{e}_\xi(0) = \hat{e}_{\xi,0} \in \mathbb{C}^{n_o} \quad (5.232)$$
$$\dot{v}(t) = S v(t) + B_{e_y} e_y(t), \ t > 0, \ v(0) = v_0 \in \mathbb{C}^{n_v} \quad (5.233)$$
$$\tilde{u}_R(t) = R_\xi \hat{e}_\xi(t) + R_v v(t) + R_y e_y(t), \ t \geq 0. \quad (5.234)$$

Diese dynamische Ausgangsrückführung kann unter Verwendung der Ergebnisse von Satz 5.10 mit der Vorgehensweise aus Abschnitt 5.1.3 durch eine Parameteroptimierung entworfen werden. Dieser Regler unterscheidet sich vom Ausgangsfolgeregler (5.144)–(5.145) nur durch die angeregten Störmodelle (5.233) und die zugehörige erweiterte Ausgangsgleichung (5.234), die beide durch Anwendung des internen Modellprinzips hinzukommen. Für $S = 0$ und $B_{e_y} = I$ sowie Verzicht auf den Ausgangsbeobachter (5.232) ist der klassische *PI-Regler*

$$\dot{v}(t) = e_y(t) \quad (5.235)$$
$$\tilde{u}_R(t) = R_v v(t) + R_y e_y(t) \quad (5.236)$$

als Spezialfall in (5.232)–(5.234) enthalten.

Beim Einsatz eines Ausgangsfolgereglers unter Verwendung des internen Modellprinzips wird die in Abschnitt 5.2 bereits angesprochene *Windup-Problematik* durch die Einführung der angeregten Störmodelle (5.233) im Regler noch deutlich verstärkt. Dies erkennt man, wenn die Ausgangsglei-

234 5 Entwurf von Ausgangsfolgereglern

chung (5.234) mit $u_R = -\tilde{u}_R$ (siehe (5.143)) in (5.232) eingesetzt wird, was

$$\begin{bmatrix} \dot{\hat{e}}_\xi(t) \\ \dot{v}(t) \end{bmatrix} = \begin{bmatrix} A_o - B_o R_\xi & -B_o R_v \\ 0 & S \end{bmatrix} \begin{bmatrix} \hat{e}_\xi(t) \\ v(t) \end{bmatrix} + \begin{bmatrix} L - B_o R_y \\ B_{e_y} \end{bmatrix} e_y(t) \qquad (5.237)$$

ergibt. Aufgrund der oberen Dreiecksstruktur der Dynamikmatrix in (5.237), ist das Übertragungsverhalten des Reglers von e_y zu den Reglerzuständen wegen der Matrix S im Gegensatz zum Ausgangfolgeregler in Abschnitt 5.2 sicher nicht stabil. Denn die Matrix S besitzt aufgrund der Modellierung von Störungen nur Eigenwerte auf oder rechts der Imaginärachse. Aber auch die Matrix $A_o - B_o R_\xi$ kann Eigenwerte dort haben, weil man ja beim Entwurf nur A_o vorgibt (siehe Abschnitt 5.2). Bei Auftreten einer Stellsignalbegrenzung ist der Regelkreis offen und die durch (5.237) beschriebene Dynamik ist wirksam. Deshalb laufen die Reglerzustände zunächst weg und werden erst wieder stabilisiert, wenn das Stellsignal aus der Begrenzung geht. Das durch die Lage der Eigenwerte von $A_o - B_o R_\xi$ hervorgerufene Regler-Windup lässt sich, wie in Abschnitt 5.2 dargestellt, durch Einspeisung des begrenzten Stellsignals in den Ausgangsbeobachter (5.232) vermeiden, sofern die Strecke (5.196)–(5.197) exponentiell stabil ist. Dessen ungeachtet bewirken die Eigenwertlagen der Störmodelle (5.233) im Regler, dass $\tilde{u}_R$ weiterhin wegläuft. Da diese Problematik nur bei aktiver Stellsignalbegrenzung auftritt, also wenn die Differenz

$$\Delta u(t) = u(t) - \bar{u}(t) \qquad (5.238)$$

mit

$$\bar{u}(t) = \text{sat}(u(t)) \qquad (5.239)$$

(siehe (5.157)–(5.158)) nicht verschwindet, ist es nahe liegend, (5.233) durch eine zusätzliche Aufschaltung von Δu im Begrenzungsfall zu stabilisieren. Dies führt auf die *modifizierten angeregten Störmodelle*

$$\dot{v}(t) = Sv(t) + B_{e_y} e_y(t) + B_{\Delta u} \Delta u(t) \qquad (5.240)$$

im Regler, worin $B_{\Delta u}$ eine noch zu wählende Matrix ist. Im unbegrenzten Fall gilt $\Delta u = 0$, so dass dann die modifizierten angeregten Störmodelle (5.240) wieder mit (5.233) übereinstimmen. Geht man mit $u = -\tilde{u}_R + u_s$ (siehe Abbildung 3.2), (5.234) und (5.238) in (5.240) ein, so ergibt sich

$$\dot{v}(t) = (S - B_{\Delta u} R_v)v(t) + B_{e_y} e_y(t) - B_{\Delta u}(\bar{u}(t) - u_s(t) + R_y e_y(t) + R_\xi e_\xi(t)), \qquad (5.241)$$

worin $\hat{e}_\xi = e_\xi$ angenommen wurde, da der Ausgangsbeobachter bei Vermeidung des Regler-Windups auch im Begrenzungsfall einschwingt. Falls $S - B_{\Delta u} R_v$ eine Hurwitz-Matrix ist, bleibt der Zustand v beschränkt, da aufgrund der vorausgesetzten exponentiellen Stabilität der Strecke sowohl $e_y = \mathcal{C} e_x$ als auch $e_\xi = \mathcal{H} e_x$ beschränkt sind, die Steuerung u_s immer beschränkt entworfen wird und aufgrund der Stellsignalbegrenzung für die Elemente von $\bar{u}$

5.3 Robuste asymptotische Störkompensation

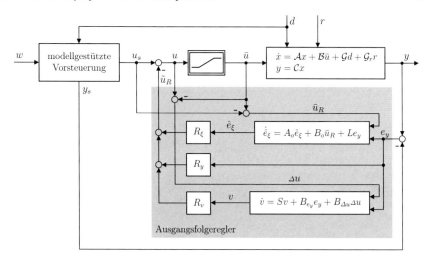

Abb. 5.12: Folgeregelung bestehend aus modellgestützter Vorsteuerung und Ausgangsfolgeregler für robuste asymptotische Störkompensation mit Vermeidung von Regler-Windup

$$|\bar{u}_i(t)| \leq u_{i,sat}, \quad t \geq 0, \quad i = 1, 2, \ldots, m \tag{5.242}$$

gilt. Man beachte, dass damit für die Beschränktheit von v wegen (5.242) nicht alle Stellsignale in der Begrenzung sein müssen. Damit $S - B_{\Delta u} R_v$ eine Hurwitz-Matrix ist, muss die Matrix $B_{\Delta u}$ geeignet gewählt werden. Dies kann stets durch Eigenwertvorgabe erfolgen, da das Paar (R_v, S) beobachtbar ist. Dass dies bei stabilisierender Ausgangsrückführung (5.218) immer der Fall sein muss, ist Aussage des nächsten Satzes.

Satz 5.11 (Beobachtbarkeit des Paars (R_v, S)). *Wenn das geregelte erweiterte Fehlersystem*

$$\begin{bmatrix} \dot{v}(t) \\ \dot{e}_x(t) \end{bmatrix} = (\mathcal{A}_e - \mathcal{B}_e R_e \tilde{\mathcal{C}}_e) \begin{bmatrix} v(t) \\ e_x(t) \end{bmatrix} \tag{5.243}$$

exponentiell stabil ist und die Bedingungen von Satz 5.9 erfüllt sind, dann ist das Paar (R_v, S) beobachtbar.

Beweis. Den Beweis dieses Satzes findet man in Abschnitt C.22. ◂

Diese Vorgehensweisen zur Windup-Vermeidung führen auf die in Abbildung 5.12 dargestellte Folgeregelung mit einem zusätzlichen Modell der Stellsignalbegrenzung, um das begrenzte Signal $\bar{u}$ zu bilden. Im Falle einer Folgeregelung zur Realisierung eines Arbeitspunktwechsels, bei der die Vorsteuerung inversionsbasiert erfolgt, erhält man die in Abbildung 5.13 dargestellte Regelungsstruktur.

Als Beispiel für den Entwurf eines Ausgangsfolgereglers unter Verwendung des internen Modellprinzips mit Regler-Windup-Vermeidung wird nachfolgend der Euler-Bernoulli-Balken betrachtet.

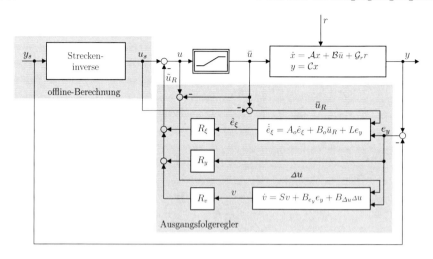

Abb. 5.13: Folgeregelung bestehend aus inversionsbasierter Vorsteuerung und Ausgangsfolgeregler für robuste asymptotische Störkompensation mit Vermeidung von Regler-Windup

Beispiel 5.3. Endlich-dimensionaler Ausgangsfolgereglerentwurf für den Euler-Bernoulli-Balken

In diesem Beispiel wird der Vorsteuerungsentwurf mittels Entkopplung für den Euler-Bernoulli-Balken aus Beispiel 4.7 um einen Ausgangsfolgeregler ergänzt. Dieser Regler soll dabei nicht nur die Dynamik des Ausgangsfolgefehlers gegenüber Anfangsstörungen stabilisieren, sondern auch *nichtmessbare Sinusstörungen*

$$r(t) = r_0 \sin(\omega_0 t + \varphi_0), \quad \omega_0 = 5 \quad (5.244)$$

robust asymptotisch kompensieren. Dabei greift r als Störkraft am Euler-Bernoulli-Balken an, was auf das *Anfangs-Randwertproblem*

$$\partial_t^2 w(z,t) + \partial_z^4 w(z,t) - 2\alpha \partial_t \partial_z^2 w(z,t) = b^T(z)u(t) + g(z)r(t),$$
$$t > 0, \quad z \in (0,1) \quad (5.245)$$
$$w(0,t) = w(1,t) = 0, \ t > 0 \quad (5.246)$$
$$\partial_z^2 w(0,t) = \partial_z^2 w(1,t) = 0, \ t > 0 \quad (5.247)$$
$$w(z,0) = w_0(z), \ z \in [0,1] \quad (5.248)$$
$$\partial_t w(z,0) = w_{t0}(z), \ z \in [0,1] \quad (5.249)$$
$$y(t) = \int_0^1 c(z) w(z,t) dz, \ t \geq 0 \quad (5.250)$$

führt (siehe (2.70)–(2.79)), worin die Ortscharakteristik

5.3 Robuste asymptotische Störkompensation

$$g(z) = \begin{cases} 25 & : \ 0.53 \le z \le 0.55 \\ 0 & : \ \text{sonst} \end{cases} \tag{5.251}$$

die örtliche Auswirkung der Störkraft r auf den Balken beschreibt. Die Sinusstörung (5.244) lässt sich durch das *Störmodell*

$$\dot{v}_r(t) = \begin{bmatrix} 0 & 1 \\ -\omega_0^2 & 0 \end{bmatrix} v_r(t), \quad t > 0, \quad v_r(0) \in \mathbb{C}^2 \tag{5.252}$$

$$r(t) = \begin{bmatrix} 1 & 0 \end{bmatrix} v_r(t), \quad t \ge 0 \tag{5.253}$$

mit dem unbekannten Anfangswert $v_r(0)$ darstellen. Im Ausgangsfolgeregler tritt dieses Störmodell in den *angeregten Störmodellen*

$$\dot{v}(t) = \begin{bmatrix} 0 & 1 & 0 & 0 \\ -\omega_0^2 & 0 & 0 & 0 \\ 0 & 0 & 0 & 1 \\ 0 & 0 & -\omega_0^2 & 0 \end{bmatrix} v(t) + \begin{bmatrix} 1 & 0 \\ 1 & 0 \\ 0 & 1 \\ 0 & 1 \end{bmatrix} e_y(t), \quad t > 0, \quad v(0) \in \mathbb{C}^4 \tag{5.254}$$

auf (siehe (5.233)). Darin sind die Teilsysteme

$$\dot{\bar{v}}_i(t) = \begin{bmatrix} 0 & 1 \\ -\omega_0^2 & 0 \end{bmatrix} \bar{v}_i(t) + \begin{bmatrix} 1 \\ 1 \end{bmatrix} e_{y_i}(t), \quad i = 1, 2 \tag{5.255}$$

(siehe (5.206)) für beliebige $\omega_0 > 0$ steuerbar und somit ist die Wahl von B_{e_y} in (5.254) zulässig (siehe (5.207)–(5.208)). Folglich besitzt das Reglerübertragungsverhalten (5.237) ein zweifaches konjugiert komplexes Eigenwertpaar auf der Imaginärachse und ist deshalb nicht stabil. Aus diesem Grund muss das durch diese Störmodelle verursachte Regler-Windup im Falle von Stellsignalbegrenzungen beim Entwurf berücksichtigt werden. Voraussetzung für den Ausgangsreglerentwurf ist, dass die Streckeneigenwerte das Sektorkriterium (5.223) aus Satz 5.9 erfüllen. Beim Euler-Bernoulli-Balken muss diese Eigenschaft durch konkrete Bestimmung der Eigenwerte nachgewiesen werden, weil dieses verteilt-parametrische System kein Sturm-Liouville-System ist. Wie die Ergebnisse aus Beispiel 2.6 zeigen, gilt mit $\alpha = 0.9$ für die Streckeneigenwerte

$$\lambda_{\pm i} = (-0.9 \pm j\sqrt{1 - 0.9^2})(i\pi)^2, \quad i \ge 1 \tag{5.256}$$

(siehe (2.164)), die alle innerhalb eines Sektors der komplexen Ebene liegen. Damit ist der Entwurf einer beobachterbasierten Ausgangsrückführung durch Eigenwertvorgabe auch für den Euler-Bernoulli-Balken möglich. Zur Stabilisierung des Ausgangsfolgefehlers sowie zur Sicherstellung der robusten asymptotischen Störkompensation muss man einen stabilisierenden Regler für das um die angeregten Störmodelle (5.254) der Ordnung $n_v = 4$ erweiterte Fehlersystem (5.210) entwerfen. Hierfür wird ein Ausgangsbeobachter der Ordnung $n_o = 4$ angesetzt, womit sich zusammen mit den 2 verfügba-

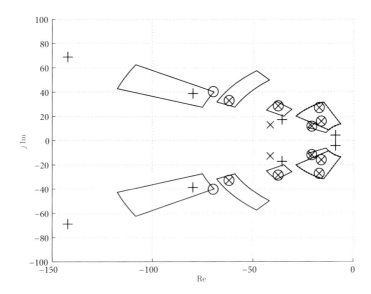

Abb. 5.14: Vorgegebene Eigenwertgebiete mit den ersten 12 Regelungseigenwerten 'x', wobei 'o' die aus der Optimierung resultierenden Sollpositionen der Eigenwerte bezeichnet, sowie die ersten 8 Streckeneigenwerte '+'

ren Ausgangsgrößen insgesamt $m + n_v + n_o = 10$ Regelungseigenwerte direkt vorgeben lassen. Diese Beobachterordnung wurde gewählt, um genügend Freiheitsgrade zur Vorgabe der dominanten Regelungsdynamik zu erhalten. Wie beim Wärmeleiter in Beispiel 5.2 erfolgt die Festlegung der Fehlerdynamik durch Eigenwertgebietsvorgabe (siehe Abbildung 5.14), womit zusätzliche Freiheitsgrade für den Reglerentwurf resultieren. Diese Entwurfsparameter und die Entwurfsfreiheiten in den Parametervektoren der Regelung und des Ausgangsbeobachters werden für die Minimierung des *Gütemaßes*

$$J = 6 \cdot 10^4 J_\lambda + J_N \qquad (5.257)$$
$$= 6 \cdot 10^4 (|\det(I + R_e G_e(\tilde{\lambda}_{11,d}))|^2 + |\det(I + R_e G_e(\overline{\tilde{\lambda}_{11,d}}))|^2) + \|R_e\|_F^2$$

(siehe (5.97)) mittels einer Parameteroptimierung in MATLAB genutzt, um ein weiteres konjugiert komplexes Eigenwertpaar der Regelung geeignet zu beeinflussen und um die Elemente von R_e betragsmäßig klein zu halten. Das Ergebnis der Optimierung mit der MATLAB-Funktion `fmincon` ist in Abbildung 5.14 dargestellt, das die Eigenwertverteilung der 12 beim Entwurf berücksichtigten Regelungseigenwerte zeigt. Wie man sieht, weicht das durch die Parameteroptimierung beeinflusste Eigenwertpaar $(\tilde{\lambda}_{11}, \overline{\tilde{\lambda}_{11}})$ vergleichsweise stark von der Sollvorgabe ab. Da aber dieses Eigenwertpaar noch vergleichsweise weit links in der komplexen Ebene liegt und damit die Stabilitätsreserve

5.3 Robuste asymptotische Störkompensation

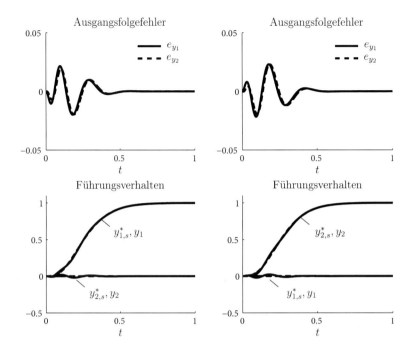

Abb. 5.15: Ausgangsfolgefehler e_y sowie Solltrajektorie y_s^* (gepunktet) und resultierender Verlauf der Regelgröße y (durchgezogen) bei Führungssprüngen $w_1(t) = \sigma(t)$ und $w_2 = 0$ (links) sowie $w_1 = 0$ und $w_2(t) = \sigma(t)$ (rechts)

der Fehlerdynamik nicht beeinflusst, kann der resultierende Ausgangsfolgeregler für die Folgeregelung verwendet werden.

Die nächste Abbildung 5.15 zeigt das Führungsverhalten der Folgeregelung bei Verwendung der Vorsteuerung 8-ter Ordnung aus Beispiel 4.7. Die auftretenden Ausgangsfolgefehler werden durch nicht passende Anfangswerte der Strecke angeregt, denn nur für $e_x(0) = e_{x,s}(0) = \mathcal{N}_x \tilde{v}(0)$ verhält sich die Strecke im Führungsverhalten wie die geregelte modale Approximation (siehe Abschnitt 4.4.2). Aufgrund der inkonsistenten Streckenanfangswerte gilt $e_y(0) \neq 0$, weshalb die Störmodelle in (5.254) im Führungsverhalten angeregt werden. Dies erklärt die im Ausgangsfolgefehler auftretenden Schwingungen. Wie jedoch die Simulationsergebnisse in Abbildung 5.15 zeigen, hält der entworfene Ausgangsfolgeregler die Schwingungsamplituden klein und regelt die Anfangsstörungen stationär genau aus. Hieraus resultiert auch eine geringe Verkopplung des Führungsverhaltens, weshalb der Ausgangsfolgeregler nicht für eine Entkopplung der Komponenten des Ausgangsfolgefehlers e_y entworfen werden muss. Die stationäre Genauigkeit im vorgesteuerten Führungsverhalten ist durch den Entwurf der Störgrößenaufschaltung (4.400) sichergestellt. Ohne Störgrößenaufschaltung müsste zur Erzielung dieser Eigen-

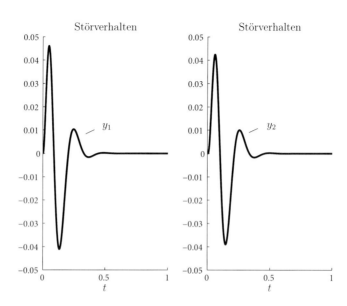

Abb. 5.16: Verlauf der Regelgrößen y bei einer nichtmessbaren Sinusstörung $r(t) = r_0 \sin(5t + \varphi_0)$

schaft zusätzlich ein I-Anteil im Ausgangsfolgeregler berücksichtigt werden. In der nächsten Abbildung 5.16 ist das Störverhalten der Folgeregelung bzgl. einer nichtmessbaren Sinusstörung dargestellt, wenn man den Anfangswert $v_r(0) = [100 \ 100]^T$ für das Störmodell (5.252) wählt. Dieses Simulationsergebnis zeigt, dass der entworfene Ausgangsfolgeregler die Sinusstörung asymptotisch ausregelt. Da die beiden Ausgänge y_1 und y_2 durch Auslenkungen des Balkens an nahe beieinander gelegenen Orten gegeben sind (siehe Abbildung 2.2), ist der Verlauf der Regelgrößen y_1 und y_2 im Störverhalten nahezu identisch.

Um die vorgestellten Maßnahmen für die Vermeidung des Regler-Windups für den Euler-Bernoulli-Balken zu untersuchen, wird im Folgenden die *Stellsignalbegrenzung*

$$|u_i(t)| \leq 9250, \quad t \geq 0, \quad i = 1, 2 \tag{5.258}$$

in der Simulation berücksichtigt. Da sich Stellsignalbegrenzungen im Führungsverhalten prinzipiell bereits in der Vorsteuerung berücksichtigen lassen, wird die Auswirkung der Stellsignalbegrenzungen (5.258) bei Auftreten einer durch (5.252)–(5.253) beschriebenen nichtmessbaren Störungen bei einem Führungssprung untersucht. Für das Störmodell (5.252) gibt man hierzu wieder den Anfangswert $v_r(0) = [100 \ 100]^T$ vor. Die Sprunghöhe im Führungsgrößenverlauf w_1 wird bei dieser Störanregung solange erhöht, bis sich im Fall ohne Windup-Vermeidung der Verlauf der Regelgrößen wesentlich verschlechtert. Bereits für einen Führungssprung $w_1(t) = 1.205\sigma(t)$ und

5.3 Robuste asymptotische Störkompensation

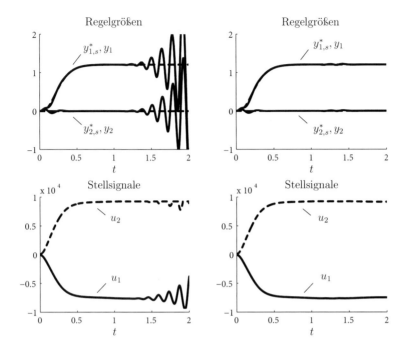

Abb. 5.17: Verlauf der Regelgrößen y bei einem Führungssprung $w_1(t) = 1.205\sigma(t)$ und $w_2 = 0$ sowie bei einer Sinusstörung $r(t) = r_0 \sin(5t + \varphi_0)$ ohne Regler-Windup-Vermeidung (links) und mit Regler-Windup-Vermeidung (rechts) sowie die zugehörigen Stellsignalverläufe

$w_2 = 0$ ist die Folgeregelung ohne Windup-Vermeidung instabil, was in Abbildung 5.17 dargestellt ist. Um dieses Problem zu beseitigen, wird einerseits das begrenzte Stellsignal in den Ausgangsbeobachter eingespeist und andererseits die in (5.240) eingeführte Rückführung für die angeregten Störmodelle (5.254) entworfen, welche diese im Begrenzungsfall stabilisiert (siehe Abbildung 5.12). Für die zugehörige Dynamikmatrix $S - B_{\Delta u}R_v$ gibt man hierzu Eigenwerte bei

$$s_{1,2} = -25 \pm j30 \quad \text{und} \quad s_{3,4} = -20 \pm j25 \qquad (5.259)$$

vor und bestimmt die Matrix $B_{\Delta u}$ mithilfe des MATLAB-Befehls `place`. Diese Wahl der Eigenwerte führt zu einem geeigneten Verlauf der Regelgrößen im Begrenzungsfall und wurde mithilfe von Simulationen bestimmt. Wie man anhand von Abbildung 5.17 erkennt, wird durch diese Maßnahmen das Regler-Windup vermieden, womit sich die Stellsignalbegrenzung kaum auf den Verlauf der Regelgrößen auswirkt. Dieses Ergebnis lässt sich genauer anhand von Abbildung 5.18 untersuchen. Diese Simulationsergebnisse zeigen, dass die Instabilität der Regelung ohne Windup-Vermeidung ihre Ursache im

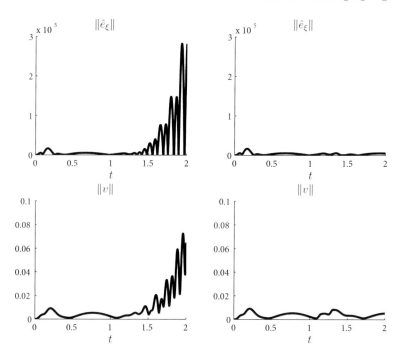

Abb. 5.18: Verlauf der Normen der Beobachterzustände $\hat{e}_\xi$ und der Zustände v der angeregten Störmodelle ohne Regler-Windup-Vermeidung (links) und mit Regler-Windup-Vermeidung (rechts)

Aufklingen der Beobachterzustände $\hat{e}_\xi$ hat. Dies führt auch zur Anregung einer aufklingenden Schwingung der Zustände v der angeregten Störmodelle. Durch Einspeisung des begrenzten Stellsignals in den Ausgangsbeobachter kann das erste Problem vermieden werden, was sich anhand der deutlich kleineren Norm der Beobachterzustände $\hat{e}_\xi$ in Abbildung 5.18 erkennen lässt. Aufgrund der Stabilisierung der angeregten Störmodelle im Begrenzungsfall tritt die aufklingende Schwingung der Zustände v nicht auf, denn diese Zustände bleiben aufgrund der im Begrenzungsfall wirksamen stabilisierenden Rückführung betragsmäßig beschränkt. Dieselben Ergebnisse erhält man auch für einen Führungssprung bezüglich der zweiten Regelgröße.

Die in diesem Beispiel entworfene Folgeregelung verwendet eine Vorsteuerung der Ordnung 8 (siehe Beispiel 4.7) und einen Ausgangsfolgeregler 8-ter Ordnung, wobei die im Regler enthaltenen Störmodelle die Gesamtordnung 4 besitzen. Insgesamt hat man damit ein Steuerungs- und Regelungssystem für den Euler-Bernoulli-Balken entworfen, das mit vertretbarem Realisierungsaufwand auskommt und dabei die Entwurfsspezifikationen erfüllt. ◂

Kapitel 6
Abschließende Betrachtungen

In diesem Buch wird gezeigt, dass sich die Zustandsraummethodik zum Entwurf von Steuerungs- und Regelungssystemen für *Riesz-Spektralsysteme*, d.h. einer großen Klasse verteilt-parametrischer Systeme, in naher Analogie zum konzentriert-parametrischen Fall formulieren lässt. Dies ermöglicht die Übertragung von bekannten Ergebnissen sowie Vorgehensweisen für konzentriert-parametrische Systeme auf den verteilt-parametrischen Fall. Das Resultat sind systematische Methoden zur Steuerungs- und Regelungssynthese, die sich gegenüber der Verwendung von endlich-dimensionalen Approximationsmodellen beim Entwurf durch eine gesicherte Aussage für das Entwurfsergebnis auszeichnen. Darüber hinaus ist es mit den vorgestellten Methoden möglich, Vorsteuerungen und Regler vergleichsweise niedriger Ordnung für verteilt-parametrische Systeme systematisch zu entwerfen, die vorgegebene Anforderungen an die Regelung einhalten.

Die begleitende Einführung der mathematischen Hilfsmittel für die Betrachtungen in diesem Buch macht deutlich, dass die Behandlung von verteilt-parametrischen Systemen im Zustandsraum durchaus mit vertretbarem mathematischen Aufwand auskommt. Hierbei ist hervorzuheben, dass der konzentriert-parametrische Fall stets als Spezialfall in der vorgestellten allgemeinen Zustandsraummethodik enthalten ist. Dies ermöglicht an den meisten Stellen einen Rückgriff auf die konzentriert-parametrische Betrachtungsweise und erleichtert so das Verständnis von verteilt-parametrischen Systemen. Diese Tatsache hat darüber hinaus die unmittelbare Konsequenz, dass die vorgestellten Ergebnisse auch für *konzentriert-parametrische Systeme* gelten. Dies ist aus zwei Gründen interessant:

- Die Regelung linearer konzentriert-parametrischer Systeme mit mehreren Freiheitsgraden wird erstmalig im Zustandsraum einheitlich dargestellt.
- Für konzentriert-parametrische Systeme hoher Ordnung lassen sich die Ergebnisse dieses Buches unmittelbar nutzen, um Vorsteuerungen und Regler niedriger Ordnung zu bestimmen.

Man darf deshalb zurecht sagen, dass der Zustandsraumentwurf von Steuerungs- und Regelungssystemen unter Verwendung abstrakter Differentialgleichungen eine *vereinheitlichte Zustandsraummethodik* für lineare konzentriertparametrische Systeme und die hier betrachtete Klasse von verteilt-parametrischen Systemen darstellt. Dies hat den Vorteil, dass ein Entwurfsproblem zunächst losgelöst von einer konkreten Systemklasse diskutiert werden kann, womit sich die Prinzipien, welche dem Entwurf zugrundeliegen, herausarbeiten lassen. Erst bei der konkreten Bestimmung des Steuerungs- und Regelungssystems muss dann die betrachtete Systemklasse berücksichtigt werden. Da jede Weiterentwicklung in der Regelungstechnik mit der Ausnutzung einer zunehmend genaueren Modellbildung einhergeht, liefern die in diesem Buch vorgestellten Methoden die Grundlage für mögliche Weiterentwicklungen in der linearen Regelungstheorie. Ein weiteres Beispiel für diesen Sachverhalt ist die einheitliche Formulierung von Methoden zur *Ordnungsreduktion*. Dies wird beispielsweise in der Arbeit [38] gezeigt, die ausgehend von der in diesem Buch verwendeten Operatorbeschreibung die Krylov-Unterraum-Methoden von konzentriert-parametrische Systeme auf verteilt-parametrische Systeme verallgemeinert.

Die für lineare verteilt-parametrische Systeme vorgestellten Ergebnisse können auch auf *lineare Totzeitsysteme*, d.h. auf eine weitere Klasse unendlich-dimensionaler Systeme, übertragen werden. Es ist nämlich möglich, gewöhnliche Differenzendifferentialgleichungen durch abstrakte Differentialgleichungen zu beschreiben (für Details siehe [14]). Die resultierende Zustandsbeschreibung von linearen Totzeitsystemen ist dann genau dieselbe wie bei verteilt-parametrischen Systemen. Damit lassen sich die in diesem Buch entwickelten Vorgehensweisen für verteilt-parametrische Systeme auch auf lineare Totzeitsysteme anwenden. Allerdings sind hierzu noch weiterführende Untersuchungen notwendig, da die Eigenwertverteilung solcher Systeme sich wesentlich von der in diesem Buch betrachteten verteilt-parametrischen Systemen unterscheidet und die Eigenvektoren i.Allg. keine Basis im Zustandsraum bilden.

Anhang A
Mathematische Grundlagen

A.1 C_0-Halbgruppen

Um den Begriff einer C_0-Halbgruppe zu motivieren, geht man vom Zustand $x(t)$ eines unerregten linearen und zeitinvarianten verteilt-parametrischen Systems aus. Der Zustand sei Element des Zustandsraums H, der ein Hilbertraum ist. Die dynamische Entwicklung des Systems vom Anfangszustand $x(0) \in H$ zum Zustand $x(t)$ am aktuellen Zeitpunkt t lässt sich dann durch eine lineare Abbildung

$$T(t) : H \to H \tag{A.1}$$

gemäß

$$x(t) = T(t)x(0), \quad t \geq 0 \tag{A.2}$$

im Hilbertraum beschreiben. Aus dem Zusammenhang (A.2) folgt unmittelbar

$$x(0) = T(0)x(0), \tag{A.3}$$

womit $T(t)$ die Eigenschaft

$$T(0) = I \tag{A.4}$$

besitzt. Wenn die Trajektorie $x(t)$ die Dynamik eines technischen Systems beschreibt, dann erfüllt sie die *Wohlgestelltheitsbedingungen nach Hadamard* (siehe z.B. [9]), d.h.

(B1) die Zustandstrajektorie $x(t)$ ist eindeutig und
(B2) hängt stetig von den Anfangswerten $x(0)$ ab.

Diese Bedingungen sind unmittelbar einleuchtend, denn Aussagen über das dynamische Verhalten eines Systems lassen sich nur machen, wenn die Trajektorie die Bedingung (B1) erfüllt. Darüber hinaus kann man bei technischen Systemen nicht davon ausgehen, dass die Anfangswerte exakt bekannt sind. Deshalb wird in der zweiten Bedingung (B2) gefordert, dass für hinreichend kleine Änderung von $x(0)$ sich auch $x(t)$ nur hinreichend wenig ändert. Folglich kann das Verhalten des Systems auch für nicht exakt bekannte Anfangswerte noch hinreichend genau vorhergesagt werden. Damit die Trajektorie in (A.2) diese Forderungen einhält, muss die Abbildung $\mathcal{T}(t)$ eindeutig und bezüglich $x(0)$ stetig sein. Hieraus folgt die Beschränktheit des Operators $\mathcal{T}(t)$, da bei linearen Operatoren Stetigkeit und Beschränktheit äquivalent sind (siehe z.B. Theorem A.3.10 in [14]). Eine weitere Eigenschaft von $\mathcal{T}(t)$ folgt aus der Eindeutigkeit der Trajektorie $x(t)$ und der Zeitinvarianz des verteilt-parametrischen Systems. Betrachtet man nämlich den Zustand zum Zeitpunkt $t + \tau$, d.h.

$$x(t + \tau) = \mathcal{T}(t + \tau)x(0) \tag{A.5}$$

(siehe (A.2)), dann muss dieser Zustand mit dem Zustand übereinstimmen, den man mit dem Anfangswert $x(\tau)$ nach dem Zeitintervall t erhält, d.h.

$$x(t + \tau) = \mathcal{T}(t)x(\tau). \tag{A.6}$$

Aus (A.5)–(A.6) folgt mit (A.2) direkt

$$x(t + \tau) = \mathcal{T}(t + \tau)x(0) = \mathcal{T}(t)\mathcal{T}(\tau)x(0), \tag{A.7}$$

was die Bedingung

$$\mathcal{T}(t + \tau) = \mathcal{T}(t)\mathcal{T}(\tau), \quad t \geq 0, \quad \tau \geq 0 \tag{A.8}$$

für $\mathcal{T}(t)$ ergibt. Man bezeichnet diese Eigenschaft als *Halbgruppen-Eigenschaft* und eine Familie $\mathcal{T}(t)$, $t \geq 0$, von Operatoren, die (A.4) und (A.8) erfüllen, als *Halbgruppe*. Eine weitere Eigenschaft der Abbildung $\mathcal{T}(t)$ erhält man, wenn man fordert, dass die aus (A.2) resultierende Zustandstrajektorie $x(t)$ bezüglich t stetig ist. Dies ist bei technischen Systemen unmittelbar physikalisch plausibel, da sich die durch Zustandsgrößen beschriebenen Energieinhalte nur stetig ändern können. Allerdings muss bei der Forderung nach Stetigkeit von $\mathcal{T}(t)$ bezüglich t für einen gegebenen Anfangswert $x(0)$ eine Besonderheit verteilt-parametrischer Systeme beachtet werden. Um dies zu erkennen, geht man von dem Anfangswert

$$x(0) = x_i^*(0)\phi_i \tag{A.9}$$

aus, worin ϕ_i der Eigenvektor von $\mathcal{A}$ zum Eigenwert λ_i ist. In Abschnitt 2.2.2 wird gezeigt, dass die zugehörige Zustandstrajektorie für ein Riesz-Spektralsystem durch

$$x(t) = e^{\lambda_i t}x(0) \tag{A.10}$$

gegeben ist. Da die Eigenwerte λ_i bei verteilt-parametrischen Systemen typischerweise mit ansteigendem Index i immer weiter links in der komplexen Ebene liegen, nimmt auch der Verlauf von $x(t)$ ausgehend von dem Anfangswert $x(0)$ immer schneller ab. Dies bedeutet, dass in diesem Fall die Lösung $x(t)$ bei $t = 0$ für zunehmendes i nahezu unstetiges Verhalten zeigt. Aus diesem Grund kann man die Stetigkeit von $\mathcal{T}(t)$ bezüglich t nur *punktwei-*

A.1 C_0-Halbgruppen 247

se, d.h. nur für einen gegebenen Anfangswert $x(0)$, und nicht *gleichmäßig*, d.h. unabhängig von $x(0)$, einführen. Dies führt auf die Forderung, dass die Halbgruppe $T(t)$ bezüglich t *stark stetig* sein muss. Dies bedeutet, dass

$$\|T(t)x(0) - x(0)\| \to 0 \quad \text{für} \quad t \to 0^+, \quad \forall x(0) \in H \tag{A.11}$$

gilt. Mit dieser zusätzlichen Bedingung wird aus der Halbgruppe $T(t)$ eine *stark stetige Halbgruppe* oder kurz C_0-*Halbgruppe*. Darin bedeutet C_0 die Abkürzung für *Cesàro summierbar von der Ordnung 0*, was der Bedingung (A.11) entspricht. Um zu erkennen, wie man von der C_0-Halbgruppe zur Zustandsdifferentialgleichung kommt, geht man zunächst von endlich-dimensionalen Systemen aus. Bei solchen Systemen ist die C_0-Halbgruppe durch eine endlich-dimensionale Abbildung, die sog. *Matrixexponentialfunktion* $T(t) = e^{At}$, gegeben (siehe auch Beispiel 2.5). Dann nimmt (A.2) die Form

$$x(t) = e^{At}x(0) \tag{A.12}$$

an. Da die Matrixexponentialfunktion für alle t differenzierbar ist, folgt aus (A.12)

$$\dot{x}(t) = \frac{d}{dt}e^{At}x(0) = Ae^{At}x(0) = Ax(t), \tag{A.13}$$

was unmittelbar die Zustandsdifferentialgleichung liefert. Allerdings wurde für die Abbildung $T(t)$ bisher nur die Stetigkeit bezüglich t gefordert. Es lässt sich aber zeigen (siehe z.B. Lemma II.1.1 in [23]), dass die rechtsseitige Differenzierbarkeit der Trajektorien $T(t)x(0)$ bei $t = 0$ äquivalent zur Differenzierbarkeit für $t \geq 0$ ist. Dann lässt sich entsprechend zum endlich-dimensionalen Fall der zur Matrix $A = \frac{d}{dt}e^{At}|_{t=0}$ korrespondierende Operator $\mathcal{A}$ angeben. Dies führt auf den Begriff des *infinitesimalen Generators einer C_0-Halbgruppe*. Hierzu wird der Definitionsbereich $D(\mathcal{A})$ für $\mathcal{A}$ so eingeschränkt, dass die Trajektorien $T(t)x(0)$ für $x(0) \in D(\mathcal{A})$ differenzierbar sind. Dies ist die Aussage der nächsten Definition (siehe Definition 2.1.8 in [14]).

Definition A.1 (Infinitesimaler Generator). Der *infinitesimale Generator $\mathcal{A}$ einer C_0-Halbgruppe* auf einem Hilbertraum H besitzt die Abbildungsvorschrift

$$\mathcal{A}h = \lim_{t \to 0^+} \frac{1}{t}(T(t) - I)h, \tag{A.14}$$

sofern der Grenzwert existiert. Der Definitionsbereich $D(\mathcal{A})$ von $\mathcal{A}$ ist die Menge von Elementen in H, für die der Grenzwert (A.14) existiert.

Diese Definition sichert die rechtsseitige Differenzierbarkeit von $T(t)x(0)$ bei $t = 0$ für den Anfangswert $x(0) \in D(\mathcal{A})$. Da hieraus auch die Differenzierbarkeit von $T(t)x(0)$ für $t \geq 0$ folgt, gilt

$$\frac{d}{dt}T(t)x(0) = \mathcal{A}T(t)x(0), \quad t > 0, \quad x(0) \in D(\mathcal{A}) \tag{A.15}$$

248   A Mathematische Grundlagen

(siehe Theorem 2.1.10 in [14]), falls $\mathcal{A}$ der infinitesimale Generator der C_0-Halbgruppe $\mathcal{T}(t)$ ist. Damit liefert (A.2) die eindeutige (klassische) Lösung des abstrakten Anfangswertproblems

$$\dot{x}(t) = \mathcal{A}x(t), \quad t > 0, \quad x(0) = x_0 \in D(\mathcal{A}). \tag{A.16}$$

Weil eine C_0-Halbgruppe stets eine eindeutige und bzgl. $x(0)$ stetige lineare Abbildung darstellt, sind abstrakte Anfangswertprobleme (A.16) mit einem infinitesimalen Generator $\mathcal{A}$ immer wohlgestellt. Im Allgemeinen lässt sich die C_0-Halbgruppe nicht explizit berechnen, um Eigenschaften der Lösung bzw. Eigenschaften des Systems zu untersuchen. Es ist deshalb meistens nur möglich, anhand des infinitesimalen Generators $\mathcal{A}$ Aussagen über die C_0-Halbgruppe und damit über Systemeigenschaften zu machen.

Interessant am Konzept der C_0-Halbgruppen ist, dass es eine allgemeinere Systembeschreibung darstellt als die Beschreibung durch eine Differentialgleichung. Um dies anschaulich zu motivieren, betrachtet man einen durch die Zustandsgleichung

$$\dot{x}(t) = 0 \cdot x(t) + u(t), \quad t > 0, \quad x(0) = x_0 \in \mathbb{R} \tag{A.17}$$

beschriebenen Integrierer. Die allgemeine Lösung der Zustandsgleichung lautet

$$x(t) = e^{0 \cdot t} x(0) + \int_0^t e^{0 \cdot (t-\tau)} u(\tau) d\tau. \tag{A.18}$$

Erregt man das System mit dem Sprung $u(t) = \sigma(t - t_0)$ bei $t = t_0 > 0$, dann ergibt sich bei $t = t_0$ ein Knick in der Lösung $x(t)$. An dieser Stelle ist $x(t)$ nicht mehr differenzierbar, weshalb $x(t)$ nicht Lösung der Differentialgleichung (A.17) sein kann. Allerdings liefert (A.18) weiterhin die (milde) Lösung des Anfangswertproblems. Dies macht deutlich, dass die allgemeinere Systembeschreibung des Integrieres nicht die Differentialgleichung (A.17), sondern die Beschreibung (A.18) mit der C_0-Halbgruppe $T(t) = e^{0 \cdot t}$ ist. Diese Idee lässt sich auch auf verteilt-parametrische Systeme übertragen. Solche Systeme lassen sich nicht mehr durch die Zustandsgleichung

$$\dot{x}(t) = \mathcal{A}x(t) + \mathcal{B}u(t) \tag{A.19}$$

beschreiben, wenn der Anfangswert $x(0)$ nicht im Definitionsbereichs $D(\mathcal{A})$ enthalten oder die Anregung $u(t)$ nicht stetig differenzierbar ist. Liegt der Eingang $u(t)$ in $L_r([0, \tau], \mathbb{R}^p)$ für $\tau > 0$ und ein $r \geq 1$, dann kann man zur *milden Formulierung*

$$x(t) = \mathcal{T}(t)x(0) + \int_0^t \mathcal{T}(t - \tau)\mathcal{B}u(\tau)d\tau, \quad x(0) \in H \tag{A.20}$$

der Zustandsgleichung des verteilt-parametrischen Systems im Intervall $[0, \tau]$ übergehen, welche die Beschreibung durch die abstrakte Differentialgleichung

A.2 Adjungierte Operatoren

(A.19) ersetzt. Die milde Formulierung ist auch die Grundlage zur Berücksichtigung von punktförmigen Stelleingriffen und Messungen (siehe Abschnitt 2.2.1).

Es ist in der Literatur meist üblich (A.19) als Systembeschreibung anzugeben, auch wenn nur die milde Lösung existiert. Die Zustandsdifferentialgleichung (A.19) ist dann nur stellvertretend für (A.20) gedacht, um die Darstellung einfach zu halten. Von dieser Vorgehensweise wird auch an den meisten Stellen in diesem Buch Gebrauch gemacht.

A.2 Adjungierte Operatoren

Zur Einführung von adjungierten Operatoren betrachtet man zunächst den endlich-dimensionalen Fall. Im endlich-dimensionalen Hilbertraum $H = \mathbb{C}^n$ mit dem *Skalarprodukt*

$$\langle a, b \rangle = a^T \bar{b} \tag{A.21}$$

lassen sich lineare Operatoren stets durch Matrizen darstellen. Zur Herleitung der adjungierten Matrix, geht man von den Vektoren Ax sowie y mit $x, y \in \mathbb{C}^n$ aus und bildet das Skalarprodukt

$$\langle Ax, y \rangle = x^T A^T \bar{y} = x^T \overline{\overline{A^T} y} = \langle x, A^* y \rangle, \quad \forall x, y \in H. \tag{A.22}$$

Darin ist

$$A^* = \overline{A^T} \tag{A.23}$$

die zu A *adjungierte Matrix*. Wie man aus der linearen Algebra weiß, spielt die adjungierte Matrix und deren Eigenvektoren dort eine grundlegende Rolle. Dasselbe gilt für die Verallgemeinerung der adjungierten Matrix auf adjungierte Operatoren in unendlich-dimensionalen Hilberträumen. Beispielsweise werden für die Reihenentwicklungen (2.58) und (2.59) die Eigenvektoren des adjungierten Operators benötigt. Die im endlich-dimensionalen Fall vorgestellte Vorgehensweise zur Herleitung der adjungierten Matrix lässt sich auch auf dicht definierte lineare Operatoren in unendlich-dimensionalen Hilberträumen verallgemeinern, was auf folgende Definition führt (siehe Definition A.3.63 in [14]).

Definition A.2 (Adjungierter Operator). Gegeben sei ein linearer Operator $\mathcal{A}$ im Hilbertraum H mit dem Definitionsbereich $D(\mathcal{A})$ dicht in H. Der *adjungierte Operator* $\mathcal{A}^* : D(\mathcal{A}^*) \subset H \to H$ von $\mathcal{A}$ ist folgendermaßen definiert: Der Definitionsbereich $D(\mathcal{A}^*)$ von $\mathcal{A}^*$ besteht aus der Menge aller $y \in H$, so dass ein $y^* \in H$ existiert mit

$$\langle \mathcal{A}x, y \rangle = \langle x, y^* \rangle, \quad \forall x \in D(\mathcal{A}). \tag{A.24}$$

Für jedes $y \in D(\mathcal{A}^*)$ ist dann der *adjungierte Operator* $\mathcal{A}^*$ als

$$\mathcal{A}^* y = y^* \tag{A.25}$$

definiert.

Eine weitere wichtige Bedeutung des adjungierten Operators $\mathcal{A}^*$ ist, dass man anhand von ihm wichtige Eigenschaften des Operators $\mathcal{A}$ einführen kann. Gilt beispielsweise im endlich-dimensionalen Fall

$$A = A^*, \tag{A.26}$$

d.h. ist A eine symmetrische Matrix, dann sind ihre Eigenwerte sämtlich reell und die Eigenvektoren bilden nach geeigneter Normierung eine orthonormale Basis im Hilbertraum $H = \mathbb{C}^n$. Eine entsprechende Aussage lässt sich auch bei Operatoren $\mathcal{A}$ in unendlich-dimensionalen Hilberträumen ableiten. Gilt für den Operator $\mathcal{A}$ in Definition A.2

$$\langle \mathcal{A}x, y \rangle = \langle x, \mathcal{A}y \rangle, \quad \forall x, y \in D(\mathcal{A}), \tag{A.27}$$

dann ist $\mathcal{A}$ ein *symmetrischer Operator* oder *formal selbstadjungiert*. Besitzt $\mathcal{A}$ darüber hinaus die Eigenschaft

$$D(\mathcal{A}^*) = D(\mathcal{A}), \tag{A.28}$$

so ist $\mathcal{A}$ *selbstadjungiert*. Hieraus folgt

$$\sigma(\mathcal{A}^*) = \overline{\sigma(\mathcal{A})} = \sigma(\mathcal{A}) \tag{A.29}$$

(siehe Lemma A.4.17 in [14]), worin der Überstrich konjugiert komplex bedeutet. Damit sind die Eigenwerte von $\mathcal{A}$ sämtlich reell. Diese Operatoren haben Eigenschaften, die zu symmetrischen Matrizen vergleichbar sind, wenn sie zusätzlich die Bedingungen des folgenden Satzes erfüllen.

Satz A.1 (Operatoren mit kompakter normaler Inversen). *Gegeben sei ein linearer Operator $\mathcal{A}$ in einem Hilbertraum H. Wenn*

- *0 in der Resolventenmenge $\rho(\mathcal{A})$ liegt und*
- *$\mathcal{A}^{-1}$ kompakt und normal ist,*

dann

- *besteht das Spektrum von $\mathcal{A}$ aus isolierten Eigenwerten mit endlicher algebraischer Vielfachheit und*
- *die Eigenvektoren von $\mathcal{A}$ bilden nach einer geeigneten Normierung eine orthonormale Basis für H.*

Beweis. Die Aussage dieses Satzes ist eine Zusammenfassung der Ergebnisse von Lemma A.4.19 und Theorem A.4.25 in [14]. ◄

A.2 Adjungierte Operatoren 251

Zu diesem Satz ist zunächst anzumerken, dass die Bedingung $0 \in \rho(\mathcal{A})$ den Fall ausschließt, bei dem $\mathcal{A}$ Eigenwerte bei 0 hat. Dann existiert nicht einmal die *algebraische Inverse* von $\mathcal{A}$ (siehe Lemma A.3.6 in [14]). Wenn der inverse Operator $\mathcal{A}^{-1}$ durch einen *Integraloperator* gegeben ist, dann ist $\mathcal{A}^{-1}$ ein *kompakter Operator* und es gilt $0 \in \rho(\mathcal{A})$ (siehe Theorem A.3.24 in [14]). Dies ist bei den in Anwendungen auftretenden Differentialoperatoren meistens der Fall (siehe auch Abschnitt B.1), wenn $\mathcal{A}$ keinen Eigenwert bei Null hat. Gilt darüber hinaus, dass $\mathcal{A}$ einen selbstadjungierten Operator darstellt, so ist der Integraloperator $\mathcal{A}^{-1}$ ein *normaler Operator*. Folglich besitzen die Eigenwerte und Eigenvektoren von solchen selbstadjungierten Differentialoperatoren $\mathcal{A}$ die in Satz A.1 beschriebenen Eigenschaften. Hieraus resultiert die besondere Bedeutung von selbstadjungierter Operatoren bei der Regelung verteilt-parametrischer Systeme.

Die konkrete Bestimmung des adjungierten Operators wird im folgenden Beispiel anhand des Systemoperators eines Wärmeleiters mit Dirichletschen Randbedingungen vorgestellt (siehe Beispiel 2.1).

Beispiel A.1. Bestimmung des adjungierten Operators für den Wärmeleiter mit Dirichletschen Randbedingungen
Betrachtet wird der Systemoperator

$$\mathcal{A}h = \frac{d^2}{dz^2}h \tag{A.30}$$

$$h \in D(\mathcal{A}) = \{h \in L_2(0,1) \mid h, \tfrac{d}{dz}h \text{ absolut stetig,}$$

$$\tfrac{d^2}{dz^2}h \in L_2(0,1) \text{ und } h(0) = h(1) = 0\} \tag{A.31}$$

aus (2.17)–(2.18). Ausgangspunkt für die Bestimmung des adjungierten Operators $\mathcal{A}^*$ ist das in $L_2(0,1)$ eingeführte Skalarprodukt (2.16). Wendet man es auf $\mathcal{A}x$ und y an, so ergibt sich

$$\langle \mathcal{A}x, y \rangle = \int_0^1 \frac{d^2x}{dz^2}(z)\overline{y(z)}dz, \quad x, y \in D(\mathcal{A}). \tag{A.32}$$

Um den Operator $\mathcal{A}$ im Argument von (A.32) gemäß (A.24)–(A.25) auf die andere Seite zu bringen, verwendet man die partielle Integration. Führt man diese zweimal durch, so folgt

$$\int_0^1 \frac{d^2x}{dz^2}(z)\overline{y(z)}dz = \left[\frac{dx}{dz}(z)\overline{y(z)} \right]_0^1 - \left[x(z)\overline{\frac{dy}{dz}(z)} \right]_0^1$$

$$+ \int_0^1 x(z)\overline{\frac{d^2y}{dz^2}(z)}dz. \tag{A.33}$$

Damit

$$\langle \mathcal{A}x, y \rangle = \int_0^1 \frac{d^2x}{dz^2}(z)\overline{y(z)}dz = \int_0^1 x(z)\overline{\frac{d^2y}{dz^2}(z)}dz = \langle x, \mathcal{A}^*y \rangle \tag{A.34}$$

gilt, muss wegen (A.33)

$$\left[\frac{dx}{dz}(z)\overline{y(z)}\right]_0^1 - \left[x(z)\overline{\frac{dy}{dz}(z)}\right]_0^1 = 0 \tag{A.35}$$

erfüllt sein. Da $x \in D(\mathcal{A})$ und folglich $x(0) = x(1) = 0$ ist (siehe (A.31)), vereinfacht sich (A.35) zu

$$\frac{dx}{dz}(1)\overline{y(1)} - \frac{dx}{dz}(0)\overline{y(0)} = 0. \tag{A.36}$$

Diese Gleichung muss für beliebige $\frac{dx}{dz}(1)$ und $\frac{dx}{dz}(0)$ gelten, weshalb $y(0) = y(1) = 0$ zu fordern ist. Folglich lautet der adjungierte Operator

$$\mathcal{A}^* h = \frac{d^2}{dz^2} h \tag{A.37}$$

$$h \in D(\mathcal{A}^*) = \{h \in L_2(0,1) \mid h, \tfrac{d}{dz}h \text{ absolut stetig,}$$

$$\tfrac{d^2}{dz^2}h \in L_2(0,1) \text{ und } h(0) = h(1) = 0\}. \tag{A.38}$$

Zu diesem Ergebnis ist anzumerken, dass diese Vorgehensweise zur Bestimmung des adjungierten Operators rein *heuristisch* ist. Es muss nämlich noch gezeigt werden, dass der Operator in (A.37) mit dem zugehörigen Definitionsbereich (A.38) gemäß

$$\mathcal{A}^* y = y^*, \quad y \in D(\mathcal{A}^*) \tag{A.39}$$

alle möglichen Paare (y, y^*) liefert, welche die Bedingungen der Definition A.2 erfüllen. Allerdings lässt sich nachweisen, dass dies für den eben bestimmten Operator zutrifft. Da sich dies für alle im Buch behandelten Fälle so verhält, wird für eine einfachere Darstellung der Ergebnisse nur die heuristische Vorgehensweise zur Bestimmung des adjungierten Operators verwendet. Die Herangehensweise für die exakte Bestimmung von adjungierten Operatoren findet man z.B. in [14,65]. Ein Vergleich von (A.30)–(A.31) mit (A.37)–(A.38) zeigt, dass $\mathcal{A}h = \mathcal{A}^* h$ und $D(\mathcal{A}) = D(\mathcal{A}^*)$ gilt. Damit ist der Operator $\mathcal{A}$ selbstadjungiert. In Anhang B.1 wird gezeigt, dass 0 in der Resolventenmenge $\rho(\mathcal{A})$ enthalten und der inverse Operator durch

$$\left(\mathcal{A}^{-1}y\right)(z) = \int_0^1 g(z,\zeta)y(\zeta)d\zeta \tag{A.40}$$

mit der *Greenschen Funktion*

$$g(z,\zeta) = \begin{cases} (\zeta - 1)z & \text{für } 0 \leq z \leq \zeta \leq 1 \\ \zeta(z - 1) & \text{für } 0 \leq \zeta \leq z \leq 1 \end{cases} \tag{A.41}$$

A.3 Sturm-Liouville-Operatoren   253

gegeben ist. Wegen $g(z, \zeta) = g(\zeta, z)$ ist der inverse Operator $\mathcal{A}^{-1}$ auch selbstadjungiert (siehe Example A.3.59 in [14]). Ein beschränkter Operator $\mathcal{T}$ ist *normal*, falls

$$\mathcal{T}\mathcal{T}^* = \mathcal{T}^*\mathcal{T} \tag{A.42}$$

gilt (siehe Definition A.3.62 in [14]). Da $\mathcal{A}^{-1}$ selbstadjungiert ist, d.h.

$$\mathcal{A}^{-1} = (\mathcal{A}^{-1})^* \tag{A.43}$$

erfüllt, besitzt $\mathcal{A}^{-1}$ die Eigenschaft

$$\mathcal{A}^{-1}(\mathcal{A}^{-1})^* = (\mathcal{A}^{-1})^*\mathcal{A}^{-1}. \tag{A.44}$$

Damit genügt $\mathcal{A}$ den Voraussetzungen von Satz A.1, womit $\mathcal{A}$ ein reelles diskretes Spektrum hat und die zugehörigen Eigenvektoren nach geeigneter Normierung eine orthonormale Basis in H bilden. ◄

A.3 Sturm-Liouville-Operatoren

Die Analyse eines verteilt-parametrischen Systems

$$\dot{x}(t) = \mathcal{A}x(t) + \mathcal{B}u(t), \quad t > 0, \quad x(0) = x_0 \in H \tag{A.45}$$
$$y(t) = \mathcal{C}x(t), \quad t \geq 0 \tag{A.46}$$

vereinfacht sich, wenn es zur Klasse der *Sturm-Liouville-Systeme* gehört. Dies bedeutet, dass der negative Systemoperator $-\mathcal{A}$ ein *Sturm-Liouville-Operator* ist und die Eingangs- und Ausgangsoperatoren $\mathcal{B}$ und $\mathcal{C}$ beschränkte lineare Operatoren darstellen. Sturm-Liouville-Operatoren besitzen die wesentlichen Eigenschaften, dass ihr Spektrum ausschließlich aus isolierten Eigenwerten besteht und die zugehörigen Eigenvektoren eine orthonormale Basis im Hilbertraum bilden. Damit ist es möglich, das verteilt-parametrische System modal zu analysieren und darauf aufbauend einen Regler zu entwerfen. Da solche Operatoren häufig in Anwendungen anzutreffen sind, soll im Weiteren deren Eigenschaften genauer diskutiert werden. Die folgende Definition führt diese Operatoren ein (siehe Exercise 2.10 in [14]).

Definition A.3 (Sturm-Liouville-Operator). Der Operator

$$\mathcal{L}h = \frac{1}{w}\left(-\frac{d}{dz}(p\frac{d}{dz}h) + qh\right) \tag{A.47}$$

$$h \in D(\mathcal{L}) = \{h \in L_2(0,1) \mid h, \tfrac{d}{dz}h \text{ absolut stetig}, \tag{A.48}$$

$$\tfrac{d^2}{dz^2}h \in L_2(0,1) \text{ und } \beta_1 h(0) + \gamma_1 \tfrac{dh}{dz}(0) = 0, \beta_2 h(1) + \gamma_2 \tfrac{dh}{dz}(1) = 0\}$$

im Hilbertraum $L_2(0,1)$ mit dem Skalarprodukt

$$\langle h_1, h_2 \rangle = \int_0^1 h_1(z)\overline{h_2(z)}w(z)dz \tag{A.49}$$

ist ein *Sturm-Liouville-Operator*, wenn

- $w(z)$, $p(z)$, $\frac{dp}{dz}(z)$ und $q(z)$ reellwertige, stetige Funktionen auf dem Intervall $[0, 1]$ sind,
- $p(z) > 0$ sowie $w(z) > 0$ gilt,
- β_1, β_2, γ_1 und γ_2 reelle Konstanten sind, die $|\beta_1| + |\gamma_1| > 0$ sowie $|\beta_2| + |\gamma_2| > 0$ erfüllen.

Häufig sind die Koeffizientenfunktionen $w(z)$, $p(z)$ und $q(z)$ konstant. In diesem Fall nimmt (A.47) die einfache Form

$$\mathcal{L}h = -p\frac{d^2}{dz^2}h + qh \tag{A.50}$$

mit Konstanten $p > 0$ und q beliebig an, wenn man $w = 1$ setzt. Das in $L_2(0, 1)$ eingeführte Skalarprodukt (A.49) lautet dann

$$\langle h_1, h_2 \rangle = \int_0^1 h_1(z)\overline{h_2(z)}dz. \tag{A.51}$$

Die Eigenschaften von Sturm-Liouville-Operatoren sind im folgenden Satz zusammengefasst.

Satz A.2 (Eigenschaften von Sturm-Liouville-Operatoren). *Gegeben sei ein Sturm-Liouville-Operator $\mathcal{L}$ im Hilbertraum H. Dann gelten folgende Aussagen:*

- *der Operator $\mathcal{L}$ ist bezüglich des Skalarprodukts (A.49) selbstadjungiert,*
- *das Spektrum von $\mathcal{L}$ besteht aus isolierten einfachen und reellen Eigenwerten, wobei nur endlich viele Eigenwerte in der abgeschlossenen linken Halbebene liegen, und*
- *die Eigenvektoren von $\mathcal{L}$ bilden nach geeigneter Normierung eine orthonormale Basis in H.*

Beweis: Die Aussagen dieses Satz sind Exercise 2.10 in [14] und [15] entnommen. ◄

Man beachte, dass wegen der ersten Eigenschaft von Satz A.2 keine Häufungspunkte der Eigenwerte im Spektrum von $\mathcal{L}$ auftreten. Darüber hinaus ist für $-\mathcal{L}$ immer die notwendige Bedingung für die Stabilisierbarkeit eines verteilt-parametrischen Systems erfüllt, da nur endlich viele Eigenwerte in der abgeschlossenen rechten Halbebene liegen und die restlichen Eigenwerte in der linken Halbebene der Imaginärachse nicht beliebig nahe kommen (siehe Abschnitt 4.1.1). Im Vergleich zu Satz A.1 wird in Satz A.2 nicht $0 \in \rho(\mathcal{L})$ verlangt. Dies bedeutet, dass sich mit Satz A.2 auch verteilt-parametrische Systeme mit Eigenwerten bei Null untersuchen lassen, für die $0 \notin \rho(\mathcal{A})$ gilt. Ein

A.3 Sturm-Liouville-Operatoren   255

Beispiel hierfür ist der Wärmeleiter mit Neumannschen Randbedingungen, der einen Eigenwert bei Null besitzt und bei dem $-\mathcal{A}$ einen Sturm-Liouville-Operator darstellt (siehe Beispiel 5.1). In [15] wird nachgewiesen, dass $-\mathcal{L}$ stets ein Riesz-Spektraloperator ist, womit die Sturm-Liouville-Operatoren eine Unterklasse der Riesz-Spektraloperatoren bilden. Damit sind die Sturm-Liouville-Systeme auch eine Teilklasse der Riesz-Spektralsysteme.

Falls der negative Systemoperator $-\mathcal{A}$ keinen Sturm-Liouville-Operator darstellt, kann man in manchen Fällen durch eine Transformation erreichen, dass dies für die resultierende transformierte PDgl. gilt. Dies soll anhand des folgenden Beispiel gezeigt werden.

Beispiel A.2. *Transformation auf ein Anfangs-Randwertproblem mit Sturm-Liouville-Operator*

Im Folgenden wird das *Diffusions-Konvektions-System*

$$\partial_t x(z,t) = \partial_z^2 x(z,t) + \nu \partial_z x(z,t) + b^T(z)u(t), \ t > 0, \ z \in (0,1) \quad (A.52)$$
$$x(0,t) = x(1,t) = 0, \ t > 0 \quad (A.53)$$
$$x(z,0) = x_0(z), \ z \in [0,1] \quad (A.54)$$

mit $\nu > 0$ betrachtet. Der Systemoperator in (A.52)–(A.53) ist durch

$$\mathcal{A}h = \frac{d^2}{dz^2}h + \nu \frac{d}{dz}h \quad (A.55)$$
$$h \in D(\mathcal{A}) = \{h \in L_2(0,1) \mid h, \tfrac{d}{dz}h \text{ absolut stetig,}$$
$$\tfrac{d^2}{dz^2}h \in L_2(0,1) \text{ und } h(0) = h(1) = 0\} \quad (A.56)$$

gegeben. Da der negative Systemoperator

$$-\mathcal{A}h = -\frac{d^2}{dz^2}h - \nu \frac{d}{dz}h \quad (A.57)$$

lautet, liegt offensichtlich kein Sturm-Liouville-Operator vor (siehe (A.50)). Um das Anfangs-Randwertproblem (A.52)–(A.54) in ein Anfangs-Randwertproblem mit Sturm-Liouville-Operator zu überführen, betrachtet man die Transformation

$$\bar{x}(z,t) = e^{\frac{\nu}{2}z}x(z,t) \quad (A.58)$$

bzw.

$$x(z,t) = e^{-\frac{\nu}{2}z}\bar{x}(z,t). \quad (A.59)$$

Zur Herleitung der PDgl. für $\bar{x}(z,t)$ wird

$$\partial_t \bar{x}(z,t) = e^{\frac{\nu}{2}z}\partial_t x(z,t)$$
$$= e^{\frac{\nu}{2}z}\partial_z^2 x(z,t) + \nu e^{\frac{\nu}{2}z}\partial_z x(z,t) + e^{\frac{\nu}{2}z}b^T(z)u(t) \quad (A.60)$$

gebildet, worin die rechte Seite von (A.52) für $\partial_t x(z,t)$ eingesetzt wurde. Verwendet man mit (A.59) die Ausdrücke

$$\partial_z x(z,t) = \partial_z e^{-\frac{\nu}{2}z}\bar{x}(z,t) = -\frac{\nu}{2}e^{-\frac{\nu}{2}z}\bar{x}(z,t) + e^{-\frac{\nu}{2}z}\partial_z\bar{x}(z,t) \tag{A.61}$$

$$\partial_z^2 x(z,t) = \partial_z^2 e^{-\frac{\nu}{2}z}\bar{x}(z,t) \tag{A.62}$$

$$= \frac{\nu^2}{4}e^{-\frac{\nu}{2}z}\bar{x}(z,t) - \frac{\nu}{2}e^{-\frac{\nu}{2}z}\partial_z\bar{x}(z,t) - \frac{\nu}{2}e^{-\frac{\nu}{2}z}\partial_z\bar{x}(z,t) + e^{-\frac{\nu}{2}z}\partial_z^2\bar{x}(z,t)$$

in (A.60), so erhält man unter Berücksichtigung von (A.53)–(A.54) sowie (A.59) das Anfangs-Randwertproblem

$$\partial_t\bar{x}(z,t) = \partial_z^2\bar{x}(z,t) - \frac{\nu^2}{4}\bar{x}(z,t) + e^{\frac{\nu}{2}z}b^T(z)u(t),\ t>0,\ z\in(0,1) \tag{A.63}$$

$$\bar{x}(0,t) = \bar{x}(1,t) = 0,\ t>0 \tag{A.64}$$

$$\bar{x}(z,0) = e^{\frac{\nu}{2}z}x_0(z),\ z\in[0,1]. \tag{A.65}$$

Für dieses Anfangs-Randwertproblem lässt sich der Systemoperator

$$\mathscr{A}h = \frac{d^2}{dz^2}h - \frac{\nu^2}{4}h \tag{A.66}$$

mit dem Definitionsbereich

$$D(\mathscr{A}) = \{h \in L_2(0,1) \mid h,\ \tfrac{d}{dz}h \text{ absolut stetig},$$

$$\tfrac{d^2}{dz^2}h \in L_2(0,1) \text{ und } h(0) = h(1) = 0\} \tag{A.67}$$

im Hilbertraum $L_2(0,1)$ mit dem Skalarprodukt (A.51) einführen. Anhand eines Vergleichs von (A.50) mit $-\mathscr{A}$ erkennt man, dass $-\mathscr{A}$ ein Sturm-Liouville-Operator ist. Damit lässt sich das Anfangs-Randwertproblem (A.63)–(A.65) in den neuen Koordinaten (A.58) als Sturm-Liouville-System im Hilbertraum $L_2(0,1)$ mit dem Skalarprodukt (A.51) formulieren. ◄

Anhang B
Ergänzungen zu den Beispielsystemen

B.1 Wärmeleiter mit Dirichletschen Randbedingungen

In diesem Abschnitt werden wichtige Eigenschaften des im Abschnitt 2.1 eingeführten Systemoperators

$$\mathcal{A}h = \frac{d^2}{dz^2}h \tag{B.1}$$

$$h \in D(\mathcal{A}) = \{h \in L_2(0,1) \mid h, \tfrac{d}{dz}h \text{ absolut stetig,}$$

$$\tfrac{d^2}{dz^2}h \in L_2(0,1) \text{ und } h(0) = h(1) = 0\} \tag{B.2}$$

genauer untersucht (siehe (2.17)–(2.18)). Dieser Operator wird im Zustandsraum $H = L_2(0,1)$ eingeführt, d.h. $\mathcal{A} : D(\mathcal{A}) \subset H \to H$. Eine grundlegende Eigenschaft des Operators $\mathcal{A}$ ist, dass er zur Klasse der *unbeschränkten* Operatoren gehört, was bei allen Systemoperatoren von verteilt-parametrischen Systemen der Fall ist. Um diese Begriffsbildung zu verstehen, betrachtet man die orthonormale Basis $\varphi_i = \sqrt{2}\sin(i\pi z)$, $i \geq 1$, in $H = L_2(0,1)$ (siehe z.B. Example A.4.21 in [14]), wobei $\varphi_i \in D(\mathcal{A})$ gilt (siehe (B.2)). Jedes Element $\zeta \in D(\mathcal{A}) \subset H$ besitzt dann die eindeutige Reihenentwicklung

$$\zeta = \sum_{i=1}^{\infty} c_i \varphi_i \tag{B.3}$$

mit $c_i = \langle \zeta, \varphi_i \rangle$ (siehe Definition A.2.32 in [14]). Anwendung des Operators $\mathcal{A}$ auf ζ in (B.3) liefert

$$\mathcal{A}\zeta = \sum_{i=1}^{\infty} c_i \mathcal{A}\varphi_i = -\sum_{i=1}^{\infty} c_i (i\pi)^2 \varphi_i. \tag{B.4}$$

Da die Funktionen φ_i eine orthonormale Basis in H bilden, gilt die *Parsevalsche Gleichung*

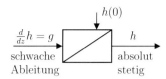

Abb. B.1: Strukturbild zur Veranschaulichung der absoluten Stetigkeit

$$\|\zeta\|^2 = \sum_{i=1}^{\infty} |c_i|^2 \tag{B.5}$$

(siehe Definition A.2.32 in [14]). Für das Normquadrat von (B.4) folgt dann

$$\|\mathcal{A}\zeta\|^2 = \sum_{i=1}^{\infty} |c_i|^2 (i\pi)^4. \tag{B.6}$$

Ein Operator heißt *beschränkt*, wenn es eine reelle Zahl C gibt, so dass

$$\|\mathcal{A}\zeta\| \leq C\|\zeta\|, \quad \forall \zeta \in D(\mathcal{A}) \tag{B.7}$$

gilt. Quadriert man (B.7) und ersetzt die Normquadrate durch (B.5) und (B.6), dann müsste für einen beschränkten Operator $\mathcal{A}$ die Ungleichung

$$\sum_{i=1}^{\infty} |c_i|^2 (i\pi)^4 \leq C^2 \sum_{i=1}^{\infty} |c_i|^2 \tag{B.8}$$

für eine positive reelle Zahl C und beliebige c_i, die aus (B.3) mit $\zeta \in D(\mathcal{A})$ resultieren, erfüllt sein. Da dies offensichtlich nicht möglich ist, stellt $\mathcal{A}$ einen unbeschränkten Operator dar. Die Analyse von unbeschränkten Operatoren ist deutlich schwieriger als die von beschränkten Operatoren, zu denen beispielsweise Matrizen in endlich-dimensionalen Räumen gehören. Dies ist einer der Gründe, warum die Beschreibung von verteilt-parametrischen Systemen im Vergleich zu konzentriert-parametrischen Systemen einen deutlich höheren mathematischen Aufwand erfordert.

Neben der Abbildungsvorschrift (B.1) werden wesentliche Eigenschaften des Operators $\mathcal{A}$ durch seinen Definitionsbereich $D(\mathcal{A})$ festgelegt. Da der Zustandsraum durch $H = L_2(0,1)$ gegeben ist, muss $\mathcal{A}h \in L_2(0,1)$ für $h \in D(\mathcal{A})$ gelten. Ist h *absolut stetig*, was auch die Stetigkeit von h miteinschließt, dann gibt es eine Darstellung

$$h(z) = h(0) + \int_0^z g(\zeta) d\zeta \tag{B.9}$$

mit einer Lebesgue-integrierbaren Funktion g (siehe z.B. Example 2.7 in Kapitel III.2 in [43]). Da (B.9) $\frac{d}{dz}h = g$ *fast überall* impliziert, d.h. $\frac{d}{dz}h = g$ gilt für alle z bis auf einer *Nullmenge*, existiert die *schwache Ableitung* $\frac{d}{dz}h$

B.1 Wärmeleiter mit Dirichletschen Randbedingungen

fast überall und ist Lebesgue-integrierbar. Dieser Zusammenhang lässt sich anhand des Integrierers in Abbildung B.1 veranschaulichen. Wenn h differenzierbar ist, dann stimmt der Eingang mit der klassischen Ableitung überein. Für nicht differenzierbare h ist der Eingang $\frac{d}{dz}h = g$ die schwache Ableitung von h, wenn h absolut stetig ist. Als konkretes Beispiel kann man eine Sprunganregung des Integrierers in Abbildung B.1 betrachten. Da die Sprungfunktion Lebesgue-integrierbar ist, stellt h eine absolut stetige Funktion dar und folglich ist die Sprunganregung gleich der schwachen Ableitung $\frac{d}{dz}h$ von h. Im Gegensatz dazu existiert die klassische Ableitung an der Sprungstelle nicht, da h dort einen Knick besitzt. Damit können nicht (klassisch) differenzierbare Funktionen auch schwach differenzierbar sein, womit die schwache Ableitung den klassischen Ableitungsbegriffs erweitert. Da aus der absoluten Stetigkeit von $\frac{d}{dz}h$ die Existenz der schwachen Ableitung $\frac{d^2}{dz^2}h$ und deren Lebesgue-Integrierbarkeit folgt, aber $\mathcal{A}h$ Element von $L_2(0,1)$ sein soll, muss zusätzlich $\frac{d^2}{dz^2}h \in L_2(0,1)$ gefordert werden. Der resultierende Definitionsbereich $D(\mathcal{A})$ liegt *dicht* in H, d.h. jedes Element aus H kann beliebig genau durch Elemente aus $D(\mathcal{A})$ angenähert werden. In anderen Worten: die Element in $D(\mathcal{A})$ liegen beliebig „nahe" an Elementen in H, weshalb man die Menge $D(\mathcal{A})$ als dicht in H bezeichnet. Dies ist eine wichtige Eigenschaft von Systemoperatoren, da beispielsweise nur dicht definierte Operatoren infinitesimale Generatoren von C_0-Halbgruppen sein können (siehe Theorem 2.1.10 in [14]).

Aussagen über das Spektrum und die Eigenvektoren von $\mathcal{A}$ lassen sich anhand des *inversen Operators* $\mathcal{A}^{-1}$ machen (siehe Satz A.1). Für seine Bestimmung betrachtet man die Operatorgleichung

$$\mathcal{A}x = y, \quad x \in D(\mathcal{A}), \quad y \in H, \tag{B.10}$$

die dem Randwertproblem

$$\frac{d^2}{dz^2}x(z) = y(z), \quad 0 < z < 1 \tag{B.11}$$

$$x(0) = x(1) = 0 \tag{B.12}$$

entspricht (siehe (B.1)–(B.2)). Der inverse Operator $\mathcal{A}^{-1}$ existiert, falls $\mathcal{A}$ *injektiv* ist (d.h. verschiedene Elemente im Definitionsbereich von $\mathcal{A}$ werden stets auf unterschiedliche Bildelemente abgebildet). Diese Eigenschaft lässt sich durch Gültigkeit der Implikation

$$\mathcal{A}x = 0 \quad \Rightarrow \quad x = 0 \tag{B.13}$$

überprüfen (siehe Lemma A.3.6 in [14]). Dies bedeutet für das betrachtete Beispiel, dass das Randwertproblem

$$\frac{d^2}{dz^2}x(z) = 0, \quad 0 < z < 1 \tag{B.14}$$

$$x(0) = x(1) = 0 \tag{B.15}$$

nur die Lösung $x = 0$ besitzt. Um die Bedingung (B.13) nachzuweisen, bestimmt man die allgemeine Lösung

$$x(z) = A + Bz \tag{B.16}$$

von (B.14). Dann gilt aufgrund der Randbedingungen (B.15)

$$x(0) = A = 0 \tag{B.17}$$

und

$$x(1) = B = 0, \tag{B.18}$$

womit das Randwertproblem (B.14)–(B.15) wegen (B.16) nur die triviale Lösung $x = 0$ besitzt und folglich $\mathcal{A}^{-1}$ existiert. Dieser Operator ist durch den *Integraloperator*

$$\left(\mathcal{A}^{-1}y\right)(z) = \int_0^1 g(z,\zeta)y(\zeta)d\zeta \tag{B.19}$$

gegeben, dessen *Kern* $g(z,\zeta)$ gerade die *Greensche Funktion* zu $\mathcal{A}$ ist. Sie lässt sich durch Lösen des Randwertproblems

$$\frac{d^2}{dz^2}g(z,\zeta) = \delta(z - \zeta), \quad 0 < z < 1 \tag{B.20}$$

$$g(0,\zeta) = g(1,\zeta) = 0 \tag{B.21}$$

bestimmen, worin die Randbedingungen aus (B.12) folgen und $\delta(z - \zeta)$ den *örtlichen Dirac-Impuls* bei $z = \zeta$ bezeichnet. Die Lösung von (B.20)–(B.21) und damit die Greensche Funktion des Operators $\mathcal{A}$ in (B.1)–(B.2) lautet

$$g(z,\zeta) = \begin{cases} (\zeta - 1)z & \text{für } 0 \leq z \leq \zeta \leq 1 \\ \zeta(z - 1) & \text{für } 0 \leq \zeta \leq z \leq 1 \end{cases} \tag{B.22}$$

(siehe Beispiel 4.9 in [28]). Dieses Ergebnis zeigt, wie sich das Randwertproblem (B.11)–(B.12) mittels der Greenschen Funktion allgemein lösen lässt. Anhand eines Vergleichs von (B.11)–(B.12) mit (B.20)–(B.21) erkennt man, dass die Greensche Funktion gerade die Antwort $x(z) = g(z,\zeta)$ des durch $\mathcal{A}$ bzw. des durch das Randwertproblem (B.11)–(B.12) beschriebene System auf einen Dirac-Impuls $y(z) = \delta(z - \zeta)$ am Ort $z = \zeta$ ist. Dies ist ähnlich zur Lösung des Anfangswertproblems

B.1 Wärmeleiter mit Dirichletschen Randbedingungen   261

$$\frac{d^2}{dt^2}x(t) = y(t), \quad t > 0 \tag{B.23}$$

$$x(0) = \frac{d}{dt}x(0) = 0 \tag{B.24}$$

mit Hilfe des *Faltungsintegrals*

$$x(t) = \int_0^t h(t-\tau)y(\tau)d\tau, \tag{B.25}$$

worin $h(t)$ die *Impulsantwort* ist. Aus diesem Grund lässt sich die Greensche Funktion als *örtliche Impulsantwort* eines verteilt-parametrischen Systems interpretieren. Die Greensche Funktion kann auch zur Lösung des dynamischen Problems, d.h. zur Lösung eines Anfangs-Randwertproblems, verwendet werden. Dann hängt diese auch noch von der Zeit ab, hat also die allgemeine Form $g(z, \zeta, t)$ (für Details siehe z.B. [28]). Da der inverse Operator (B.19) ein Integraloperator ist, gehört er zur Klasse der *kompakten Operatoren* (siehe Theorem A.3.24 in [14]). Solche Operatoren haben vergleichbare Eigenschaften wie Operatoren in endlich-dimensionalen Räumen, d.h. wie Matrizen. Aus der Tatsache, dass der unbeschränkte Operator $\mathcal{A}$ den beschränkten linearen Operator (B.19) als Inverse besitzt, folgt seine *Abgeschlossenheit* (siehe Theorem A.3.46 in [14]). Um diese Eigenschaft zu interpretieren, muss man beachten, dass bei linearen Operatoren die Stetigkeit äquivalent zur Beschränktheit ist. Deshalb können unbeschränkte Operatoren wie der betrachtete Operator $\mathcal{A}$ nicht stetig sein. Man kann die Abgeschlossenheit eines Operators als eine schwächere Stetigkeit interpretieren, die aber noch ausreicht, um viele wichtige Eigenschaften wie beispielsweise das Spektrum für unbeschränkte Operatoren definieren zu können. Aus (B.19) folgt, dass (B.10) für beliebige rechte Seiten $y \in H$ die eindeutige Lösung

$$x = \mathcal{A}^{-1}y \tag{B.26}$$

besitzt und $\mathcal{A}^{-1}$ einen beschränkten linearen Operator darstellt, der im gesamten Zustandsraum H definiert ist. Deshalb ist Null in der *Resolventenmenge* $\rho(\mathcal{A})$ von $\mathcal{A}$ enthalten, d.h. $(\lambda I - \mathcal{A})^{-1}$ ist für $\lambda = 0$ ein beschränkter linearer Operator (siehe Abschnitt 2.2.4). Damit gehört Null nicht zum *Spektrum* $\sigma(\mathcal{A})$ und ist insbesonders kein Eigenwert von $\mathcal{A}$ (siehe Beispiel 2.1). Anhand von (B.26) kann man auch erkennen, dass die Abgeschlossenheit von $\mathcal{A}$ grundlegend für die Existenz der Lösung von (B.10) für beliebige rechte Seiten $y \in H$ ist. Da $\mathcal{A}^{-1}$ ein beschränkter Operator sein soll, der im gesamten Zustandsraum definiert ist, muss $\mathcal{A}$ ein abgeschlossener Operator sein (siehe Theorem A.3.46 in [14]). Damit ist es notwendig, dass zur Lösung von (B.10) der Definitionsbereich $D(\mathcal{A})$ sowie der zugehörige Zustandsraum für $\mathcal{A}$ so eingeführt werden, dass $\mathcal{A}$ abgeschlossen ist.

B.2 Beidseitig drehbar gelagerter Euler-Bernoulli-Balken

In Ergänzung zur Analyse des Euler-Bernoulli-Balkens in den Beispielen 2.4 und 2.6 sollen hier weiterführende Eigenschaften dieses verteilt-parametrischen Systems vorgestellt und insbesonders die Wohlgestelltheit des in Beispiel 2.4 eingeführten abstrakten Anfangswertproblems nachgewiesen werden.

Um Elemente des Zustandsraums nach den Eigenvektoren ϕ_i des Balkens (siehe Beispiel 2.6) entwickeln zu können, müssen die Eigenvektoren ψ_i des adjungierten Operators $\mathcal{A}^*$ bekannt sein (siehe (2.58)). Die Bestimmung dieses Operators erfolgt im Folgenden mit der in Beispiel A.1 angedeuteten heuristischen Vorgehensweise, die für dieses Beispiel auf das richtige Ergebnis führt. Hierzu verwendet man das in H eingeführte Skalarprodukt

$$\langle x, y \rangle = \left\langle \begin{bmatrix} x_1 \\ x_2 \end{bmatrix}, \begin{bmatrix} y_1 \\ y_2 \end{bmatrix} \right\rangle = \langle \mathcal{A}_0^{\frac{1}{2}} x_1, \mathcal{A}_0^{\frac{1}{2}} y_1 \rangle_{L_2} + \langle x_2, y_2 \rangle_{L_2},$$

$$x_1, y_1 \in D(\mathcal{A}_0^{\frac{1}{2}}), \quad x_2, y_2 \in L_2(0,1) \quad \text{(B.27)}$$

(siehe (2.99)) und bildet den Ausdruck

$$\langle \mathcal{A}x, y \rangle = \left\langle \begin{bmatrix} 0 & I \\ -\mathcal{A}_0 & -2\alpha\mathcal{A}_0^{\frac{1}{2}} \end{bmatrix} \begin{bmatrix} x_1 \\ x_2 \end{bmatrix}, \begin{bmatrix} y_1 \\ y_2 \end{bmatrix} \right\rangle$$

$$= \langle \mathcal{A}_0^{\frac{1}{2}} x_2, \mathcal{A}_0^{\frac{1}{2}} y_1 \rangle_{L_2} + \langle -\mathcal{A}_0 x_1 - 2\alpha\mathcal{A}_0^{\frac{1}{2}} x_2, y_2 \rangle_{L_2},$$

$$x, y \in D(\mathcal{A}_0) \oplus D(\mathcal{A}_0^{\frac{1}{2}}) \quad \text{(B.28)}$$

für den Systemoperator $\mathcal{A}$ in (2.93). Da $\mathcal{A}_0^{\frac{1}{2}}$ ein selbstadjungierter Operator ist (siehe (A.50) und Satz A.2) gilt

$$\langle \mathcal{A}_0^{\frac{1}{2}} x, y \rangle_{L_2} = \langle x, \mathcal{A}_0^{\frac{1}{2}} y \rangle_{L_2}, \quad x, y \in D(\mathcal{A}_0^{\frac{1}{2}}) \quad \text{(B.29)}$$

(siehe (A.27)). Verwendet man noch die Faktorisierung $\mathcal{A}_0 = \mathcal{A}_0^{\frac{1}{2}} \mathcal{A}_0^{\frac{1}{2}}$ (siehe Beispiel 2.4), dann lässt sich das Skalarprodukt (B.28) in der Form

$$\langle \mathcal{A}x, y \rangle = \langle x_2, \mathcal{A}_0 y_1 \rangle_{L_2} + \langle \mathcal{A}_0^{\frac{1}{2}} x_1, -\mathcal{A}_0^{\frac{1}{2}} y_2 \rangle_{L_2} + \langle x_2, -2\alpha\mathcal{A}_0^{\frac{1}{2}} y_2 \rangle_{L_2}$$

$$= \left\langle \begin{bmatrix} x_1 \\ x_2 \end{bmatrix}, \begin{bmatrix} 0 & -I \\ \mathcal{A}_0 & -2\alpha\mathcal{A}_0^{\frac{1}{2}} \end{bmatrix} \begin{bmatrix} y_1 \\ y_2 \end{bmatrix} \right\rangle = \langle x, \mathcal{A}^* y \rangle,$$

$$x, y \in D(\mathcal{A}_0) \oplus D(\mathcal{A}_0^{\frac{1}{2}}) \quad \text{(B.30)}$$

schreiben. Damit gilt für den *adjungierten Systemoperator* des Euler-Bernoulli-Balkens

B.2 Beidseitig drehbar gelagerter Euler-Bernoulli-Balken 263

$$\mathcal{A}^* = \begin{bmatrix} 0 & -I \\ \mathcal{A}_0 & -2\alpha\mathcal{A}_0^{\frac{1}{2}} \end{bmatrix}, \tag{B.31}$$

der den Definitionsbereich

$$D(\mathcal{A}^*) = D(\mathcal{A}) = D(\mathcal{A}_0) \oplus D(\mathcal{A}_0^{\frac{1}{2}}) \tag{B.32}$$

besitzt. Dieses Ergebnis macht deutlich, dass der Systemoperator $\mathcal{A}$ des Euler-Bernoulli-Balkens nicht selbstadjungiert ist (siehe Anhang A.2).

Für den *ungedämpften Fall*, d.h. $\alpha = 0$ (siehe Beispiel 2.6), besitzt er aber trotzdem eine besondere Eigenschaft. Es gilt dann nämlich für den Systemoperator

$$\mathcal{A} = \begin{bmatrix} 0 & I \\ -\mathcal{A}_0 & 0 \end{bmatrix} \tag{B.33}$$

(siehe (2.93)) und damit wegen (B.31) für den zugehörigen adjungierten Operator

$$\mathcal{A}^* = \begin{bmatrix} 0 & -I \\ \mathcal{A}_0 & 0 \end{bmatrix} = -\mathcal{A}. \tag{B.34}$$

Man bezeichnet eine Operator $\mathcal{A}$ mit dieser Symmetrie als *schiefadjungiert*, da zusätzlich zu (B.34) auch (B.32) erfüllt ist. Hieraus folgt, dass die Eigenwerte und Eigenvektoren von $\mathcal{A}$ besondere Eigenschaften besitzen. Dies erkennt man, wenn das Eigenwertproblem für $\mathcal{A}$ mit -1 multipliziert wird, d.h.

$$-\mathcal{A}\phi_i = -\lambda_i\phi_i, \quad i \geq 1 \tag{B.35}$$

und man in (B.35) die Schiefsymmetrie (B.34) verwendet, was

$$\mathcal{A}^*\phi_i = -\lambda_i\phi_i, \quad i \geq 1 \tag{B.36}$$

ergibt. Vergleicht man dies mit dem Eigenwertproblem

$$\mathcal{A}^*\psi_i = \mu_i\psi_i, \quad i \geq 1 \tag{B.37}$$

für $\mathcal{A}^*$, dann folgt wegen der allgemeingültigen Beziehung

$$\mu_i = \overline{\lambda_i} \tag{B.38}$$

(siehe Lemma A.4.17 in [14]) sofort

$$-\lambda_i = \overline{\lambda_i} \tag{B.39}$$

$$\psi_i = \phi_i. \tag{B.40}$$

Die Beziehung (B.39) zeigt, dass die Eigenwerte λ_i rein imaginär sind und aus (B.40) folgt, dass $\mathcal{A}$ und $\mathcal{A}^*$ dieselben Eigenvektoren haben. Dieses Ergebnis stimmt mit den im Beispiel 2.6 erhaltenen Aussagen überein.

Zur Bestimmung der Eigenvektoren des adjungierten Systemoperators $\mathcal{A}^*$ für $0 \leq \alpha < 1$ geht man vom Eigenwertproblem

$$\mathcal{A}^* \psi_i = \mu_i \psi_i, \quad i \geq 1 \tag{B.41}$$

aus, welches mit

$$\psi_i = \begin{bmatrix} \psi_{1,i} \\ \psi_{2,i} \end{bmatrix}, \quad \psi_{1,i} \in D(\mathcal{A}_0^{\frac{1}{2}}), \quad \psi_{2,i} \in L_2(0,1) \tag{B.42}$$

komponentenweise die Form

$$-\psi_{2,i} = \mu_i \psi_{1,i} \tag{B.43}$$
$$\mathcal{A}_0 \psi_{1,i} - 2\alpha \mathcal{A}_0^{\frac{1}{2}} \psi_{2,i} = \mu_i \psi_{2,i} \tag{B.44}$$

besitzt (siehe (B.31)). Durch Elimination der zweiten Komponente $\psi_{2,i}$ des Eigenvektors in (B.44) mit (B.43), erhält man

$$(\mathcal{A}_0 + 2\alpha\mu_i \mathcal{A}_0^{\frac{1}{2}} + \mu_i^2 I)\psi_{1,i} = 0. \tag{B.45}$$

Ein Vergleich von (B.45) mit (2.153) macht deutlich, dass der adjungierte Systemoperator die Eigenwerte

$$\mu_{\pm i} = (-\alpha \mp j\sqrt{1-\alpha^2})(i\pi)^2, \quad i \geq 1 \tag{B.46}$$

besitzt. Diese hängen über (B.38) mit den Eigenwerten von $\mathcal{A}$ zusammen. Darüber hinaus gilt für die erste Komponente von ψ_i

$$\psi_{1,i} = B_i \sin(i\pi\cdot) \tag{B.47}$$

(siehe (2.167)). Mit (B.43) sind die Eigenvektoren von $\mathcal{A}^*$ durch

$$\psi_i = \frac{2|\mu_i|}{|\mu_i|^2 - \mu_i^2} \begin{bmatrix} \sin(i\pi\cdot) \\ -\mu_i \sin(i\pi\cdot) \end{bmatrix}, \quad i \geq 1 \tag{B.48}$$

und

$$\psi_{-i} = -\overline{\psi_i}, \quad i \geq 1 \tag{B.49}$$

gegeben, worin $\mu_{-i} = \overline{\mu_i}$ verwendet wurde (siehe (2.170) und (B.38)). Diese Eigenvektoren sind so skaliert, dass sie zusammen mit den Eigenvektoren ϕ_i in (2.169) die Biorthonormalitätsrelation (2.57) bezüglich des Skalarprodukts (2.99) erfüllen. Sie können deshalb zur Bestimmung der Reihenentwicklung (2.58) herangezogen werden.

Um die *Wohlgestelltheit* des in Beispiel 2.4 hergeleiteten Anfangswertproblems nachzuweisen, ist es ausreichend zu zeigen, dass der Systemoperator $\mathcal{A}$ ein Riesz-Spektraloperator ist, da die Eigenwerte λ_i des Balkens die Bedingung $\sup_{i\geq 1} \text{Re } \lambda_i < \infty$ erfüllen (siehe Beispiel 2.6 und Theorem 2.3.5 in [14]).

B.2 Beidseitig drehbar gelagerter Euler-Bernoulli-Balken 265

In diesem Fall ist $\mathcal{A}$ ein infinitesimaler Generator einer C_0-Halbgruppe und deshalb ist das zugehörige Anfangswertproblem wohlgestellt (siehe Anhang A.1). Gemäß der Definition 2.1 eines Riesz-Spektraloperators muss $\mathcal{A}$ ein *abgeschlossener Operator* sein. Um diese Eigenschaft für $\mathcal{A}$ nachzuweisen, bestimmt man zunächst die *algebraische Inverse* $\mathcal{A}^{-1}$ von $\mathcal{A}$. Sie existiert, wenn $\mathcal{A}$ keinen Eigenwert bei Null hat (siehe Lemma A.3.6 in [14]). Da dies bereits in Beispiel 2.6 gezeigt wurde, ist der Operator $\mathcal{A}$ invertierbar und hat die Inverse

$$\mathcal{A}^{-1} = \begin{bmatrix} -2\alpha \mathcal{A}_0^{-\frac{1}{2}} & -\mathcal{A}_0^{-1} \\ I & 0 \end{bmatrix} \tag{B.50}$$

mit dem Definitionsbereich $D(\mathcal{A}^{-1}) = \text{Bild}(\mathcal{A})$. Dies bestätigt man leicht durch Nachweis von $\mathcal{A}\mathcal{A}^{-1} = I$. Wenn der inverse Operator in (B.50) beschränkt ist, dann ist $\mathcal{A}$ abgeschlossen (siehe Theorem A.3.46 in [14]). Um dies zu zeigen, bildet man

$$\begin{aligned} \|\mathcal{A}^{-1}x\|^2 &= \left\| \begin{bmatrix} -2\alpha \mathcal{A}_0^{-\frac{1}{2}} & -\mathcal{A}_0^{-1} \\ I & 0 \end{bmatrix} \begin{bmatrix} x_1 \\ x_2 \end{bmatrix} \right\|^2 \\ &= \|\mathcal{A}_0^{\frac{1}{2}}(-2\alpha \mathcal{A}_0^{-\frac{1}{2}} x_1 - \mathcal{A}_0^{-1} x_2)\|_{L_2}^2 + \|x_1\|_{L_2}^2 \\ &= \| -2\alpha \mathcal{A}_0^{-\frac{1}{2}} \mathcal{A}_0^{\frac{1}{2}} x_1 - \mathcal{A}_0^{-\frac{1}{2}} x_2 \|_{L_2}^2 + \|\mathcal{A}_0^{-\frac{1}{2}} \mathcal{A}_0^{\frac{1}{2}} x_1 \|_{L_2}^2 \end{aligned} \tag{B.51}$$

(siehe (2.100)). Darin ist $\mathcal{A}_0^{-\frac{1}{2}}$ ein *Integraloperator*, der immer beschränkt ist (siehe Example A.4.26 und Theorem A.3.24 in [14]). Dies bedeutet, dass

$$\|\mathcal{A}_0^{-\frac{1}{2}} x\|_{L_2}^2 \leq c\|x\|_{L_2}^2, \quad \forall x \in D(\mathcal{A}_0^{-\frac{1}{2}}) \tag{B.52}$$

für eine reelle Zahl c gilt. Für die weiteren Abschätzungen wird die *Parallelogrammgleichung*

$$\|x + y\|^2 + \|x - y\|^2 = 2(\|x\|^2 + \|y\|^2) \tag{B.53}$$

benötigt, die für durch Skalarprodukte $\langle \cdot, \cdot \rangle$ induzierte Normen $\| \cdot \| = \sqrt{\langle \cdot, \cdot \rangle}$ gilt (siehe S. 576 in [14]). Aus ihr folgt unmittelbar die *Parallelogrammungleichung*

$$\|x + y\|^2 \leq 2(\|x\|^2 + \|y\|^2). \tag{B.54}$$

Mit dieser Abschätzung und (B.52) erhält man wegen $0 \leq \alpha < 1$ für (B.51)

$$\begin{aligned} \|\mathcal{A}^{-1}x\|^2 &\leq (8\alpha^2 + 1)c\|\mathcal{A}_0^{\frac{1}{2}} x_1\|_{L_2}^2 + 2c\|x_2\|_{L_2}^2 \\ &\leq c\max(8\alpha^2 + 1, 2)(\|\mathcal{A}_0^{\frac{1}{2}} x_1\|_{L_2}^2 + \|x_2\|_{L_2}^2) \\ &= c\max(8\alpha^2 + 1, 2)\|x\|^2. \end{aligned} \tag{B.55}$$

Somit ist $\mathcal{A}^{-1}$ ein *beschränkter Operator*, da wegen (B.55)

$$\|\mathcal{A}^{-1}x\| \le \eta\|x\|, \quad \forall x \in D(\mathcal{A}^{-1}) \tag{B.56}$$

mit

$$\eta = \sqrt{c\max(8\alpha^2 + 1, 2)} \tag{B.57}$$

gilt. Damit ist der Systemoperator $\mathcal{A}$ des Euler-Bernoulli-Balkens abgeschlossen und genügt der ersten Bedingung der Definition 2.1 eines Riesz-Spektraloperators. Da in Beispiel 2.6 gezeigt wurde, dass die Eigenwerte λ_i von $\mathcal{A}$ für $0 \le \alpha < 1$ einfach sind und keine Häufungspunkte besitzen, sind die zweite und vierte Bedingung in Definition 2.1 ebenfalls erfüllt. Deshalb muss nur noch untersucht werden, ob die Eigenvektoren ϕ_i von $\mathcal{A}$ eine *Riesz-Basis* im Zustandsraum H bilden. Hierzu ist zunächst die *Vollständigkeit* der Eigenvektoren in H nachzuweisen (siehe Definition 2.2). Da das Funktionensystem $\{\sin(i\pi z), i \ge 1\}$ vollständig in $L_2(0,1)$ ist (siehe Example A.4.21 in [14]) und $D(\mathcal{A}_0^{\frac{1}{2}})$ in $L_2(0,1)$ liegt, gibt es für jedes Element ζ aus $H = D(\mathcal{A}_0^{\frac{1}{2}}) \oplus L_2(0,1)$ eine eindeutige Darstellung

$$\zeta = \sum_{i=1}^{\infty} \begin{bmatrix} \alpha_i \\ \beta_i \end{bmatrix} \sin(i\pi\cdot). \tag{B.58}$$

Im Folgenden soll nachgewiesen werden, dass für Elemente $\zeta \in H$ die eindeutige Reihenentwicklung

$$\begin{aligned}
\zeta &= \sum_{i=1}^{\infty} (\gamma_i \phi_i + \gamma_{-i} \phi_{-i}) \\
&= \sum_{i=1}^{\infty} \left(\frac{\gamma_i}{|\lambda_i|} \begin{bmatrix} 1 \\ \lambda_i \end{bmatrix} \sin(i\pi\cdot) + \frac{\gamma_{-i}}{|\lambda_{-i}|} \begin{bmatrix} 1 \\ \lambda_{-i} \end{bmatrix} \sin(-i\pi\cdot) \right) \\
&= \sum_{i=1}^{\infty} \left(\frac{\gamma_i}{|\lambda_i|} \begin{bmatrix} 1 \\ \lambda_i \end{bmatrix} - \frac{\gamma_{-i}}{|\lambda_i|} \begin{bmatrix} 1 \\ \overline{\lambda_i} \end{bmatrix} \right) \sin(i\pi\cdot) \tag{B.59}
\end{aligned}$$

nach den Eigenvektoren ϕ_i von $\mathcal{A}$ (siehe (2.169)) existiert, worin $\sin(-i\pi z) = -\sin(i\pi z)$, (2.170) und

$$|\lambda_{-i}| = |\overline{\lambda_i}| = |\lambda_i| \tag{B.60}$$

verwendet wurden. Die Reihe (B.59) lässt sich auch durch

$$\zeta = \sum_{i=1}^{\infty} \begin{bmatrix} 1 & -1 \\ \lambda_i & -\overline{\lambda_i} \end{bmatrix} \begin{bmatrix} \frac{\gamma_i}{|\lambda_i|} \\ \frac{\gamma_{-i}}{|\lambda_i|} \end{bmatrix} \sin(i\pi\cdot) \tag{B.61}$$

darstellen. Ein Vergleich der Entwicklungskoeffizienten von (B.58) mit (B.61) führt auf den Zusammenhang

$$\begin{bmatrix} \alpha_i \\ \beta_i \end{bmatrix} = \begin{bmatrix} 1 & -1 \\ \lambda_i & -\overline{\lambda_i} \end{bmatrix} \begin{bmatrix} \frac{\gamma_i}{|\lambda_i|} \\ \frac{\gamma_{-i}}{|\lambda_i|} \end{bmatrix}. \tag{B.62}$$

B.2 Beidseitig drehbar gelagerter Euler-Bernoulli-Balken

Für die Determinante der in (B.62) auftretenden Matrix gilt mit (2.164)

$$\det \begin{bmatrix} 1 & -1 \\ \lambda_i & -\overline{\lambda_i} \end{bmatrix} = -\overline{\lambda_i} + \lambda_i = 2 \operatorname{Im} \lambda_i$$

$$= 2\sqrt{1 - \alpha^2}(i\pi)^2 \neq 0, \quad i \geq 1, \quad 0 \leq \alpha < 1. \quad \text{(B.63)}$$

Damit lassen sich die Koeffizienten beider Reihendarstellungen für $0 \leq \alpha < 1$ eindeutig ineinander umrechnen, womit die Eigenvektoren ϕ_i ein vollständiges Funktionensystem darstellen. Um die Riesz-Basiseigenschaft der Eigenvektoren nachzuweisen, muss noch gezeigt werden, dass die Doppelungleichung (2.56) gilt. Dazu bildet man mit (2.169) den Ausdruck

$$\| \sum_{\substack{i=-N \\ i \neq 0}}^{N} \alpha_i \phi_i \|^2 = \| \sum_{\substack{i=-N \\ i \neq 0}}^{N} \frac{\alpha_i}{|\lambda_i|} \begin{bmatrix} \sin(i\pi \cdot) \\ \lambda_i \sin(i\pi \cdot) \end{bmatrix} \|^2$$

$$= \| \mathcal{A}_0^{\frac{1}{2}} \sum_{\substack{i=-N \\ i \neq 0}}^{N} \frac{\alpha_i}{|\lambda_i|} \sin(i\pi \cdot) \|_{L_2}^2 + \| \sum_{\substack{i=-N \\ i \neq 0}}^{N} \frac{\alpha_i \lambda_i}{|\lambda_i|} \sin(i\pi \cdot) \|_{L_2}^2$$

$$= \| \mathcal{A}_0^{\frac{1}{2}} \sum_{i=1}^{N} \frac{\alpha_i - \alpha_{-i}}{|\lambda_i|} \sin(i\pi \cdot) \|_{L_2}^2$$

$$+ \| \sum_{i=1}^{N} \frac{\alpha_i \lambda_i - \alpha_{-i} \overline{\lambda_i}}{|\lambda_i|} \sin(i\pi \cdot) \|_{L_2}^2, \quad \text{(B.64)}$$

worin wieder $\sin(-i\pi z) = -\sin(i\pi z)$, (2.170) und (B.60) verwendet wurden. Aus den Ergebnissen in Beispiel 2.1 und (2.164) folgt

$$\mathcal{A}_0^{\frac{1}{2}} \sin(i\pi z) = (i\pi)^2 \sin(i\pi z) = |\lambda_i| \sin(i\pi z), \quad i \geq 1. \quad \text{(B.65)}$$

Berücksichtigung von (B.65) in (B.64) führt auf

$$\| \sum_{\substack{i=-N \\ i \neq 0}}^{N} \alpha_i \phi_i \|^2 = \| \sum_{i=1}^{N} (\alpha_i - \alpha_{-i}) \sin(i\pi \cdot) \|_{L_2}^2 + \| \sum_{i=1}^{N} \frac{\alpha_i \lambda_i - \alpha_{-i} \overline{\lambda_i}}{|\lambda_i|} \sin(i\pi \cdot) \|_{L_2}^2.$$

$$\text{(B.66)}$$

Da das Funktionensystem $\{\sqrt{2} \sin(i\pi z), i \geq 1\}$ eine orthonormale Basis in $L_2(0,1)$ bildet, lässt sich der „verallgemeinerten Satz des Pythagoras" (siehe (2.68)) auf (B.66) anwenden, was mit $\| \sin(i\pi \cdot) \|_{L_2}^2 = \frac{1}{2}$

$$\| \sum_{\substack{i=-N \\ i \neq 0}}^{N} \alpha_i \phi_i \|^2 = \sum_{i=1}^{N} \frac{1}{2} |\alpha_i - \alpha_{-i}|^2 + \sum_{i=1}^{N} \frac{1}{2} \frac{|\alpha_i \lambda_i - \alpha_{-i} \overline{\lambda_i}|^2}{|\lambda_i|^2} \quad \text{(B.67)}$$

ergibt.

An dieser Stelle vereinfacht sich die Berechnung der Norm, wenn man den *undämpften Fall*, d.h. $\alpha = 0$, zugrundelegt. Für die Eigenwerte gilt dann nämlich (B.39), womit aus (B.67)

$$\| \sum_{\substack{i=-N \\ i \neq 0}}^{N} \alpha_i \phi_i \|^2 = \sum_{i=1}^{N} \tfrac{1}{2}(|\alpha_i - \alpha_{-i}|^2 + |\alpha_i + \alpha_{-i}|^2) \tag{B.68}$$

wird. Verwendet man darin die Parallelogrammgleichung

$$|\alpha_i - \alpha_{-i}|^2 + |\alpha_i + \alpha_{-i}|^2 = 2|\alpha_i|^2 + 2|\alpha_{-i}|^2 \tag{B.69}$$

(siehe (B.53)), so folgt unmittelbar

$$\| \sum_{\substack{i=-N \\ i \neq 0}}^{N} \alpha_i \phi_i \|^2 = \sum_{i=1}^{N} (|\alpha_i|^2 + |\alpha_{-i}|^2) \tag{B.70}$$

und daraus für $N \to \infty$ die *Parsevalsche Gleichung*

$$\| \sum_{\substack{i=-\infty \\ i \neq 0}}^{\infty} \alpha_i \phi_i \|^2 = \sum_{i=1}^{\infty} (|\alpha_i|^2 + |\alpha_{-i}|^2) \tag{B.71}$$

(siehe Theorem 3.6-3 in [46]). Dies bedeutet, dass im ungedämpften Fall die Eigenvektoren ϕ_i von $\mathcal{A}$ nach geeigneter Normierung eine *Orthonormalbasis* im Zustandsraum H aufspannen.

Für $0 < \alpha < 1$ erhält man eine Abschätzung nach oben, indem man die aus der Parallelogrammgleichung (B.69) folgenden Parallelogrammungleichungen

$$|\alpha_i - \alpha_{-i}|^2 \leq 2(|\alpha_i|^2 + |\alpha_{-i}|^2) \tag{B.72}$$
$$|\alpha_i \lambda_i - \alpha_{-i} \overline{\lambda_i}|^2 \leq 2(|\alpha_i \lambda_i|^2 + |\alpha_{-i} \overline{\lambda_i}|^2) = 2|\lambda_i|^2(|\alpha_i|^2 + |\alpha_{-i}|^2) \tag{B.73}$$

verwendet (siehe (B.54) und (B.60)). Damit erhält man für (B.67) die Abschätzung

$$\| \sum_{\substack{i=-N \\ i \neq 0}}^{N} \alpha_i \phi_i \|^2 \leq 2 \sum_{i=1}^{N} (|\alpha_i|^2 + |\alpha_{-i}|^2). \tag{B.74}$$

Um eine Abschätzung nach unten zu erhalten, schreibt man (B.67) in der Form

B.2 Beidseitig drehbar gelagerter Euler-Bernoulli-Balken   269

$$\| \sum_{\substack{i=-N \\ i\neq 0}}^{N} \alpha_i \phi_i \|^2 = \frac{1}{2} \sum_{i=1}^{N} \left\| \begin{bmatrix} \alpha_i - \alpha_{-i} \\ \frac{\alpha_i \lambda_i - \alpha_{-i}\overline{\lambda_i}}{\lambda_i} \end{bmatrix} \right\|_{\mathbb{C}^2}^2 = \frac{1}{2} \sum_{i=1}^{N} \left\| \begin{bmatrix} 1 & -1 \\ 1 & -\frac{\overline{\lambda_i}}{\lambda_i} \end{bmatrix} \begin{bmatrix} \alpha_i \\ \alpha_{-i} \end{bmatrix} \right\|_{\mathbb{C}^2}^2.$$

(B.75)

Wegen (2.164) hängt die in (B.75) auftretende Matrix

$$M = \begin{bmatrix} 1 & -1 \\ 1 & -\frac{\overline{\lambda_i}}{\lambda_i} \end{bmatrix} = \begin{bmatrix} 1 & -1 \\ 1 & -\frac{-\alpha - j\sqrt{1-\alpha^2}}{-\alpha + j\sqrt{1-\alpha^2}} \end{bmatrix} \qquad (B.76)$$

nicht von i ab, womit auch ihr *kleinster Singulärwert* $\sigma_{min}(M)$ konstant ist. Mit diesem lässt sich die Abschätzung

$$\left\| M \begin{bmatrix} \alpha_i \\ \alpha_{-i} \end{bmatrix} \right\|_{\mathbb{C}^2}^2 \geq \sigma_{min}^2(M) \left\| \begin{bmatrix} \alpha_i \\ \alpha_{-i} \end{bmatrix} \right\|_{\mathbb{C}^2}^2 \qquad (B.77)$$

angeben (siehe z.B. Kapitel 9.11 in [4]). Hieraus resultiert schließlich

$$\| \sum_{\substack{i=-N \\ i\neq 0}}^{N} \alpha_i \phi_i \|^2 \geq \frac{1}{2}\sigma_{min}^2(M) \sum_{i=1}^{N} (|\alpha_i|^2 + |\alpha_{-i}|^2). \qquad (B.78)$$

Da $2 > \sigma_{min}(M) > 0$ für $0 < \alpha < 1$ gilt, folgt aus (B.74) und (B.78) die Doppelungleichung (2.56). Folglich bilden die Eigenvektoren von $\mathcal{A}$ eine Riesz-Basis in H. Damit sind alle Bedingungen der Definition 2.1 für $\mathcal{A}$ erfüllt, womit der Systemoperator $\mathcal{A}$ des Euler-Bernoulli-Balkens ein Riesz-Spektraloperator ist. Da die Eigenwerte λ_i des Balkens $\sup_{i\geq 1} \text{Re}\,\lambda_i < \infty$ erfüllen (siehe Beispiel 2.6), ist $\mathcal{A}$ auch ein infinitesimaler Generator einer C_0-Halbgruppe (siehe Theorem 2.3.5 in [14])), woraus die Wohlgestelltheit des in Beispiel 2.4 eingeführten Anfangswertproblems folgt (siehe Abschnitt 2.2.2).

Anhang C
Beweise und Herleitungen

C.1 Beweis des Eigenwertkriteriums

Das Eigenwert-Kriterium für exponentielle Stabilität lässt sich leicht nachweisen, da bei Riesz-Spektralsystemen die Lösung von (2.177) explizit durch

$$x(t) = \sum_{i=1}^{\infty} e^{\lambda_i t} x_i^*(0) \phi_i \tag{C.1}$$

gegeben ist (siehe (2.125)). Zum Beweis betrachtet man

$$\|x(t)\|^2 = \|\sum_{i=1}^{\infty} e^{\lambda_i t} x_i^*(0) \phi_i\|^2 \tag{C.2}$$

und verwendet die aus (2.56) folgende Abschätzung

$$\|\sum_{i=1}^{\infty} e^{\lambda_i t} x_i^*(0) \phi_i\|^2 \leq M_2 \sum_{i=1}^{\infty} |e^{\lambda_i t} x_i^*(0)|^2. \tag{C.3}$$

Dies lässt sich weiter abschätzen durch

$$M_2 \sum_{i=1}^{\infty} |e^{\lambda_i t} x_i^*(0)|^2 = M_2 \sum_{i=1}^{\infty} e^{2 \operatorname{Re} \lambda_i t} |x_i^*(0)|^2$$

$$\leq M_2 e^{2 \sup_{i \geq 1} \operatorname{Re} \lambda_i t} \sum_{i=1}^{\infty} |x_i^*(0)|^2. \tag{C.4}$$

Damit gilt für (C.2) die Abschätzung

$$\|x(t)\|^2 \leq M_2 e^{2 \sup_{i \geq 1} \operatorname{Re} \lambda_i t} \sum_{i=1}^{\infty} |x_i^*(0)|^2. \tag{C.5}$$

Für den Anfangswert x_0 folgt aus Ungleichung (2.60) mit (2.122) die Beziehung

$$\sum_{i=1}^{\infty} |x_i^*(0)|^2 \leq \frac{1}{M_1} \|x_0\|^2. \tag{C.6}$$

Verwendet man dies in (C.5), dann ergibt sich nach Wurzelziehen

$$\|x(t)\| \leq \sqrt{\frac{M_2}{M_1}} \, e^{\sup\limits_{i \geq 1} \operatorname{Re} \lambda_i t} \, \|x_0\|. \tag{C.7}$$

Damit gilt die Bedingung (2.178) für $\sup_{i \geq 1} \operatorname{Re} \lambda_i < 0$ bzw. wenn alle Eigenwerte von $\mathcal{A}$ links der Imaginärachse liegen und ihr nicht beliebig nahe kommen. Darüber hinaus folgt aus (C.7) wegen (2.185) unmittelbar für die C_0-Halbgruppe

$$\|\mathcal{T}_{\mathcal{A}}(t)\| \leq \sqrt{\frac{M_2}{M_1}} e^{\sup\limits_{i \geq 1} \operatorname{Re} \lambda_i t}, \quad t \geq 0, \tag{C.8}$$

was nach einem Vergleich von (C.8) mit (2.184) die hinreichende Aussage (2.188) der „spectrum determined growth assumption" belegt.

C.2 Beweis von Satz 2.1

Der Systemoperator $\mathcal{A}_e$ in (2.308) ist ein Riesz-Spektraloperator, wenn er die Bedingungen der Definition 2.1 erfüllt. Diese werden im Folgenden für $\mathcal{A}_e$ nachgewiesen.

Abgeschlossenheit von $\mathcal{A}_e$. Um die Abgeschlossenheit von $\mathcal{A}_e$ zu zeigen, lässt sich die Dreiecksform

$$\mathcal{A}_e = \begin{bmatrix} \Lambda & 0 \\ \mathscr{A}\mathcal{B} - \mathcal{B}\Lambda & \mathcal{A} \end{bmatrix} \tag{C.9}$$

dieses Operators ausnutzen. Für solche Operatoren gilt nämlich der folgende grundlegende Satz (siehe Lemma 3.2.2 in [14]).

Satz C.1 (C_0-Halbgruppeneigenschaft eines Operators in Dreiecksform). *Es gelten folgende Annahmen:*

- *Der Operator $\mathcal{A}_1 : D(\mathcal{A}_1) \to H_1$ ist ein infinitesimaler Generator der C_0-Halbgruppe $\mathcal{T}_{\mathcal{A}_1}(t)$ im Hilbertraum H_1, die gemäß*

$$\|\mathcal{T}_{\mathcal{A}_1}(t)\| \leq M_1 e^{\omega_1 t} \tag{C.10}$$

  beschränkt ist.
- *Der Operator $\mathcal{A}_2 : D(\mathcal{A}_2) \to H_2$ ist ein infinitesimaler Generator der C_0-Halbgruppe $\mathcal{T}_{\mathcal{A}_2}(t)$ im Hilbertraum H_2, die gemäß*

C.2 Beweis von Satz 2.1   273

$$\|\mathcal{T}_{\mathcal{A}_2}(t)\| \leq M_2 e^{\omega_2 t} \qquad (\text{C.11})$$

beschränkt ist.

- *Der Operator* $\mathcal{D} : H_1 \to H_2$ *ist ein beschränkter linearer Operator.*

Dann ist der Operator

$$\mathcal{A} = \begin{bmatrix} \mathcal{A}_1 & 0 \\ \mathcal{D} & \mathcal{A}_2 \end{bmatrix}, \quad D(\mathcal{A}) = D(\mathcal{A}_1) \oplus D(\mathcal{A}_2) \subset H = H_1 \oplus H_2 \qquad (\text{C.12})$$

ein infinitesimaler Generator einer C_0-Halbgruppe $\mathcal{T}_{\mathcal{A}}(t)$ im Hilbertraum H. Darüber hinaus gibt es eine positive Konstante M, so dass

$$\|\mathcal{T}_{\mathcal{A}}(t)\| \leq M e^{\omega t} \qquad (\text{C.13})$$

mit $\omega = \max(\omega_1, \omega_2)$ für $\omega_1 \neq \omega_2$ und $\forall \omega > \omega_1$ für $\omega_1 = \omega_2$ gilt.

Da $\mathcal{A}$ in (C.9) ein Riesz-Spektraloperator ist, generiert er eine C_0-Halbgruppe, wenn nur endlich viele Eigenwerte von $\mathcal{A}$ in der rechten Halbebene liegen (siehe Theorem 2.3.5 in [14]). Dasselbe trifft auch auf Λ zu, da endlich-dimensionale Matrizen bzw. beschränkte lineare Operatoren stets infinite-simale Generatoren von C_0-Halbgruppen sind (siehe Example 2.1.3 in [14]). Darüber hinaus ist $\mathscr{A}\mathcal{B} - \mathcal{B}\Lambda$ ein beschränkter Operator, da $\dim D(\mathscr{A}\mathcal{B} - \mathcal{B}\Lambda) < \infty$ gilt (siehe Lemma A.3.22 in [14]). Damit folgt aus Satz C.1, dass $\mathcal{A}_e$ eine C_0-Halbgruppe erzeugt und deshalb abgeschlossen sein muss (siehe Theorem 2.1.10 in [14]).

Einfachheit und vollständige Unzusammenhängigkeit der Eigen-werte von $\mathcal{A}_e$. Diese Eigenschaften folgen unmittelbar aus der Tatsache, dass sich die Eigenwerte von $\mathcal{A}_e$ aufgrund der Dreiecksform von $\mathcal{A}_e$ aus den Eigenwerten von Λ und den Eigenwerten des Riesz-Spektraloperators $\mathcal{A}$ zu-sammensetzen.

Riesz-Basis-Eigenschaft der Eigenvektoren von $\mathcal{A}_e$. Um diese Ei-genschaft nachzuweisen, bestimmt man die Eigenvektoren von $\mathcal{A}_e$. Das zuge-hörige Eigenwertproblem lautet

$$\mathcal{A}_e \begin{bmatrix} \varphi_i \\ \phi_i \end{bmatrix} = \lambda_i \begin{bmatrix} \varphi_i \\ \phi_i \end{bmatrix}, \quad i \geq 1, \quad \varphi_i \in \mathbb{C}^p, \quad \phi_i \in H \qquad (\text{C.14})$$

bzw. mit (2.308)

$$\Lambda \varphi_i = \lambda_i \varphi_i \qquad (\text{C.15})$$

$$(\mathscr{A}\mathcal{B} - \mathcal{B}\Lambda)\varphi_i + \mathcal{A}\phi_i = \lambda_i \phi_i. \qquad (\text{C.16})$$

Wegen der unteren Dreiecksstruktur von $\mathcal{A}_e$ setzen sich dessen Eigenwerten aus den Eigenwerten von Λ und $\mathcal{A}$ zusammen. Betrachtet man zunächst die Eigenwerte $\lambda_i < 0$, $i = 1, 2, \ldots, p$, von Λ (siehe (2.304)), so folgt aus (C.15) die Eigenvektorgleichung

$$\Lambda\varphi_i = \lambda_i\varphi_i, \quad i = 1, 2, \ldots, p \tag{C.17}$$

für Λ. Deren Lösung ist aufgrund der Diagonalgestalt von Λ durch $\varphi_i = e_i$ gegeben, worin e_i die Einheitsvektoren in $\mathbb{C}^p$ sind. Für ϕ_i gilt dann mit $\mathcal{B}\varphi_i = \mathcal{B}e_i = b_i$ und (C.16)

$$(\lambda_i I - \mathcal{A})\phi_i = (\mathscr{A} - \lambda_i I)b_i, \quad \mathscr{A}b_i \in H, \quad i = 1, 2, \ldots, p \tag{C.18}$$

nach einer einfachen Umformung. Da die Eigenwerte λ_i, $i = 1, 2, \ldots, p$, nicht mit den Eigenwerten von $\mathcal{A}$ und deren Häufungspunkten übereinstimmen, sind sie in $\rho(\mathcal{A})$ enthalten. Damit lässt sich (C.18) nach ϕ_i auflösen, was

$$\phi_i = (\lambda_i I - \mathcal{A})^{-1}(\mathscr{A} - \lambda_i I)b_i \tag{C.19}$$

ergibt. Geht man von den Eigenwerten λ_i, $i \geq p + 1$, von $\mathcal{A}$ aus, dann ist die erste Teilgleichung (C.15) nur für $\varphi_i = 0$ erfüllt, da die Eigenwerte von $\mathcal{A}$ von den Eigenwerten von Λ verschieden sind. Damit lautet die zweite Teilgleichung (C.16)

$$\mathcal{A}\phi_i = \lambda_i\phi_i, \quad i \geq p + 1, \tag{C.20}$$

woraus folgt, dass ϕ_i die Eigenvektoren von $\mathcal{A}$ sind. Somit sind die Eigenvektoren Φ_i von $\mathcal{A}_e$ insgesamt durch

$$\Phi_i = \begin{bmatrix} \varphi_i \\ \phi_i \end{bmatrix} = \begin{cases} \begin{bmatrix} e_i \\ (\lambda_i I - \mathcal{A})^{-1}(\mathscr{A} - \lambda_i I)b_i \end{bmatrix} & : i = 1, 2, \ldots, p \\[2ex] \begin{bmatrix} 0 \\ \phi_i \end{bmatrix} & : i \geq p + 1 \end{cases} \tag{C.21}$$

gegeben. Um zu zeigen, dass es sich bei den Eigenvektoren Φ_i, $i \geq 1$, von $\mathcal{A}_e$ um eine Riesz-Basis handelt, kann man den nächsten Satz heranziehen (siehe Theorem 2.3 aus Chapter VI in [31]).

Satz C.2 (Baris Theorem). *Sei $\{\varphi_i, i \geq 1\}$ eine Riesz-Basis in H und sei die Folge $\{\theta_i \in H, i \geq 1\}$ ω-linear unabhängig, d.h.*

$$\sum_{i=1}^{\infty} c_i\theta_i = 0 \tag{C.22}$$

gilt nicht für $0 < \sum_{i=1}^{\infty} |c_i|^2\|\theta_i\|^2 < \infty$, und quadratisch nahe *zu $\{\varphi_i, i \geq 1\}$ in H, d.h.*

$$\sum_{i=1}^{\infty} \|\varphi_i - \theta_i\|^2 < \infty. \tag{C.23}$$

Dann ist die Folge $\{\theta_i, i \geq 1\}$ eine Riesz-Basis in H.

Da die Eigenwerte von $\mathcal{A}_e$ als einfach vorausgesetzt werden, sind die zugehörigen Eigenvektoren linear unabhängig (siehe z.B. Theorem 7.4-3 in [46]) und damit auch ω-linear unabhängig. Folglich muss gemäß Satz C.2 nur noch nachgewiesen werden, dass die Eigenvektoren Φ_i von $\mathcal{A}_e$ quadratisch nahe zu einer Riesz-Basis sind. Hierzu betrachtet man die Vektoren

$$\Theta_i = \begin{cases} \begin{bmatrix} e_i \\ 0 \end{bmatrix} & : i = 1, 2, \ldots, p \\ \begin{bmatrix} 0 \\ \phi_i \end{bmatrix} & : i \geq p + 1, \end{cases} \tag{C.24}$$

worin ϕ_i die Eigenvektoren von $\mathcal{A}$ sind. Es lässt sich leicht zeigen, dass Θ_i, $i \geq 1$, eine Riesz-Basis für $\mathbb{C}^p \oplus H$ ist, da die Vektoren e_i eine orthonormale Basis für $\mathbb{C}^p$ bilden und die Eigenvektoren ϕ_i von $\mathcal{A}$ eine Riesz-Basis für H darstellen. Um zu zeigen, dass die Eigenvektoren Φ_i von $\mathcal{A}_e$ quadratisch nahe zu dieser Riesz-Basis sind, bildet man die Summe

$$\Sigma = \sum_{i=1}^{\infty} \|\Phi_i - \Theta_i\|^2. \tag{C.25}$$

Wird in (C.25) die Beziehung (C.21) berücksichtigt, so gilt

$$\Sigma = \sum_{i=1}^{p} \|\Phi_i - \Theta_i\|^2 < \infty. \tag{C.26}$$

Folglich bilden die Eigenvektoren Φ_i von $\mathcal{A}_e$ gemäß Baris Theorem eine Riesz-Basis in $\mathbb{C}^p \oplus H$.

C.3 Beweis von Satz 4.2

Um zu zeigen, dass der Systemoperator $\tilde{\mathcal{A}}$ der Regelung (4.7) mit den Rückführfunktionen in (4.17) ein Riesz-Spektraloperator ist, müssen die Bedingungen der Definition 2.1 erfüllt sein.

Abgeschlossenheit von $\tilde{\mathcal{A}}$. Der Systemoperator $\mathcal{A}$ ist abgeschlossen, da er ein Riesz-Spektraloperator ist (siehe Definition 2.1). Somit kann man den Systemoperator $\tilde{\mathcal{A}} = \mathcal{A} - \mathcal{B}\mathcal{K}$ der Regelung als eine additive Störung des abgeschlossenen Operators $\mathcal{A}$ mit dem Störoperator $\mathcal{B}\mathcal{K}$ interpretieren. Da $\mathcal{B}\mathcal{K}$ ein beschränkter Operator ist, ist auch der gestörte Operator $\tilde{\mathcal{A}} = \mathcal{A} - \mathcal{B}\mathcal{K}$ abgeschlossen (siehe z.B. Exercise 4.13-12 in [46]).

Einfachheit und vollständige Unzusammenhängigkeit der Eigenwerte von $\tilde{\mathcal{A}}$. Der Rückführoperator $\mathcal{K}$ wird so bestimmt, dass die Eigenwerte von $\tilde{\mathcal{A}}$ einfach sind. Da hierzu nur endlich viele Eigenwerte verschoben werden und die restlichen unverschobenen Streckeneigenwerte mit denen des Riesz-Spektraloperators $\mathcal{A}$ übereinstimmen, ist die vollständige Unzusammenhängigkeit der Eigenwerte von $\tilde{\mathcal{A}}$ durch die Riesz-Spektraleigenschaft von $\mathcal{A}$ gegeben.

Riesz-Basis-Eigenschaft der Eigenvektoren von $\tilde{\mathcal{A}}$. Um diese Eigenschaft für $\tilde{\mathcal{A}}$ nachzuweisen, verwendet man Satz C.2. Da die Eigenwerte von $\tilde{\mathcal{A}}$ als einfach vorausgesetzt werden, sind die zugehörigen Eigenvektoren linear unabhängig (siehe z.B. Theorem 7.4-3 in [46]) und damit auch ω-linear unabhängig. Folglich muss gemäß Satz C.2 nur noch nachgewiesen werden, dass die Eigenvektoren $\tilde{\phi}_i$ von $\tilde{\mathcal{A}}$ quadratisch nahe zu einer Riesz-Basis sind. Hierzu zeigt man, dass

$$\sum_{i=1}^{\infty} \|\phi_i - \tilde{\phi}_i\|^2 < \infty \tag{C.27}$$

erfüllt ist, worin die Eigenvektoren ϕ_i des Riesz-Spektraloperators $\mathcal{A}$ eine Riesz-Basis in H bilden. Berücksichtigt man in (C.27), dass mit den Rückführfunktionen (4.17)

$$\tilde{\phi}_i = \phi_i, \quad i \geq n + 1 \tag{C.28}$$

gilt (siehe Abschnitt 4.1.1), so wird mit $\tilde{\phi}_i \in H$ aus (C.27)

$$\sum_{i=1}^{\infty} \|\phi_i - \tilde{\phi}_i\|^2 = \sum_{i=1}^{n} \|\phi_i - \tilde{\phi}_i\|^2 < \infty. \tag{C.29}$$

Folglich bilden die Eigenvektoren $\tilde{\phi}_i$ von $\tilde{\mathcal{A}}$ gemäß Baris Theorem eine Riesz-Basis in H.

C.4 Beweis von Satz 4.4

Da die Regelungseigenvektoren $\tilde{\phi}_i$ zu einfachen Regelungseigenwerten $\tilde{\lambda}_i$ stets linear unabhängig sind (siehe z.B. Theorem 7.4-3 in [46]), müssen die Vektoren $\tilde{v}_i$ in (4.41) ebenfalls linear unabhängig sein. Um dies zu zeigen, nimmt man an, dass die Vektoren $\tilde{v}_i$ linear abhängig sind. D.h. es gibt einen Vektor $\tilde{v}_k$, für den

$$\tilde{v}_k = \sum_{\substack{i=1 \\ i \neq k}}^{n} a_i \tilde{v}_i \tag{C.30}$$

gilt, wobei nicht alle a_i verschwinden. Die Reihenentwicklung der Eigenvektoren $\tilde{\phi}_i$ nach den Eigenvektoren ϕ_i von $\mathcal{A}$ lautet

$$\tilde{\phi}_i = \sum_{j=1}^{\infty} \langle \tilde{\phi}_i, \psi_j \rangle \phi_j = [\phi_1 \dots \phi_n] \tilde{v}_i + \sum_{j=n+1}^{\infty} c_{ij}^* \phi_j, \quad i = 1, 2, \dots, n \tag{C.31}$$

(siehe (2.58)), wenn man (4.40) berücksichtigt und die Entwicklungskoeffizienten $c_{ij}^* = \langle \tilde{\phi}_i, \psi_j \rangle$ einführt. Speziell gilt für den Eigenvektor $\tilde{\phi}_k$, der zu den Entwicklungskoeffizienten $\tilde{v}_k$ gehört

$$
\tilde{\phi}_k = [\phi_1 \ldots \phi_n] \, \tilde{v}_k + \sum_{j=n+1}^{\infty} c_{kj}^* \phi_j = \sum_{\substack{i=1 \\ i \neq k}}^{n} a_i [\phi_1 \ldots \phi_n] \, \tilde{v}_i + \sum_{j=n+1}^{\infty} c_{kj}^* \phi_j,
$$

$$(C.32)$$

wenn man (C.30) einsetzt. Bringt man in (C.31) den Term mit $\tilde{v}_i$ auf eine Seite, d.h.

$$
[\phi_1 \ldots \phi_n] \, \tilde{v}_i = \tilde{\phi}_i - \sum_{j=n+1}^{\infty} c_{ij}^* \phi_j, \quad i = 1, 2, \ldots, n \tag{C.33}
$$

und berücksichtigt dies in (C.32), so ergibt sich

$$
\begin{aligned}
\tilde{\phi}_k &= \sum_{\substack{i=1 \\ i \neq k}}^{n} a_i \tilde{\phi}_i - \sum_{\substack{i=1 \\ i \neq k}}^{n} a_i \sum_{j=n+1}^{\infty} c_{ij}^* \phi_j + \sum_{j=n+1}^{\infty} c_{kj}^* \phi_j \\
&= \sum_{\substack{i=1 \\ i \neq k}}^{n} a_i \tilde{\phi}_i + \sum_{j=n+1}^{\infty} (c_{kj}^* - \sum_{\substack{i=1 \\ i \neq k}}^{n} a_i c_{ij}^*) \phi_j.
\end{aligned}
\tag{C.34}
$$

Mit

$$
\phi_j = \tilde{\phi}_j, \quad j \geq n+1 \tag{C.35}
$$

wird aus (C.34)

$$
\tilde{\phi}_k = \sum_{\substack{i=1 \\ i \neq k}}^{n} a_i \tilde{\phi}_i + \sum_{j=n+1}^{\infty} (c_{kj}^* - \sum_{\substack{i=1 \\ i \neq k}}^{n} a_i c_{ij}^*) \tilde{\phi}_j. \tag{C.36}
$$

Hieraus folgt, dass die Regelungseigenvektoren $\tilde{\phi}_i$, $i \geq 1$, linear abhängig sind. Dieses Ergebnis widerspricht jedoch der Tatsache, dass die Regelungseigenvektoren für einfache Regelungseigenwerte linear unabhängig sind. Folglich müssen die Vektoren $\tilde{v}_i$ linear unabhängig sein, wenn die Regelungseigenwerte einfach sind.

C.5 Beweis von Satz 4.5

Wenn die Eigenwerte λ_i, $i = 1, 2 \ldots, n$, modal steuerbar sind, dann besitzt die Matrix B^* in (4.20) keine Nullzeile (siehe Satz 4.3). Damit ist (Λ, B^*) nach dem Gilbert-Kriterium steuerbar (siehe z.B. [27]). Deshalb gibt es immer Zahlen $\tilde{\lambda}_i$, $i = 1, 2, \ldots, n$, und zugehörige Vektoren p_i, welche die Bedingungen

278   C Beweise und Herleitungen

von Satz 4.5 erfüllen (siehe [57]), da in (4.64) formal die Parametrierungsformel für konzentriert-parametrische Systeme auftritt.

Um zu zeigen, dass der Rückführoperator $\mathcal{K}$ in (4.63) der Regelung die vorgegebenen Eigenwerte und Parametervektoren verleiht, geht man von

$$(\tilde{\lambda}_i I - \tilde{\mathcal{A}})\tilde{\phi}_i = (\tilde{\lambda}_i I - \mathcal{A})\tilde{\phi}_i + \mathcal{B}\overline{K^*}\tilde{\varphi}_i \tag{C.37}$$

mit

$$\tilde{\varphi}_i = \begin{bmatrix} \langle \tilde{\phi}_i, \psi_1 \rangle \\ \vdots \\ \langle \tilde{\phi}_i, \psi_n \rangle \end{bmatrix} \tag{C.38}$$

aus, wobei (4.8) und (4.63) verwendet wurden. Die Elemente der Vektoren $\tilde{\varphi}_i$ in (C.38) ergeben sich durch Anwendung der Projektion

$$\mathcal{P}_n = \sum_{i=1}^n \langle \, \cdot \, , \psi_i \rangle \phi_i \tag{C.39}$$

auf die Eigenvektoren $\tilde{\phi}_i$. Daher muss (C.39) auf das Eigenwertproblem

$$(\mathcal{A} - \mathcal{B}\mathcal{K})\tilde{\phi}_i = \tilde{\lambda}_i \tilde{\phi}_i \tag{C.40}$$

angewendet werden, um eine Bestimmungsgleichung für $\tilde{\varphi}_i$ zu erhalten. Mit

$$\tilde{\phi}_i = \mathcal{P}_n \tilde{\phi}_i + (I - \mathcal{P}_n)\tilde{\phi}_i \tag{C.41}$$

folgt durch Anwendung der Projektion (C.39) auf (C.40)

$$\mathcal{P}_n(\mathcal{A} - \mathcal{B}\mathcal{K})(\mathcal{P}_n \tilde{\phi}_i + (I - \mathcal{P}_n)\tilde{\phi}_i) = \tilde{\lambda}_i \mathcal{P}_n \tilde{\phi}_i. \tag{C.42}$$

Zur Berechnung von $\mathcal{P}_n \mathcal{A}(\mathcal{P}_n \tilde{\phi}_i + (I - \mathcal{P}_n)\tilde{\phi}_i)$ in (C.42) verwendet man für den Systemoperator $\mathcal{A}$ die Darstellung

$$\mathcal{A} = \sum_{i=1}^\infty \lambda_i \langle \, \cdot \, , \psi_i \rangle \phi_i \tag{C.43}$$

(siehe Theorem 2.3.5 in [14]). Dann gilt aufgrund der Biorthonormalitätsrelation (4.15)

$$\mathcal{P}_n \mathcal{A} = \sum_{i=1}^\infty \lambda_i \langle \cdot, \psi_i \rangle \mathcal{P}_n \phi_i = \sum_{i=1}^n \lambda_i \langle \cdot, \psi_i \rangle \phi_i, \tag{C.44}$$

was auf

$$\mathcal{P}_n \mathcal{A}(\mathcal{P}_n \tilde{\phi}_i + (I - \mathcal{P}_n)\tilde{\phi}_i) = \mathcal{P}_n \mathcal{A}\tilde{\phi}_i = \sum_{j=1}^n \lambda_j \langle \tilde{\phi}_i, \psi_j \rangle \phi_j \tag{C.45}$$

C.5 Beweis von Satz 4.5

führt. Der Term $\mathcal{P}_n \mathcal{B}$ in (C.42) ergibt sich durch Betrachtung des Eingangs-operators

$$\mathcal{B} = \begin{bmatrix} b_1 \ \ldots \ b_p \end{bmatrix} \tag{C.46}$$

und der Projektion

$$\mathcal{P}_n \mathcal{B} = \begin{bmatrix} \mathcal{P}_n b_1 \ \ldots \ \mathcal{P}_n b_p \end{bmatrix} = \begin{bmatrix} \sum_{i=1}^{n} \langle b_1, \psi_i \rangle \phi_i \ \ldots \ \sum_{i=1}^{n} \langle b_p, \psi_i \rangle \phi_i \end{bmatrix}$$

$$= \sum_{i=1}^{n} \begin{bmatrix} \langle b_1, \psi_i \rangle \phi_i \ \ldots \ \langle b_p, \psi_i \rangle \phi_i \end{bmatrix} = \sum_{i=1}^{n} \phi_i \begin{bmatrix} \langle b_1, \psi_i \rangle \ \ldots \ \langle b_p, \psi_i \rangle \end{bmatrix}$$

$$= \sum_{i=1}^{n} \phi_i b_i^{*T}, \tag{C.47}$$

wenn man (4.20) beachtet. Wegen der Biorthonormalitätsrelation (4.15) und

$$\mathcal{P}_n \tilde{\phi}_i = \sum_{j=1}^{n} \langle \tilde{\phi}_i, \psi_j \rangle \phi_j \tag{C.48}$$

$$(I - \mathcal{P}_n) \tilde{\phi}_i = \sum_{j=n+1}^{\infty} \langle \tilde{\phi}_i, \psi_j \rangle \phi_j \tag{C.49}$$

gilt mit (4.31) und (C.38) für $\mathcal{K}(\mathcal{P}_n \tilde{\phi}_i + (I - \mathcal{P}_n) \tilde{\phi}_i)$ in (C.42)

$$\mathcal{K}(\mathcal{P}_n \tilde{\phi}_i + (I - \mathcal{P}_n) \tilde{\phi}_i) = \overline{K^*} \begin{bmatrix} \langle \mathcal{P}_n \tilde{\phi}_i + (I - \mathcal{P}_n) \tilde{\phi}_i, \psi_1 \rangle \\ \vdots \\ \langle \mathcal{P}_n \tilde{\phi}_i + (I - \mathcal{P}_n) \tilde{\phi}_i, \psi_n \rangle \end{bmatrix} = \overline{K^*} \tilde{\varphi}_i. \tag{C.50}$$

Setzt man (C.45), (C.47) und (C.50) in (C.42) ein, so ergibt sich

$$\sum_{j=1}^{n} \lambda_j \langle \tilde{\phi}_i, \psi_j \rangle \phi_j - \sum_{j=1}^{n} \phi_j b_j^{*T} \overline{K^*} \tilde{\varphi}_i = \sum_{j=1}^{n} \tilde{\lambda}_i \langle \tilde{\phi}_i, \psi_j \rangle \phi_j. \tag{C.51}$$

Daraus erhält man nach Koeffizientenvergleich bezüglich ϕ_i, $i = 1, 2, \ldots, n$, das Ergebnis

$$\lambda_j \langle \tilde{\phi}_i, \psi_j \rangle - b_j^{*T} \overline{K^*} \tilde{\varphi}_i = \tilde{\lambda}_i \langle \tilde{\phi}_i, \psi_j \rangle, \quad j = 1, 2, \ldots, n. \tag{C.52}$$

Durch Verwendung der Matrizen (2.134) und (4.20) lässt sich (C.52) in der Matrixschreibweise

$$(\Lambda - B^* \overline{K^*}) \tilde{\varphi}_i = \tilde{\lambda}_i \tilde{\varphi}_i \tag{C.53}$$

darstellen. Dies bedeutet, dass die Vektoren $\tilde{\varphi}_i$ die Eigenvektoren der Matrix $\Lambda - B^* \overline{K^*}$ sind. In [57] wird gezeigt, dass die Rückführmatrix $\overline{K^*}$ in (4.64) der Matrix $\Lambda - B^* \overline{K^*}$ die Eigenvektoren $\tilde{v}_i$ gemäß (4.62) zum Eigenwert $\tilde{\lambda}_i$ verleiht und dass

$$p_i = \overline{K^*} \tilde{v}_i \qquad (C.54)$$

erfüllt ist. Folglich darf man $\tilde{\varphi}_i = \tilde{v}_i$ setzen, weshalb sich mit (4.31), (C.38) und (C.54)

$$\mathcal{K}\tilde{\phi}_i = \overline{K^*}\tilde{\varphi}_i = \overline{K^*}\tilde{v}_i = p_i \qquad (C.55)$$

ergibt. Damit weist der Rückführoperator (4.63) aufgrund von (4.39) der Regelung die Parametervektoren p_i, $i = 1, 2, \ldots, n$, zu. Daraus folgt für (C.37)

$$(\tilde{\lambda}_i I - \tilde{\mathcal{A}})\tilde{\phi}_i = (\tilde{\lambda}_i I - \mathcal{A})\tilde{\phi}_i + \mathcal{B}p_i. \qquad (C.56)$$

Um die rechte Seite von (C.56) zu vereinfachen, betrachtet man

$$(\tilde{\lambda}_i I - \mathcal{A})(\mathcal{A} - \tilde{\lambda}_i I)^{-1}\mathcal{B}p_i = -\mathcal{B}p_i. \qquad (C.57)$$

Ein Vergleich der rechten Seite von (C.56) und (C.57) zeigt, dass für

$$\tilde{\phi}_i = (\mathcal{A} - \tilde{\lambda}_i I)^{-1}\mathcal{B}p_i \qquad (C.58)$$

die rechte Seite von (C.56) verschwindet. Damit besitzt der Systemoperator $\tilde{\mathcal{A}}$ der Regelung die gewünschten Eigenwerte $\tilde{\lambda}_i$, $i = 1, 2, \ldots, n$, und die Eigenvektoren $\tilde{\phi}_i$ in (4.65). Aufgrund der Rückführfunktionen (4.17) werden dabei die Streckeneigenwerte λ_i, $i \geq n + 1$, und ihre Eigenvektoren ϕ_i unverändert in die Regelung übernommen (siehe Abschnitt 4.1.1).

C.6 Beweis von Satz 4.6

Zum Beweis dieses Satzes muss nachgewiesen werden, dass der Systemoperator $\tilde{\mathcal{A}}_e$ in (4.103) ein infinitesimaler Generator einer C_0-Halbgruppe ist (siehe Abschnitt 2.1). Zur Untersuchung dieser Eigenschaft von $\tilde{\mathcal{A}}_e$ kann man die Aussage des Satzes C.1 heranziehen. Damit dieses Ergebnis auf den Systemoperator $\tilde{\mathcal{A}}_e$ in (4.103) angewendet werden kann, muss der Operator $\mathcal{G}P + \mathcal{B}(M_u + \mathcal{K}M_x)$ beschränkt sein (siehe (4.103) und (C.12)). Dies ist aber der Fall, weil sein Definitionsbereich endlich-dimensional ist (siehe Lemma A.3.22 in [14]). Die Matrix S ist ein infinitesimaler Generator einer C_0-Halbgruppe, da sie endlich-dimensional ist und deshalb einen beschränkten Operator darstellt (siehe Example 2.1.3 in [14]). Da $\mathcal{A}$ nur endlich viele Eigenwerte in der abgeschlossenen rechten Halbebene besitzt, generiert $\mathcal{A}$ eine C_0-Halbgruppe (siehe Theorem 2.3.5 in [14]). Damit ist auch $\mathcal{A} - \mathcal{B}\mathcal{K}$ ein infinitesimaler Generator einer C_0-Halbgruppe, da der Rückführoperator $\mathcal{K}$ beschränkt ist (siehe Theorem 3.2.1 in [14]). Dann generiert gemäß Satz C.1 der Systemoperator $\tilde{\mathcal{A}}_e$ aufgrund seiner unteren Dreiecksform eine C_0-Halbgruppe. Damit ist das abstrakte Anfangswertproblem (4.101) wohlgestellt. Dies bedeutet, dass das aus der gewöhnlichen Differentialgleichung (Signalmodell) und der partiellen Differentialgleichung (verteilt-parametrische Strecke) zusammengesetzte Differentialgleichungssystem eine eindeutige schwache Lösung besitzt, die stetig von den Anfangswerten abhängt (siehe Abschnitt 2.1).

C.7 Beweis von Satz 4.7

Zum Beweis von Satz 4.7 müssen die Eigenschaften aus Definition 4.1 eines verallgemeinerten Riesz-Spektraloperators für den Systemoperator $\tilde{\mathcal{A}}_e$ nachgewiesen werden.

Abgeschlossenheit von $\tilde{\mathcal{A}}_e$. Ausgangspunkt zum Nachweis der Abgeschlossenheit von $\tilde{\mathcal{A}}_e$ ist die Dreiecksform

$$\tilde{\mathcal{A}}_e = \begin{bmatrix} S & 0 \\ \mathcal{G}P + \mathcal{B}(M_u + \mathcal{K}M_x) & \mathcal{A} - \mathcal{B}\mathcal{K} \end{bmatrix} \tag{C.59}$$

dieses Operators (siehe (4.103)), auf den sich die Aussagen des Satzes C.1 anwenden lassen. Wenn der Rückführoperator $\mathcal{K}$ so gewählt wird, dass die Eigenwerte von $\mathcal{A} - \mathcal{B}\mathcal{K}$ einfach sind, dann ist $\mathcal{A} - \mathcal{B}\mathcal{K}$ nach Satz 4.2 ein Riesz-Spektraloperator. Dieser Operator generiert eine C_0-Halbgruppe, weil die Eigenwerte $\tilde{\lambda}_i$ von $\mathcal{A} - \mathcal{B}\mathcal{K}$ das Eigenwertkriterium $\sup_{i \geq 1} \operatorname{Re} \tilde{\lambda}_i < 0$ erfüllen (siehe Theorem 2.3.5 in [14]). Die Matrix S generiert ebenfalls eine C_0-Halbgruppe, da sie ein beschränkter Operator ist (siehe Example 2.1.3 in [14]). Darüber hinaus ist auch der Operator $\mathcal{G}P + \mathcal{B}(M_u + \mathcal{K}M_x)$ beschränkt, da er nur einen endlich-dimensionalen Definitionsbereich besitzt (siehe Lemma A.3.22 in [14]). Damit folgt aus Satz C.1, dass $\tilde{\mathcal{A}}_e$ ein infinitesimaler Generator einer C_0-Halbgruppe ist und deshalb einen abgeschlossenen Operator darstellt (siehe Theorem 2.1.10 in [14]).

Endliche algebraische Vielfachheit und vollständige Unzusammenhängigkeit der Eigenwerte von $\tilde{\mathcal{A}}_e$. Diese Eigenschaften folgen unmittelbar aus der Tatsache, dass sich die Eigenwerte von $\tilde{\mathcal{A}}_e$ aufgrund der Dreiecksform von $\tilde{\mathcal{A}}_e$ aus den Eigenwerten von S und den Eigenwerten des Riesz-Spektraloperators $\mathcal{A} - \mathcal{B}\mathcal{K}$ zusammensetzen. Da mehrfache Eigenwerte nur in S auftreten, hat $\tilde{\mathcal{A}}_e$ nur Eigenwerte mit endlicher algebraischer Vielfachheit.

Geometrische Vielfachheit der Eigenwerte und Riesz-Basis-Eigenschaft der Eigenvektoren von $\tilde{\mathcal{A}}_e$. Um diese Eigenschaften nachzuweisen, bestimmt man die Eigenvektoren von $\tilde{\mathcal{A}}_e$. Das zugehörige Eigenwertproblem lautet

$$\tilde{\mathcal{A}}_e \begin{bmatrix} \tilde{\phi}_{v,i} \\ \tilde{\phi}_{x,i} \end{bmatrix} = \tilde{\lambda}_i \begin{bmatrix} \tilde{\phi}_{v,i} \\ \tilde{\phi}_{x,i} \end{bmatrix}, \quad i \geq 1, \quad \tilde{\phi}_{v,i} \in \mathbb{C}^{n_v}, \quad \tilde{\phi}_{x,i} \in H \tag{C.60}$$

bzw. mit (C.59)

$$S\tilde{\phi}_{v,i} = \tilde{\lambda}_i \tilde{\phi}_{v,i} \qquad (C.61)$$

$$(\mathcal{G}P + \mathcal{B}(M_u + \mathcal{K}\mathcal{M}_x))\tilde{\phi}_{v,i} + (\mathcal{A} - \mathcal{B}\mathcal{K})\tilde{\phi}_{x,i} = \tilde{\lambda}_i \tilde{\phi}_{x,i}. \qquad (C.62)$$

Mit der gleichen Vorgehensweise wie in Anhang C.2 lässt sich zeigen, dass für die Eigenvektoren $\tilde{\phi}_i$ von $\tilde{\mathcal{A}}_e$

$$
\tilde{\phi}_i = \begin{bmatrix} \tilde{\phi}_{v,i} \\ \tilde{\phi}_{x,i} \end{bmatrix}
$$

$$
= \begin{cases}
\begin{bmatrix} \phi_{v,i} \\ (\tilde{\lambda}_i I - \mathcal{A} + \mathcal{B}\mathcal{K})^{-1}(\mathcal{G}P + \mathcal{B}(M_u + \mathcal{K}\mathcal{M}_x)\phi_{v,i}) \end{bmatrix} & : i = 1, 2, \ldots, n_v \\[2ex]
\begin{bmatrix} 0 \\ \tilde{\phi}_{x,i} \end{bmatrix} & : i \geq n_v + 1
\end{cases} \qquad (C.63)
$$

gilt, worin $\phi_{v,i}$, $i = 1, 2, \ldots, n_v$, die Eigenvektoren von S sind und $\tilde{\phi}_{x,i}$ die Eigenvektoren von $\mathcal{A} - \mathcal{B}\mathcal{K}$ bezeichnen, wobei der Einfachheit halber der Zählindex dieser Eigenvektoren mit $n_v + 1$ beginnt. Die Riesz-Basiseigenschaft der Eigenvektoren $\tilde{\phi}_i$ von $\tilde{\mathcal{A}}_e$ lässt sich nun mit Hilfe des Satzes C.2 zeigen. Da die Eigenwerte von $\mathcal{A} - \mathcal{B}\mathcal{K}$ als einfach vorausgesetzt werden, sind die zugehörigen Eigenvektoren linear unabhängig (siehe z.B. Theorem 7.4-3 in [46]). Darüber hinaus sind die Eigenvektoren $\tilde{\phi}_i$, $i = 1, 2, \ldots, n_v$, selbst und von den Eigenvektoren $\tilde{\phi}_i$, $i \geq n_v + 1$, linear unabhängig, da die Eigenvektoren $\phi_{v,i}$, $i = 1, 2, \ldots, n_v$, der Matrix S linear unabhängig sind und die Eigenwerte von S mit keinem Eigenwert von $\mathcal{A} - \mathcal{B}\mathcal{K}$ übereinstimmen. Damit stimmt die algebraische Vielfachheit mehrfacher Eigenwerte in $\tilde{\mathcal{A}}_e$ mit der zugehörigen geometrischen Vielfachheit überein. Aus diesen Betrachtungen folgt auch die ω-lineare Unabhängigkeit aller Eigenvektoren $\tilde{\phi}_i$, $i \geq 1$. Folglich muss gemäß Satz C.2 nur noch nachgewiesen werden, dass die Eigenvektoren $\tilde{\phi}_i$ von $\tilde{\mathcal{A}}_e$ quadratisch nahe zu einer Riesz-Basis sind. Hierzu betrachtet man die Vektoren

$$
\Theta_i = \begin{cases}
\begin{bmatrix} \phi_{v,i} \\ 0 \end{bmatrix} & : i = 1, 2, \ldots, n_v \\[2ex]
\begin{bmatrix} 0 \\ \tilde{\phi}_{x,i} \end{bmatrix} & : i \geq n_v + 1,
\end{cases} \qquad (C.64)
$$

worin $\phi_{v,i}$ die Eigenvektoren von S und $\tilde{\phi}_{x,i}$ die Eigenvektoren von $\mathcal{A} - \mathcal{B}\mathcal{K}$ sind. Es lässt sich leicht zeigen, dass Θ_i, $i \geq 1$, eine Riesz-Basis für $\mathbb{C}^{n_v} \oplus H$ ist, da die Eigenvektoren $\phi_{v,i}$ von S eine Riesz-Basis für $\mathbb{C}^{n_v}$ bilden (siehe auch Beispiel 2.2) und die Eigenvektoren $\tilde{\phi}_{x,i}$ des Riesz-Spektraloperators $\mathcal{A} - \mathcal{B}\mathcal{K}$ eine Riesz-Basis für H darstellen. Um zu zeigen, dass die Eigenvektoren $\tilde{\phi}_i$ von $\tilde{\mathcal{A}}_e$ quadratisch nahe zu dieser Riesz-Basis sind, wird

$$\Sigma = \sum_{i=1}^{\infty} \|\tilde{\phi}_i - \Theta_i\|^2 \tag{C.65}$$

betrachtet. Berücksichtigt man in (C.65) die Beziehung (C.63), so gilt

$$\Sigma = \sum_{i=1}^{n_v} \|\tilde{\phi}_i - \Theta_i\|^2 < \infty. \tag{C.66}$$

Folglich bilden die Eigenvektoren $\tilde{\phi}_i$ von $\tilde{\mathcal{A}}_e$ gemäß Baris Theorem eine Riesz-Basis in $\mathbb{C}^{n_v} \oplus H$.

C.8 Beweis von Satz 4.9

Zum Beweis von Satz 4.9 betrachtet man den Zustandsfolgeregler

$$\tilde{u}_{R,s}(t) = \mathcal{K}x_s(t) - \mathcal{K}\mathcal{M}_x v(t), \tag{C.67}$$

der sich aus (4.137) durch Einsetzen des Sollwerts x_s für x ergibt. Man beachte, dass x_s der Zustand der Vorsteuerung ist, welcher ein Sollwert für den Streckenzustand x darstellt. D.h. es gilt nicht wie in Abbildung 4.1 $x_s = \mathcal{M}_x v$. Gemäß (4.179) gilt für den ersten Summanden in (C.67)

$$\mathcal{K}x_s(t) = \overline{K^*} \begin{bmatrix} \langle x_s(t), \psi_{x,1} \rangle_H \\ \vdots \\ \langle x_s(t), \psi_{x,n} \rangle_H \end{bmatrix}, \tag{C.68}$$

worin mit $\psi_{x,i}$ die Eigenvektoren von $\mathcal{A}^*$ bezeichnet werden. Für den (konzentrierten) Zustand der modalen Approximation (4.182) gilt

$$x_s^*(t) = \begin{bmatrix} \langle x_s(t), \psi_{x,1} \rangle_H \\ \vdots \\ \langle x_s(t), \psi_{x,n} \rangle_H \end{bmatrix} \tag{C.69}$$

(siehe Abschnitt 2.2.2), womit man für (C.68)

$$\mathcal{K}x_s(t) = \overline{K^*}x_s^*(t) \tag{C.70}$$

erhält. Bei der Auswertung des zweiten Summanden $\mathcal{K}\mathcal{M}_x v$ in (C.67) ist zu beachten, dass man hierzu $\mathcal{M}_x$ nicht direkt berechnen muss. Um dies zu erkennen, wendet man (4.179) auf $\mathcal{K}\mathcal{M}_x v$ an, was auf

$$\mathcal{K}\mathcal{M}_x v(t) = \overline{K^*} \begin{bmatrix} \langle \mathcal{M}_x v(t), \psi_{x,1} \rangle_H \\ \vdots \\ \langle \mathcal{M}_x v(t), \psi_{x,n} \rangle_H \end{bmatrix} \tag{C.71}$$

führt. Da für $\mathcal{M}_x$ die Beziehung (4.143) gilt, ergibt sich durch Einführung der Matrix

$$V_v = \begin{bmatrix} \phi_{v,1} \dots \phi_{v,n_v} \end{bmatrix} \tag{C.72}$$

für die Skalarprodukte in (C.71)

$$\langle \mathcal{M}_x v(t), \psi_{x,i} \rangle_H = \langle \begin{bmatrix} \tilde{\phi}_{x,1} \dots \tilde{\phi}_{x,n_v} \end{bmatrix} V_v^{-1} v(t), \psi_{x,i} \rangle_H. \tag{C.73}$$

Mit

$$V_v^{-1} = \begin{bmatrix} w_{v,1}^T \\ \vdots \\ w_{v,n_v}^T \end{bmatrix} \tag{C.74}$$

gilt für (C.73)

$$\begin{aligned} \langle \mathcal{M}_x v(t), \psi_{x,i} \rangle_H &= \langle \tilde{\phi}_{x,1} w_{v,1}^T v(t) + \dots + \tilde{\phi}_{x,n_v} w_{v,n_v}^T v(t), \psi_{x,i} \rangle_H \\ &= \langle \tilde{\phi}_{x,1}, \psi_{x,i} \rangle_H w_{v,1}^T v(t) + \dots + \langle \tilde{\phi}_{x,n_v}, \psi_{x,i} \rangle_H w_{v,n_v}^T v(t) \\ &= \begin{bmatrix} \langle \tilde{\phi}_{x,1}, \psi_{x,i} \rangle_H \dots \langle \tilde{\phi}_{x,n_v}, \psi_{x,i} \rangle_H \end{bmatrix} V_v^{-1} v(t). \end{aligned} \tag{C.75}$$

Um die in (C.75) auftretenden Skalarprodukte mit $\tilde{\phi}_{x,i}$ zu bestimmen, wendet man die Spektraldarstellung

$$(\lambda I - \mathcal{A})^{-1} = \sum_{i=1}^{\infty} \frac{\langle \cdot, \psi_{x,i} \rangle_H}{\lambda - \lambda_i} \phi_{x,i} \tag{C.76}$$

des Resolventenoperators $(\lambda I - \mathcal{A})^{-1}$ (siehe Abschnitt 2.2.4) auf (4.113) an. Dies führt auf

$$\tilde{\phi}_{x,i} = \sum_{j=1}^{\infty} \frac{\langle (\mathcal{G}P + \mathcal{B}M_u)\phi_{v,i}, \psi_{x,j} \rangle_H}{\lambda_{v,i} - \lambda_j} \phi_{x,j}. \tag{C.77}$$

Da die Eigenvektoren $\phi_{x,j}$ eine Riesz-Basis in H bilden, gilt für die Entwicklungskoeffizienten

$$\langle \tilde{\phi}_{x,i}, \psi_{x,j} \rangle_H = \frac{\langle (\mathcal{G}P + \mathcal{B}M_u)\phi_{v,i}, \psi_{x,j} \rangle_H}{\lambda_{v,i} - \lambda_j} = \frac{(g_j^{*T} P + b_j^{*T} M_u)\phi_{v,i}}{\lambda_{v,i} - \lambda_j} \tag{C.78}$$

von (C.77) mit

$$b_j^{*T} = \begin{bmatrix} \langle b_1, \psi_{x,j} \rangle_H \dots \langle b_m, \psi_{x,j} \rangle_H \end{bmatrix} \tag{C.79}$$

$$g_j^{*T} = \begin{bmatrix} \langle g_1, \psi_{x,j} \rangle_H \dots \langle g_q, \psi_{x,j} \rangle_H \end{bmatrix} \tag{C.80}$$

C.8 Beweis von Satz 4.9 285

aufgrund der Eindeutigkeit der Reihendarstellung (C.77) (siehe (2.58)). Die Herleitung von (C.79)–(C.80) erfolgt dabei auf die gleiche Art und Weise wie in (C.75). Wenn man (C.75) und (C.78) in (C.71) einsetzt und die Matrizen

$$\Lambda = \begin{bmatrix} \lambda_1 & & \\ & \ddots & \\ & & \lambda_n \end{bmatrix}, \tag{C.81}$$

$$B^* = \begin{bmatrix} b_1^{*T} \\ \vdots \\ b_n^{*T} \end{bmatrix} = \begin{bmatrix} \langle b_1, \psi_{x,1} \rangle_H & \cdots & \langle b_m, \psi_{x,1} \rangle_H \\ \vdots & & \vdots \\ \langle b_1, \psi_{x,n} \rangle_H & \cdots & \langle b_m, \psi_{x,n} \rangle_H \end{bmatrix}, \tag{C.82}$$

$$G^* = \begin{bmatrix} g_1^{*T} \\ \vdots \\ g_n^{*T} \end{bmatrix} = \begin{bmatrix} \langle g_1, \psi_{x,1} \rangle_H & \cdots & \langle g_q, \psi_{x,1} \rangle_H \\ \vdots & & \vdots \\ \langle g_1, \psi_{x,n} \rangle_H & \cdots & \langle g_q, \psi_{x,n} \rangle_H \end{bmatrix} \tag{C.83}$$

verwendet, dann lässt sich der zweite Summand in (C.67) durch

$$\mathcal{K}\mathcal{M}_x v(t) = \overline{K^*} M_x^* v(t) \tag{C.84}$$

darstellen. Darin ist die konstante Matrix M_x^* durch

$$M_x^* = \begin{bmatrix} \tilde{\varphi}_{x,1} & \cdots & \tilde{\varphi}_{x,n_v} \end{bmatrix} \begin{bmatrix} \phi_{v,1} & \cdots & \phi_{v,n_v} \end{bmatrix}^{-1} \tag{C.85}$$

mit

$$\tilde{\varphi}_{x,i} = (\lambda_{v,i} I - \Lambda)^{-1} (G^* P + B^* M_u) \phi_{v,i} \tag{C.86}$$

gegeben. Der Zustandsfolgeregler (C.67) in der modellgestützten Vorsteuerung kann somit auch durch

$$\tilde{u}_{R,s}(t) = \overline{K^*}(x_s^*(t) - M_x^* v(t)) \tag{C.87}$$

realisiert werden. Da x_s^* der Zustand der modalen Approximation

$$\dot{x}_s^*(t) = \Lambda x_s^*(t) + B^* u_s(t) + G^* d(t) \tag{C.88}$$

ist (siehe (4.182)), muss zur Bildung des Stellsignalanteils (C.67) mittels (C.87) nur die endlich-dimensionale modale Approximation (C.88) herangezogen werden. Ersetzt man $\tilde{u}_{R,s}$ in

$$u_s(t) = M_u v(t) - \tilde{u}_{R,s}(t) \tag{C.89}$$

(siehe (4.90)) durch (C.87), dann folgt daraus

$$u_s(t) = M_u v(t) - \overline{K^*}(x_s^*(t) - M_x^* v(t)). \tag{C.90}$$

Darin ist M_u durch (4.134)–(4.135) gegeben und wird deshalb weiterhin anhand der verteilt-parametrischen Strecke (4.126)–(4.127) bestimmt.

C.9 Modale Approximation des Verlaufs der Ausgangsgröße y_s

Damit die in Abschnitt 4.2.4 vorgeschlagene Vorgehensweise zum systematischen Vorsteuerungsentwurf eingesetzt werden kann, muss gezeigt werden, dass die Vergrößerung der Approximationsmodellordnung grundsätzlich zu einer Verbesserung der Approximation y_s^* von y_s führt. Hierzu betrachtet man (4.192) und beachtet, dass für die dort auftretenden Vektoren $\mathcal{C}\phi_{x,i}$ mit (2.29)

$$\mathcal{C}\phi_{x,i} = \begin{bmatrix} \langle \phi_{x,i}, c_1 \rangle_H \\ \vdots \\ \langle \phi_{x,i}, c_m \rangle_H \end{bmatrix} = \begin{bmatrix} \overline{\langle c_1, \phi_{x,i} \rangle}_H \\ \vdots \\ \overline{\langle c_m, \phi_{x,i}, \rangle}_H \end{bmatrix} \tag{C.91}$$

gilt. Damit sind die Vektoren $\mathcal{C}\phi_{x,i}$ gerade die konjugiert komplexen Entwicklungsvektoren der Reihenentwicklung der Ortscharakteristiken c_i, $i = 1, 2, \ldots, m$, nach den Eigenvektoren $\psi_{x,i}$ von $\mathcal{A}^*$ (siehe (2.59)). Da diese Reihenentwicklung wegen $c_i \in H$ konvergiert, gilt für die zugehörigen Entwicklungskoeffizienten

$$\sum_{j=1}^{\infty} |\langle c_i, \psi_{x,j} \rangle_H|^2 \le \frac{1}{M_1} \|c_i\|_H^2 < \infty \tag{C.92}$$

(siehe (2.60)). Damit müssen die Koeffizienten $\langle c_i, \psi_{x,j} \rangle_H$ für zunehmenden Index j betragsmäßig abnehmen. Folglich gibt es ein hinreichend großes N derart, dass die Koeffizienten $\langle c_i, \psi_{x,j} \rangle_H$ für $j > n + N$ betragsmäßig hinreichend klein sind und deshalb vernachlässigt werden können. Der konkrete Wert von N, für den dies der Fall ist, hängt vom örtlichen Verlauf der Ortscharakteristiken c_i ab.

C.10 Beweis von Satz 4.12

Angenommen, es würde

$$\tilde{b}_i^{*T} = \begin{bmatrix} \langle b_1, \tilde{\psi}_i \rangle & \ldots & \langle b_p, \tilde{\psi}_i \rangle \end{bmatrix}^T = 0^T \tag{C.93}$$

mit $\tilde{\lambda}_i \notin \sigma(\mathcal{A})$ gelten, wobei $\tilde{\lambda}_i \notin \sigma(\mathcal{A})$ die modale Steuerbarkeit des Streckeneigenwerts λ_i, d.h. $b_i^{*T} \ne 0^T$, voraussetzt. Dann ist der Regelungseigenwert $\tilde{\lambda}_i$

C.11 Beweis von Satz 4.13

nicht modal steuerbar und kann deshalb nicht durch eine Zustandsrückführung $\bar{u} = -\tilde{\mathcal{K}}x$ für $\dot{x} = (\mathcal{A} - \mathcal{B}\mathcal{K})x + \mathcal{B}\bar{u}$ verschoben werden. Wenn man jedoch die Zustandsrückführung $\bar{u} = \mathcal{K}x$ verwendet, dann erhält man $\dot{x} = \mathcal{A}x$. Da aber $\tilde{\lambda}_i \notin \sigma(\mathcal{A})$ gilt, muss hierbei der Eigenwert $\tilde{\lambda}_i$ durch die Zustandsrückführung $\bar{u} = \mathcal{K}x$ verschoben worden sein. Dies steht aber im Widerspruch zur Tatsache, dass dieser Regelungseigenwert nicht modal steuerbar ist. Damit folgt (4.271) aus der Annahme, dass die Streckeneigenwerte λ_i, $i = 1, 2, \ldots, p$, zu den Eigenvektoren ψ_i in (4.221) modal steuerbar sind.

C.11 Beweis von Satz 4.13

Da die Matrix M stationäre Genauigkeit für stationär konstante Führungsgrößen w sicherstellt, gilt für die ausgangsentkoppelte Regelung

$$y_\infty = \lim_{t \to \infty} y(t) = -\sum_{i=1}^{p} e_i \frac{\tilde{b}_i^{*T} M w_\infty}{\tilde{\lambda}_i} - \sum_{i=n+1}^{\infty} \mathcal{C}\phi_i \frac{\tilde{b}_i^{*T} M w_\infty}{\lambda_i} = w_\infty \qquad (C.94)$$

(siehe (4.242) und (4.244)). Wegen (4.250) führt die Bedingung $\tilde{F}_r(0) = 0$ auf

$$\tilde{F}_r(0) = \sum_{i=n+1}^{\infty} \frac{\mathcal{C}\phi_i \tilde{b}_i^{*T} M}{-\lambda_i} = 0, \qquad (C.95)$$

womit sich (C.94) zu

$$y_\infty = \sum_{i=1}^{p} \frac{e_i \tilde{b}_i^{*T}}{-\tilde{\lambda}_i} M w_\infty = w_\infty \qquad (C.96)$$

vereinfacht. Da die Matrix M in (4.272) regulär ist, folgt aus (C.96)

$$M = \left(\sum_{i=1}^{p} \frac{e_i \tilde{b}_i^{*T}}{-\tilde{\lambda}_i} \right)^{-1}. \qquad (C.97)$$

Dies lässt sich auch in der Form

$$M = - \begin{bmatrix} \frac{1}{\tilde{\lambda}_1} \tilde{b}_1^{*T} \\ \vdots \\ \frac{1}{\tilde{\lambda}_p} \tilde{b}_p^{*T} \end{bmatrix}^{-1} \qquad (C.98)$$

schreiben. Multipliziert man (C.98) von links mit $-\frac{1}{\tilde{\lambda}_i} \tilde{b}_i^{*T}$, so erhält man das Ergebnis

$$-\frac{1}{\tilde{\lambda}_i} \tilde{b}_i^{*T} M = e_i^T, \quad i = 1, 2, \ldots, p. \qquad (C.99)$$

288   C Beweise und Herleitungen

Dies bedeutet, dass (4.269) erfüllt ist, d.h. dass auch Eingangsentkopplung vorliegt (siehe Problem (P2.2)).

C.12 Herleitung der Zustandsbeschreibung (4.324)–(4.326)

Da (4.316) eine Projektion ist, gilt die Beziehung $\mathcal{P}_n = \mathcal{P}_n^2$ (siehe Definition A.3.75 in [14]). Damit lässt sich (4.318) in der Form

$$x_n(t) = \mathcal{P}_n x(t) = \mathcal{P}_n \mathcal{P}_n x(t) = \mathcal{P}_n x_n(t) \qquad (C.100)$$

schreiben. Entsprechend folgt mit $\mathcal{P}_R = \mathcal{P}_R^2$ für (4.319)

$$x_R(t) = \mathcal{P}_R x_R(t). \qquad (C.101)$$

Um die Zustandsdifferentialgleichungen für (4.318) zu bilden, bestimmt man die zeitliche Ableitung von x_n, was mit (4.81)

$$\dot{x}_n(t) = \mathcal{P}_n \dot{x}(t) = \mathcal{P}_n \mathcal{A} x(t) + \mathcal{P}_n \mathcal{B} u(t) + \mathcal{P}_n \mathcal{G} d(t) \qquad (C.102)$$

ergibt. Ersetzt man darin x durch (4.320) und nutzt (C.100) sowie (C.101), so folgt

$$\dot{x}_n(t) = \mathcal{A}_n x_n(t) + \mathcal{A}_{nR} x_R(t) + \mathcal{P}_n \mathcal{B} u(t) + \mathcal{P}_n \mathcal{G} d(t) \qquad (C.103)$$

mit

$$\mathcal{A}_n = \mathcal{P}_n \mathcal{A} \mathcal{P}_n \qquad (C.104)$$

und

$$\mathcal{A}_{nR} = \mathcal{P}_n \mathcal{A} \mathcal{P}_R. \qquad (C.105)$$

Um zu zeigen, dass (C.105) gleich dem *Nulloperator* $\mathcal{O}$ ist, betrachtet man

$$\mathcal{P}_n \phi_{x,i} = \sum_{j=1}^{n} \langle \phi_{x,i}, \psi_{x,j} \rangle_H \phi_{x,j} = \begin{cases} \phi_{x,i} & : i = 1, 2, \ldots, n \\ 0 & : i > n \end{cases} \qquad (C.106)$$

(siehe (4.316)), worin die Biorthonormalitätsrelation

$$\langle \phi_{x,i}, \psi_{x,j} \rangle_H = \delta_{ij} \qquad (C.107)$$

verwendet wurde (siehe (2.57)). Mit

$$\mathcal{A} = \sum_{i=1}^{\infty} \lambda_i \langle \, \cdot \, , \psi_{x,i} \rangle_H \phi_{x,i} \qquad (C.108)$$

C.13 Bestimmung der Übertragungsmatrix $F_{\tilde{d}}(s)$

(siehe Theorem 2.3.5 in [14]) und (C.106), gilt dann

$$\mathcal{P}_n \mathcal{A} = \sum_{i=1}^{\infty} \lambda_i \langle \, \cdot \, , \psi_{x,i} \rangle_H \mathcal{P}_n \phi_{x,i} = \sum_{i=1}^{n} \lambda_i \langle \, \cdot \, , \psi_{x,i} \rangle_H \phi_{x,i}. \qquad \text{(C.109)}$$

Daraus folgt mit (4.317) für (C.105)

$$\begin{aligned}
\mathcal{A}_{nR} = \mathcal{P}_n \mathcal{A} \mathcal{P}_R &= \sum_{i=1}^{n} \lambda_i \left\langle \sum_{j=n+1}^{\infty} \langle \, \cdot \, , \psi_{x,j} \rangle_H \phi_{x,j}, \psi_{x,i} \right\rangle_H \phi_{x,i} \\
&= \sum_{i=1}^{n} \sum_{j=n+1}^{\infty} \lambda_i \langle \, \cdot \, , \psi_{x,j} \rangle_H \langle \phi_{x,j}, \psi_{x,i} \rangle_H \phi_{x,i} \\
&= \mathcal{O} \qquad\qquad\qquad\qquad\qquad\qquad\qquad\quad \text{(C.110)}
\end{aligned}$$

wegen (C.107).

Unter Verwendung der gleichen Argumentationsweise lässt sich leicht zeigen, dass für x_R die Zustandsdifferentialgleichung (4.325) mit

$$\mathcal{A}_R = \mathcal{P}_R \mathcal{A} \mathcal{P}_R \qquad \text{(C.111)}$$

und

$$\mathcal{B}_R = \mathcal{P}_R \mathcal{B} \qquad \text{(C.112)}$$

sowie

$$\mathcal{G}_R = \mathcal{P}_R \mathcal{G} \qquad \text{(C.113)}$$

gilt. Die Ausgangsgleichung (4.326) erhält man unmittelbar durch Einsetzen von (4.320) sowie (C.100)–(C.101) in (4.82) zu

$$y(t) = \mathcal{C} x(t) = \mathcal{C} \mathcal{P}_n x_n(t) + \mathcal{C} \mathcal{P}_R x_R(t), \qquad \text{(C.114)}$$

was mit

$$\mathcal{C}_n = \mathcal{C} \mathcal{P}_n \qquad \text{(C.115)}$$

und

$$\mathcal{C}_R = \mathcal{C} \mathcal{P}_R \qquad \text{(C.116)}$$

gerade (4.326) ergibt.

C.13 Bestimmung der Übertragungsmatrix $F_{\tilde{d}}(s)$

Um den Ausdruck (4.365) herzuleiten, betrachtet man

$$\tilde{\mathcal{G}} = \begin{bmatrix} 0 & 0 \\ \mathcal{B}_R & \mathcal{G}_R \end{bmatrix} = \begin{bmatrix} \mathcal{B}_n & \mathcal{G}_n \\ \mathcal{B}_R & \mathcal{G}_R \end{bmatrix} - \begin{bmatrix} \mathcal{B}_n & \mathcal{G}_n \\ 0 & 0 \end{bmatrix} = [\mathcal{B} \ \mathcal{G}] - \begin{bmatrix} \mathcal{B}_n & \mathcal{G}_n \\ 0 & 0 \end{bmatrix} \qquad \text{(C.117)}$$

(siehe (4.328) und (4.348)), was mit (4.364)

$$F_{\tilde{d}}(s) = \mathcal{C}(sI - \mathcal{A})^{-1}\tilde{\mathcal{G}} = \mathcal{C}(sI - \mathcal{A})^{-1}\begin{bmatrix} 0 & 0 \\ \mathcal{B}_R & \mathcal{G}_R \end{bmatrix}$$

$$= \mathcal{C}(sI - \mathcal{A})^{-1}\begin{bmatrix} \mathcal{B} & \mathcal{G} \end{bmatrix} - \mathcal{C}(sI - \mathcal{A})^{-1}\begin{bmatrix} \mathcal{B}_n & \mathcal{G}_n \\ 0 & 0 \end{bmatrix} \quad \text{(C.118)}$$

ergibt. Es ist mit (4.327) leicht nachzuweisen, dass

$$(sI - \mathcal{A})^{-1} = \begin{bmatrix} (sI - \mathcal{A}_n)^{-1} & 0 \\ 0 & (sI - \mathcal{A}_R)^{-1} \end{bmatrix} \quad \text{(C.119)}$$

erfüllt ist. Hieraus folgt mit (4.329)

$$\mathcal{C}(sI - \mathcal{A})^{-1}\begin{bmatrix} \mathcal{B}_n & \mathcal{G}_n \\ 0 & 0 \end{bmatrix} = \begin{bmatrix} \mathcal{C}_n(sI - \mathcal{A}_n)^{-1}\mathcal{B}_n & \mathcal{C}_n(sI - \mathcal{A}_n)^{-1}\mathcal{G}_n \end{bmatrix}. \quad \text{(C.120)}$$

Das Übertragungsverhalten des Systems

$$\dot{x}_n(t) = \mathcal{A}_n x_n(t) + \mathcal{B}_n u(t) + \mathcal{G}_n d(t) \quad \text{(C.121)}$$
$$y^*(t) = \mathcal{C}_n x_n(t) \quad \text{(C.122)}$$

(siehe (4.324) und (4.326)) ist durch

$$y^*(s) = \mathcal{C}_n(sI - \mathcal{A}_n)^{-1}\mathcal{B}_n u(s) + \mathcal{C}_n(sI - \mathcal{A}_n)^{-1}\mathcal{G}_n d(s) \quad \text{(C.123)}$$

gegeben. Wegen

$$x_n(t) = \begin{bmatrix} \phi_{x,1} \ \dots \ \phi_{x,n} \end{bmatrix} x^*(t) \quad \text{(C.124)}$$

(siehe (4.331)) folgt durch Einsetzen in (4.343) mit (2.138) und (C.106)

$$y^*(t) = \mathcal{C}_n x_n(t) = C^* x^*(t). \quad \text{(C.125)}$$

Damit lässt sich das Übertragungsverhalten (C.123) auch anhand des Übertragungsverhaltens

$$y^*(s) = C^*(sI - \Lambda)^{-1}B^* u(s) + C^*(sI - \Lambda)^{-1}G^* d(s) \quad \text{(C.126)}$$

der modalen Approximation

$$\dot{x}^*(t) = \Lambda x^*(t) + B^* u(t) + G^* d(t) \quad \text{(C.127)}$$
$$y^*(t) = C^* x^*(t) \quad \text{(C.128)}$$

bestimmen (siehe (4.309)–(4.310)). Ein Vergleich von (C.123) mit (C.126) liefert unmittelbar den Zusammenhang

C.14 Nachweis der Regularität der Matrix T 291

$$\mathcal{C}_n(sI - \mathcal{A}_n)^{-1}\mathcal{B}_n = C^*(sI - \Lambda)^{-1}B^* = F^*(s) \qquad \text{(C.129)}$$

$$\mathcal{C}_n(sI - \mathcal{A}_n)^{-1}\mathcal{G}_n = C^*(sI - \Lambda)^{-1}G^* = F_d^*(s). \qquad \text{(C.130)}$$

Setzt man (C.120) in (C.118) ein und verwendet (C.129)–(C.130), so erhält man (4.365).

C.14 Nachweis der Regularität der Matrix T

Zunächst wird gezeigt, dass für die Matrix T in (4.476)

$$\det T \neq 0 \qquad \text{(C.131)}$$

gilt. Dies ist gleichbedeutend zur Behauptung, dass

$$\sum_{i=1}^{p} \sum_{j=0}^{\kappa_i - 1} \alpha_{ij} c_{fi}^{*T} \Lambda^j = 0^T \qquad \text{(C.132)}$$

nur für $\alpha_{ij} = 0$, $i = 1, 2, \ldots, p$, $j = 0, 1, \ldots, \kappa_i$, erfüllt werden kann. Multipliziert man (C.132) mit B^*, so folgt

$$\sum_{i=1}^{p} \sum_{j=0}^{\kappa_i - 1} \alpha_{ij} c_{fi}^{*T} \Lambda^j B^* = 0^T. \qquad \text{(C.133)}$$

Dies lässt sich wegen (4.469) zu

$$\sum_{i=1}^{p} \alpha_{i,\kappa_i - 1} c_{fi}^{*T} \Lambda^{\kappa_i - 1} B^* = 0^T \qquad \text{(C.134)}$$

vereinfachen. Führt man den Zeilenvektor

$$\alpha_1^T = \begin{bmatrix} \alpha_{1,\kappa_1 - 1} & \cdots & \alpha_{p,\kappa_p - 1} \end{bmatrix} \qquad \text{(C.135)}$$

und die Matrix

$$D^* = \begin{bmatrix} c_{f1}^{*T} \Lambda^{\kappa_1 - 1} B^* \\ \vdots \\ c_{fp}^{*T} \Lambda^{\kappa_p - 1} B^* \end{bmatrix} = I \qquad \text{(C.136)}$$

ein (siehe (4.471)), dann gilt für (C.134) der Zusammenhang

$$\sum_{i=1}^{p} \alpha_{i,\kappa_i - 1} c_{fi}^{*T} \Lambda^{\kappa_i - 1} B^* = \alpha_1^T D^* = \alpha_1^T = 0^T. \qquad \text{(C.137)}$$

Damit hat man anstatt von (C.132) nur noch

$$\sum_{i=1}^{p} \sum_{j=0}^{\kappa_i-2} \alpha_{ij} c_{fi}^{*T} \Lambda^j = 0^T \tag{C.138}$$

zu betrachten. Multipliziert man dies mit ΛB^*, so gilt

$$\sum_{i=1}^{p} \sum_{j=0}^{\kappa_i-2} \alpha_{ij} c_{fi}^{*T} \Lambda^{j+1} B^* = 0^T. \tag{C.139}$$

Unter Beachtung von (4.469) wird daraus

$$\sum_{i=1}^{p} \alpha_{i,\kappa_i-2} c_{fi}^{*T} \Lambda^{\kappa_i-1} B^* = 0^T. \tag{C.140}$$

Mit dem Zeilenvektor

$$\alpha_2^T = \begin{bmatrix} \alpha_{1,\kappa_1-2} \cdots \alpha_{p,\kappa_p-2} \end{bmatrix} \tag{C.141}$$

erhält man entsprechend wie in (C.137)

$$\alpha_2^T = 0^T. \tag{C.142}$$

Folglich vereinfacht sich die Summe (C.132) weiter zu

$$\sum_{i=1}^{p} \sum_{j=0}^{\kappa_i-3} \alpha_{ij} c_{fi}^{*T} \Lambda^j = 0^T. \tag{C.143}$$

Mit dieser Vorgehensweise fährt man solange fort bis mit $\Lambda^{\kappa_1-1} B^*$ von links multipliziert wird. Ohne Beschränkung der Allgemeinheit sei $\kappa_1 \geq \kappa_i$, $i = 2, 3, \ldots, p$, angenommen, da man dies immer durch geeignete Umnummerierung der Ausgänge y_{fi}^* erreichen kann. Dann stellt man fest, dass alle Koeffizienten α_{ij} gleich Null sein müssen. Dies bedeutet, dass (C.131) gilt.

Aus diesem Ergebnis folgt als Spezialfall auch die Regularität der Matrix T in (4.450).

C.15 Beweis von Satz 5.3

Um den Satz 5.3 zu beweisen, kann man direkt Satz C.1 heranziehen, dessen Voraussetzungen im Folgenden für die geregelte Strecke (5.52)–(5.53) nachgewiesen werden.

Infinitesimaler Generator $\tilde{\bar{\Lambda}}$. Da $\tilde{\bar{\Lambda}}$ eine endlich-dimensionale Matrix ist, stellt sie einen beschränkten linearen Operator dar (siehe Beispiel 2.2). Hieraus folgt, dass $\tilde{\bar{\Lambda}}$ ein infinitesimaler Generator einer *gleichförmig stetigen*

Halbgruppe $T_{\tilde{A}}(t)$ ist und damit auch eine C_0-Halbgruppe generiert (siehe z.B. Example 2.1.3 in [14]). Aufgrund der Annahme (5.54) und der Diagonalform von $\tilde{A}$ besitzt $T_{\tilde{A}}(t)$ die Wachstumseigenschaft

$$\|T_{\tilde{A}}(t)\| \le e^{-\alpha_{stab}t}, \quad t \ge 0. \tag{C.144}$$

Infinitesimaler Generator $\mathcal{A} - \mathcal{B}R\tilde{C}$. Der Riesz-Spektraloperator $\mathcal{A}$ in (5.1) ist ein infinitesimaler Generator einer C_0-Halbgruppe, da $\mathcal{A}$ nur endlich viele Eigenwerte in der abgeschlossenen rechten Halbebene besitzt (siehe Theorem 2.3.5 in [14]). Da $\mathcal{B}R\tilde{C}$ ein beschränkter linearer Operator ist, folgt aus Theorem 3.2.1 in [14], dass $\mathcal{A} - \mathcal{B}R\tilde{C}$ ebenfalls eine C_0-Halbgruppe $\mathcal{T}_{\tilde{A}_R}(t)$ generiert. Aufgrund der vorausgesetzten exponentiellen Stabilität von (5.55) besitzt $\mathcal{T}_{\tilde{A}_R}(t)$ die Wachstumseigenschaft (5.57).

Beschränkter linearer Operator $\mathcal{B}R_\xi$. Da der Operator $\mathcal{B}R_\xi$ einen endlich-dimensionalen Definitionsbereich besitzt, ist er ein beschränkter linearer Operator (siehe Lemma A.3.22 in [14]).

C.16 Beweis von Satz 5.4

Für den Beweis von Satz 5.4 ist zu klären, ob das Spektrum des Operators $\mathcal{A} - \mathcal{B}R\tilde{C}$ die Stabilitätsreserve der Regelung festlegt, d.h. ob für $\mathcal{A} - \mathcal{B}R\tilde{C}$ die „spectrum determined growth assumption" gilt. Da die Stabilitätsreserve von allen Spektralpunkten abhängt, muss zu deren Berechnung auch die Struktur des Spektrums von $\mathcal{A} - \mathcal{B}R\tilde{C}$ bestimmt werden.

Gültigkeit der „spectrum determined growth assumption" für $\mathcal{A} - \mathcal{B}R\tilde{C}$. In [67] wird gezeigt, dass die „spectrum determined growth assumption" für einen Operator $\mathcal{A}$ erfüllt ist, wenn dieser eine *analytische* C_0-*Halbgruppe* $\mathcal{T}_\mathcal{A}(t)$ generiert. Dies bedeutet, dass man $\mathcal{T}_\mathcal{A}(t)$ bezüglich t in einen Sektor der komplexen Ebene analytisch fortsetzen kann. Diese Eigenschaft besitzt den Vorteil, dass sie durch beschränkte lineare Störungen nicht verändert wird (siehe Theorem 2.1, Kapitel 3, in [55]). Setzt man voraus, dass die Eigenwerte des Riesz-Spektraloperators $\mathcal{A}$ im Sektor (5.61) liegen, dann ist $\mathcal{A}$ der infinitesimale Generator einer analytischen C_0-Halbgruppe (siehe Exercise 2.18 in [14]). Da der Operator $\mathcal{B}R\tilde{C}$ beschränkt und linear ist, folgt aus obigem Störungsergebnis, dass auch $\mathcal{A} - \mathcal{B}R\tilde{C}$ der Generator einer analytischen C_0-Halbgruppe ist und somit die „spectrum determined growth assumption" erfüllt.

Spektrum von $\mathcal{A} - \mathcal{B}R\tilde{C}$. In Theorem 3.1 von [37] wird gezeigt, dass sich das Spektrum von $\mathcal{A} - \mathcal{B}R\tilde{C}$ aus isolierten Eigenwerten mit endlicher algebraischer Vielfachheit und den Häufungspunkten der Eigenwerte von $\mathcal{A}$ zusammensetzt, die auch Häufungspunkte der Eigenwerte von $\mathcal{A} - \mathcal{B}R\tilde{C}$ sind. Damit gilt für die Stabilitätsreserve β_{stab} der in Satz 5.4 angegebene Ausdruck (5.63).

C.17 Beweis von Satz 5.6

Setzt man (5.88) in $\mathcal{A} - \mathcal{B}R\tilde{\mathcal{C}}$ ein, so folgt

$$\mathcal{A} - \mathcal{B}R\tilde{\mathcal{C}} = \mathcal{A} + \mathcal{B}\left[p_1 \ldots p_{m+n_o}\right]\left[G(\tilde{\lambda}_1)p_1 \ldots G(\tilde{\lambda}_{m+n_o})p_{m+n_o}\right]^{-1}\tilde{\mathcal{C}}. \tag{C.145}$$

Durch Multiplikation dieses Ergebnisses mit

$$\tilde{\phi}_i = (\mathcal{A} - \tilde{\lambda}_i I)^{-1}\mathcal{B}p_i, \quad i = 1, 2, \ldots, m + n_o \tag{C.146}$$

von rechts (siehe (5.69)) erhält man mit

$$G(s) = \tilde{\mathcal{C}}(sI - \mathcal{A})^{-1}\mathcal{B} \tag{C.147}$$

(siehe (5.72)) den Ausdruck

$$
\begin{aligned}
(\mathcal{A} - \mathcal{B}R\tilde{\mathcal{C}})\tilde{\phi}_i &= \mathcal{A}\tilde{\phi}_i - \mathcal{B}\left[p_1 \ldots p_{m+n_o}\right] \\
&\quad \cdot \left[G(\tilde{\lambda}_1)p_1 \ldots G(\tilde{\lambda}_{m+n_o})p_{m+n_o}\right]^{-1}G(\tilde{\lambda}_i)p_i \\
&= \mathcal{A}\tilde{\phi}_i - \mathcal{B}p_i.
\end{aligned} \tag{C.148}
$$

Einsetzen von (C.146) in (C.148) führt auf

$$
\begin{aligned}
(\mathcal{A} - \mathcal{B}R\tilde{\mathcal{C}})\tilde{\phi}_i &= \mathcal{A}(\mathcal{A} - \tilde{\lambda}_i I)^{-1}\mathcal{B}p_i - \mathcal{B}p_i \\
&= (\mathcal{A} - (\mathcal{A} - \tilde{\lambda}_i I))(\mathcal{A} - \tilde{\lambda}_i I)^{-1}\mathcal{B}p_i \\
&= \tilde{\lambda}_i\tilde{\phi}_i.
\end{aligned} \tag{C.149}
$$

Dies zeigt, dass $\tilde{\phi}_i = (\mathcal{A} - \tilde{\lambda}_i I)^{-1}\mathcal{B}p_i$, $i = 1, 2, \ldots, m + n_o$, einen Eigenvektor von $\mathcal{A} - \mathcal{B}R\tilde{\mathcal{C}}$ zum Eigenwert $\tilde{\lambda}_i$ darstellt. Damit sind die Vektoren p_i, $i = 1, 2, \ldots, m + n_o$, in (5.71) die Parametervektoren der Regelung, was sich unmittelbar durch Einsetzen von (5.71) in (5.68) ergibt. Die restlichen Regelungseigenwerte $\tilde{\lambda}_i$, $i \geq m + n_o + 1$, die verschieden von den Beobachtereigenwerten und den Streckeneigenwerten sowie deren Häufungspunkten sind, ergeben sich aus der gleichen Argumentation wie in Abschnitt 5.1.3 als Lösungen von (5.85).

C.18 Beweis von Satz 5.7

Da der direkte Nachweis der verallgemeinerten Riesz-Spektraleigenschaft von $\mathcal{A}_e$ im Sinne von Definition 4.1 schwierig ist, wird diese Eigenschaft erst für den adjungierten Operator $\mathcal{A}_e^*$ gezeigt, was sich als wesentlich einfacher herausstellt. Anschließend wird bewiesen, dass aus diesem Ergebnis auch die ver-

C.18 Beweis von Satz 5.7   295

allgemeinerte Riesz-Spektraleigenschaft von $\mathcal{A}_e$ folgt. Darüber hinaus werden die nachfolgenden Ergebnisse für $\mathcal{A}_e^*$ noch an anderer Stelle benötigt.

Bestimmung des adjungierten Operators $\mathcal{A}_e^*$. Die Bestimmung dieses Operators erfolgt im Weiteren mit der in Beispiel A.1 angedeuteten heuristischen Vorgehensweise, die für dieses Beispiel das richtige Ergebnis liefert. Hierfür verwendet man zur Berechnung von $\mathcal{A}_e^*$ den definierenden Zusammenhang

$$\langle \mathcal{A}_e x, y \rangle = \langle x, \mathcal{A}_e^* y \rangle, \quad \forall x \in D(\mathcal{A}_e), \quad \forall y \in D(\mathcal{A}_e^*) \tag{C.150}$$

und versucht durch Umformung des linken Skalarprodukts die Darstellung rechts zu erhalten. Am Ergebnis lässt sich dann der adjungierte Operator $\mathcal{A}_e^*$ ablesen. Das linke Skalarprodukt in (C.150) lautet ausgeschrieben

$$\begin{aligned}
\langle \mathcal{A}_e x, y \rangle &= \left\langle \begin{bmatrix} S & B_{e_y}\mathcal{C} \\ 0 & \mathcal{A} \end{bmatrix} \begin{bmatrix} x_1 \\ x_2 \end{bmatrix}, \begin{bmatrix} y_1 \\ y_2 \end{bmatrix} \right\rangle \\
&= \langle S x_1 + B_{e_y}\mathcal{C} x_2, y_1 \rangle_{\mathbb{C}^{n_v}} + \langle \mathcal{A} x_2, y_2 \rangle_H \\
&= x_1^T S^T \overline{y_1} + (\mathcal{C} x_2)^T B_{e_y}^T \overline{y_1} + \langle \mathcal{A} x_2, y_2 \rangle_H \tag{C.151}
\end{aligned}$$

(siehe (5.212) und (5.215)). Verwendet man die Abkürzung

$$v = \begin{bmatrix} v_1 \\ \vdots \\ v_m \end{bmatrix} = B_{e_y}^T \overline{y_1} \in \mathbb{C}^m, \tag{C.152}$$

so lässt sich der in (C.151) auftretende Term $(\mathcal{C} x_2)^T B_{e_y}^T \overline{y_1}$ mit (2.29) in der Form

$$(\mathcal{C} x_2)^T B_{e_y}^T \overline{y_1} = (\mathcal{C} x_2)^T v = \sum_{i=1}^m \langle x_2, c_i \rangle_H v_i \tag{C.153}$$

schreiben. Unter Beachtung von (C.152) sowie der konjugierten Linearität (4.14) des Skalarprodukts erhält man mit

$$c = \begin{bmatrix} c_1 \\ \vdots \\ c_m \end{bmatrix} \tag{C.154}$$

das Ergebnis

$$\begin{aligned}
(\mathcal{C} x_2)^T B_{e_y}^T \overline{y_1} &= \sum_{i=1}^m \langle x_2, c_i \overline{v_i} \rangle_H = \langle x_2, \sum_{i=1}^m c_i \overline{v_i} \rangle_H = \langle x_2, c^T \overline{v} \rangle_H \\
&= \langle x_2, c^T B_{e_y}^* y_1 \rangle_H, \tag{C.155}
\end{aligned}$$

worin die Bezeichnung $B_{e_y}^* = \overline{B_{e_y}^T}$ verwendet wird. Da für den Systemoperator $\mathcal{A}$

$$\langle \mathcal{A}x_2, y_2 \rangle_H = \langle x_2, \mathcal{A}^* y_2 \rangle_H, \quad \forall x_2 \in D(\mathcal{A}), \quad \forall y_2 \in D(\mathcal{A}^*) \tag{C.156}$$

gilt, folgt mit (C.155) und $S^* = \overline{S^T}$ für (C.151)

$$\begin{aligned} \langle \mathcal{A}_e x, y \rangle &= x_1^T \overline{S^* y_1} + \langle x_2, c^T B_{e_y}^* y_1 \rangle_H + \langle x_2, \mathcal{A}^* y_2 \rangle_H \\ &= \left\langle \begin{bmatrix} x_1 \\ x_2 \end{bmatrix}, \begin{bmatrix} S^* & 0 \\ c^T B_{e_y}^* & \mathcal{A}^* \end{bmatrix} \begin{bmatrix} y_1 \\ y_2 \end{bmatrix} \right\rangle. \end{aligned} \tag{C.157}$$

Ein Vergleich dieses Ergebnisses mit (C.150) liefert unmittelbar den adjungierten Systemoperator

$$\mathcal{A}_e^* = \begin{bmatrix} S^* & 0 \\ c^T B_{e_y}^* & \mathcal{A}^* \end{bmatrix}, \quad D(\mathcal{A}_e^*) = \mathbb{C}^{n_v} \oplus D(\mathcal{A}^*) \subset H_e. \tag{C.158}$$

Um zu zeigen, dass $\mathcal{A}_e^*$ ein verallgemeinerter Riesz-Spektraloperator ist, müssen die Bedingungen von Definition 4.1 überprüft werden.

Abgeschlossenheit von $\mathcal{A}_e^*$. Aufgrund der Dreiecksstruktur

$$\mathcal{A}_e^* = \begin{bmatrix} S^* & 0 \\ c^T B_{e_y}^* & \mathcal{A}^* \end{bmatrix} \tag{C.159}$$

von $\mathcal{A}_e^*$ benutzt man Satz C.1 zum Nachweis der Abgeschlossenheit. Da S^* ein beschränkter Operator ist, generiert S^* eine C_0-Halbgruppe (siehe Example 2.1.3 in [14]). Dies trifft auch auf $\mathcal{A}^*$ zu, weil $\mathcal{A}$ als Riesz-Spektraloperator eine C_0-Halbgruppe erzeugt (siehe Theorem 2.2.6 in [14]). Damit generiert $\mathcal{A}_e^*$ aufgrund der Tatsache, dass $c^T B_{e_y}^*$ wegen seines endlich-dimensionalen Definitionsbereichs ein beschränkter Operator ist (siehe Lemma A 3.22 in [14]), eine C_0-Halbgruppe und ist deshalb abgeschlossen (siehe Satz C.1 und Theorem 2.1.10 in [14]).

Endliche algebraische Vielfachheit und vollständige Unzusammenhängigkeit der Eigenwerte von $\mathcal{A}_e^*$. Aufgrund der Dreiecksform des Systemoperators $\mathcal{A}_e^*$ in (C.158) setzen sich dessen Eigenwerte aus den Eigenwerten von S^* und den Eigenwerten des Riesz-Spektraloperators $\mathcal{A}^*$ zusammen. Da mehrfache Eigenwerte nur in S^* auftreten, hat $\mathcal{A}_e^*$ nur Eigenwerte mit endlicher algebraischer Vielfachheit. Häufungspunkte von Eigenwerten können nur bei Eigenwerten von $\mathcal{A}^*$ vorkommen. Weil $\mathcal{A}^*$ ein Riesz-Spektraloperator ist, sind diese vollständig unzusammenhängend.

Geometrische Vielfachheit der Eigenwerte und Riesz-Basis-Eigenschaft der Eigenvektoren von $\mathcal{A}_e^*$. Um zu zeigen, dass die algebraische Vielfachheit der Eigenwerte von $\mathcal{A}_e^*$ mit der zugehörigen geometrischen Vielfachheit übereinstimmt, bestimmt man die Eigenvektoren von $\mathcal{A}_e^*$. Die zugehörige Eigenvektorgleichung lautet

C.18 Beweis von Satz 5.7   297

$$\mathcal{A}_e^* \Psi_i = \overline{\lambda_i} \Psi_i, \quad i \geq 1, \tag{C.160}$$

worin λ_i die Eigenwerte von $\mathcal{A}_e$ sind. Verwendet man die Aufteilung

$$\Psi_i = \begin{bmatrix} \psi_{v,i} \\ \psi_{x,i} \end{bmatrix}, \quad \psi_{v,i} \in \mathbb{C}^{n_v}, \quad \psi_{x,i} \in H \tag{C.161}$$

der Eigenvektoren von $\mathcal{A}_e^*$ und berücksichtigt (C.158), so lässt sich (C.160) auch in der Form

$$S^* \psi_{v,i} = \overline{\lambda_i} \psi_{v,i} \tag{C.162}$$
$$c^T B_{e_y}^* \psi_{v,i} + \mathcal{A}^* \psi_{x,i} = \overline{\lambda_i} \psi_{x,i} \tag{C.163}$$

darstellen. Anhand der Dreiecksstruktur von $\mathcal{A}_e^*$ in (C.158) erkennt man, dass die ersten n_v Eigenwerte von $\mathcal{A}_e^*$ durch die Eigenwerte $\overline{\lambda_{v,i}}$ von S^* gegeben sind, worin $\lambda_{v,i}$ die Eigenwerte von S darstellen. Dann ist $\psi_{v,i}$ wegen (C.162) durch die Eigenvektoren w_i von S^* gegeben und aus (C.163) folgt

$$\psi_{x,i} = (\overline{\lambda_{v,i}} I - \mathcal{A}^*)^{-1} c^T B_{e_y}^* w_i, \tag{C.164}$$

da voraussetzungsgemäß die Eigenwerte $\overline{\lambda_{v,i}}$ von S^* von den Eigenwerten von $\mathcal{A}^*$ und deren Häufungspunkten verschieden sind, d.h. $\overline{\lambda_{v,i}} \in \rho(\mathcal{A}^*)$ gilt. Die restlichen Eigenwerte $\overline{\lambda_i}$, $i \geq n_v + 1$, sind durch die Eigenwerte $\overline{\lambda_{x,i}}$ von $\mathcal{A}^*$ gegeben. Da diese verschieden von den Eigenwerten von S^* sind, muss wegen (C.162) $\psi_{v,i} = 0$, $i \geq n_v + 1$, sein. Damit ergibt sich aus (C.163)

$$\mathcal{A}^* \psi_{x,i} = \overline{\lambda_i} \psi_{x,i}, \quad i \geq n_v + 1, \tag{C.165}$$

womit $\psi_{x,i}$ die Eigenvektoren ψ_j, $j \geq 1$, von $\mathcal{A}^*$ sind. Insgesamt erhält man so die Eigenvektoren

$$\Psi_i = \begin{bmatrix} \psi_{v,i} \\ \psi_{x,i} \end{bmatrix} = \begin{cases} \begin{bmatrix} w_i \\ (\overline{\lambda_{v,i}} I - \mathcal{A}^*)^{-1} c^T B_{e_y}^* w_i \end{bmatrix} &: i = 1, 2, \ldots, n_v \\ \begin{bmatrix} 0 \\ \psi_{i-n_v} \end{bmatrix} &: i \geq n_v + 1 \end{cases} \tag{C.166}$$

von $\mathcal{A}_e^*$. Da S voraussetzungsgemäß diagonalähnlich ist, sind die Eigenvektoren w_i von S^* linear unabhängig. Mehrfache Eigenwerte von $\mathcal{A}_e^*$ treten nur in der Eigenwertmenge $\{\overline{\lambda_{v,i}}, i = 1, 2, \ldots, n_v\}$ auf, deren Eigenvektoren

$$\Psi_i = \begin{bmatrix} w_i \\ (\overline{\lambda_{v,i}} I - \mathcal{A}^*)^{-1} c^T B_{e_y}^* w_i \end{bmatrix}, \quad i = 1, 2, \ldots, n_v \tag{C.167}$$

dann ebenfalls linear unabhängig sind (siehe (C.166)). Damit stimmt die geometrische Vielfachheit der Eigenwerte von $\mathcal{A}_e^*$ mit der zugehörigen algebraischen Vielfachheit überein. Aus diesen Betrachtungen folgt auch die ω-lineare Unabhängigkeit aller Eigenvektoren Ψ_i, $i \geq 1$. Folglich muss gemäß Satz C.2 nur noch nachgewiesen werden, dass die Eigenvektoren Ψ_i von $\mathcal{A}_e^*$ quadratisch nahe zu einer Riesz-Basis sind. Hierzu betrachtet man die Vektoren

$$\Theta_i = \begin{cases} \begin{bmatrix} w_i \\ 0 \end{bmatrix} & : i = 1, 2, \ldots, n_v \\[2mm] \begin{bmatrix} 0 \\ \psi_{i-n_v} \end{bmatrix} & : i \geq n_v + 1. \end{cases} \tag{C.168}$$

Es lässt sich leicht zeigen, dass Θ_i, $i \geq 1$, eine Riesz-Basis für $\mathbb{C}^{n_v} \oplus H$ ist, da die Eigenvektoren w_i von S^* eine Basis für $\mathbb{C}^{n_v}$ bilden (siehe auch Beispiel 2.2) und die Eigenvektoren ψ_i des Systemoperators $\mathcal{A}^*$ eine Riesz-Basis für H darstellen (siehe Corollary 2.3.3 in [14]). Um zu zeigen, dass die Eigenvektoren Ψ_i von $\mathcal{A}_e^*$ quadratisch nahe zu dieser Riesz-Basis sind, bildet man

$$\Sigma = \sum_{i=1}^{\infty} \|\Psi_i - \Theta_i\|^2. \tag{C.169}$$

Berücksichtigt man in (C.169) die Beziehung (C.166), so gilt

$$\Sigma = \sum_{i=1}^{n_v} \|\Psi_i - \Theta_i\|^2 < \infty. \tag{C.170}$$

Damit bilden die Eigenvektoren Ψ_i von $\mathcal{A}_e^*$ gemäß Baris Theorem eine Riesz-Basis in $\mathbb{C}^{n_v} \oplus H$.

Im Folgenden wird begründet, dass $\mathcal{A}_e$ ein verallgemeinerter Riesz-Spektraloperator ist, wenn dies auf $\mathcal{A}_e^*$ zutrifft. Hierzu müssen wiederum die Bedingungen von Definition 4.1 für $\mathcal{A}_e$ nachgeprüft werden.

Abgeschlossenheit von $\mathcal{A}_e$. Wie bereits gezeigt wurde, ist $\mathcal{A}_e^*$ ein abgeschlossener linearer Operator. Da $\mathcal{A}_e$ den zu $\mathcal{A}_e^*$ adjungierten Operator darstellt, ist $\mathcal{A}_e$ ebenfalls abgeschlossen (siehe S. 603 in [14]).

Endliche algebraische Vielfachheit und vollständige Unzusammenhängigkeit der Eigenwerte von $\mathcal{A}_e$. Für das Spektrum $\sigma(\mathcal{A}_e)$ von $\mathcal{A}_e$ gilt $\sigma(\mathcal{A}_e) = \overline{\sigma(\mathcal{A}_e^*)}$, worin der Überstrich konjugiert komplex bedeutet (siehe Lemma A.4.17 in [14]). Damit haben die Eigenwerte von $\mathcal{A}_e$ endliche algebraische Vielfachheit und der Abschluss des Punktspektrums ist vollständig unzusammenhängend, weil dies auch für $\mathcal{A}_e^*$ zutrifft.

Geometrische Vielfachheit der Eigenwerte und Riesz-Basis-Eigenschaft der Eigenvektoren von $\mathcal{A}_e$. Die Eigenvektoren Φ_i, $i \geq 1$, von $\mathcal{A}_e$ bilden eine Riesz-Basis für $H_e = \mathbb{C}^{n_v} \oplus H$, wenn sie eine Biorthonormalfolge für die Eigenvektoren Ψ_i, $i \geq 1$, von $\mathcal{A}_e^*$ darstellen (siehe Lemma 2.2 in [33]). Eigenvektoren von $\mathcal{A}$ und $\mathcal{A}^*$, die zu unterschiedlichen Eigenwerten gehören, sind nach geeigneter Skalierung zueinander stets biorthogonal (siehe

C.18 Beweis von Satz 5.7 299

Lemma 2.3.2 in [14]). Damit muss nur noch die Biorthogonalität der Eigenvektoren Φ_i zu den mehrfachen Eigenwerten $\lambda_{v,i}$ von S untersucht werden. Die zugehörigen Eigenvektoren

$$\Phi_i = \begin{bmatrix} \phi_{v,i} \\ \phi_{x,i} \end{bmatrix}, \quad \phi_{v,i} \in \mathbb{C}^{n_v}, \quad \phi_{x,i} \in H \qquad (C.171)$$

berechnen sich aus

$$\begin{bmatrix} S & B_{e_y}\mathcal{C} \\ 0 & \mathcal{A} \end{bmatrix} \begin{bmatrix} \phi_{v,i} \\ \phi_{x,i} \end{bmatrix} = \lambda_{v,i} \begin{bmatrix} \phi_{v,i} \\ \phi_{x,i} \end{bmatrix}, \quad i = 1, 2, \dots, n_v \qquad (C.172)$$

(siehe (5.212)). Da die Eigenwerte $\lambda_{v,i}$ sämtlich von den Eigenwerten von $\mathcal{A}$ verschieden sind, folgt aus (C.172)

$$\phi_{x,i} = 0, \quad i = 1, 2, \dots, n_v. \qquad (C.173)$$

Damit sind die Teilvektoren $\phi_{v,i}$ in (C.171) gerade die Eigenvektoren v_i von S, d.h.

$$\phi_{v,i} = v_i, \quad i = 1, 2, \dots, n_v. \qquad (C.174)$$

Um zu zeigen, dass die hieraus resultierenden Eigenvektoren

$$\Phi_i = \begin{bmatrix} v_i \\ 0 \end{bmatrix}, \quad i = 1, 2, \dots, n_v \qquad (C.175)$$

biorthogonal zu den Eigenvektoren Ψ_i sind, betrachtet man mit (C.167)

$$\langle \Phi_i, \Psi_j \rangle = \left\langle \begin{bmatrix} v_i \\ 0 \end{bmatrix}, \begin{bmatrix} w_j \\ \overline{(\overline{\lambda_{v,j}}I - \mathcal{A}^*)^{-1}c^T B_{e_y}^* w_j} \end{bmatrix} \right\rangle = v_i^T \overline{w_j}, \quad i, j = 1, 2, \dots, n_v. \qquad (C.176)$$

Mit der Modalmatrix

$$V = \begin{bmatrix} v_1 \ \dots \ v_{n_v} \end{bmatrix} \qquad (C.177)$$

und

$$\Lambda_v = \operatorname{diag}(\lambda_{v,1}, \dots, \lambda_{v,n_v}) \qquad (C.178)$$

gilt

$$SV = V\Lambda_v. \qquad (C.179)$$

Da die Matrix S diagonalähnlich ist, existiert V^{-1} und man kann (C.179) mit V^{-1} von links und rechts multiplizieren, was

$$V^{-1}S = \Lambda_v V^{-1} \qquad (C.180)$$

ergibt. Dies bedeutet, dass die Zeilen in

$$W = \overline{V^{-1}} = \begin{bmatrix} w_1^T \\ \vdots \\ w_{n_v}^T \end{bmatrix} \qquad (C.181)$$

die Eigenvektoren w_i von S^* sind und

$$V^T \overline{W^T} = \begin{bmatrix} v_1^T \\ \vdots \\ v_{n_v} \end{bmatrix} \begin{bmatrix} \overline{w_1} \ldots \overline{w_{n_v}} \end{bmatrix} = \begin{bmatrix} 1 & & \\ & \ddots & \\ & & 1 \end{bmatrix} \qquad (C.182)$$

gilt. Aus (C.182) folgt dann für (C.176)

$$\langle \Phi_i, \Psi_j \rangle = v_i^T \overline{w_j} = \delta_{ij}, \quad i,j = 1, 2, \ldots, n_v. \qquad (C.183)$$

Damit sind die Eigenvektoren Φ_i, $i \geq 1$, von $\mathcal{A}_e$ nach geeigneter Skalierung eine Biorthonormalfolge für die Eigenvektoren Ψ_i von $\mathcal{A}_e^*$, wobei letztere eine Riesz-Basis bilden. Damit ist auch Φ_i, $i \geq 1$, eine Riesz-Basis für $H_e = \mathbb{C}^{n_v} \oplus H$ (siehe Corollary 2.3.3 in [14]). Da die Eigenvektoren v_i, $i = 1, 2, \ldots, n_v$, von S linear unabhängig sind und nur Eigenwerte von S eine algebraische Vielfachheit größer Eins haben können, stimmt die algebraische Vielfachheit der Eigenwerte von $\mathcal{A}_e$ mit der zugehörigen geometrischen Vielfachheit überein (siehe (C.175)).

C.19 Beweis von Satz 5.8

Da das erweiterte Fehlersystem (5.210)–(5.211) voraussetzungsgemäß ein (verallgemeinertes) Riesz-Spektralsystem ist, müssen für die Überprüfung der modalen Steuerbarkeit der Eigenwerte in der abgeschlossenen rechten Halbebene die Entwicklungskoeffizienten des Eingangsoperators $\mathcal{B}_e$ in (5.213) bestimmt werden. Hierzu sind zwei Fälle zu unterscheiden, weil sich die Eigenwerte von $\mathcal{A}_e$ aus den Eigenwerten von S und $\mathcal{A}$ zusammensetzen (siehe (5.212)). Als erstes wird die Bedingung für die modale Steuerbarkeit der Störmodelleigenwerte $\lambda_{v,i}$ von S untersucht. Typischerweise liegen diese zur Modellierung von Störungen alle auf oder rechts der Imaginärachse, weshalb man die modale Steuerbarkeit aller Störmodelleigenwerte nachweisen muss. Für den Entwicklungskoeffizient der j-ten Spalte von

$$\mathcal{B}_e = \begin{bmatrix} 0 \\ \mathcal{B} \end{bmatrix} = \begin{bmatrix} \begin{bmatrix} 0 \\ b_1 \end{bmatrix} \ldots \begin{bmatrix} 0 \\ b_m \end{bmatrix} \end{bmatrix} \qquad (C.184)$$

gilt

C.19 Beweis von Satz 5.8

$$\left\langle \begin{bmatrix} 0 \\ b_j \end{bmatrix}, \Psi_i \right\rangle \tag{C.185}$$

$$= \left\langle \begin{bmatrix} 0 \\ b_j \end{bmatrix}, \begin{bmatrix} w_i \\ (\overline{\lambda_{v,i}}I - \mathcal{A}^*)^{-1}c^T B_{e_y}^* w_i \end{bmatrix} \right\rangle, \quad j = 1, \ldots, m, \quad i = 1, \ldots, n_v$$

(siehe (5.213) und (C.166)). Dies lässt sich mit (5.215) und (C.155) zu

$$\left\langle \begin{bmatrix} 0 \\ b_j \end{bmatrix}, \Psi_i \right\rangle = \langle b_j, (\overline{\lambda_{v,i}}I - \mathcal{A}^*)^{-1}c^T B_{e_y}^* w_i \rangle_H = \langle (\lambda_{v,i}I - \mathcal{A})^{-1}b_j, c^T B_{e_y}^* w_i \rangle_H$$

$$= (\mathcal{C}(\lambda_{v,i}I - \mathcal{A})^{-1}b_j)^T B_{e_y}^T \overline{w_i} \tag{C.186}$$

vereinfachen. Damit ergibt sich für $\mathcal{B}_e$ der Entwicklungsvektor

$$\langle \mathcal{B}_e, \Psi_i \rangle = \left[\left\langle \begin{bmatrix} 0 \\ b_1 \end{bmatrix}, \Psi_i \right\rangle \ldots \left\langle \begin{bmatrix} 0 \\ b_m \end{bmatrix}, \Psi_i \right\rangle \right]$$

$$= \left[(\mathcal{C}(\lambda_{v,i}I - \mathcal{A})^{-1}b_1)^T B_{e_y}^T \overline{w_i} \ldots (\mathcal{C}(\lambda_{v,i}I - \mathcal{A})^{-1}b_m)^T B_{e_y}^T \overline{w_i} \right]$$

$$= \left[\overline{w_i^T} B_{e_y} \mathcal{C}(\lambda_{v,i}I - \mathcal{A})^{-1}b_1 \ldots \overline{w_i^T} B_{e_y} \mathcal{C}(\lambda_{v,i}I - \mathcal{A})^{-1}b_m \right]$$

$$= \overline{w_i^T} B_{e_y} \mathcal{C}(\lambda_{v,i}I - \mathcal{A})^{-1} \left[b_1 \ldots b_m \right] = \overline{w_i^T} B_{e_y} F(\lambda_{v,i}), \tag{C.187}$$

wenn man die Übertragungsmatrix $F(s) = \mathcal{C}(sI - \mathcal{A})^{-1}\mathcal{B}$ bezüglich des Eingangs u der Strecke (5.196)–(5.197) verwendet und die Voraussetzung $\lambda_{v,i} \in \rho(\mathcal{A})$ beachtet (siehe Satz 5.8). Nimmt man an, dass der Störmodelleigenwert $\lambda_{v,i}$ die algebraische Vielfachheit κ_i besitzt, so muss für seine modale Steuerbarkeit

$$\text{rang} \left(\begin{bmatrix} \overline{w_{i1}^T} \\ \vdots \\ \overline{w_{i\kappa_i}^T} \end{bmatrix} B_{e_y} F(\lambda_{v,i}) \right) = \kappa_i \tag{C.188}$$

erfüllt sein, worin $\overline{w_{ij}^T}$ die zum Eigenwert $\lambda_{v,i}$ gehörenden κ_i linear unabhängigen Eigenvektoren von $S^* = \overline{S^T}$ sind. Dies folgt unmittelbar durch Anwendung des *Gilbert-Kriteriums* für die Steuerbarkeit mehrfacher Eigenwerte eines konzentriert-parametrischen Systems mit diagonalähnlicher Systemmatrix A (siehe hierzu z.B. [27]) auf die zugehörige modale Approximation des erweiterten Fehlersystems (5.210)–(5.211) (siehe Abschnitt 2.2.2). Da $\lambda_{v,i}$ mit keiner Übertragungsnullstelle der Strecke übereinstimmt, gilt

$$\det F(\lambda_{v,i}) \neq 0, \tag{C.189}$$

womit (C.188) äquivalent zu

$$\text{rang}\left(\begin{bmatrix}\overline{w_{i1}^T}\\\vdots\\w_{i\kappa_i}^T\end{bmatrix}B_{e_y}\right)=\kappa_i \tag{C.190}$$

ist. Da dies gerade die Bedingung für die Steuerbarkeit des Paars (S,B_{e_y}) bezüglich des Eigenwerts $\lambda_{v,i}$ ist, die aus der vorausgesetzten Steuerbarkeit des Paars (S_r,b_{e_y}) folgt (siehe (5.207)), sind die Störmodelleigenwerte $\lambda_{v,i}$ im erweiterten Fehlersystem (5.210)–(5.211) modal steuerbar. Für den Nachweis der modalen Steuerbarkeit eventuell in der abgeschlossenen rechten Halbebene auftretender Eigenwerte λ_i, $i\geq n_v+1$, von $\mathcal{A}_e$ bzw. von $\mathcal{A}$ muss man

$$\langle\mathcal{B}_e,\Psi_i\rangle=\left\langle\begin{bmatrix}0\\\mathcal{B}\end{bmatrix},\begin{bmatrix}0\\\psi_{i-n_v}\end{bmatrix}\right\rangle=\begin{bmatrix}\langle b_1,\psi_{i-n_v}\rangle_H&\cdots&\langle b_m,\psi_{i-n_v}\rangle_H\end{bmatrix} \tag{C.191}$$

betrachten, wobei (5.213), (5.215) und (C.166) berücksichtigt wurden. Unter Beachtung von $i\geq n_v+1$ folgt daraus

$$\langle\mathcal{B}_e,\Psi_{j+n_v}\rangle=\begin{bmatrix}\langle b_1,\psi_j\rangle_H&\cdots&\langle b_m,\psi_j\rangle_H\end{bmatrix},\quad j\geq 1. \tag{C.192}$$

Da diese Entwicklungsvektoren mit den Zeilen der Eingangsmatrix B^* der modalen Approximation der Strecke (5.196) übereinstimmen, folgt aus der modalen Steuerbarkeit der Streckeneigenwerte λ_i, $i\geq n_v+1$ (siehe Satz 4.3), auch deren modale Steuerbarkeit im erweiterten Fehlersystem (5.210)–(5.211).

Zur Untersuchung der modalen Beobachtbarkeit betrachtet man zunächst die Ausgangsgleichung (5.211) und setzt darin die Reihenentwicklung

$$\begin{bmatrix}v(t)\\e_x(t)\end{bmatrix}=\sum_{i=1}^{\infty}x_i^*(t)\Phi_i \tag{C.193}$$

ein, was mit (5.213) und

$$\Phi_i=\begin{cases}\begin{bmatrix}v_i\\0\end{bmatrix}&:\ i=1,2,\ldots,n_v\\[2em]\begin{bmatrix}(\lambda_iI-S)^{-1}B_{e_y}\mathcal{C}\phi_{i-n_v}\\\phi_{i-n_v}\end{bmatrix}&:\ i\geq n_v+1\end{cases} \tag{C.194}$$

das Ergebnis

$$e_y(t)=\sum_{i=1}^{\infty}\mathcal{C}_e\Phi_i x_i^*(t)=\sum_{i=n_v+1}^{\infty}\mathcal{C}\phi_{i-n_v}x_i^*(t) \tag{C.195}$$

liefert. Die Berechnung der Eigenvektoren Φ_i kann dabei entsprechend wie in Anhang C.18 durchgeführt werden. Wegen (C.195) folgt aus der modalen Beobachtbarkeit der Streckeneigenwerte in der abgeschlossenen rechten Halbebene auch deren modale Beobachtbarkeit im erweiterten Fehlersystem (5.210)–(5.211). Für die modal beobachtbaren Streckeneigenwerte λ_i gilt nämlich

$$\mathcal{C}\phi_i \neq 0 \tag{C.196}$$

(siehe Satz 5.5), woraus wegen (C.195) auch die modale Beobachtbarkeit dieser Eigenwerte im erweiterten Fehlersystem (5.210)–(5.211) sichergestellt ist. Zur Untersuchung der modalen Beobachtbarkeit der Störmodelleigenwerte $\lambda_{v,i}$ betrachtet man mit (C.193) und (C.194) den Zusammenhang

$$v(t) = \begin{bmatrix} I & 0 \end{bmatrix} \begin{bmatrix} v(t) \\ e_x(t) \end{bmatrix} = \sum_{i=1}^{\infty} \begin{bmatrix} I & 0 \end{bmatrix} \Phi_i x_i^*(t)$$

$$= \sum_{i=1}^{n_v} v_i x_i^*(t) + \sum_{i=n_v+1}^{\infty} (\lambda_i I - S)^{-1} B_{e_y} \mathcal{C}\phi_{i-n_v} x_i^*(t), \tag{C.197}$$

worin die Eigenvektoren von S zum Eigenwert $\lambda_{v,i}$ durch v_i gegeben sind. Aufgrund der linearen Unabhängigkeit der Eigenvektoren v_i gilt

$$\text{rang} \begin{bmatrix} v_{i1} & \dots & v_{i\kappa_i} \end{bmatrix} = \kappa_i, \tag{C.198}$$

wenn v_{ij} die Eigenvektoren von S zum Störmodelleigenwert $\lambda_{v,i}$ mit der algebraischen Vielfachheit κ_i darstellen. Damit sind die Störmodelleigenwerte aufgrund des Gilbert-Kriteriums im erweiterten Fehlersystem (5.210) mit der Ausgangsgleichung (5.221) modal beobachtbar.

C.20 Beweis von Satz 5.9

Der Nachweis des Eigenwertkriteriums für das geregelte erweiterte Fehlersystem (5.222) kann nicht direkt wie im Beweis von Satz 5.4 geführt werden, da $\mathcal{A}_e$ unter den Voraussetzungen von Satz 5.7 ein verallgemeinerter Riesz-Spektraloperator mit i.Allg. mehrfachen Eigenwerten ist. Folglich lässt sich das in Exercise 2.18 in [14] angegebene Sektorkriterium für einen infinitesimalen Generator einer analytischen C_0-Halbgruppe nicht direkt anwenden, weil darin einfache Eigenwerte vorausgesetzt werden. Im Folgenden wird gezeigt, wie sich dieses Problem leicht umgehen lässt. Aufgrund der Annahmen für die Störmodelleigenwerte in Satz 5.9 sind diese im erweiterten Fehlersystem (5.210)–(5.211) modal steuerbar (siehe Anhang C.19). Dann gibt es einen beschränkten linearen Rückführoperator $\mathcal{K}_e$, so dass

$$\tilde{\mathcal{A}}_{\mathcal{K}_e} = \mathcal{A}_e - \mathcal{B}_e \mathcal{K}_e \tag{C.199}$$

304   C Beweise und Herleitungen

einfache Eigenwerte besitzt, weil in $\mathcal{A}_e$ nur die Störmodelleigenwerte nicht
einfach sein können. Da hierfür nur endlich viele Störmodelleigenwerte zu ver-
schieben sind, lässt sich leicht zeigen, dass $\tilde{\mathcal{A}}_{\mathcal{K}_e}$ wieder ein Riesz-Spektraloperator mit einfachen Eigenwerten ist. Damit kann auf den Operator $\tilde{\mathcal{A}}_{\mathcal{K}_e}$ das
Sektorkriterium für die Eigenwerte angewendet werden. Dieses Kriterium ist
für $\tilde{\mathcal{A}}_{\mathcal{K}_e}$ erfüllt, da es voraussetzungsgemäß für die Eigenwerte von $\mathcal{A}$ gilt.
Denn nur die in $\mathcal{A}_c$ auftretenden unendlich vielen Eigenwerte von $\mathcal{A}$ können
die Sektorbedingung verletzen. Wegen

$$\tilde{\mathcal{A}}_{\mathcal{K}_e} + \mathcal{B}_e \mathcal{K}_e = \mathcal{A}_e \tag{C.200}$$

(siehe (C.199)) und der Beschränktheit von $\mathcal{B}_e \mathcal{K}_e$ ist aufgrund von Theorem
2.1, Kapitel 3, in [55] der Systemoperator $\mathcal{A}_e$ unter den Annahmen von Satz
5.9 ein infinitesimaler Generator einer analytischen C_0-Halbgruppe. Entsprechend folgt mit (C.200) aus der Betrachtung von

$$\tilde{\mathcal{A}}_{\mathcal{K}_e} + \mathcal{B}_e \mathcal{K}_e - \mathcal{B}_e R_e \tilde{\mathcal{C}}_e = \mathcal{A}_e - \mathcal{B}_e R_e \tilde{\mathcal{C}}_e, \tag{C.201}$$

dass das Spektrum von $\mathcal{A}_e - \mathcal{B}_e R_e \tilde{\mathcal{C}}_e$ nur aus Eigenwerten endlicher algebraischer Vielfachheit und deren Häufungspunkten besteht (siehe Beweis von Satz
5.4). Damit folgt aus dem Beweis von Satz 5.4 in Anhang C.16 die Aussage
von Satz 5.9.

C.21 Beweis von Satz 5.10

Da bei verallgemeinerten Riesz-Spektraloperatoren gemäß Definition 4.1 keine verallgemeinerten Eigenvektoren auftreten, folgt der Beweis von Satz 5.10
unmittelbar aus dem Beweis von Satz 5.6. Um die Argumentation im Beweis
von Satz 5.6 in analoger Weise anwenden zu können, muss nur noch gezeigt
werden, dass

$$G_e(s) = \tilde{\mathcal{C}}_e (sI - \mathcal{A}_e)^{-1} \mathcal{B}_e \tag{C.202}$$

die Darstellung (5.228) besitzt (vergleiche (5.72) und (5.87)). Unter Verwen-
dung des Ausgangsoperators $\tilde{\mathcal{C}}_e$ in (5.220), des Systemoperators $\mathcal{A}_e$ in (5.212),
des Eingangsoperators $\mathcal{B}_e$ in (5.213) und (5.50) lautet (C.202) ausgeschrieben

$$G_e(s) = \tilde{\mathcal{C}}_e (sI - \mathcal{A}_e)^{-1} \mathcal{B}_e = \begin{bmatrix} I & 0 \\ 0 & \tilde{\mathcal{C}} \end{bmatrix} \left(sI - \begin{bmatrix} S & B_{e_y} \mathcal{C} \\ 0 & \mathcal{A} \end{bmatrix} \right)^{-1} \begin{bmatrix} 0 \\ \mathcal{B} \end{bmatrix}. \tag{C.203}$$

Der in (C.203) auftretende Resolventenoperator kann auch durch

$$\left(sI - \begin{bmatrix} S & B_{e_y} \mathcal{C} \\ 0 & \mathcal{A} \end{bmatrix} \right)^{-1} = \begin{bmatrix} (sI - S)^{-1} & (sI - S)^{-1} B_{e_y} \mathcal{C} (sI - \mathcal{A})^{-1} \\ 0 & (sI - \mathcal{A})^{-1} \end{bmatrix} \tag{C.204}$$

C.22 Beweis von Satz 5.11   305

für $s \in \rho(S) \cap \rho(\mathcal{A})$ dargestellt werden, was man leicht durch Multiplikation beider Seiten mit $sI - \mathcal{A}_e$ bestätigen kann. Setzt man dieses Ergebnis in (C.203) ein, so ergibt sich nach Ausmultiplizieren die gesuchte Übertragungsmatrix $G_e(s)$ in der Form

$$
G_e(s) = \begin{bmatrix} (sI - S)^{-1} B_{e_y} F(s) \\ F(s) \\ \mathcal{H}(sI - \mathcal{A})^{-1}\mathcal{B} \end{bmatrix} = \begin{bmatrix} (sI - S)^{-1} B_{e_y} F(s) \\ G(s) \end{bmatrix}, \qquad (C.205)
$$

wobei $G(s)$ durch (5.76) definiert ist und (5.50) berücksichtigt wurde. Verwendet man für $G(s)$ die Darstellung in (5.81), so erhält man die in (5.228) angegebene Übertragungsmatrix $G_e(s)$.

C.22 Beweis von Satz 5.11

Da angenommen wird, dass die Bedingungen von Satz 5.9 erfüllt sind und dass das erweiterte Fehlersystem (5.243) exponentiell stabil ist, müssen alle Eigenwerte von $\mathcal{A}_e - \mathcal{B}_e R_e \tilde{\mathcal{C}}_e$ links der Imaginärachse liegen und ihr nicht beliebig nahe kommen, d.h. es gilt

$$
\sup_{i \geq 1} \operatorname{Re} \tilde{\lambda}_i < 0. \qquad (C.206)
$$

Nimmt man an, dass das Paar (R_v, S) nicht beobachtbar ist, dann lässt sich leicht ein Widerspruch konstruieren. Hierzu betrachtet man die Eigenvektorgleichung

$$
(\mathcal{A}_e - \mathcal{B}_e R_e \tilde{\mathcal{C}}_e)\tilde{\Phi}_i = \tilde{\lambda}_i \tilde{\Phi}_i, \quad i \geq 1 \qquad (C.207)
$$

der Regelung (5.243), die ausgeschrieben

$$
\begin{bmatrix} S & B_{e_y}\mathcal{C} \\ -\mathcal{B}R_v & \mathcal{A} - \mathcal{B}R\tilde{\mathcal{C}} \end{bmatrix} \begin{bmatrix} \tilde{\phi}_{v,i} \\ \tilde{\phi}_{x,i} \end{bmatrix} = \tilde{\lambda}_i \begin{bmatrix} \tilde{\phi}_{v,i} \\ \tilde{\phi}_{x,i} \end{bmatrix}, \quad \tilde{\phi}_{v,i} \in \mathbb{C}^{n_v}, \quad \tilde{\phi}_{x,i} \in H \qquad (C.208)
$$

lautet (siehe Definitionen der auftretenden Operatoren und Matrizen in Abschnitt 5.3 sowie (5.48)). Wenn das Paar (R_v, S) nicht beobachtbar ist, gibt es gemäß dem Hautus-Kriterium (siehe z.B. [27]) einen Eigenvektor v_i von S, d.h.

$$
S v_i = \lambda_{v,i} v_i, \qquad (C.209)
$$

für den

$$
R_v v_i = 0 \qquad (C.210)
$$

gilt. Dies bedeutet, dass der Eigenwert $\lambda_{v,i}$ im Ausgang $u_v = R_v v$ nicht beobachtbar ist. Dann stellt aber

$$\tilde{\Phi}_i = \begin{bmatrix} \tilde{\phi}_{v,i} \\ \tilde{\phi}_{x,i} \end{bmatrix} = \begin{bmatrix} v_i \\ 0 \end{bmatrix} \tag{C.211}$$

einen Eigenvektor von $\mathcal{A}_e - \mathcal{B}_e R_e \tilde{\mathcal{C}}_e$ zum Eigenwert $\tilde{\lambda}_i = \lambda_{v,i}$ dar, was man leicht durch Einsetzen von (C.211) in (C.208) zeigen kann. Weil alle Eigenwerte $\lambda_{v,i}$ von S zur Modellierung von Störungen in der abgeschlossen rechten Halbebene liegen, d.h. dann $\mathrm{Re}\,\tilde{\lambda}_i = \mathrm{Re}\,\lambda_{v,i} \geq 0$ gilt, steht dies im Widerspruch zur exponentiellen Stabilität der Regelung (5.243), die Erfüllung des Eigenwertkriteriums (C.206) erfordert.

Literaturverzeichnis

1. Balas, M.J.: Active control of flexible systems. J. Optim. Theory and Appl. **25**, 415–436 (1978)
2. Balas, M.J.: Towards a more practical control theory for distributed parameter systems. In: C.T. Leondes (ed.) Control and dynamic systems: advances in theory and applications, vol. 18, pp. 361–421. Academic Press, New York (1982)
3. Becker, J., Meurer, T.: Feedforward tracking control for non-uniform Thimoshenko beam models: combining differential flatness, modal analysis, and FEM. ZAMM **87**, 37–58 (2007)
4. Bernstein, D.: Matrix mathematics. Princeton University Press, Princeton, New Jersey (2005)
5. Bradshaw, A., Porter, B.: Modal control of a class of distributed-parameter systems: multi-eigenvalue assignment. Int. J. Control **16**, 277–285 (1972)
6. Butkovskiy, A., Pustylnikov, A.: Mobile control of distributed parameter systems. John Wiley (1987)
7. Byrnes, C., Gilliam, D., Isidori, A., Shubov, V.: Zero dynamics modeling and boundary feedback design for parabolic systems. Math. and Comp. Modelling **44**, 857–869 (2006)
8. Byrnes, C., Lauko, I., Gilliam, D., Shubov, V.: Output regulation for linear distributed parameter systems. IEEE Trans. Autom. Control **45**, 2236–2252 (2000)
9. Courant, R., Hilbert, D.: Methods of mathematical physics, Volume II. Interscience Publishers, New York (1965)
10. Courant, R., Hilbert, D.: Methoden der mathematischen Physik. Springer-Verlag, Berlin (1993)
11. Curtain, R.: Decoupling in infinite dimensions. Syst. Control Lett. **5**, 249–254 (1985)
12. Curtain, R., Pritchard, A.: Infinite-dimensional linear system theory. Lecture notes in control and information sciences. Vol. 8., Springer-Verlag, New York (1978)
13. Curtain, R., Weiss, G.: Well posedness of triples of operators (in the sense of linear system theory). In: F. Kappel, K. Kunisch, W. Schappacher (eds.) Control and estimation of distributed parameter systems, pp. 41–59. Birkhäuser-Verlag, Basel (1989)
14. Curtain, R., Zwart, H.: An introduction to infinite-dimensional linear systems theory. Springer-Verlag, New York (1995)
15. Delattre, C., Dochain, D., Winkin, J.: Sturm-Liouville systems are Riesz-spectral systems. Int. J. Appl. Math. Comput. Sci. **13**, 481–484 (2003)
16. Deutscher, J., Harkort, C.: Vollständige Modale Synthese eines Wärmeleiters. at-Automatisierungstechnik **56**, 539–548 (2008)
17. Deutscher, J., Harkort, C.: Parametric state feedback design of linear distributed-parameter systems. Int. J. Control **82**, 1060–1069 (2009)
18. Deutscher, J., Harkort, C.: Entwurf endlich-dimensionaler Regler für lineare verteilt-parametrische Systeme durch Ausgangsbeobachtung. at-Automatisierungstechnik **58**, 435–446 (2010)

308   Literaturverzeichnis

19. Deutscher, J., Harkort, C.: Führungs- und Störgrößenaufschaltungen für lineare verteilt-parametrische Systeme. at-Automatisierungstechnik **58**, 27–37 (2010)
20. Deutscher, J., Harkort, C.: A parametric approach to finite-dimensional control of linear distributed-parameter systems. Int. J. Control **83**, 1674–1685 (2010)
21. Deutscher, J., Harkort, C.: Parametric approach to the decoupling of linear distributed-parameter systems. IET Control Theory Appl. **4**, 2855–2866 (2010)
22. Dunford, N., Schwartz, J.: Linear operators, Part III: Spectral operators. Wiley-Interscience, New York (1971)
23. Engel, K.J., Nagel, R.: One-parameter semigroups for linear evolution equations. Springer-Verlag, New York (2000)
24. Falb, P.L., Wolovich, W.A.: Decoupling in the design and synthesis of multivariable control systems. IEEE Trans. Autom. Control **12**, 651–659 (1967)
25. Fliess, M., Lévine, J., Martin, P., Rouchon, P.: Flatness and defect of nonlinear systems: Introductory theory and examples. Int. J. Control **61**, 1327–1361 (1995)
26. Fliess, M., Lévine, J., Martin, P., Rouchon, P.: A Lie-Bäcklund approach to equivalence and flatness of nonlinear systems. IEEE Trans. Autom. Control **44**, 1337–1361 (1999)
27. Föllinger, O.: Regelungstechnik — Einführung in die Methoden und ihre Anwendung. Hüthig Verlag, Heidelberg (2008)
28. Franke, D.: Systeme mit örtlich verteilten Parametern. Springer-Verlag, Berlin (1987)
29. Gilles, E.D.: Systeme mit verteilten Parametern. Oldenbourg Verlag, München (1973)
30. Gilles, E.D., Zeitz, M.: Modales Simulationsverfahren für Systeme mit örtlich verteilten Parametern. Regelungstechnik **17**, 204–212 (1969)
31. Gohberg, I., Krein, M.: Introduction to the theory of linear nonselfadjoint operators. American Math. Soc., Providence, RI (1969)
32. Guo, B.: Riesz basis property and exponential stability of controlled Euler-Bernoulli beam equations with variable coefficients. SIAM J. Control Optim. **40**, 1905–1923 (2002)
33. Guo, B., Zwart, H.: Riesz spectral systems. Memorandum No. 1594, University Twente (2001)
34. Han, S.M., Benaroya, H., Wei, T.: Dynamics of transversely vibrating beams using four engineering theories. J. Sound Vibrations **225**, 935–988 (1999)
35. Harkort, C., Deutscher, J.: Spillover reduction for linear distributed-parameter systems using dynamic extensions. Proc. ECC 2009 in Budapest, Ungarn (2009)
36. Harkort, C., Deutscher, J.: Finite-dimensional observer-based control of linear distributed-parameter systems using cascaded output observers. Int. J. Control **84**, 107–122 (2010)
37. Harkort, C., Deutscher, J.: Finite-dimensional observer-based control of Riesz-spectral systems — spectrum properties and eigenvalues estimates. Technischer Bericht, Lehrstuhl für Regelungstechnik, Universität Erlangen-Nürnberg (2010)
38. Harkort, C., Deutscher, J.: Krylov subspace methods for linear infinite-dimensional systems. IEEE Trans. Autom. Control **56**, 441–447 (2011)
39. Hippe, P.: Windup in control — Its effects and their prevention. Springer-Verlag, London (2006)
40. Hippe, P., Wurmthaler, C.: Zustandsregelung. Springer-Verlag, Berlin (1985)
41. Horowitz, I.: Synthesis of feedback systems. Academic Press, New York (1963)
42. Inaba, H., Otsuka, N.: Triangluar decoupling and stabilization for linear control systems in Hilbert spaces. IMA J. Math. Control Inf. **6**, 317–332 (1989)
43. Kato, T.: Perturbation theory for linear operators. Springer-Verlag, Berlin (1995)
44. Koshlyakow, N., Smirnow, M., Gliner, E.: Differential equations of mathematical physics. North-Holland (1964)
45. Kreisselmeier, G.: Struktur mit zwei Freiheitsgraden. at-Automatisierungstechnik **47**, 266–269 (1999)
46. Kreyszig, E.: Introductory functional analysis with applications. John Wiley & Sons, New York (1978)

Literaturverzeichnis 309

47. Lohmann, B.: Vollständige und teilweise Führungsentkopplung im Zustandsraum. VDI-Fortschritts-Berichte, Reihe 8, Nr. 244, VDI-Verlag, Düsseldorf (1991)
48. Ludyk, G.: Theoretische Regelungstechnik 2. Springer-Verlag, Berlin (1995)
49. Luo, Z.H., Guo, B.Z., Morgul, B.: Stability and stabilization of infinite dimensional systems with applications. Springer-Verlag, London (1999)
50. Mcglothin, G.: Controllability, observability, and duality in a distributed parameter system with continuous and point spectrum. IEEE Trans. Autom. Control **23**, 687–690 (1978)
51. Meurer, T.: Feedforward and feedback tracking control of diffusion-convection-reaction systems using summability methods. VDI-Fortschritts-Berichte, Reihe 8, Nr. 1081, VDI-Verlag, Düsseldorf (2005)
52. Meurer, T.: Flatness-based trajectory planning for diffusion-reaction systems in a parallelepipedon — A spectral approach. Automatica **47**, 935–949 (2011)
53. Otsuka, N.: Simultaneous decoupling and disturbance-rejection problems for infinite-dimensional systems. IMA J. Math. Control Inf. **8**, 165–178 (1991)
54. Otsuka, N., Inaba, H.: Decoupling by state feedback in infinite-dimensional systems. IMA J. Math. Control Inf. **7**, 125–141 (1990)
55. Pazy, A.: Semigroups of linear operators and applications to partial differential equations. Springer-Verlag, New York (1983)
56. Reddy, B.: Introductory functional analysis. Springer-Verlag, New York (1998)
57. Roppenecker, G.: Zeitbereichsentwurf linearer Regelungen. Oldenbourg Verlag, München (1990)
58. Roppenecker, G.: Zustandsregelung linearer Systeme — Eine Neubetrachtung. at-Automatisierungstechnik **57**, 491–498 (2009)
59. Rotfuß, R.: Anwendung der flachheitsbasierten Analyse und Regelung nichtlinearer Mehrgrößensysteme. VDI-Fortschritts-Berichte Nr.8/664, VDI-Verlag, Düsseldorf (1997)
60. Rudolph, J.: Beiträge zur flachheitsbasierten Folgeregelung linearer und nichtlinearer Systeme endlicher und unendlicher Dimension. Shaker Verlag, Aachen (2003)
61. Schmid, W., Zeitz, M.: Grenzübergang Beobachter — Differenzierer. Regelungstechnik **29**, 270–274 (1981)
62. Schumacher, J.M.: Finite-dimensional regulators for a class of infinite-dimensional systems. Syst. Control Lett. **3**, 7–12 (1983)
63. Singh, S.: Functional reproducibility and decoupling using state feedback and dynamic compensation in parabolic parameter systems. Int. J. Systems Science **14**, 437–451 (1983)
64. Smirnow, W.: Lehrbuch der höheren Mathematik - Teil IV/2. Harri Deutsch, Frankfurt am Main (1995)
65. Stakgold, I.: Green's functions and boundary value problems. Wiley-Interscience, New York (1998)
66. Trächtler, A.: Entwurf von Ausgangsrückführungen mit der Vollständigen Modalen Synthese. at-Automatisierungstechnik **40**, 407–413 (1992)
67. Triggiani, R.: On the stabilizability problem in Banach spaces. J. Math. Anal. Appl. **52**, 383–403 (1975)
68. Wang, P.K.C.: Modal feedback stabilization of a linear distributed system. IEEE Trans. Autom. Control **17**, 552–553 (1972)
69. Weiss, G.: Transfer functions of regular linear systems — Part I: Characterization of regularity. Trans. Amer. Math. Soc. **342**, 827–854 (1994)
70. Wurmthaler, C., Kühnlein, A.: Modellgestützte Vorsteuerung für messbare Störungen. at-Automatisierungstechnik **57**, 328–331 (2009)
71. Xu, C., Sallet, G.: On spectrum and Riesz basis assignment of infinite-dimensional linear systems by bounded linear feedbacks. SIAM J. Control Optim. **34**, 521–541 (1996)

Sachverzeichnis

abgeschlossener Operator, 23, **261**, 265
Abklingrate, 46
Abschluss, 23
absolut stetig, 258
abstraktes Anfangswertproblem, 13, **17**
adjungierter Operator
  Berechnung, 251, 262, 295
  Definition, 249
analytische C_0-Halbgruppe, 293
Anfangs-Randwertproblem
  Euler-Bernoulli-Balken, 29
  homogenes, 15, **37**, 41, 46, **248**
  Randeingriff, 58
  Wärmeleiter, 13
Arbeitspunktwechsel, 164
Ausgang, *siehe* Messung
Ausgangsfehlerabweichung, 221
Ausgangsfolgefehler, 147, 214
Ausgangsfolgeregler, 215
  Euler-Bernoulli-Balken, 236
  bei internem Modellprinzip, 233
  PI-Regler, 233
  Wärmeleiter, 222
Ausgangsgleichung
  allgemeine, 17
  Euler-Bernoulli-Balken, 33
  Wärmeleiter, 13
Ausgangsoperator, 14, **18**
Ausgangsrückführung
  beobachterbasierte, 194, 233
  Eigenwertkriterium, 197, 231
  parametrischer Entwurf, 199
  statische, 194, 229
Ausgangsreglerformel, 202, 232
Auswahlmatrix, 170

Baris Theorem, 274

Basis
  orthonormale, 26, 250, 254, 268
  Riesz-, **24**, 26
Beobachtbarkeit
  erweitertes Fehlersystem, 230
  Kriterium, 202
Beobachter
  Ausgangs-, **187**, 193, 229
  Signalmodell-, 114
  Zustands-, 186
beobachterbasierte Ausgangsrückführung,
  endlich-dimensionale, 194, 233
beschränkte Inverse, 250, 261
beschränkter linearer Operator, 18, 49, 258
beschränktes lineares Funktional, **18**, 78
biorthonormal, 24
Biorthonormalfolge, 24
Biorthonormalitätsrelation, 24
Biorthonormalsystem, 27
„boundary control system", 61

C_0-Halbgruppe, 15, **247**
  analytische, 293
  exponentiell stabile, 47
  infinitesimaler Generator, 15, **247**
  modale Darstellung, 37
  Operator in Dreiecksform, 272
charakteristische Gleichung, 21

Dämpfung
  Kelvin-Voigt, 23
  strukturelle, 28
Definitionsbereich eines Operators, 14, 258
dicht, 259
Differenzgrad, 167
Diffusions-Konvektions-System, 255
Dirac-Impuls, örtlicher, 19, 260

direkte Summe, 31

„early-lumping"-Ansatz, 2, 39
Eigenfunktion, *siehe* Eigenvektor
Eigenvektor
  Eigenwertproblem, 19
  erweitertes System, 102, 273
  Euler-Bernoulli-Balken, 41, 264
  -vorgabe, 85, **90**
  Wärmeleiter, 20
Eigenwert
  des Ausgangsbeobachters, 190
  der Ausgangsregelung, 203, 233
  Euler-Bernoulli-Balken, 43
  -gebietsvorgabe, 209
  Häufungspunkt, 23, 78, 82
  -kriterium, **48**, 80, 197, 231
  -problem, 19
  -vorgabe, 77, 90, 202, 232
  Wärmeleiter, 21
  der Zustandsregelung, 90
Eigenwertgütemaß, 205
Eingang, *siehe* Eingriff
Eingangsoperator, 14, **18**
Eingriff
  Rand-, 58, **60**
  verteilter, 12, **18**
endlich-dimensionale Approximation, 38
Energiekoordinaten, 33
Energieraum, 32
Entkopplung
  dynamische, 162
  exakte, 120
  näherungsweise, 119
Euler-Bernoulli-Balken, 28
  adjungierter Operator, 262
  „early lumping", 159
  Eigenwerte und -vektoren, 41
  Ein-/Ausgangsentkopplung, 159
  Energiekoordinaten, 33
  Energieraum, 32
  Lösung der hom. Zustandsgleichung, 45
  Punktmessung, 33
  Regler-Windup, 240
  Reglerentwurf, 236
  Riesz-Basis, 266
  Riesz-Spektraloperator, 264
  Wohlgestelltheit, 264
  Zustandsbeschreibung, 28

Fehlersystem, 108, 148, 155, 214, 219, 221, 226
  erweitertes, 228
  geregeltes, 108

geregeltes erweitertes, 231
Festwertregelung, 67
flacher Ausgang, 166
Flachheit, 166
Folgeregelung
  mit mehr als zwei Freiheitsgraden, 72
  mit zwei Freiheitsgraden, 68
Folgeregler, *siehe* Ausgangsfolgeregler
Führungsgröße, 69, 96, 123
Führungsgrößenaufschaltung, 97, 123
Funktional, beschränktes lineares, **18**, 78
Funktionenraum $L_2(0,1)$, 13

Greensche Funktion, 34, 252
  Definition, 260
Gütemaß
  Eigenwert-, 205
  Norm-, 208

Hilbertraum, 17
  Definition, 14
  erweiterte Strecke, 99

Impulsantwort, örtliche, 261
infinitesimaler Generator, 15, **247**
injektiv, 259
Integraloperator, 34, 252, 260
  Kern, 260
  Zustandsrückführung, 82, 94
Integraltransformation, örtliche, *siehe* Modal-Transformation
internes Modellprinzip, 227
invariante Nullstelle, 133
inverser Operator, 250, **259**
  algebraische Inverse, 265
  Resolventenoperator, 49
inversionsbasierte Vorsteuerung, 164

Kelvin-Voigt-Dämpfung, 23
klassische Lösung, 15, **35**, 248
kompakter Operator, 250, **261**
Konsistenzbedingung, 164
Kronecker-Delta, 22

Laplace-Transformation, 49, 53
„late-lumping"-Ansatz, 2
„linear regular systems", 19
Lösung
  klassische, 15
  milde, 15, **35**, 63
  schwache, **15**, 35

Mehrgrößensystem, 13, 17
Messung

Sachverzeichnis

Punkt-, **18**, 33
verteilte, 13, **18**
milde Formulierung, 248
milde Lösung, 15, **35**, 63
Modal-Transformation, 59
modale Approximation, 39
modale Beobachtbarkeit, *siehe* Beobachtbarkeit
modale Differentialgleichung, 36
modale Koordinate, 36
der Regelung, 124
modale Projektion, 145
modale Steuerbarkeit, *siehe* Steuerbarkeit
modellgestützte Vorsteuerung, 69
„early-lumping", 142
Ein-/Ausgangsentkopplung, 119
Führungs- und Störgrößenaufschaltung,
95
„late-lumping", 113, 140

Norm, 14, 46
Operator-, 47
normaler Operator, 253
Normgütemaß, 208
Nullstelle
invariante, 133
Übertragungs-, 104, 130

Operator
abgeschlossener, 23, **261**, 265
adjungierter, **249**, 251, 262, 295
algebraische Inverse, 265
Ausgangs-, 14, **18**
beschränkter, 18, 49, 258
Eingangs-, 14, **18**
injektiver, 259
inverser, 250, **259**
kompakter, 250, **261**
-norm, 47
positiver, 30
Rückführ-, 78
schiefadjungierter, 263
selbstadjungierter, **250**, 254
Störeingangs-, 96, 226
symmetrischer, 250
System-, 14
unbeschränkter, 257
Wurzel-, 30
orthogonal, 22
orthonormale Basis, 26, 250, 254, 268
Orthonormalitätsrelation, 22
Ortsbereich, 11, **17**
Ortscharakteristik, 11
der Ausgänge, 18

der Eingänge, 18
der Störungen, 96, 226

Parallelogrammgleichung, 265
Parallelogrammungleichung, 265
Parameteroptimierung, 205
Parametervektoren
des Ausgangsbeobachters, 190
der Ausgangsregelung, 199
der Zustandsregelung, 85
Parsevalsche Gleichung, 257, 268
partielle Differentialgleichung
biharmonische, 29
Integro-, 82
parabolische, 11
PI-Regler, 233
positiver Operator, 30
Projektion, modale, 145
punktförmiger Eingriff
Approximation, 29
Definition, 18
Punktmessung
Approximation, 30
Definition, 18
Euler-Bernoulli-Balken, 33
Punktspektrum, 21
Pythagoras, verallgemeinerter Satz des, 27

Randbedingung
Dirichletsche, 12
homogene, 14
Homogenisierung, 57
inhomogene, 58
Neumannsche, 53
Randoperator, 60, 61
Randwertproblem
abstraktes, 60
Eigenwertproblem, 20
Greensche Funktion, 260
Übertragungsmatrix, 49, 56
Zwei-Punkt-, 164
Regler, *siehe* beobachterbasierte Ausgangs-
rückführung, endlich-dimensionale
Regler-Windup, 212, **216**, 217
Euler-Bernoulli-Balken, 240
bei internem Modellprinzip, 233
-vermeidung, 217, 233
„regulator equations", 108, 221
Resolventengleichung, 200
Resolventenmenge, 49
Resolventenoperator, 49
spektrale Darstellung, 51
Restdynamik, 146, 147, 165
Restspektrum, 21

Riesz-Basis
  Definition, 24
  Euler-Bernoulli-Balken, 266
Riesz-Spektraloperator
  C_0-Halbgruppe, 37
  Definition, 23
  erweitertes System, **65**, 272
  Euler-Bernoulli-Balken, 264
  Resolventenoperator, 51
  „spectrum determined growth assumption", 47
  Stabilitätsreserve, 48
  verallgemeinerter, **100**, 101, 281, 294
  Zustandsregelung, **80**, 275
Riesz-Spektralsystem, 17
  Definition, 19
  Übertragungsmatrix, 50
Rieszscher Darstellungssatz, 78
Robuste asymptotische Störkompensation, 225
Rückführfunktion, 78
Rückführoperator, 77, 78
  Euler-Bernoulli-Balken, 94
  Wärmeleiter, 82

schiefadjungierter Operator, 263
schwache Ableitung, 258
schwache Lösung, 15
selbstadjungierter Operator, **250**, 254
Separationsprinzip, 195
Signalmodell, 96, 149, 156, 227
Skalarprodukt
  erweiterte Strecke, 99
  Euler-Bernoulli-Balken, 32
  konjugierte Linearität, 79
  L_2-, 13
span, 24
„spectrum determined growth assumption", **47**, 197, 231
Spektrum, 21
  diskretes, 21
  Häufungspunkt, 23
  kompakte normale Inverse, 250
  kontinuierliches, 21
  Punkt-, 21
  Rest-, 21
  Riesz-Spektraloperator, 50
  Stabilitätsreserve, 47
„spillover", 148, 184, 206
  Beobachtungs-, 212
  -Vermeidung, 206
Stabilität
  asymptotische, 47
  exponentielle, 46

Stabilitätsreserve, 46
stark stetige Halbgruppe, *siehe* C_0-Halbgruppe
stationärer Zustand, 164, 166
statische Ausgangsrückführung, 194, 229
  parametrischer Entwurf, 199
Steuerbarkeit
  erweitertes Fehlersystem, 230
  Kriterium, 81
Steuerbarkeitsindizes, 167
Steuerbarkeitsmatrix, 169
Störeingangsoperator, 96, 226
Störgröße
  messbare, 72, 96, 113
  nicht messbare, 71, 226
Störgrößenaufschaltung, 97, 149, 156
Störkompensation, asymptotische, 97, 226
Störmodell, 149, 156, 227
Strecken-Windup, 217
strukturelle Dämpfung, 28
Sturm-Liouville-Operator, 21, 28
  Definition, 253
  Eigenschaften, 254
  Eigenwertverteilung, 127
  Transformation auf, 255
Sturm-Liouville-System, 28, 255
  Definition, 253
Sylvester-Operatorgleichung, 190
symmetrischer Operator, 250
System
  endlich-dimensionales, 1
  flaches, 166
  konzentriert-parametrisches, 1
  unendlich-dimensionales, 3
  verteilt-parametrisches, 1
Systemoperator, 14

Totzeitsystem, 244

Übergangszeit, 164
Übertragungsmatrix
  Berechnung, 52
  Definition, 50
  Führungs-, 128
  spektrale Darstellung, 52
unbeschränkter Operator, 257

„verallgemeinerter Satz des Pythagoras", 27
verteilte Messung, 18
verteilter Eingriff, 12, 18
verteilter Energiespeicher, 17
vollständig unzusammenhängend, 23, 101
vollständiges Funktionsystem, 24

Sachverzeichnis

Vorfilter
  Berechnung, 133
  Definition, 123
Vorsteuerung, inversionsbasiert, *siehe*
  inversionsbasierte Vorsteuerung
Vorsteuerung, modellgestützt, *siehe*
  modellgestützte Vorsteuerung

Wärmeleiter, 10
  Arbeitspunktwechsel, 176
  Dirichletsche Randbedingungen, 10
  „early lumping", 152
  Eigenwerte und -vektoren, 20
  Ein-/Ausgangsentkopplung, 120, 135
  Führungs- und Störgrößenaufschaltung,
    108, 152
  Neumannsche Randbedingungen, 52, 206
  Randeingriff, 57
  Reglerentwurf, 206, 222
  Übertragungsfunktion, 56
  Zustandsbeschreibung, 13
Windup-Effekt, *siehe* Regler-Windup
Wohlgestelltheit nach Hadamard, 245
Wurzeloperator, 30

Zustandsbeschreibung, 17
  Euler-Bernoulli-Balken, 28
  Lösung, 37, 38
  Wärmeleiter, 13
Zustandsfehlerabweichung, 151, 157, 220
Zustandsfolgefehler, 107, 146, 212, 220
  -rückführung, 108
Zustandsfolgeregler, 106
Zustandsgröße, 17
  Euler-Bernoulli-Balken, 30
  modale, 36
  Wärmeleiter, 13
Zustandsrückführung, 77
  Euler-Bernoulli-Balken, 94
  modale, 83, 144
  Wärmeleiter, 82
Zustandsraum, 3, 17
  Euler-Bernoulli-Balken, 33
  Wärmeleiter, 13
Zustandsreglerformel, 90
Zwei-Freiheitsgrade-Struktur, *siehe*
  Folgeregelung